【Food Truck】Hump Earwig/蠼螋（详见第138页）

【羽化/昼鸣蝉】Robust Cicada/昼鸣蝉（详见第140页）

【Memory IC】Monarch/黑脉金斑蝶（详见第142页）

【飞蝗】Migratory Locust/飞蝗（详见第143页）

头部特写

比聪明人更勤奋一些

引：生命本没有意义，你要能给它什么意义，它就有什么意义。与其终日冥想人生有何意义，不如试用此生做点有意义的事。

“这个世界上聪明人太多，肯下笨功夫的人太少，所以成功者只是少数人。”——胡适

刚得知被邀请给宇田川誉仁老师的中文版图书写序的时候，着实心里还是惊恐的，我这样一位晚辈给行业里一位大师级的人物写序也确实轻了，抓起手边的《胡适文选》乱摘了两句，借以大师的话为另一位大师的书为始，也是我自己的一点小心思吧。

初识誉仁老师的作品已是早到我自己也实在记不得的时候了，只记得偶然间看到某本书刊上的作品，那种艳羡之情一股脑地涌了出来，却也不知道这么精湛的作品出自何人之手。

后来，2014 年有机会去日本第一次参加 Wf 展会，会场上才把这位胡子有些像鲁迅先生的老师跟许久前那些印象中的作品联系在了一起，由于语言不通，第一次与誉仁老师的相遇也就在我远远的目光里草草收场。

第二年再去日本参展的时候，一位我们同行的朋友急匆匆地把我喊去誉仁先生的展台，原来他在先生两件作品之间摇摆不定不晓得要带走哪个了，我还是按照自己的喜好帮他挑选了一件，借着朋友的机缘第二次跟誉仁老师打了个照面。

再之后就是 2016 年 6 月，在北京的展会上，誉仁先生参观了我们的工作室并互送了礼物，同年 7 月又在日本 Wf 展会上碰面。不久前我收到了老师刚刚出版的日文画册，翻开画册，看见扉页上的签绘，文字间流露的俨然已是老友的口气了……流水账先记到这里好了。

这本书，我拿到的时候还是日文版，看图说话式的连着看了两三遍，惊讶誉仁老师精美奇异的作品的同时更加钦佩老师竟然如此详细地记录了作品的制作工艺和流程——这本书无论是对于那些初学者还是略有所成的从业者来说都是一本经典秘籍，如今又有了正式授权的简体中文版，更是使大家的学习方便了许多。更加感谢誉仁老师愿意把自己几十年的创作经验汇集于这本书分享给大家，也不禁感叹一句：现在的孩子确实幸福，有这么多的好书可看。

在誉仁老师这种前辈面前确实要再感慨一番了，眼前书中这一件件作品才是实在不过的人生意义吧，赋予这一件件作品生命的同时也寻找到了自己的人生意义，我猜这才是誉仁老师想通过作品对我们说的。转身又想想自己，果然算不得聪明，但求比那些聪明人更勤奋一些，毕竟拙可用勤补，毕竟如此才有可能找到我自己的人生意义在何处。无论是否真的能够找到，我都愿意试试。

如果你也想尝试改变什么，就从认真地看完这本书开始吧。

末那工作室 主理人四季
2017.09.14 于北京

本书中所要用到的主要工具・道具

黄底圆圈表示经常会用到的工具，堪称 SHOVEL HEAD 工作室中的“四大天王”。

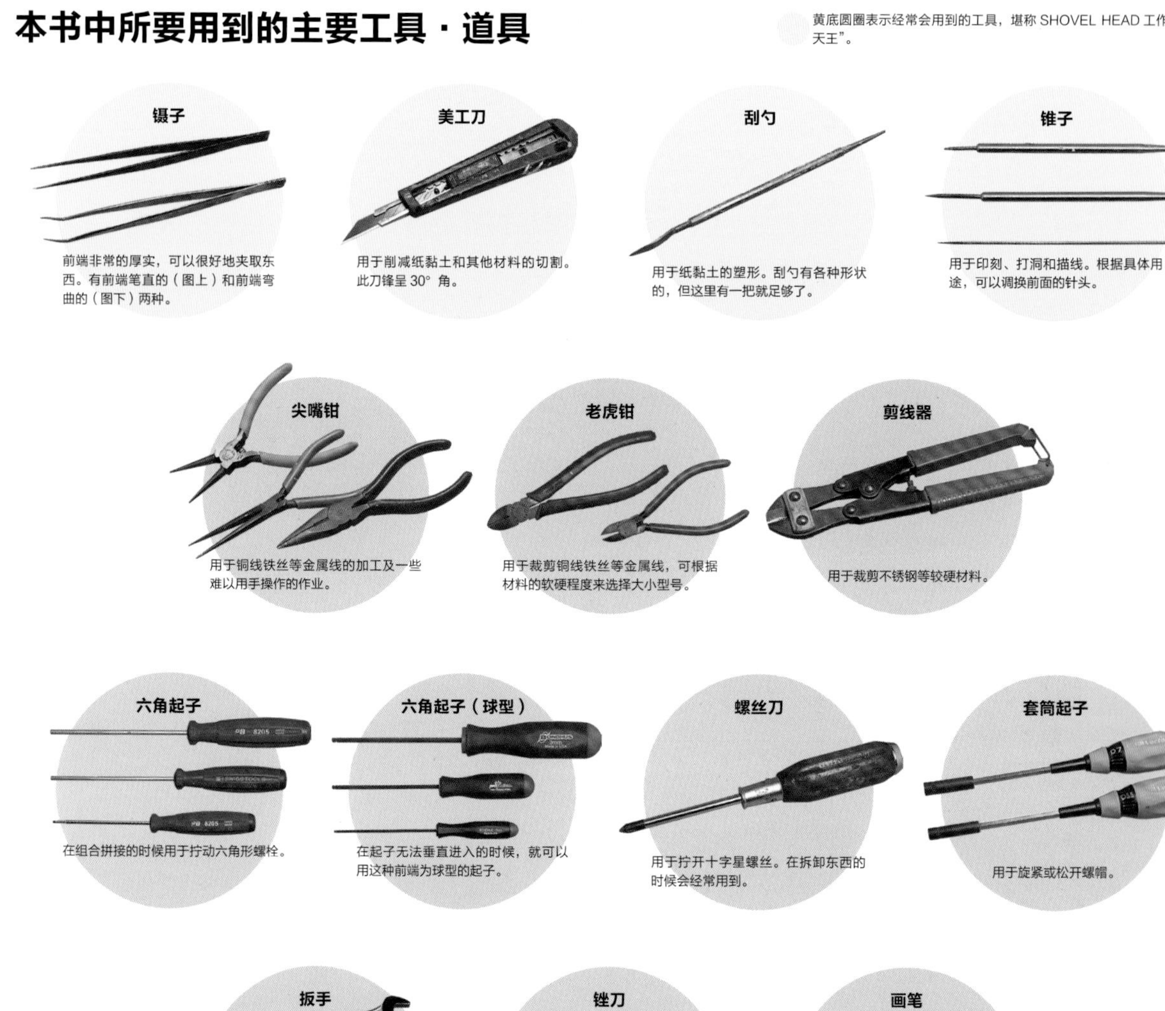

镊子

前端非常的厚实，可以很好地夹取东西。有前端笔直的（图上）和前端弯曲的（图下）两种。

美工刀

用于削减纸黏土和其他材料的切割。此刀锋呈 30° 角。

刮勺

用于纸黏土的塑形。刮勺有各种形状的，但这里有一把就足够了。

锥子

用于印刻、打洞和描线。根据具体用途，可以调换前面的针头。

尖嘴钳

用于铜线铁丝等金属线的加工及一些难以用手操作的作业。

老虎钳

用于裁剪铜线铁丝等金属线，可根据材料的软硬程度来选择大小型号。

剪线器

用于裁剪不锈钢等较硬材料。

六角起子

在组合拼接的时候用于拧动六角形螺栓。

六角起子（球型）

在起子无法垂直进入的时候，就可以用这种前端为球型的起子。

螺丝刀

用于拧开十字星螺丝。在拆卸东西的时候会经常用到。

套筒起子

用于旋紧或松开螺帽。

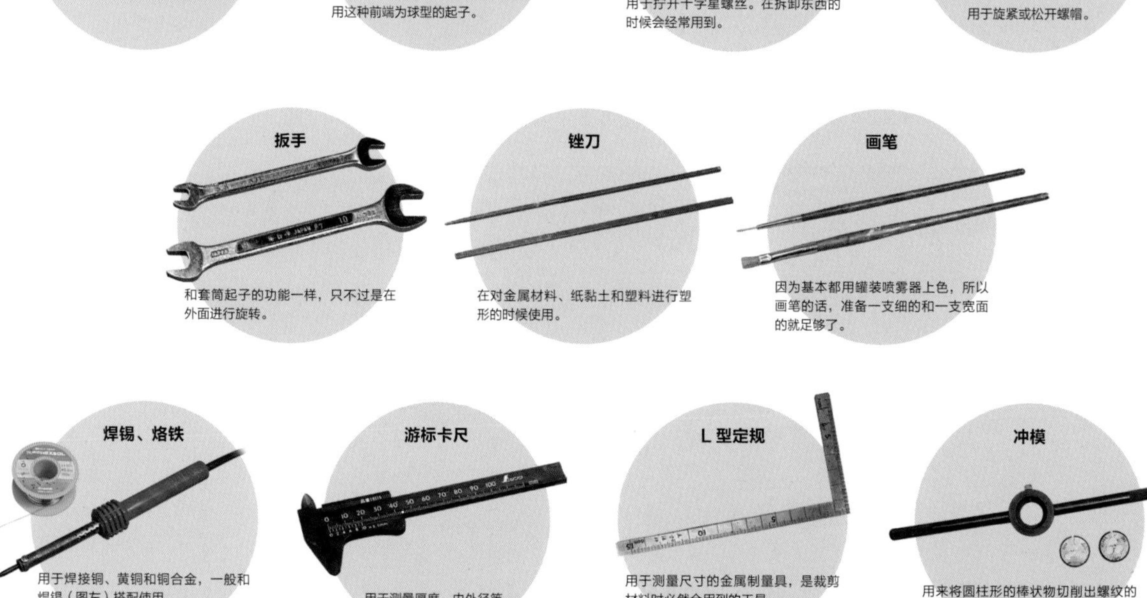

扳手

和套筒起子的功能一样，只不过是在外面进行旋转。

锉刀

在对金属材料、纸黏土和塑料进行塑形的时候使用。

画笔

因为基本都用罐装喷雾器上色，所以画笔的话，准备一支细的和一支宽面的就足够了。

焊锡、烙铁

用于焊接铜、黄铜和铜合金，一般和焊锡（图左）搭配使用。

游标卡尺

用于测量厚度、内外径等。

L 型定规

用于测量尺寸的金属制量具，是裁剪材料时必然会用到的工具。

冲模

用来将圆柱形的棒状物切削出螺纹的工具。

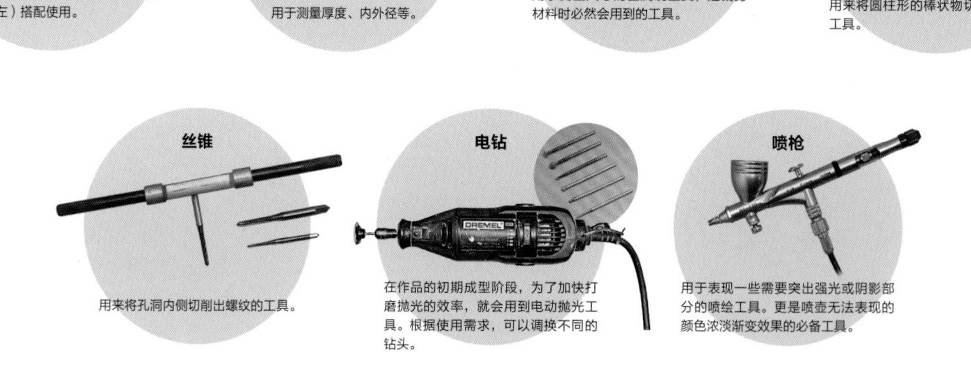

丝锥

用来将孔洞内侧切削出螺纹的工具。

电钻

在作品的初期成型阶段，为了加快打磨抛光的效率，就会用到电动抛光工具。根据使用需求，可以调换不同的钻头。

喷枪

用于表现一些需要突出强光或阴影部分的喷绘工具。更是喷壶无法表现的颜色浓淡渐变效果的必备工具。

目录

第 1 章

由纸黏土开始制作的原创作品

制作陶工蜂

第 2 章

由复制品开始制作的原创作品

制作甲虫

第 3 章

将各种不同素材组合而成的原创作品

制作底座

第 4 章

从过去到现在的原创作品

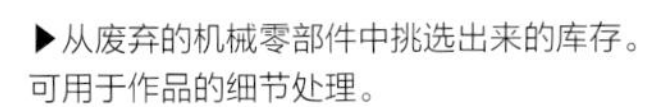
▶从废弃的机械零部件中挑选出来的库存。可用于作品的细节处理。

本书内容简介

本书主要是分章节介绍制作各类机械昆虫的流程，同时结合图片展示加以说明。第 1 章的作品看起来像是由金属制作而成的机械体，而且还上了色，进行了打磨加工，实际上该作品的主体是由纸黏土制作而成的。用纸黏土制作出昆虫的身体躯干是这一章里非常重要的工程，完全就像素描一样，需要耐心细致地反复操作，使昆虫的各个身体部位都显现出来。

本书有一个编写原则，就是不重复讲解差不多类型的作品制作，因此书中的作品都是纯手工完成，并且都各具特色。像第 2 章的作品，昆虫的身体主干可以由硅制的模型进行“量产”，随着制作的进一步深入，要使它们富有个性，便需要在着色和细节上下功夫。

第 3 章则是详细介绍了第 1 章中“单件作品”的底座的制作方法。第 4 章则是展示了作者迄今为止的几个具有代表性的作品，就像画廊展示一样。同时，每件作品也附上了大致的制作方法，读者要是喜欢的话，也可以以此作为参考做出自己的作品。

大致的制作流程说明

	工程	详细内容	材料	工具
①	主体塑形	·纸黏土 → ·干燥 → ·定出位置 ⇅ ·打磨（150~180 号） * 本过程需反复进行直至成型	·纸黏土（水） ·环氧树脂（稀释剂 + 水）	·刮勺 ·锉刀 ·美工刀 ·铅笔 ·砂纸 ·锥子 ·电钻 ·水瓶
②	打底处理	·打底 → ·打磨（180~240 号）（240~320 号）→ ·定型剂 ·灰色模型底漆 * 制作出光滑或是粗糙质感的表面	·打底涂料（3~4 种） ·灰色模型底漆 ·定型剂 等	·各种笔刷 ·小碟子 ·稀释剂 ·水瓶 ·砂纸 ·锉刀
③	上色	·底层上色、·中层上色 —— 喷绘 + 笔涂 ·表层上色 —— 喷枪喷涂	·清漆颜料 ·丙烯颜料 ·珠光颜料 ·油性着色剂 等	·与打底处理的工具相同 + ·各种颜料稀释剂 ·喷枪
4	各部位制作	①～③制作的主体及相关附属零件的细节制作 * 开始进行底座等主体以外的制作	·金属材料 ·各种零件（螺帽、垫圈、螺栓、软管、焊锡、棒材、板材、大头针、金属扣眼等） ·塑料 ·纸张 ·木材 ·橡胶 ·玻璃 ·各种连接剂 等	·镊子 ·锥子 ·钻床 ·电钻 ·扳手 ·烙铁 ·燃气喷嘴 等
5	组装	将④中制作完成的各部件组装起来	同上	同上
6	细节处理	从整体感觉进行细节的处理和提升	同上	同上

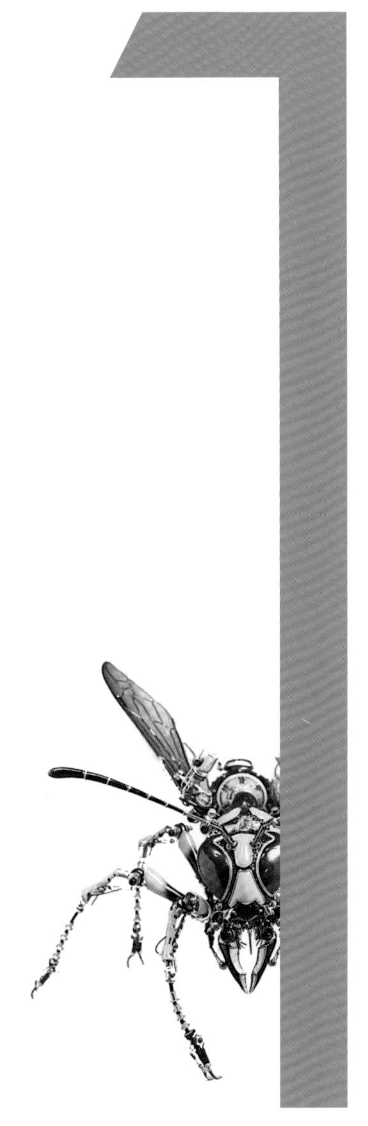

第 1 章

由纸黏土开始制作的原创作品

………… 陶工蜂的制作方法（单件作品的制作流程）

制作机械昆虫的时候，一般要对昆虫的生理、形状、颜色以及生活在什么样的地方等因素进行考虑。制作出的昆虫还要和与它相配套的情景设置融为一体，从而使观赏者能够更真实地感受到这一被定格的场景。在实际制作过程中，为了提高加工的效率或是出于制作上的其他考量，一般昆虫和展示用的底座都是同步进行制作的。但为了方便理解，本书将分章节分别对其进行讲解（展示用底座的制作将在第 3 章进行讲解）。

在这一章节，我们主要是介绍陶工蜂的制作方法。

＊陶工蜂，体长约 15mm 的蜂类。雌性会用泥土为幼虫筑巢。巢里有一枚虫卵，并塞满了幼虫的食物——已经被毒针麻痹的尺蛾幼虫。
＊从此开始将“机械昆虫”简称为“昆虫”。

制作陶工蜂

主体塑形

首先要制作陶工蜂的身体，除此之外，还有展示用的底座（罐状蜂巢、支撑树枝的支柱、盒状底座）及作为食饵的尺蛾幼虫需要制作。为了更好地掌握整体形象，可以先画出设计草图。

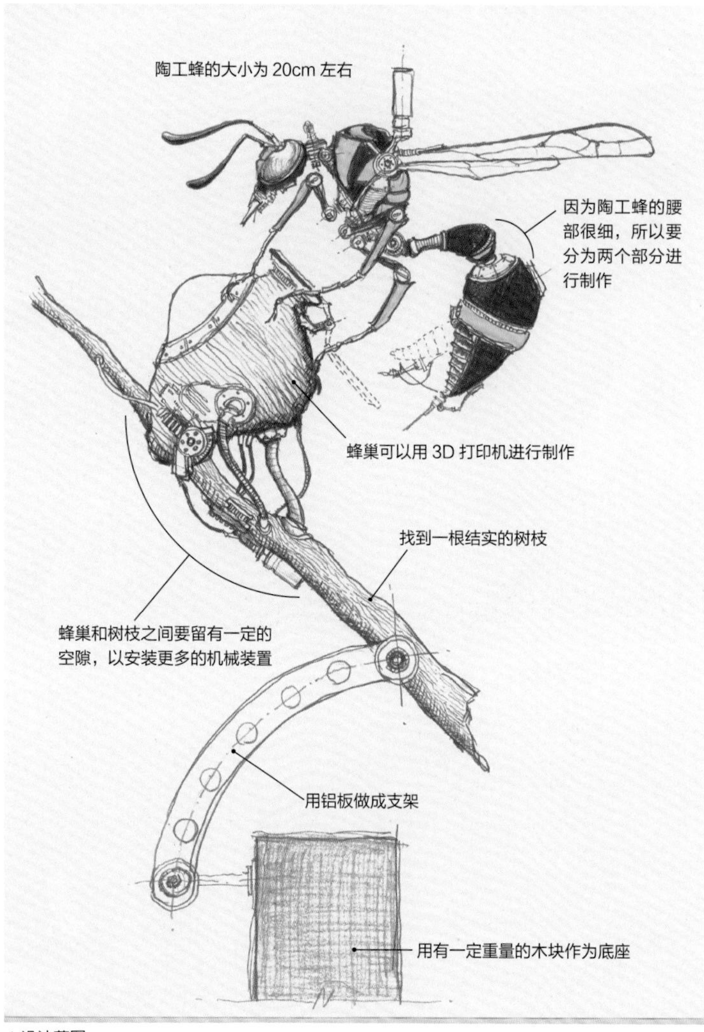

▲设计草图

一般在制作的时候是不需要草图的，但为了让大家心中有数，就先设计了这幅草图。

1 开始用纸黏土制作

▲从袋中取出适量的纸黏土，用于制作陶工蜂的头部、胸部和腹部。所使用的黏土是紫香乐教材黏土公司出产的“丝绸黄金”，十分柔软且便于操作。

◀陶工蜂标本。通过标本能更好地掌握昆虫本身的构造，从而帮助自己制作出更形象生动的机械昆虫。

制作雏形

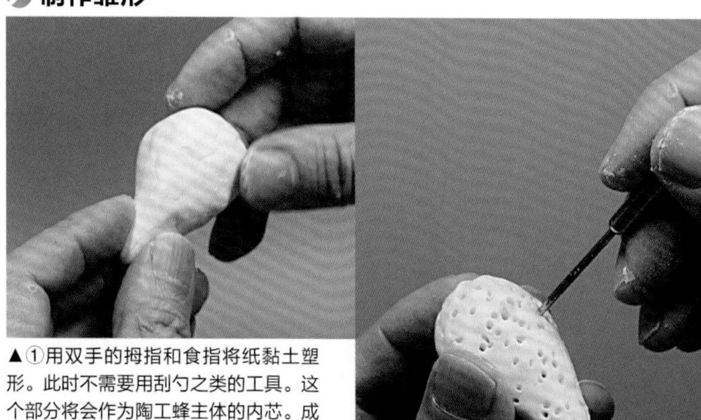

▲①用双手的拇指和食指将纸黏土塑形。此时不需要用刮勺之类的工具。这个部分将会作为陶工蜂主体的内芯。成型后使其完全干燥。

▲②大体成型以后，用锥子之类的针状物进行全面打孔。

头部（外）

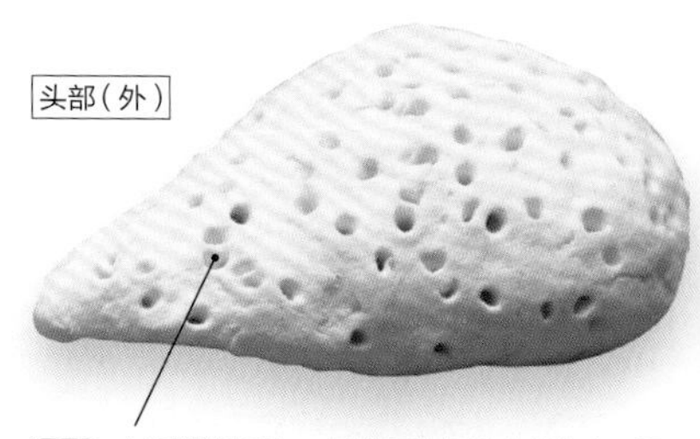

之所以要打孔，一是为了让纸黏土能快点干燥。二是为了增加后续堆叠纸黏土的附着力。

头部（里）

头部内芯的制作时间大约在 2~3 分钟左右。

配置陶工蜂的身体

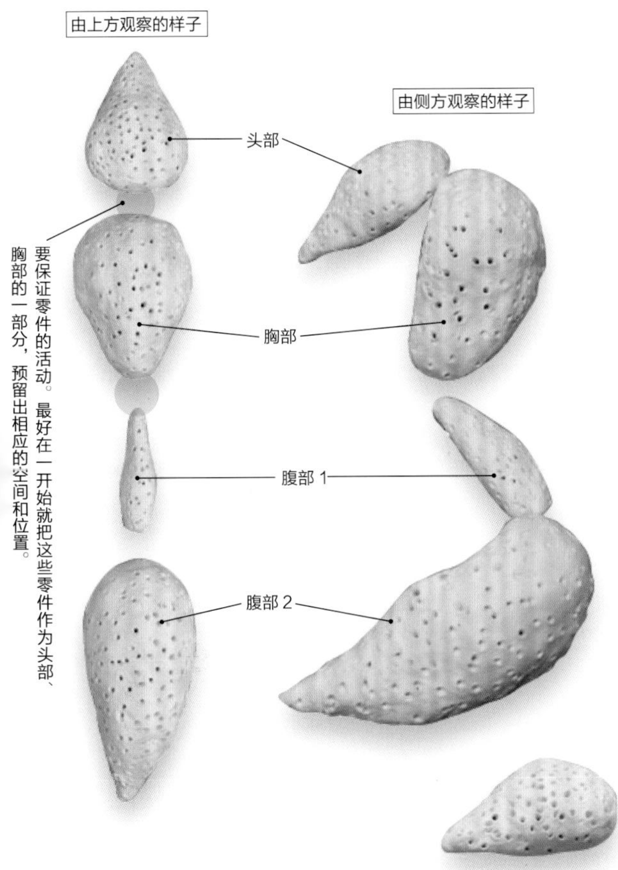

要保证零件的活动。最好在一开始就把这些零件作为头部、胸部的一部分，预留出相应的空间和位置。

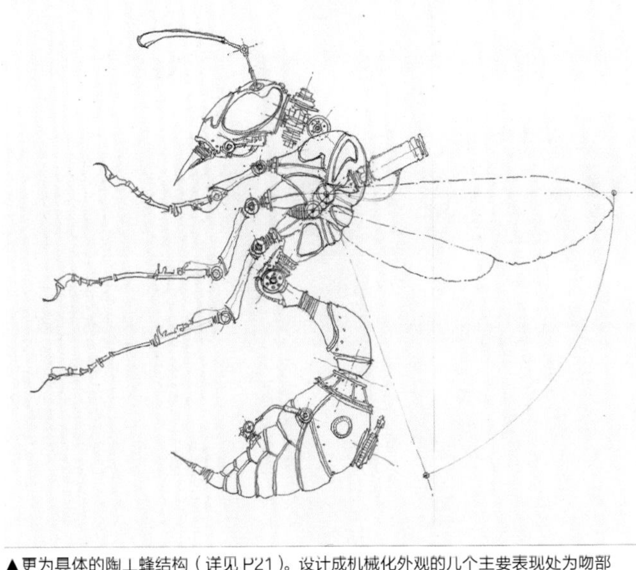

▲更为具体的陶工蜂结构（详见 P21）。设计成机械化外观的几个主要表现处为吻部（头部突出的尖细管状物）、足部、翅根、腹部。尤其是腹部顶端的尖针和产卵管等部位。至于翅膀的形状则稍后讨论。

由斜侧方观察的样子

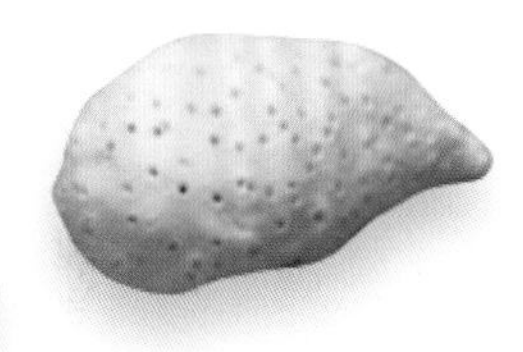

▲天气好的时候，白天可以任其自然风干，晚上则可利用干燥器或碗筷抽湿机等强行使其干燥。当内芯部分完全干燥之后就可以进入下一个步骤了。

两天后内芯部分完全干燥

由于水分的蒸发会导致内芯有些变形，这是基于材料特性没有办法的事情，但后续还可以慢慢地重新调整形状。

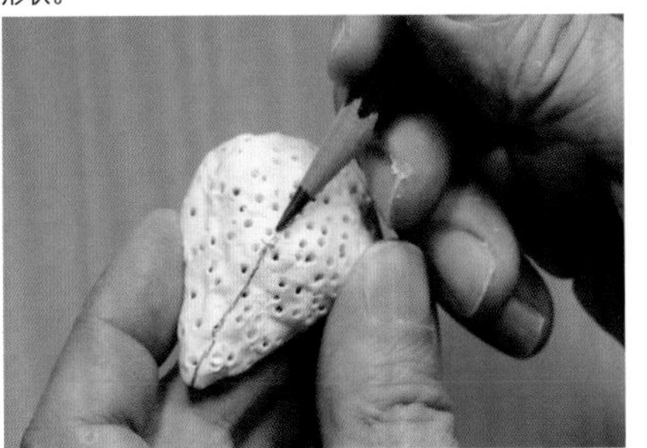

▲为了能够正确塑形，先用铅笔划出中心线。

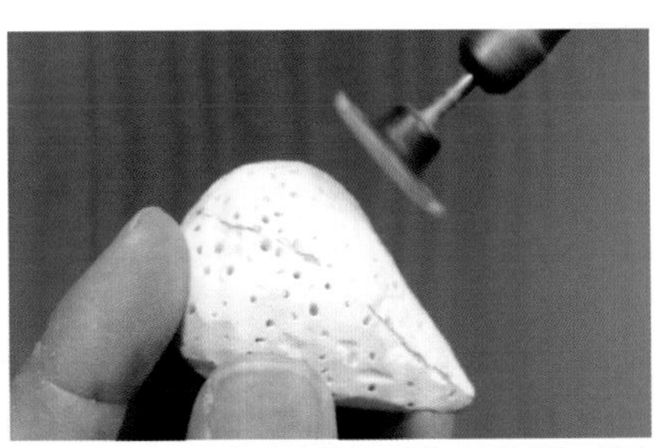

▲有了中心线以后，用电动抛光机磨掉凸出的部分，使其左右对称。

＊受季节的影响，干燥所需的时间也会有所不同。

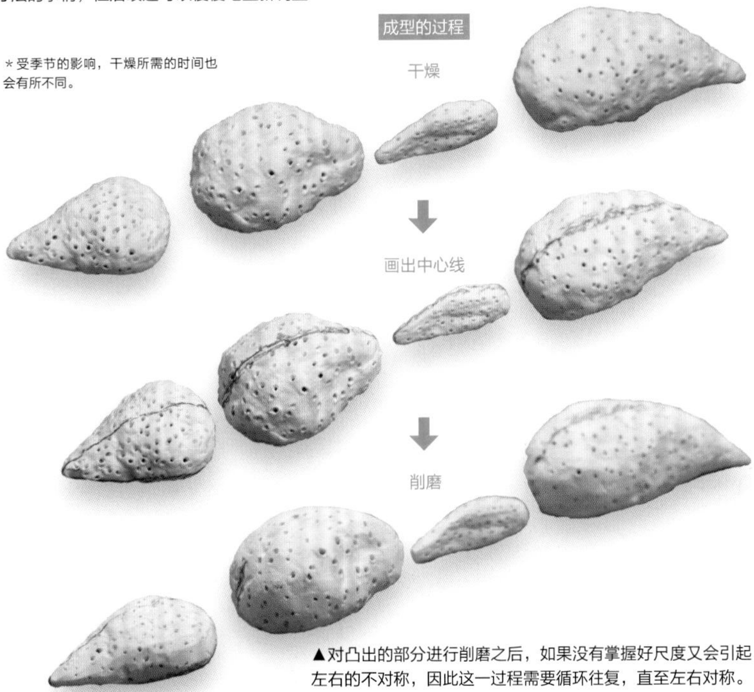

▲对凸出的部分进行削磨之后，如果没有掌握好尺度又会引起左右的不对称，因此这一过程需要循环往复，直至左右对称。

2 纸黏土等材料的堆高与削磨

用铅笔画线标示

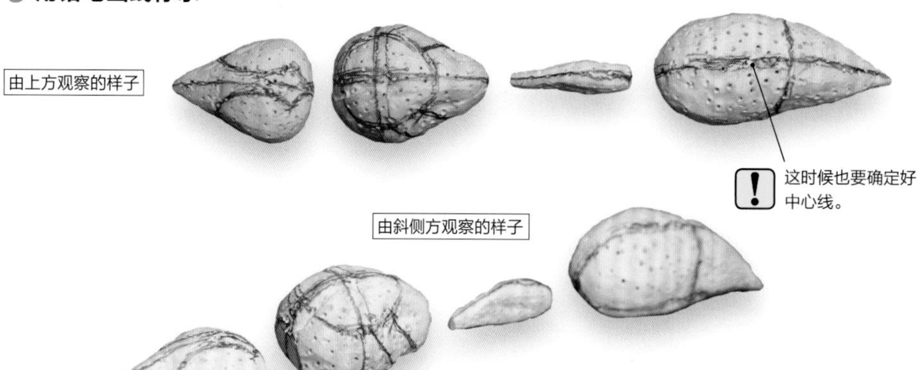

这时候也要确定好中心线。

当表面处理到一定程度光滑以后，要以预想成型以后的样子来确定中心线。同时要注意留出各部位（尤其是头部、腰部）之间的间隔。

用辅土进一步加固

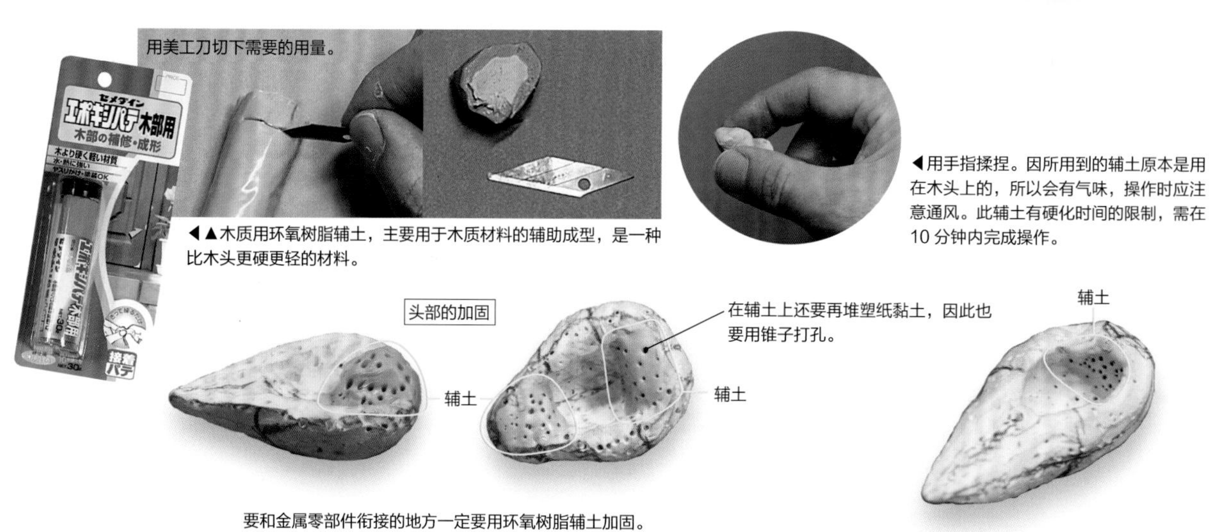

用美工刀切下需要的用量。

◀▲木质用环氧树脂辅土，主要用于木质材料的辅助成型，是一种比木头更硬更轻的材料。

◀用手指揉捏。因所用到的辅土原本是用在木头上的，所以会有气味，操作时应注意通风。此辅土有硬化时间的限制，需在 10 分钟内完成操作。

在辅土上还要再堆塑纸黏土，因此也要用锥子打孔。

要和金属零部件衔接的地方一定要用环氧树脂辅土加固。

堆塑纸黏土

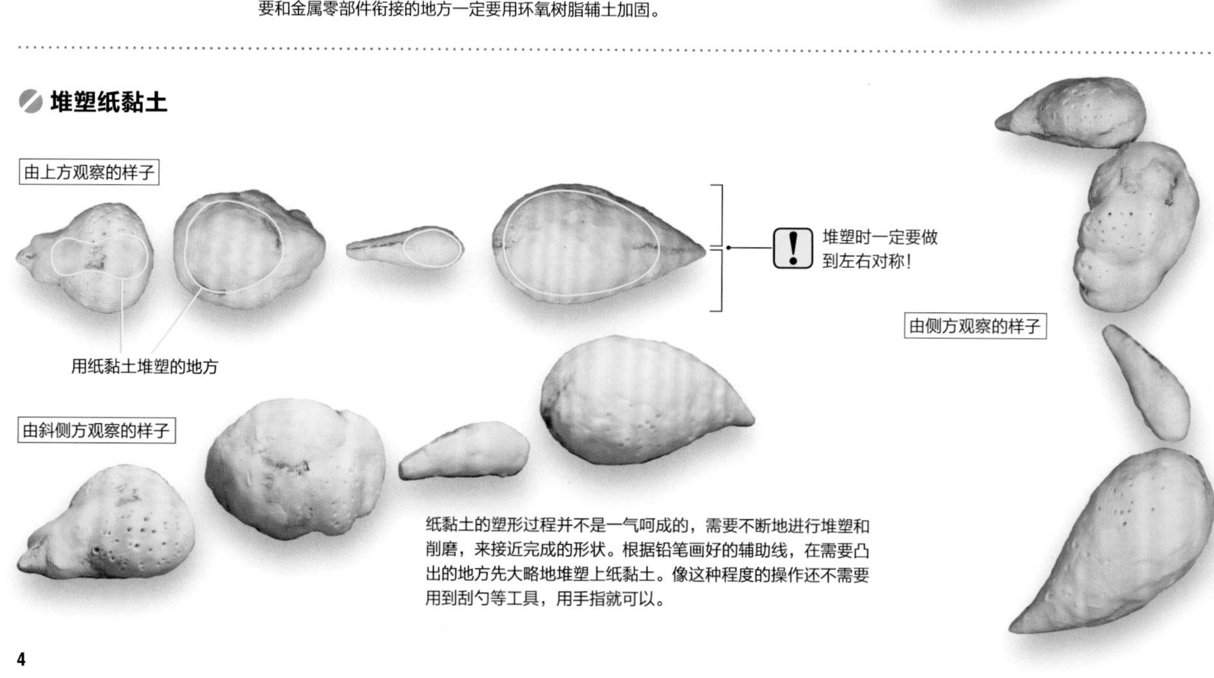

堆塑时一定要做到左右对称！

纸黏土的塑形过程并不是一气呵成的，需要不断地进行堆塑和削磨，来接近完成的形状。根据铅笔画好的辅助线，在需要凸出的地方先大略地堆塑上纸黏土。像这种程度的操作还不需要用到刮勺等工具，用手指就可以。

用铅笔绘制出定位线条→使用电动抛光机进行打磨→再用铅笔画出定位线

等堆塑上去的纸黏土干了以后，根据预想完成后的形状用铅笔画出定位线。因为使用的纸黏土较少，所以干燥后的形状变化也比较小。接下来的工作就是画出定位线，突显要凸出的位置。

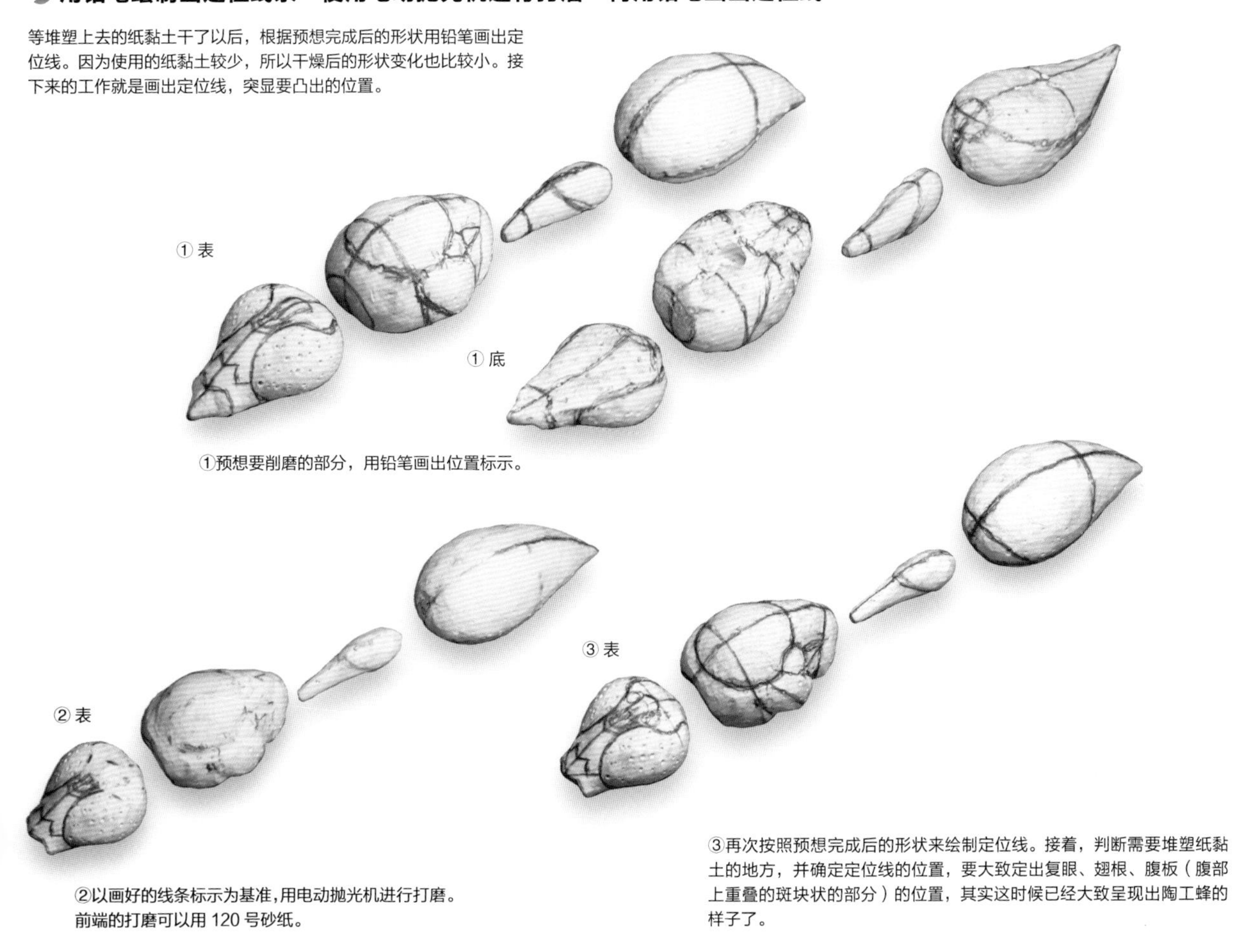

①预想要削磨的部分，用铅笔画出位置标示。

②以画好的线条标示为基准，用电动抛光机进行打磨。前端的打磨可以用 120 号砂纸。

③再次按照预想完成后的形状来绘制定位线。接着，判断需要堆塑纸黏土的地方，并确定定位线的位置，要大致定出复眼、翅根、腹板（腹部上重叠的斑块状的部分）的位置，其实这时候已经大致呈现出陶工蜂的样子了。

第二次纸黏土的堆塑操作

由前方观察的样子

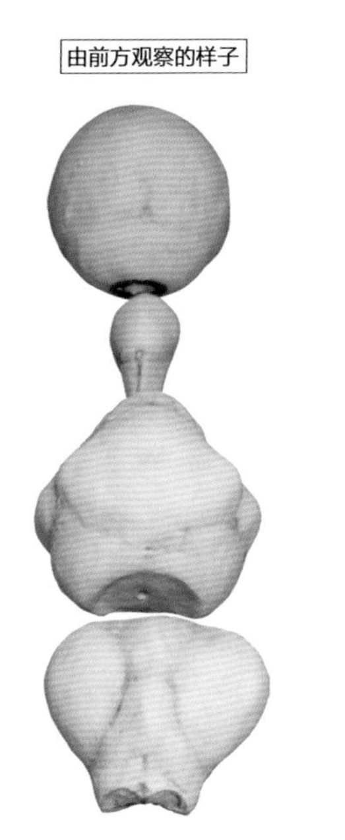

削磨出口器的部分，并制做出组合颚部的连接部分。

由上方观察的样子

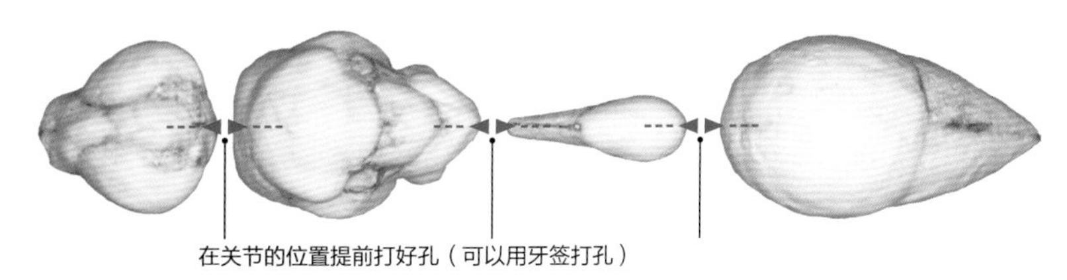

在关节的位置提前打好孔（可以用牙签打孔）

复眼、胸部的背面、足的连接点、腹部等处的凹凸曲线大致成型。因为还不到最终外形轮廓的修饰阶段，所以用手指操作即可。

由斜侧方观察的样子

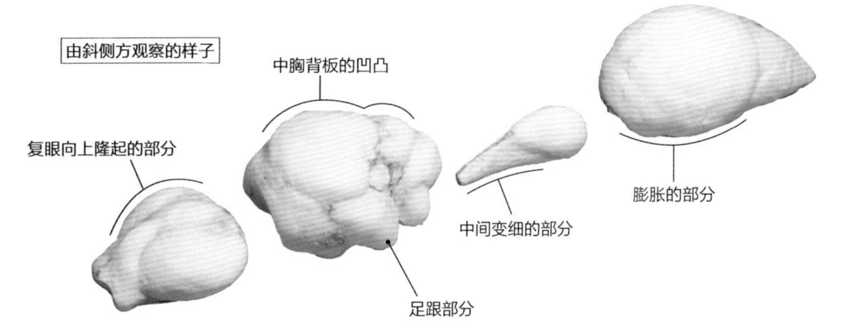

参考相关资料，表现出蜂类的独特外形。

＊口器：昆虫的嘴部。蜂类的口器有咀嚼和吸食两种功能。

3 各部位的最终造型和关节的组装

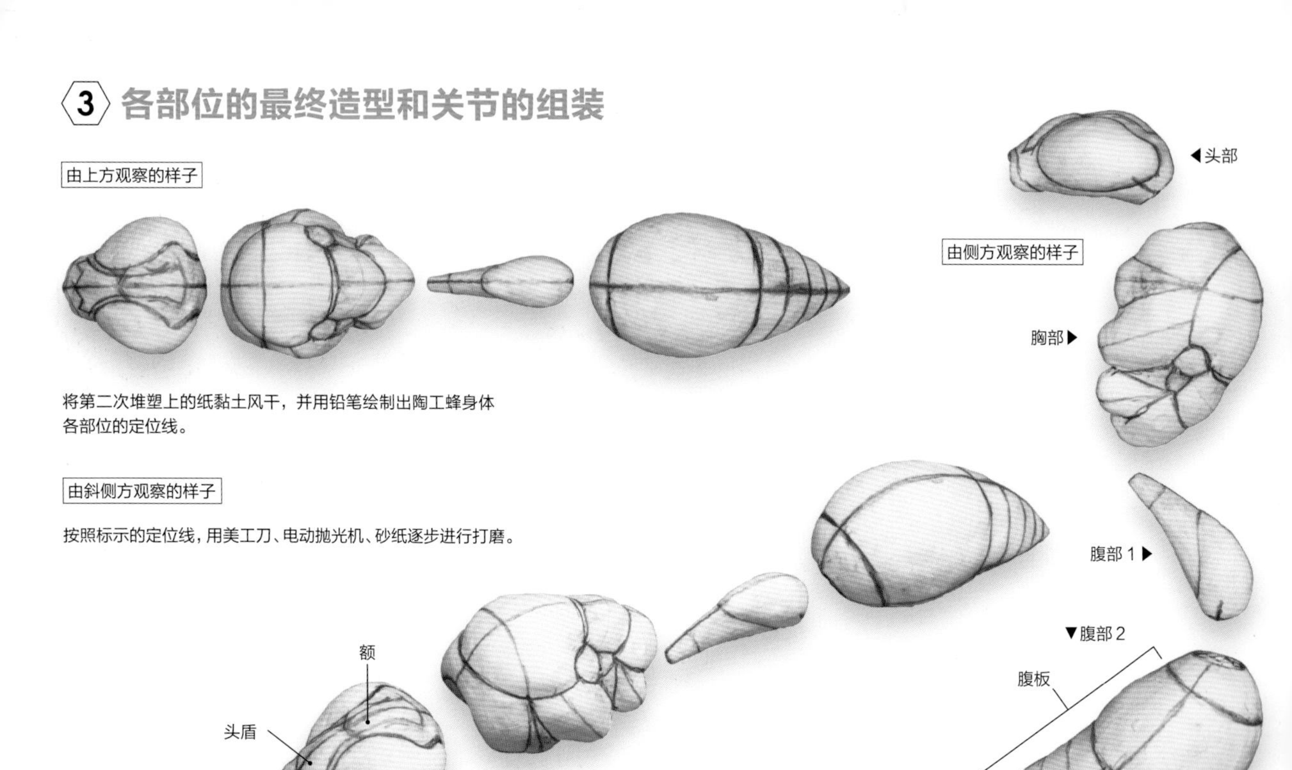

将第二次堆塑上的纸黏土风干，并用铅笔绘制出陶工蜂身体各部位的定位线。

由斜侧方观察的样子

按照标示的定位线，用美工刀、电动抛光机、砂纸逐步进行打磨。

从现在开始，就要做出最终的成型了。耐心地打磨，细心地堆塑纸黏土，做得越逼真越好。

腹部 2 和头部的造型

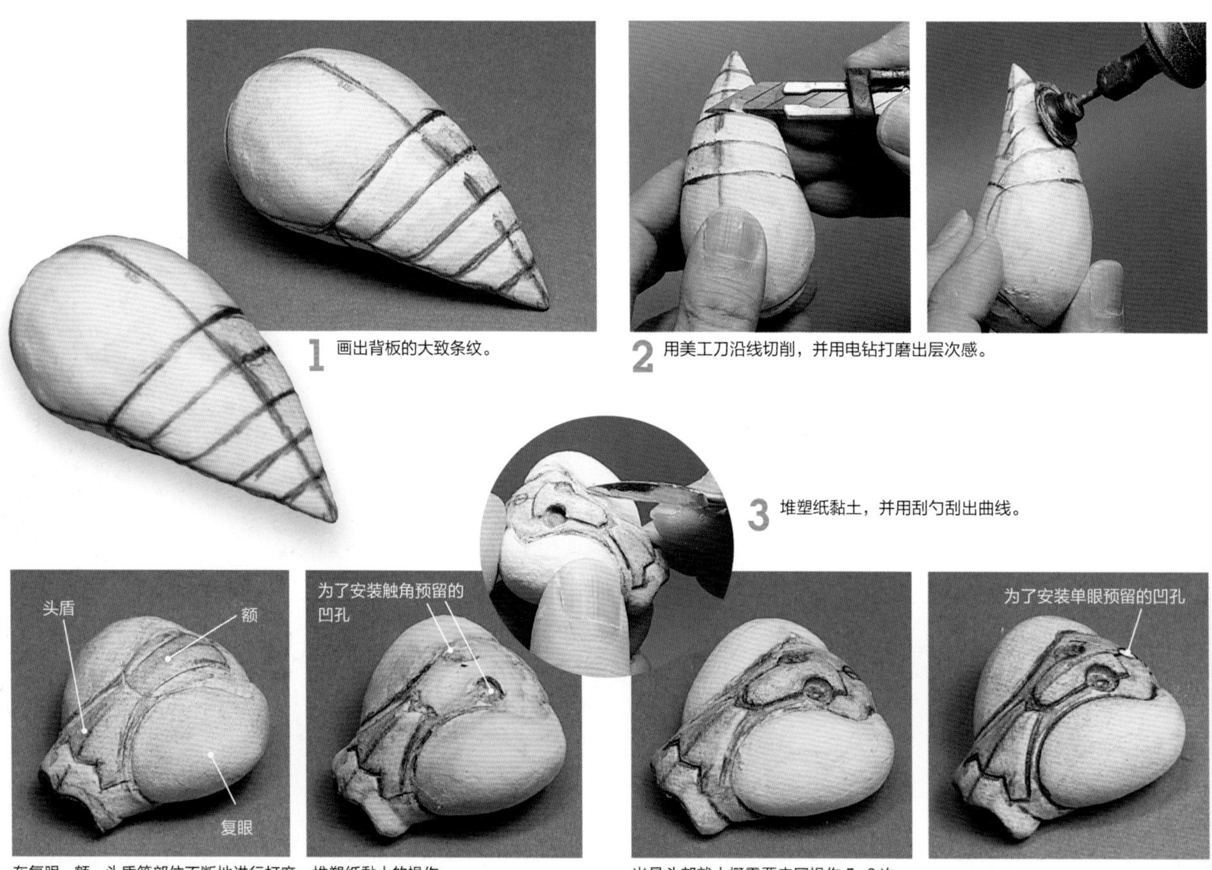

1 画出背板的大致条纹。

2 用美工刀沿线切削，并用电钻打磨出层次感。

3 堆塑纸黏土，并用刮勺刮出曲线。

在复眼、额、头盾等部位不断地进行打磨→堆塑纸黏土的操作。

光是头部就大概需要来回操作 5~6 次。

胸部的造型

用纸黏土堆塑胸部和足的连接部位。陶工蜂有三对足（6只），足跟要与胸部一体化成型。

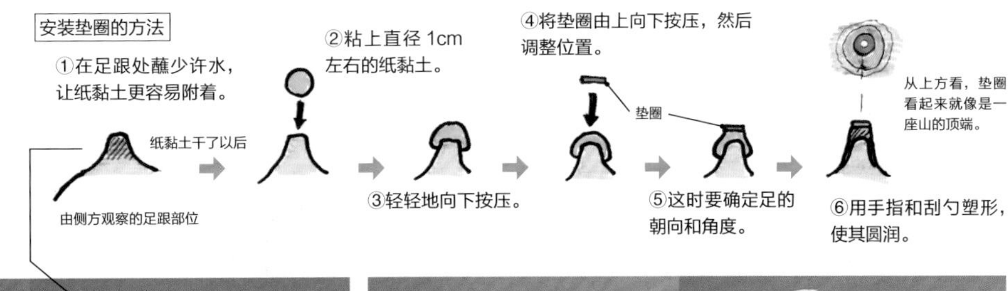

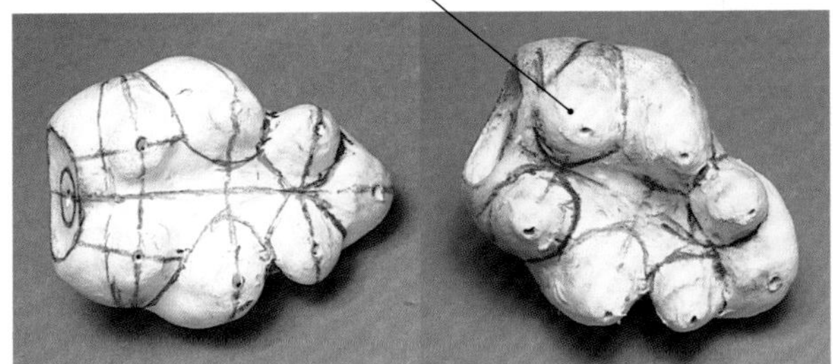

▲这不是一次就能完成的，需要好几个来回。

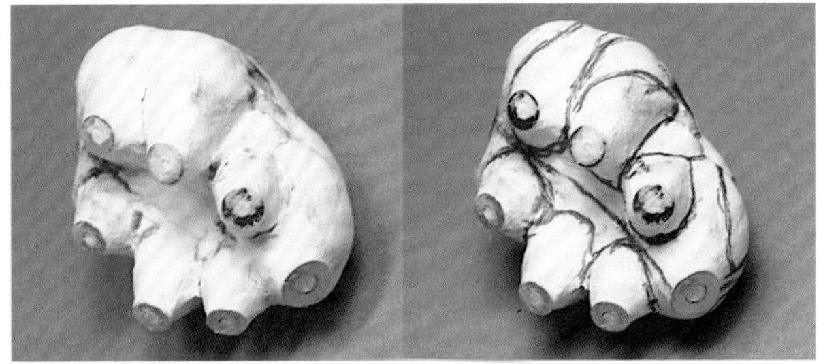

▲前端部分使用SUS M3（不锈钢造的3mm螺栓用）垫圈按照画好的位置进行替换。

组装腹部的关节

先提前制作好用于连接胸部与腹部的关节。

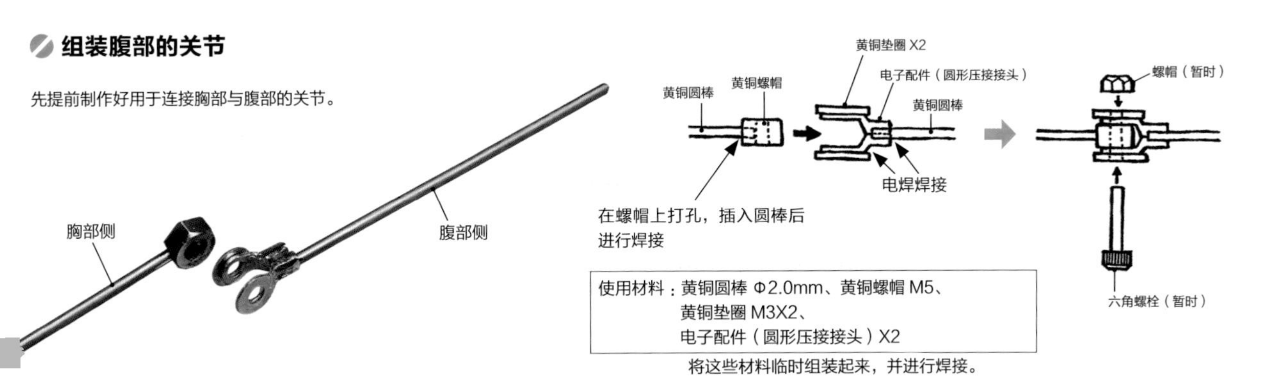

使用材料：黄铜圆棒Φ2.0mm、黄铜螺帽M5、黄铜垫圈M3X2、电子配件（圆形压接接头）X2

将这些材料临时组装起来，并进行焊接。

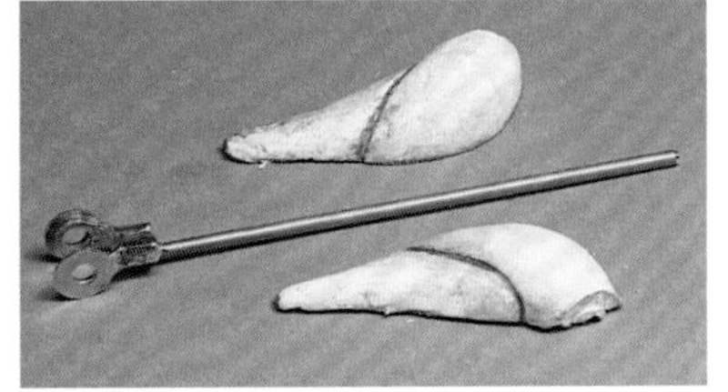

▲①加工关节配件。用美工刀将腹部一分为二。

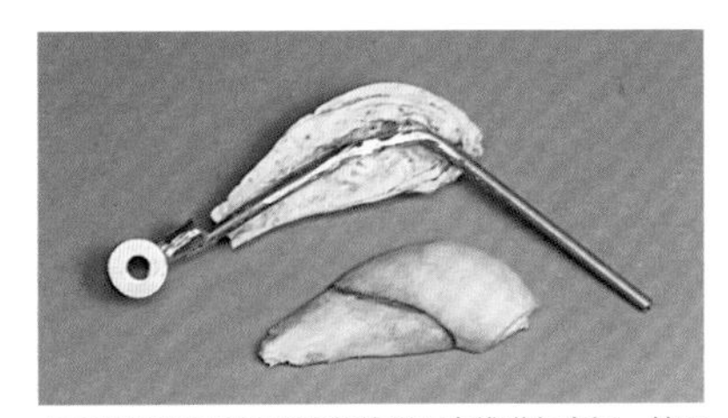

▲②把关节配件沿着腹部的剖面中线进行弯折，并用快干胶水进行固定。

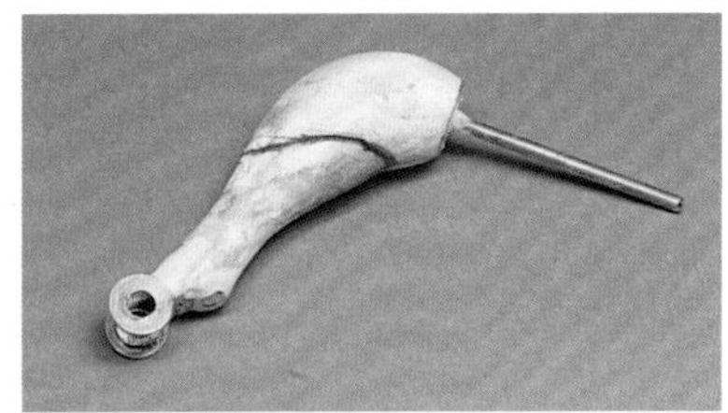

▲③用木工用的胶水将切开的腹部重新粘合，并用环氧树脂进行加固硬化。

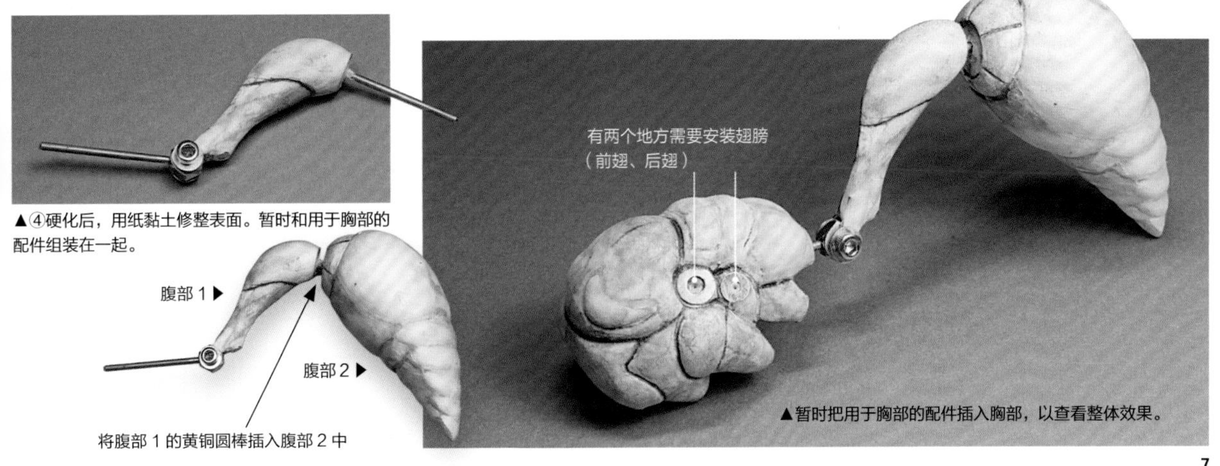

▲④硬化后，用纸黏土修整表面。暂时和用于胸部的配件组装在一起。

▲暂时把用于胸部的配件插入胸部，以查看整体效果。

4 制作关节并确认可动

制作头关节

1 为了使头部能够上下、左右转动，要制作相应的头关节。

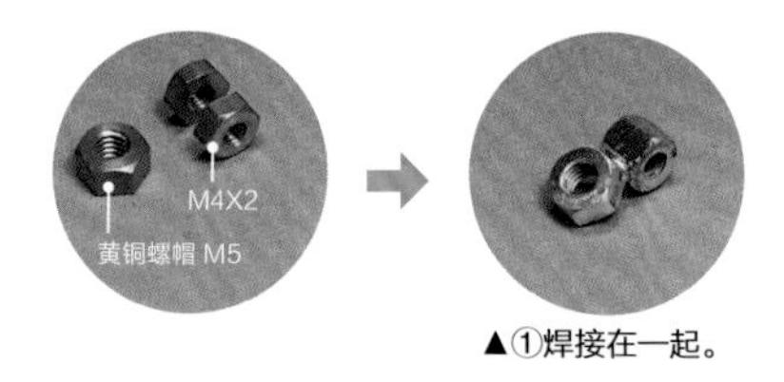

▲①焊接在一起。

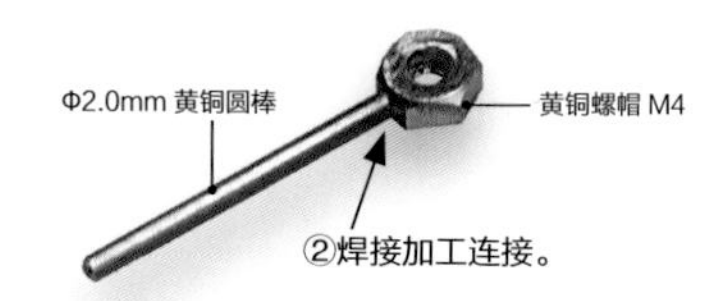

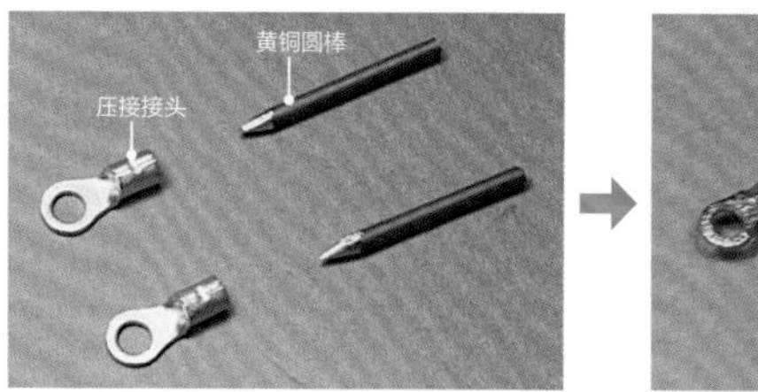

▲③焊接加工连接。

▲④配置各部位零件。

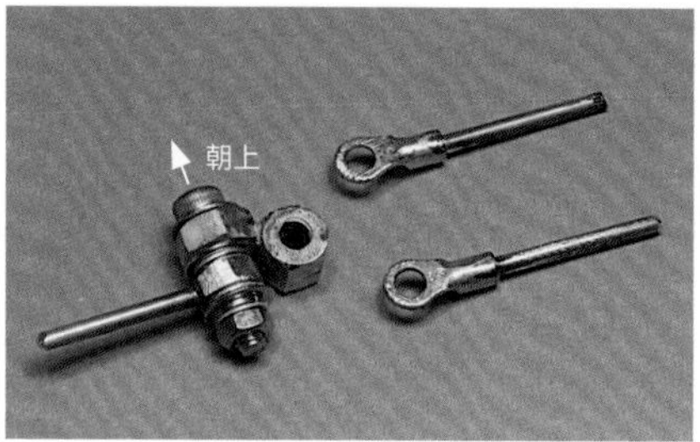

▲⑤将各部位零件用螺栓和螺帽组装起来。

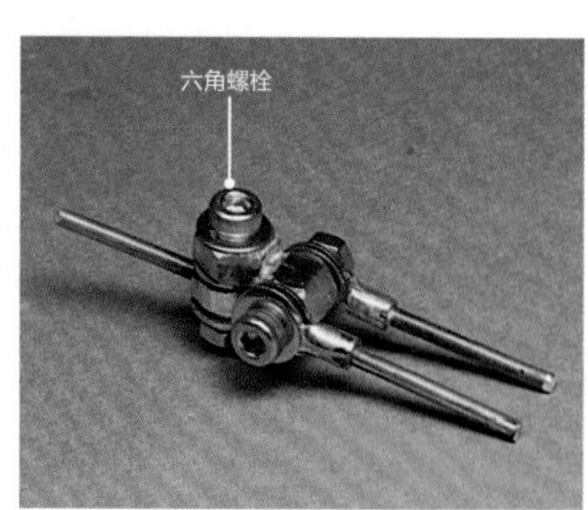

▲⑥头关节完成。

头部和胸部的暂时组装

2 用头关节连接头部和胸部，试着暂时组装一下。

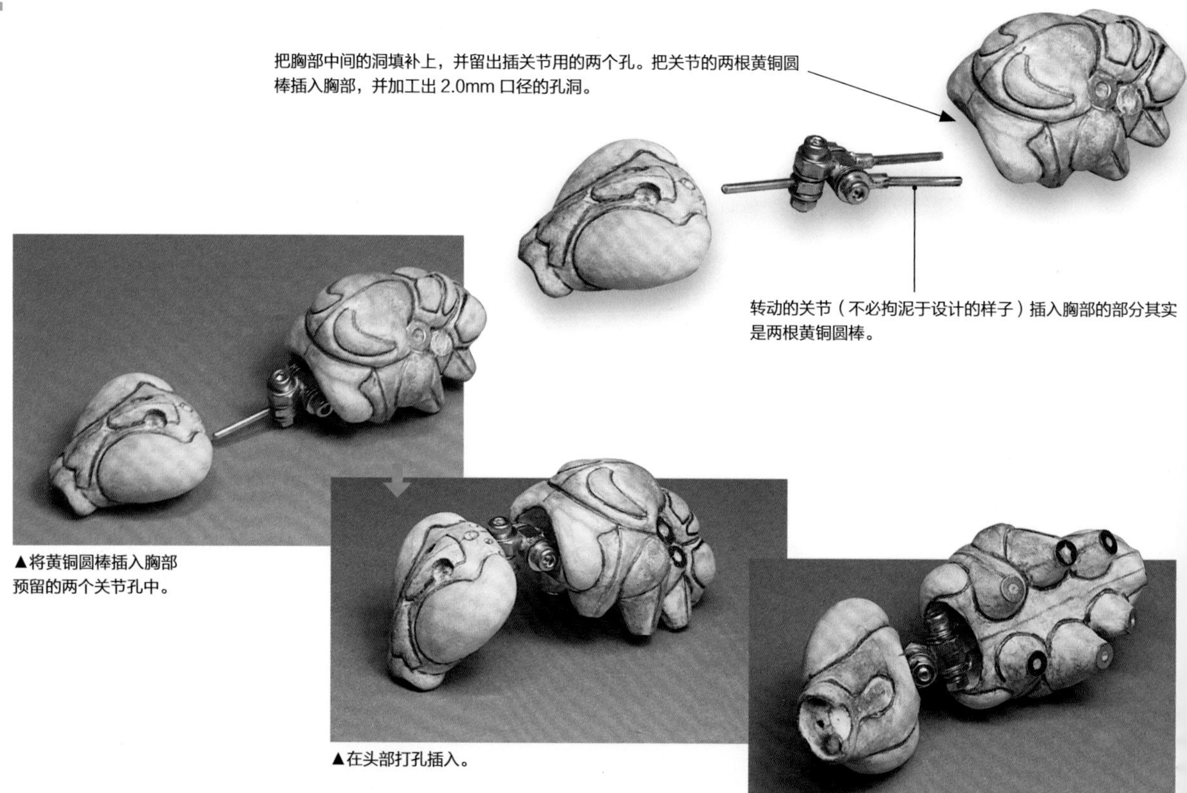

▲将黄铜圆棒插入胸部预留的两个关节孔中。

▲在头部打孔插入。

▲从底部看插入头关节后的样子。

制作腹部 2 的开口部分

1 把美工刀插入腹部平板的边缘，把相当于盖子的部分切离出来。在切的过程中“盖子”多少是会变形的，不用太在意。用美工刀沿着外围（画红线的部分）一点一点地切开，切个 2~3 圈就能拿下来了。

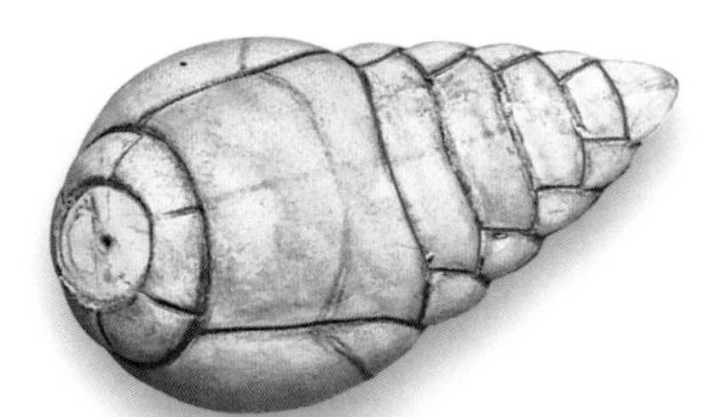

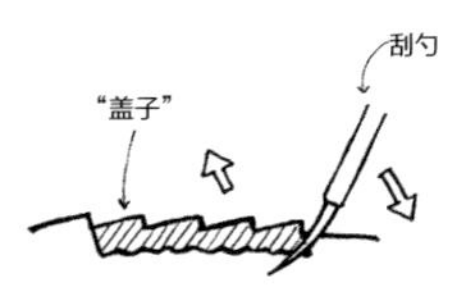

▲①用美工刀一刀一刀地切入。

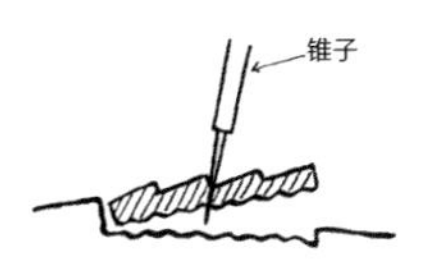

▲②将刮勺嵌入切口，并掌握好手感慢慢撬开。

▲③用锥子刺入“盖子”的中部，把“盖子”提起拉开。

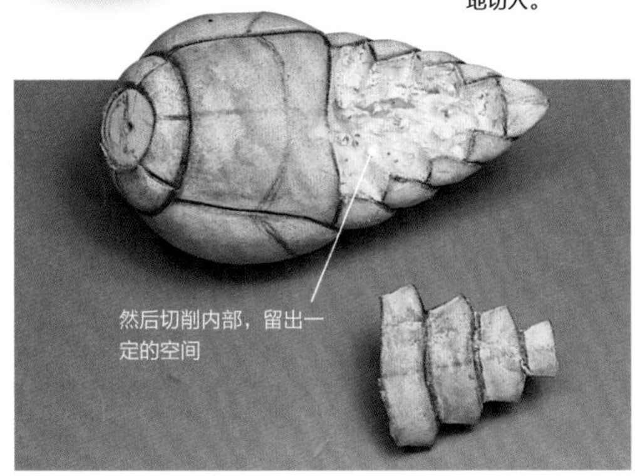

2 取出“盖子”。如果变形了的话，可以用纸黏土进行修复，以保证之后还能再装回去。

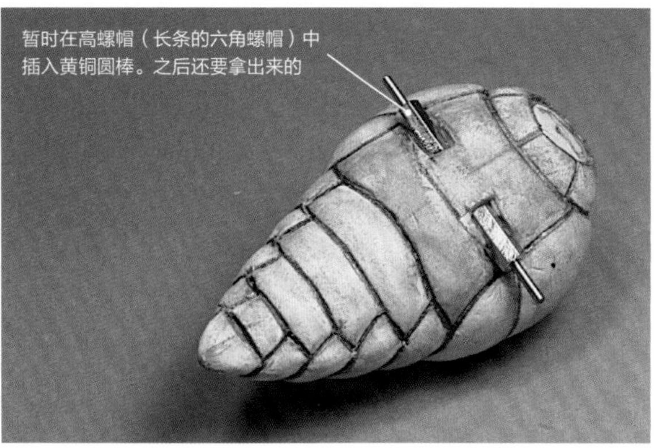

3 制作带有开关设置的“盖子”部分。先选好位置，然后切削这部分的纸黏土，用快干胶水固定好高螺帽 M2，再涂上环氧树脂。一定要注意左右对称，在不偏离中心线的前提下插入黄铜圆棒。

4 用环氧树脂填埋长螺帽，再在周围补上纸黏土。

▲这里要用到电动工具——电钻。可以较快速地完成如钻洞打磨等操作。

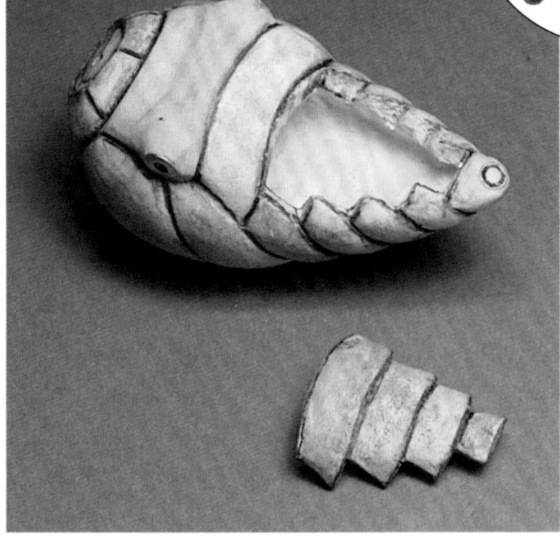

5 用电钻打磨挖空的腹部内部，再补上纸黏土，使其变得光滑。

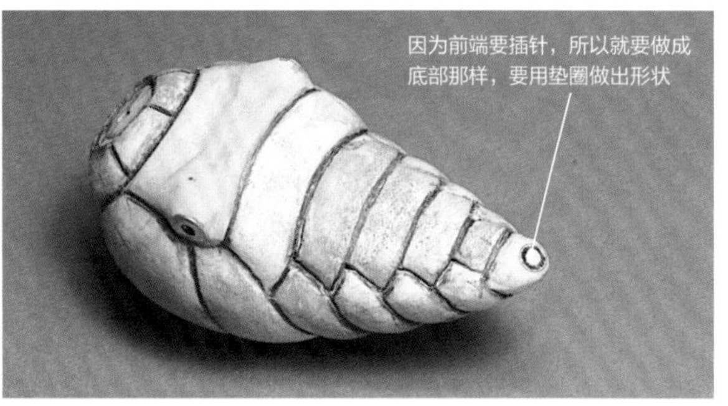

6 把腹部的“盖子”盖上。在“盖子”周围继续纸黏土的填补和切削工作。完全填补好以后，要保证即使切入也无法使其脱落。

制作要点摘要

制作主体内芯的时候，需要干燥、加土反复操作，使其成型。
反复操作铅笔画线、打磨、加土以后，陶工蜂的主体就差不多出来了。

从侧方观察这一过程

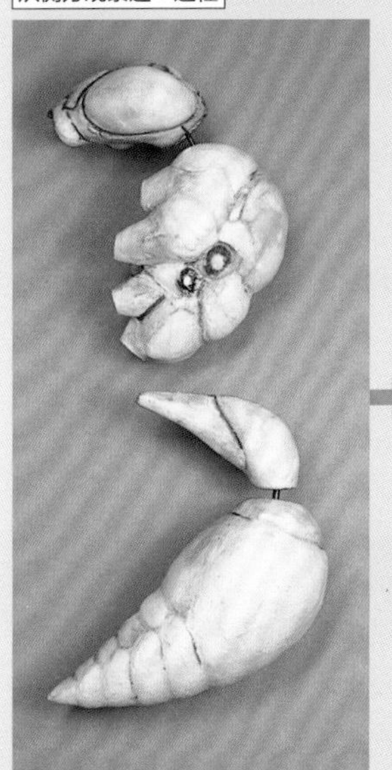

▲ 反复操作纸黏土的塑形和打磨。

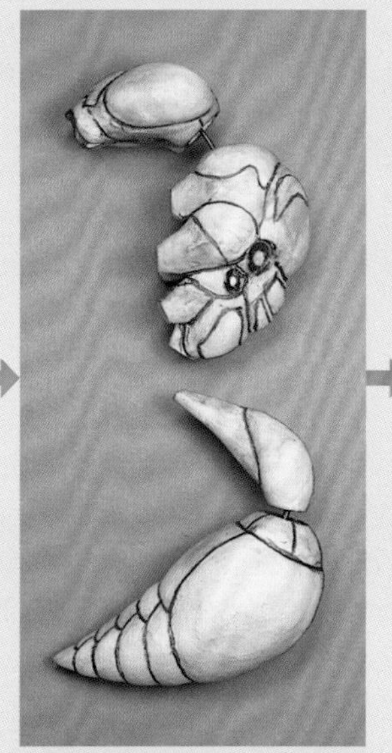

▲ 用铅笔画出轮廓，主体形状就基本出来了。

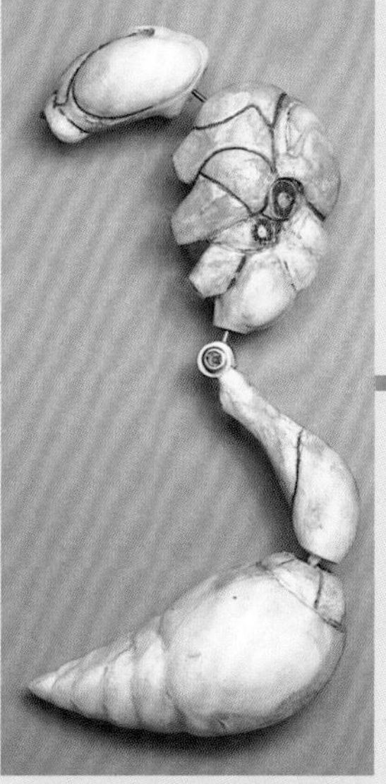

▲ 将腹部的关节临时组装在一起。

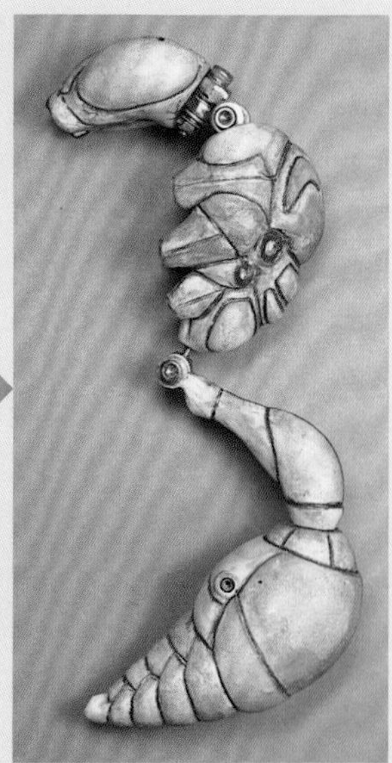

▲ 头关节的组装和腹部 2 开口部分的制作。

5 主体形状完成

由上方观察的样子

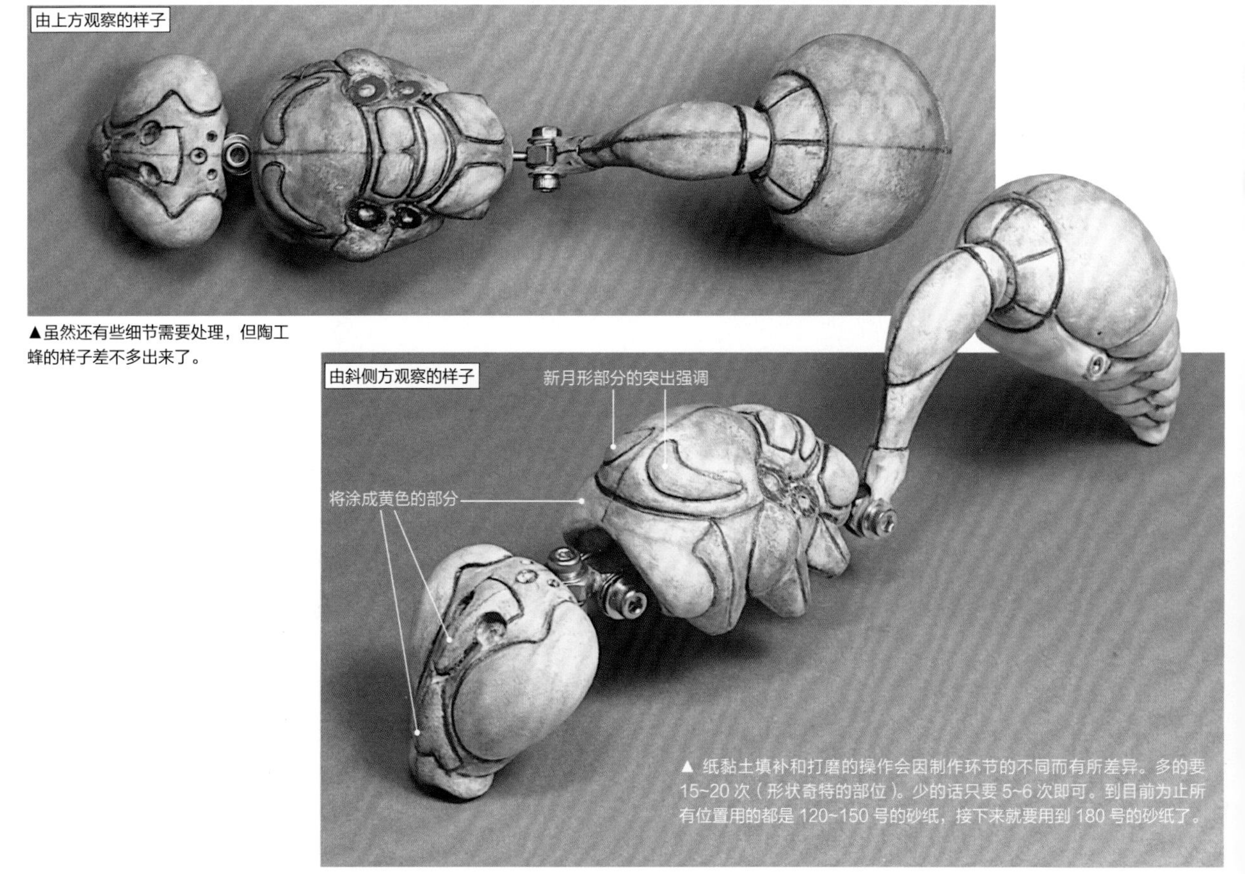

▲虽然还有些细节需要处理，但陶工蜂的样子差不多出来了。

▲ 纸黏土填补和打磨的操作会因制作环节的不同而有所差异。多的要 15~20 次（形状奇特的部位）。少的话只要 5~6 次即可。到目前为止所有位置用的都是 120~150 号的砂纸，接下来就要用到 180 号的砂纸了。

为了让整体看起来更有设计美感，下图模型的头部、胸部、腹部的分割线与斑纹都有重新整理过。其中有借用真实陶工蜂的肢节与模样，也有为了突显机械感而刻意做的调整与安排。

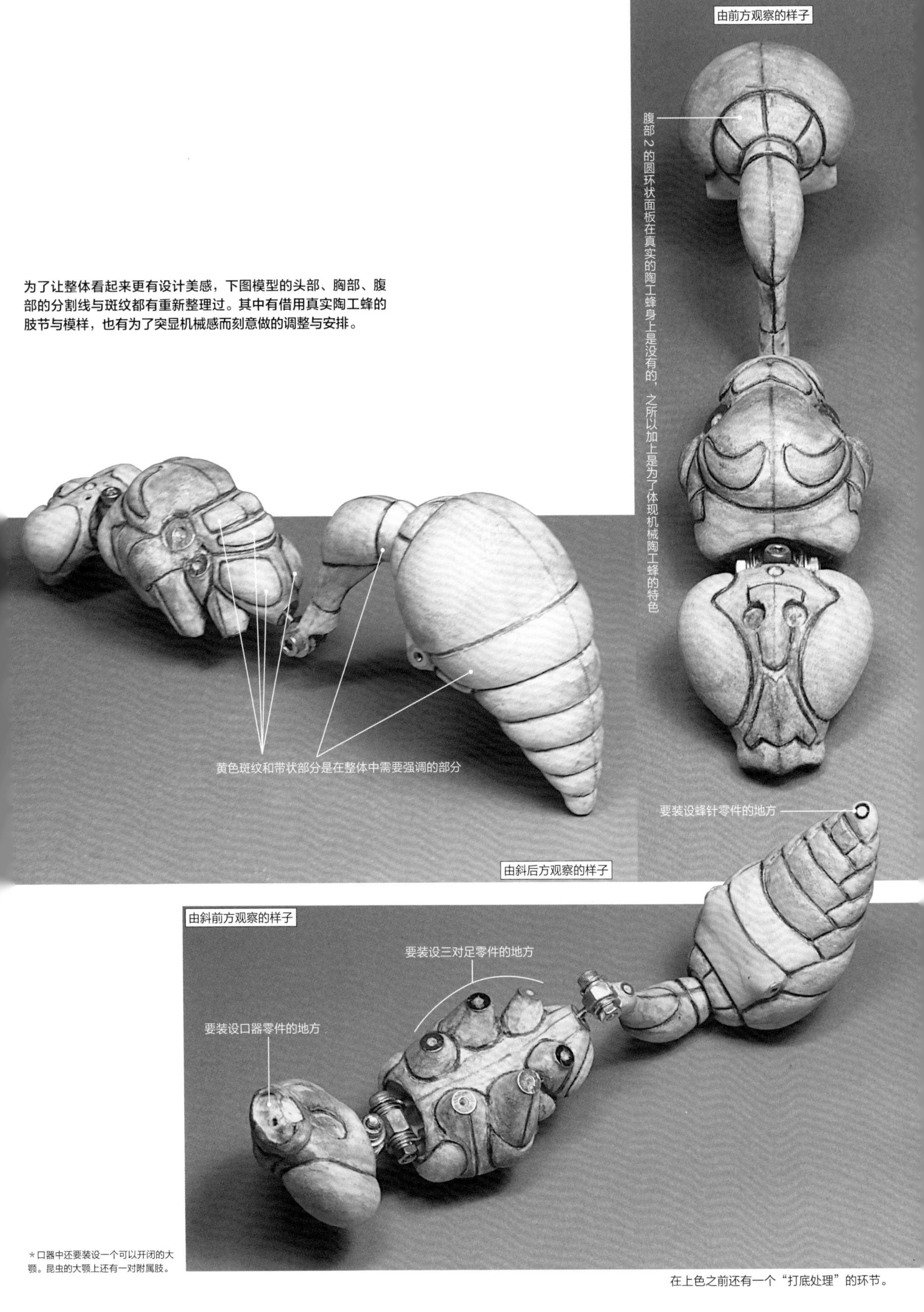

＊口器中还要装设一个可以开闭的大颚。昆虫的大颚上还有一对附属肢。

在上色之前还有一个“打底处理”的环节。

打底处理

之所以要进行打底处理是因为纸黏土是很难上色的，所以要先“打底”。

① 丙烯底涂料打底后打磨

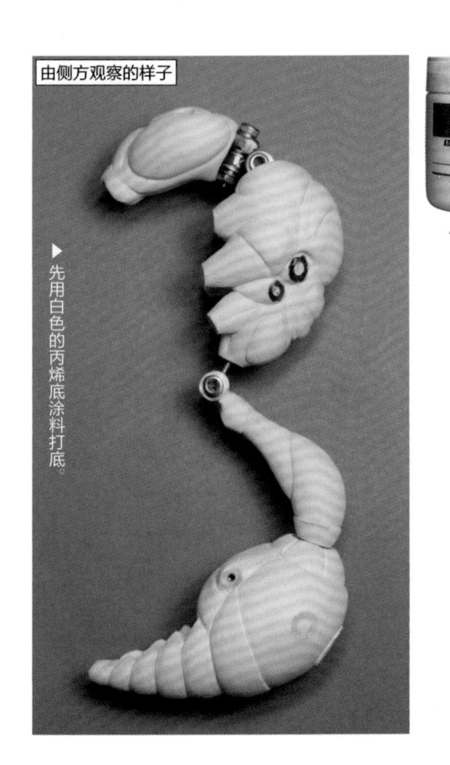

▶先用白色的丙烯底涂料打底。

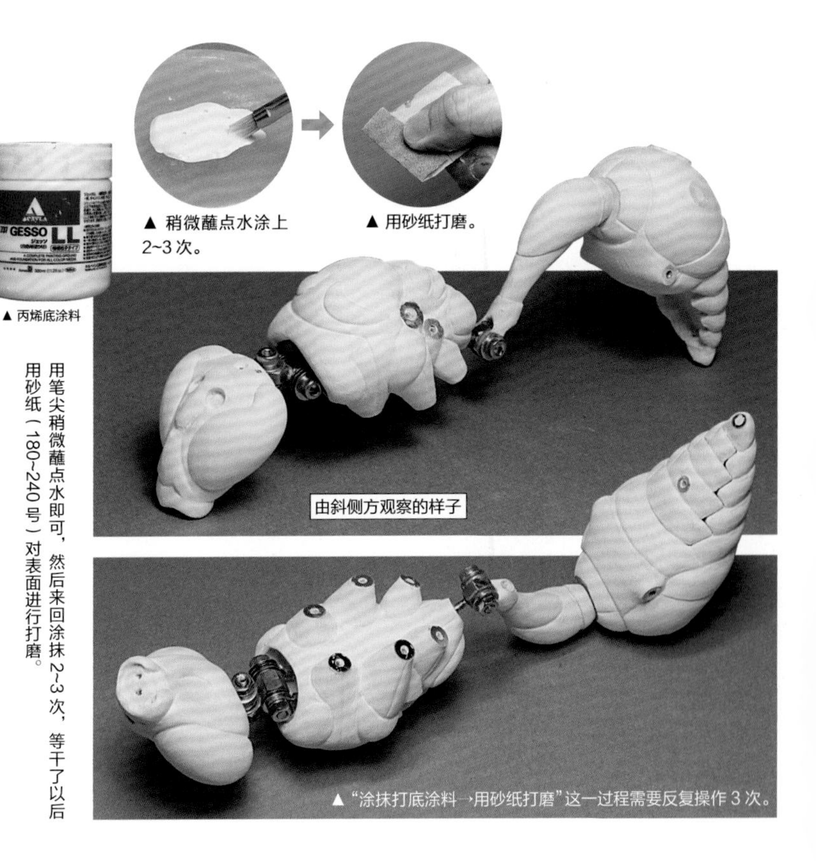

▲丙烯底涂料

▲稍微蘸点水涂上2~3次。

▲用砂纸打磨。

用笔尖稍微蘸点水即可，然后来回涂抹2~3次，等干了以后用砂纸（180~240号）对表面进行打磨。

▲“涂抹打底涂料→用砂纸打磨”这一过程需要反复操作3次。

② 等表面涂剂干了以后再用砂纸打磨

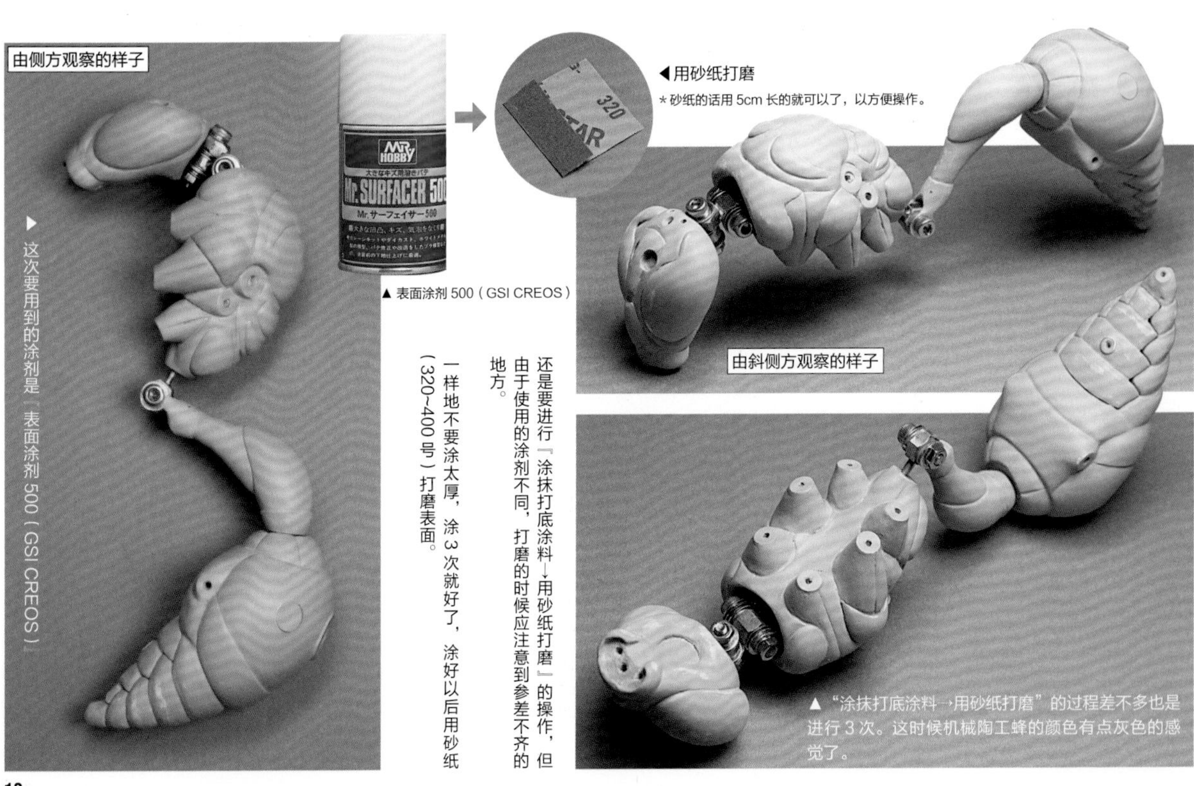

▶这次要用到的涂剂是『表面涂剂500（GSI CREOS）』

▲表面涂剂500（GSI CREOS）

◀用砂纸打磨

＊砂纸的话用5cm长的就可以了，以方便操作。

还是要进行『涂抹打底涂料→用砂纸打磨』的操作，但由于使用的涂剂不同，打磨的时候应注意到参差不齐的地方。

一样地不要涂太厚，涂3次就好了，涂好以后用砂纸（320~400号）打磨表面。

▲“涂抹打底涂料→用砂纸打磨”的过程差不多也是进行3次。这时候机械陶工蜂的颜色有点灰色的感觉了。

〈3〉再涂上白色的表面涂剂并打磨

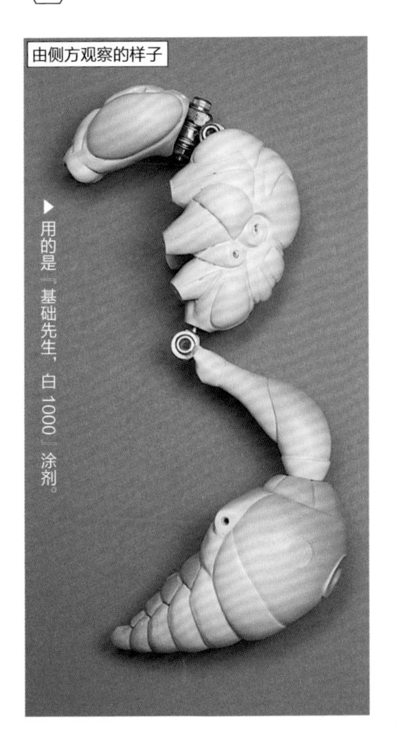

▶用的是『基础先生，白 1000』涂剂。

陶工蜂的颜色主要是黑色和黄色。原本亮度很高的黄色如果涂在已有的灰色表面涂剂上的话，会变得暗淡和失真，因此要在需要涂成黄色的部分，先涂上白色的表面涂剂。

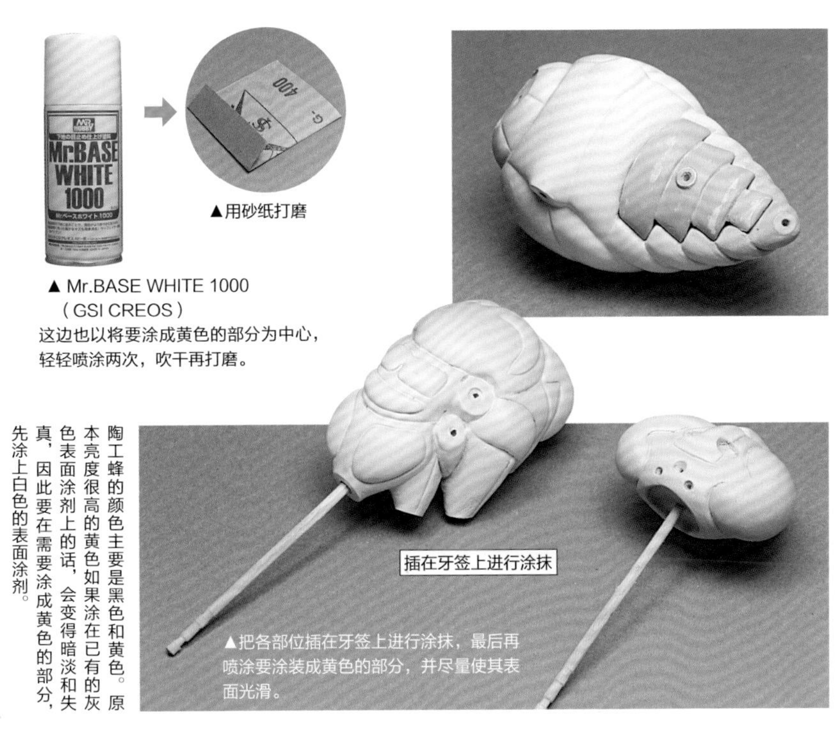

▲用砂纸打磨

▲ Mr.BASE WHITE 1000（GSI CREOS）
这边也以将要涂成黄色的部分为中心，轻轻喷涂两次，吹干再打磨。

▲把各部位插在牙签上进行涂抹，最后再喷涂要涂装成黄色的部分，并尽量使其表面光滑。

〈4〉涂成毛毛糙糙的效果，然后打磨

▲这次操作中，需要将塑料基底涂剂和粗粒子的打底涂剂进行混合，然后以敲打的方式，涂在相应的地方。

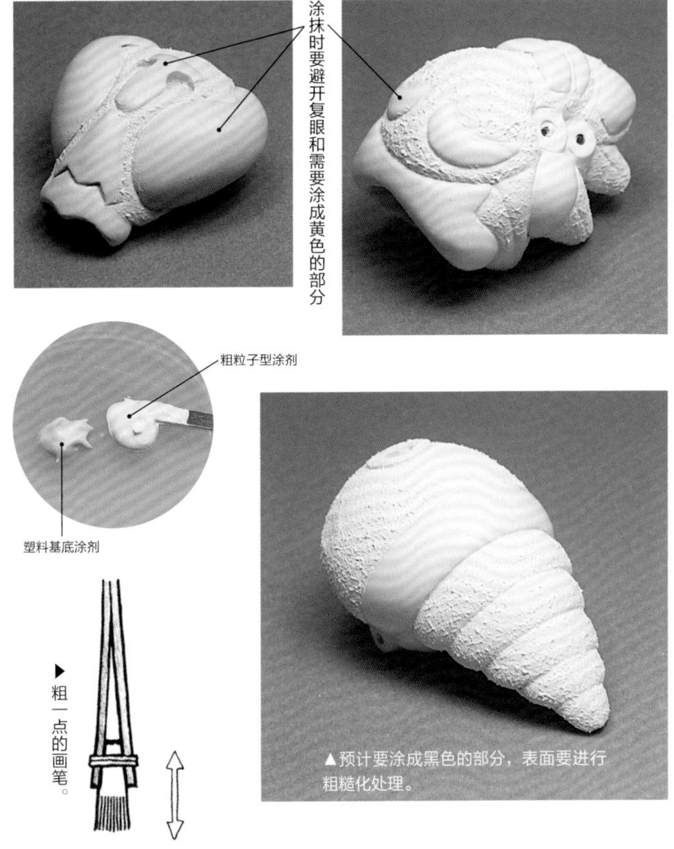

▲预计要涂成黑色的部分，表面要进行粗糙化处理。

▲画笔以垂直方向上下运动的方式，涂出毛毛糙糙的效果。

制作陶工蜂

上色

陶工蜂的上色按照黄色、金属色、黑色的顺序进行。基本上是颜色从浅到深的顺序，当然涉及到具体部位也有例外的时候。

▲各部位打底处理完成后的样子。

1 底层上色——白色清漆

为了使黄色显得更亮丽，要在已经打完底的基础上再涂上一层清漆。以黄色的部分为中心，涂两次即可。

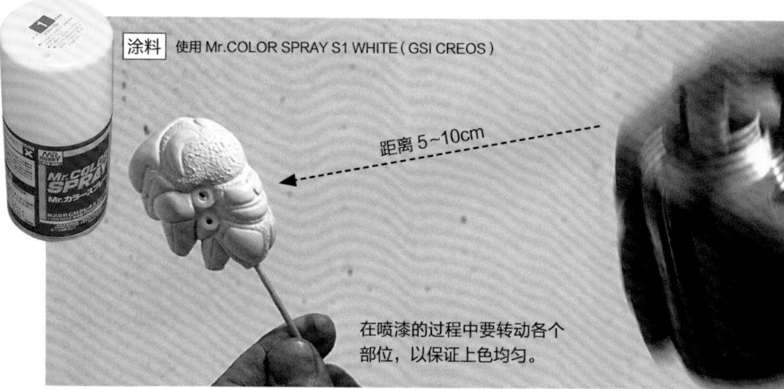

▲瓶装喷漆在距离需要喷漆的部位 5~10cm 处轻轻喷射。

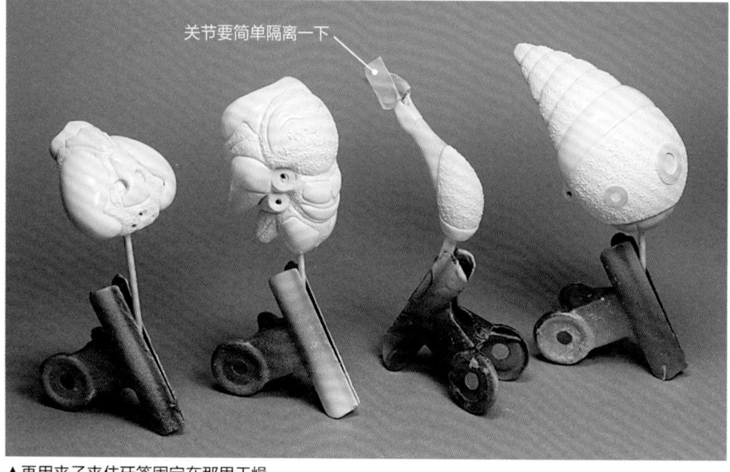

▲再用夹子夹住牙签固定在那里干燥。

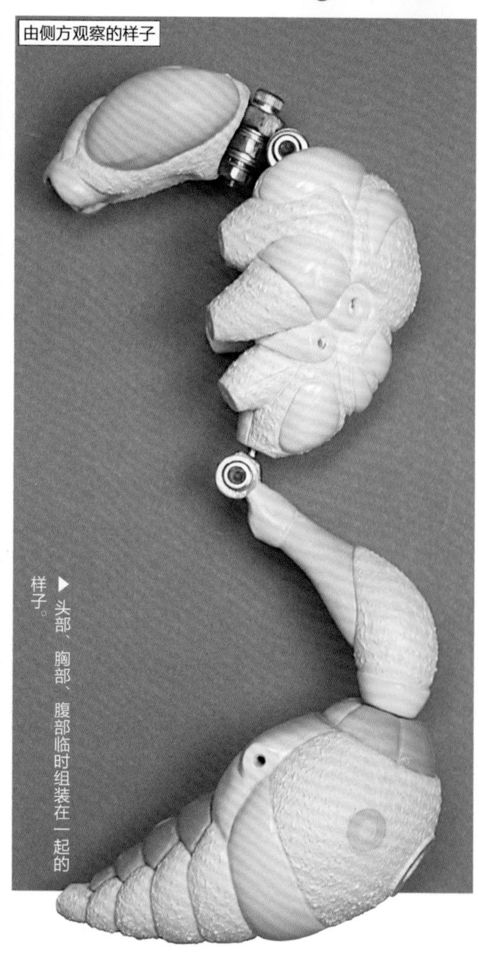

▶头部、胸部、腹部临时组装在一起的样子。

2 中层上色

开始喷黄色清漆

就像刚刚喷白色清漆一样。只喷一次是达不到亮丽效果的，因此要反复喷三次左右，使颜色达到一定的浓度。

> ! 切记一次不要喷太多。每次要喷得薄薄的，这样才能达到预期的效果。

涂料

使用 Mr.COLOR SPRAY S4 YELLOW（GSI CREOS）

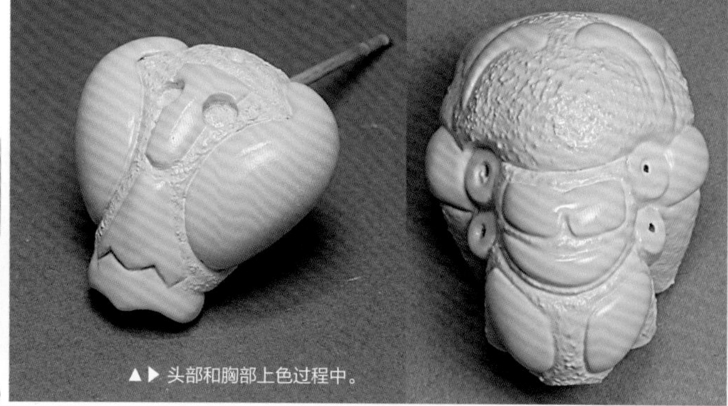
▲▶ 头部和胸部上色过程中。

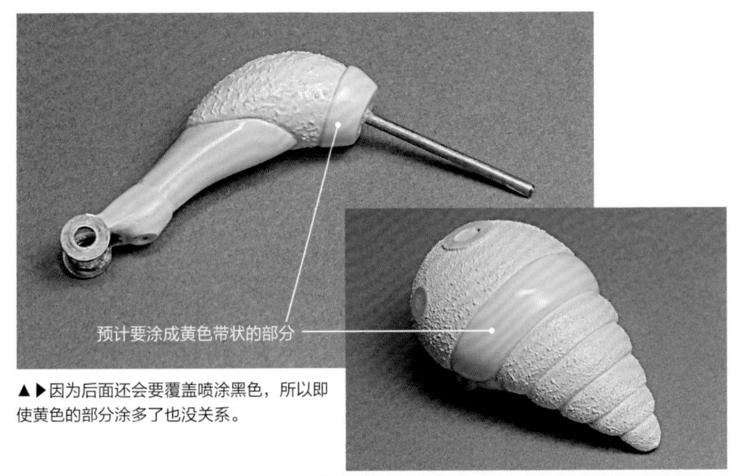

▲▶因为后面还会要覆盖喷涂黑色，所以即使黄色的部分涂多了也没关系。

▲头部的话，因为复眼之间有黄色斑纹，所以先把整个头部都喷成黄色，

由侧方观察的样子

▶等漆干了以后，再临时组装在一起看看效果。

接下来要涂金属色了

▲用市面上卖的几种金属色颜料，调制出独特的新颜色。

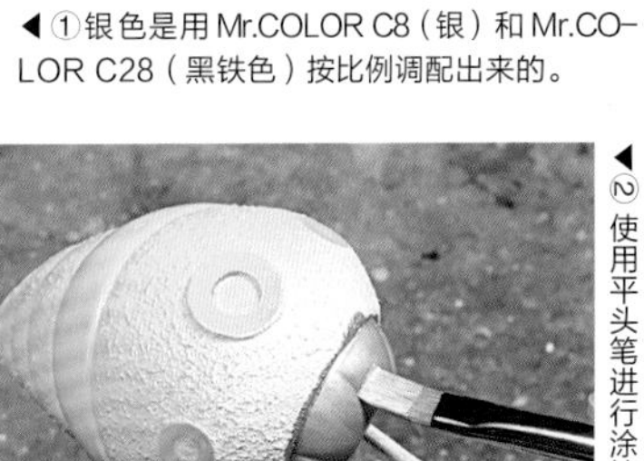

◀①银色是用Mr.COLOR C8（银）和Mr.COLOR C28（黑铁色）按比例调配出来的。

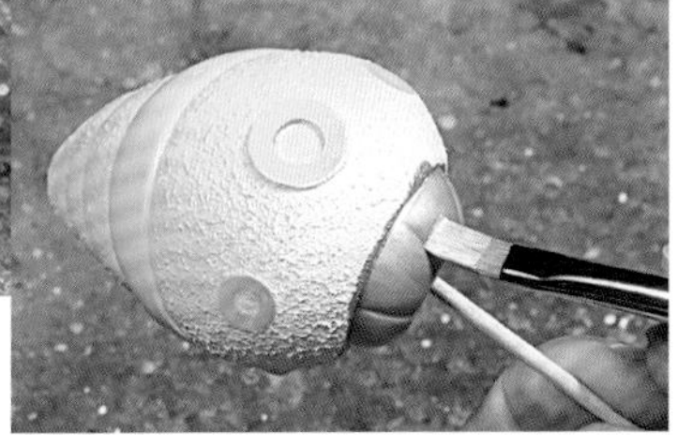

◀②使用平头笔进行涂抹。

▲①铜色用的是金属Mr.COLOR MC 215。

▲②可以使用吹风机加快工作效率。

用笔涂在需要的部位。我的作品主打机械风格，所以经常会用到金属色，而市面上卖的颜色种类又太少。因此需要把颜料买回来再重新调配，然后选择自己想要的颜色，发挥想象，涂在对应的部位上。

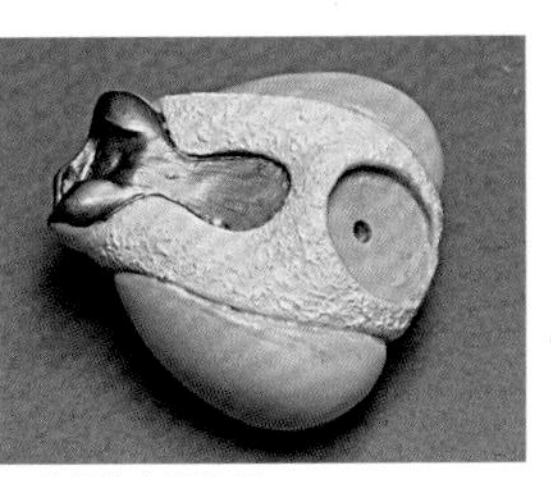

▲头部的大颚内侧。

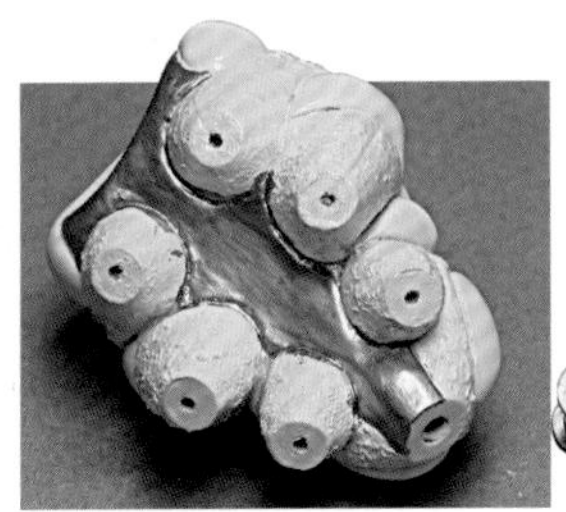

▲胸部的足跟内侧。

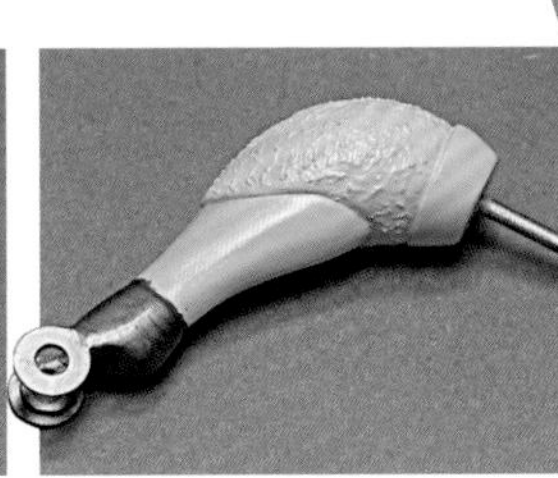

▲腹部 1 的关节周围。

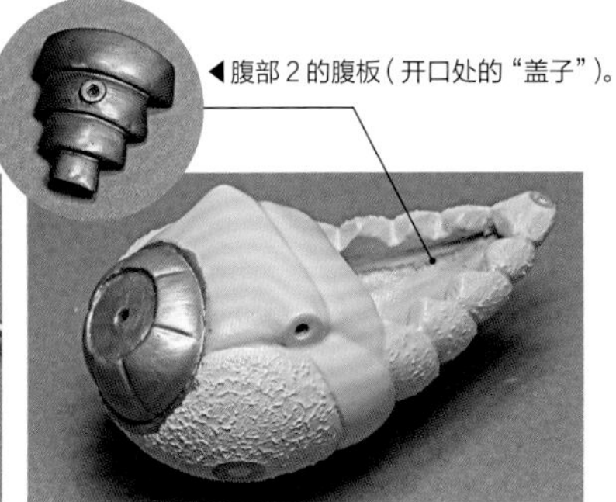

◀腹部 2 的腹板（开口处的“盖子”）。

▲腹部 2 和腹部 1 的连接部位。

〈3〉表层上色——用喷枪喷出层次感

为了体现层次感，可以用喷枪在部件上一道道喷射，使颜色发生渐变，能让整体效果更富有立体感。

涂料

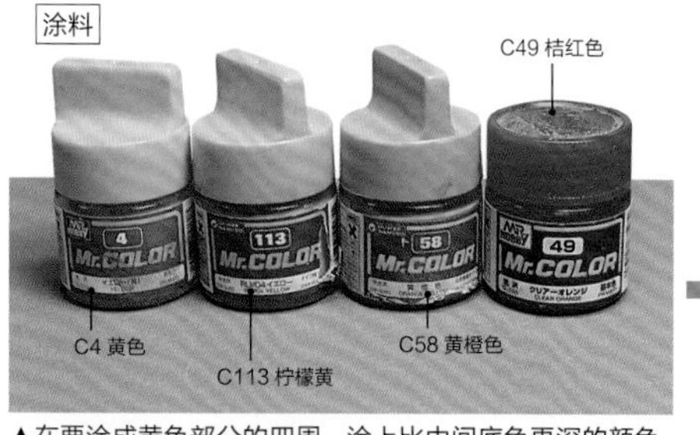

▲在要涂成黄色部分的四周，涂上比中间底色更深的颜色。在此使用 Mr.COLOR 系列的四种颜色进行喷涂。

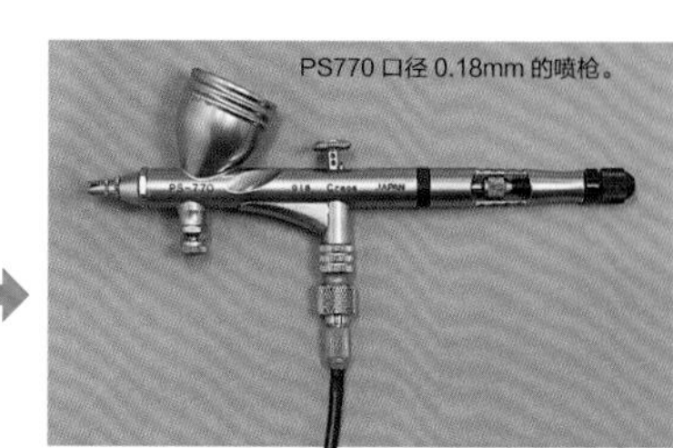

▲喷枪的外观。

▲①尽可能地调出想要的颜色。

▲②对照底色的黄色（详见 P14）调整颜色。

▲③加入稀释剂以调淡颜料的浓度。

▲④充分搅拌均匀。

▲⑤将调好的颜料倒入喷枪里。

喷涂出黄橙色系的层次感

▲①在纸上试喷一下，测试颜料的浓度和调整喷枪的压力。

▲②在室内使用喷枪时，应注意防护和通风。

▲③喷完后风干。

富有层次感的各个部位

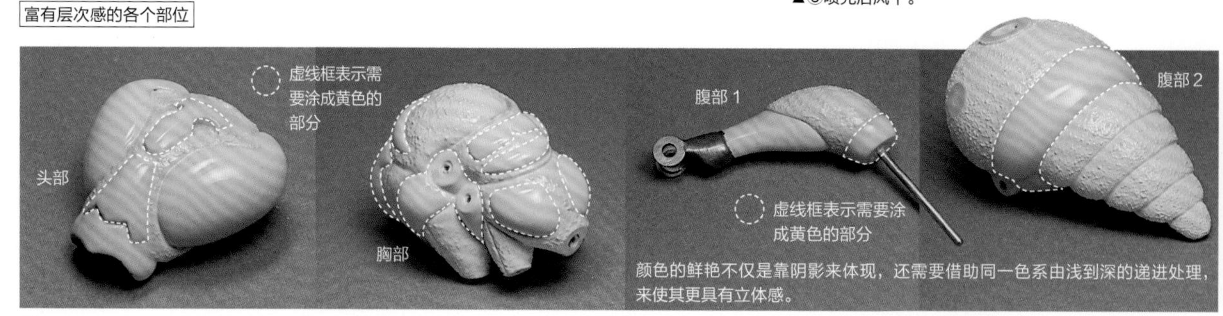

颜色的鲜艳不仅是靠阴影来体现，还需要借助同一色系由浅到深的递进处理，来使其更具有立体感。

给银色部分打上黑色阴影

为了让外观呈现出金属板焊接在一起的效果，就需要借助阴影强调线条来进行涂色。

▲①使用的颜料是 Mr.COLOR C28（黑铁色）中加入少量的 C2（黑）。

▲②先在纸上进行测试调整。

▲③给分界线打上阴影。

给铜色部分打上黑色阴影

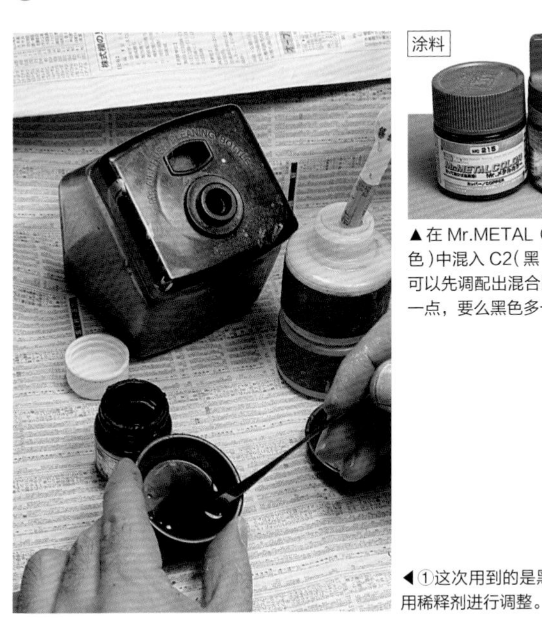

◀①这次用到的是黑色多一点的混合颜色。用稀释剂进行调整。

涂料

▲在 Mr.METAL COLOR MC215（紫铜色）中混入 C2（黑）。这种颜色会经常用到，可以先调配出混合比例不同（要么紫铜色多一点，要么黑色多一点）的两种颜色。

▲②喷枪喷嘴距上色表面大概 2~3cm。

▲③减弱喷枪的压力，像画线一样地细心喷绘。

▲④耐心地操作几次，慢慢地将颜色加深。

▲⑤腹部 2 开口部分“盖子”的阴影效果。

由侧方观察的样子

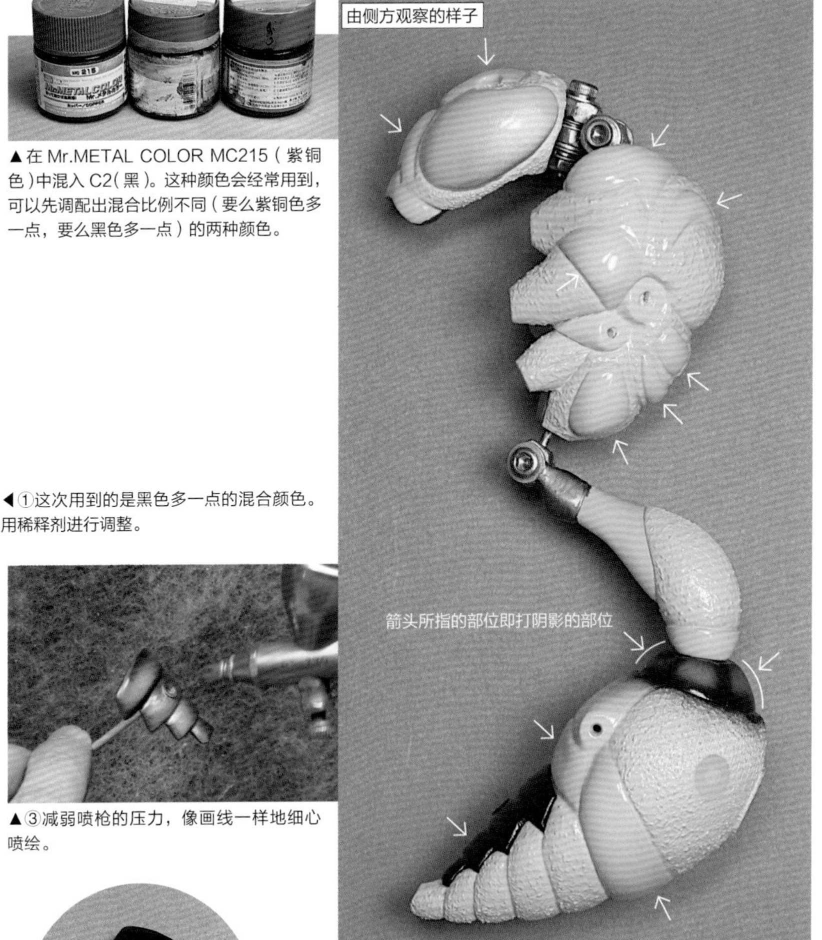

▲阴影部分喷涂完成后，先暂时组装起来查看效果。

4 继续表层上色——用喷枪涂上高光涂料

给复眼部分涂上高光涂料。高光涂料会因为查看角度的不同而呈现出不同的效果。这里用到的是 Mr.COLOR 藏青色到紫色变化的高光涂料。

Mr.COLOR.MAZIORA

ZEST 的 MAZIORA COLOR（安朵美达 II）

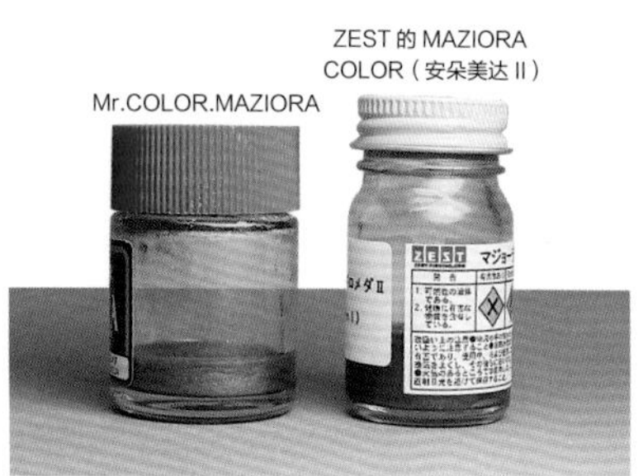

＊因为 Mr.COLOR 的这款高光涂料已经停产了，所以可以使用 ZEST 相同款式的高光涂料来代替。ZEST 的这款高光涂料是从藏青色到浅绿色的渐变。

◀▲遮蔽胶带
有各种宽度不同的型号。有点宽的胶带也没关系，可以裁开使用。

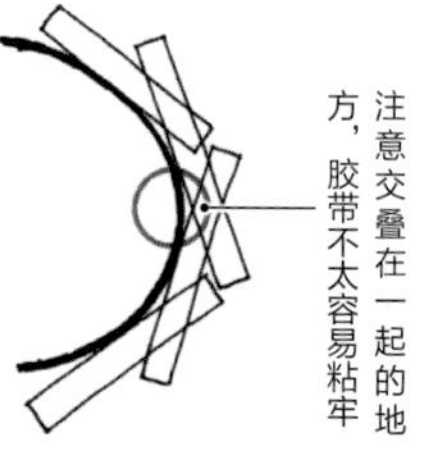

▲可以把遮蔽胶带裁成一小段一小段后再进行粘贴。

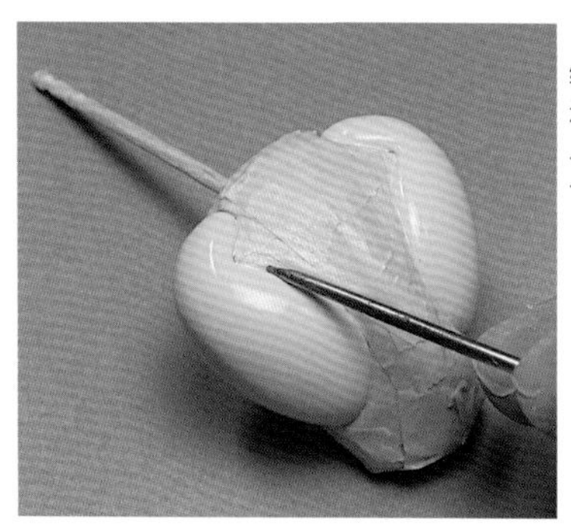

◀把复眼以外的部分遮蔽起来，当然也没必要贴得严丝合缝。能够保证需要涂成黄色的部分不沾到其他颜料是再好不过的，但稍微沾上一点点也没关系。不过一定要保证已经贴上的遮蔽胶带的封闭性，不然在喷涂的过程中涂料是会渗进去的。

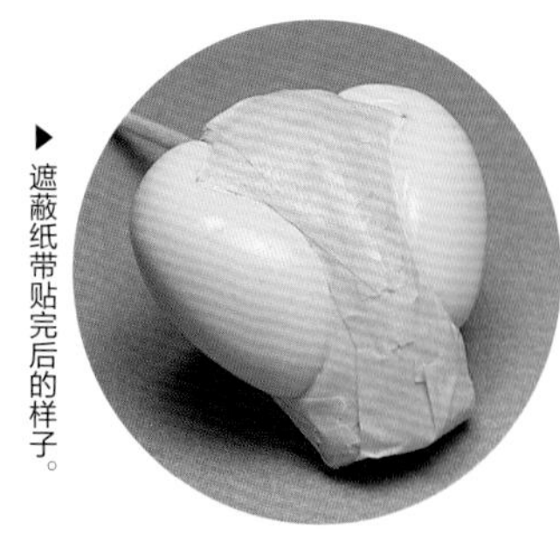

▶遮蔽纸带贴完后的样子。

打底、上色和打光

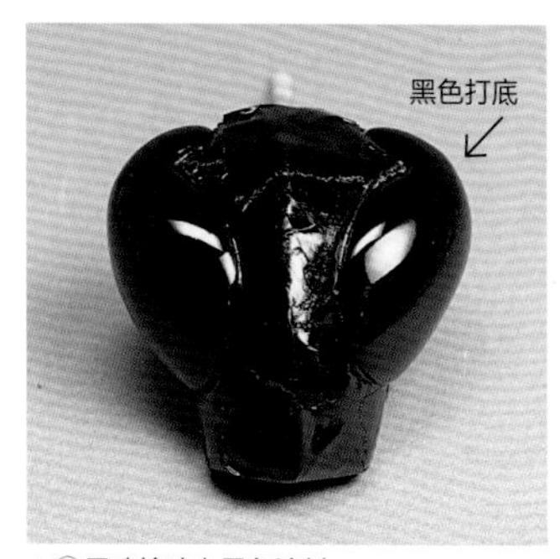

▲①用喷枪喷上黑色涂料。

高光涂料 + 打光

▶②为了使复眼部分达到光滑明亮的效果，所以要用喷枪喷绘。打完底以后再喷上高光涂料进行修饰。虽然照片上拍出来的只有藏青色的效果，但实际上随着光线和角度的转变，颜色会变为紫色。

▲③去除遮蔽胶带。这时候交界的地方可能会有少许黑色涂料喷出，没什么关系，只要把这一圈都描黑就可以了。

进入到各个部位的制作环节以后，在复眼周围还要贴上焊锡线来修饰。就算有或多或少没有涂好的地方，后续也可以得到补救，所以没有太大问题。

用不同的底色营造出不同的色彩变化——高光涂料

通过不同的使用方法，高光涂料也能够涂出金属质感。涂在白色等较淡的颜色上，角度变化时看起来就会闪闪发亮；而涂在黑色等较深的颜色上，就会呈现出非常明亮的金属光泽。蠼螋（详见第 138 页）的后翅也是使用的这种高光涂料。只要背景的颜色不同，高光涂料就会呈现出不同的颜色，所以高光涂料是一种根据喷涂底色不同而色调发生变化的有趣涂料。

Mr.CRYSTAL COLOR（GSI CREOS）

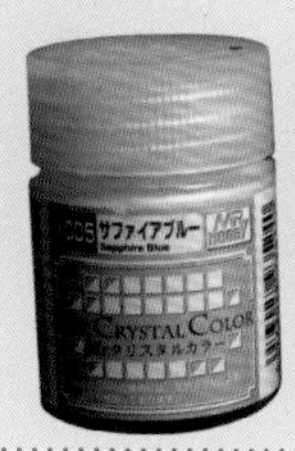

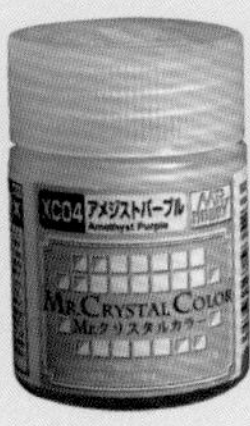

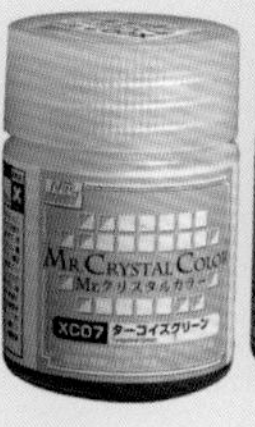

〈5〉完成上色

陶工蜂主体的黑色部分要先用黑色的丙烯颜料进行打底上色。

▲用较细的画笔涂抹黑色部分，注意不要涂到黄色的部分上去。用的还是打底的黑色颜料。

＊黑色的打底颜料用哪个牌子的都可以。

用画笔进行黑色打底

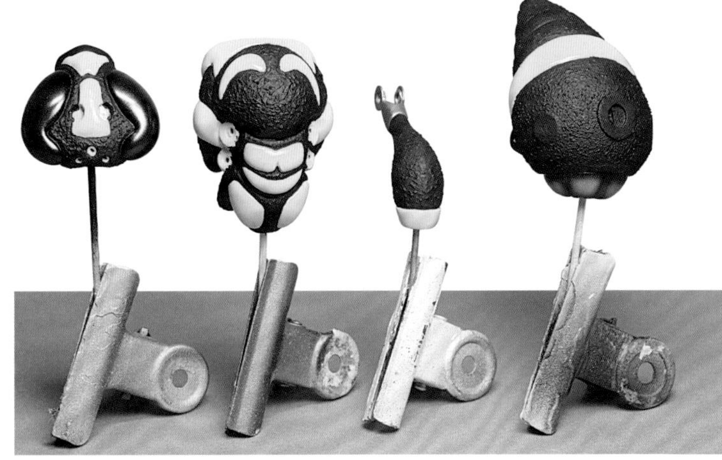

▲给各部位插上牙签并夹在夹子上风干。

用笔涂好的各个部位

▲从斜前方向看——头部

▲由上方看——胸部

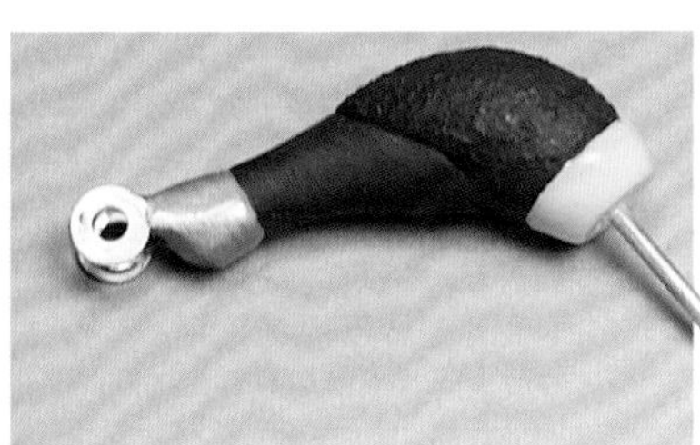

▲由侧方看——腹部 1

▲由斜后方看——腹部 2

由侧方观察的样子

▲各部位干燥以后临时组装在一起的样子。

使用黑色打底剂打完底以后，再将修饰用色涂上去。

黑色部分中层和表层的上色

在完成黑色颜料的打底以后，就可以开始分别用画笔和喷枪进行修饰用色彩的上色了。涂完黑色打底颜料以后看起来会比较平坦，因此可以再涂上 Mr.COLOR C2（黑色）颜料里加入少量 C42（红褐色）的颜料。涂完这种混合好的颜料以后，再用较浓的黑色珠光颜料涂出层次感和立体感。

▲①为了避免黄色部分沾上颜料，要先遮蔽起来。

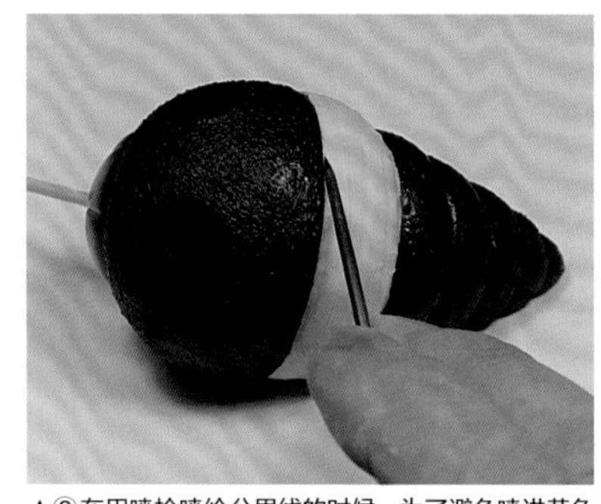

▲②在用喷枪喷绘分界线的时候，为了避免喷进黄色部分，要先用锥子把遮蔽胶带的边缘压实。

▲③胸部的遮蔽。只要能够阻挡喷枪的误喷，像这样简单地遮蔽起来也是可以的。

▲④调颜料。在 Mr.COLOR C2（黑色）颜料里加入少量 C42（红褐色）并搅匀。

▲⑤用稀释剂进行调整。像第 17 页说明的那样进行喷绘。

▶⑥在腹部 2 用『黑色 + 红褐色』涂料进行上色。

一段一段地在腹部凸出位置涂上“黑色 + 红褐色”涂料

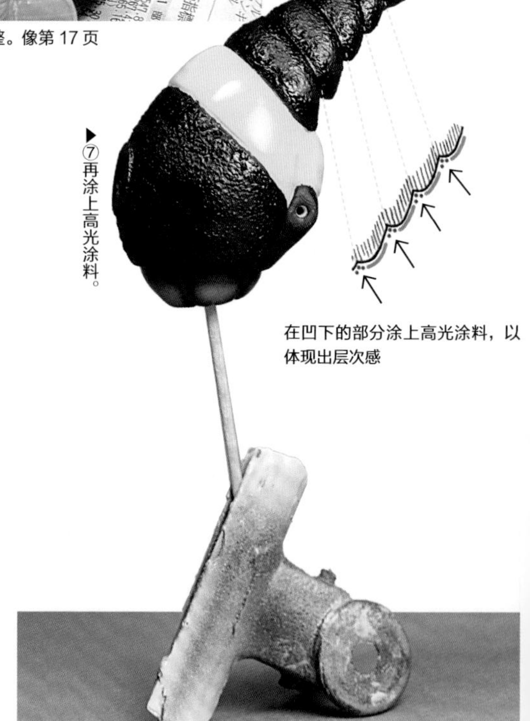

▶⑦再涂上高光涂料。

在凹下的部分涂上高光涂料，以体现出层次感

喷涂透明保护漆完成制作

临时组装

对涂完颜料的陶工蜂喷涂透明保护漆以后，陶工蜂的主体上色就算完成了。等涂料干了以后就可以组装在一起了。上完色以后，就更容易想象出最后完成的样子了。

按照实际大小绘制侧面图

接下来就要转战头部、胸部、腹部和其他各部分的制作了。首先为了确定翅膀和足的尺寸，要先按照模型的实际大小绘制侧面图。虽然只是画图，但还是要考虑到整体的比例分配和机体平衡，一定要以临时组装在一起的模型为基准。

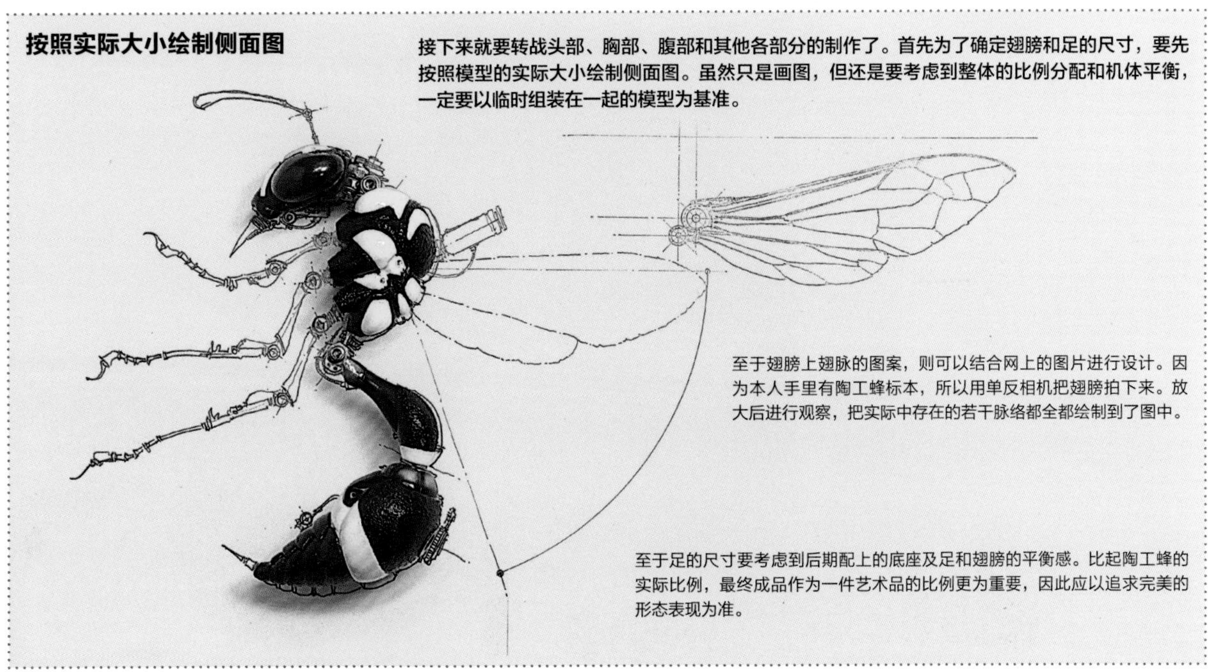

至于翅膀上翅脉的图案，则可以结合网上的图片进行设计。因为本人手里有陶工蜂标本，所以用单反相机把翅膀拍下来。放大后进行观察，把实际中存在的若干脉络都全都绘制到了图中。

至于足的尺寸要考虑到后期配上的底座及足和翅膀的平衡感。比起陶工蜂的实际比例，最终成品作为一件艺术品的比例更为重要，因此应以追求完美的形态表现为准。

前期准备

首先我们要在分界线及足和触角等连接处贴上焊锡线或垫圈，从而体现出机械昆虫的特性。

＊分界线：各部位、躯干、开口部等部位之间的区分界线。

1 给头部加上金属材质

在复眼周围贴上焊锡线

1 这里使用的是 0.8mm 的焊锡线。

2 沿着复眼外围慢慢弯曲。

3 用快干胶水一点点地固定。

4 用镊子或锥子的前端一点点地压实焊锡线。

5 难以弯曲的地方可以借用形状合适的圆棒来辅助挤弯。

6 焊锡线绕弯一圈以后就用美工刀割断。

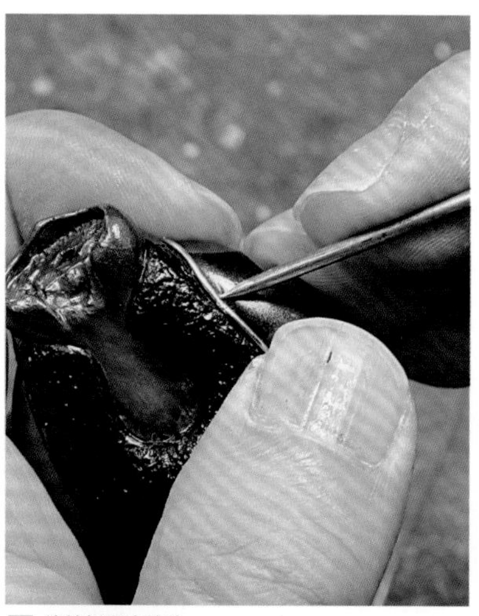

7 连接好两个接头。

8 在这之后，还要再往里贴上一圈更细的焊锡线以强调外侧的轮廓线。

在触角根部贴上圆形的焊锡线

线圈的制作方法

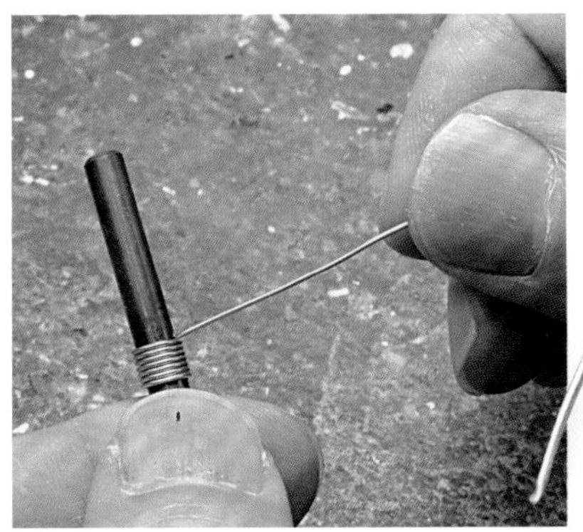

▲① 找一个类似图中的圆柱体进行缠线。

▲② 在保持圆形的状态下进行切割。

▲③ 圆形的分界线就做好了。

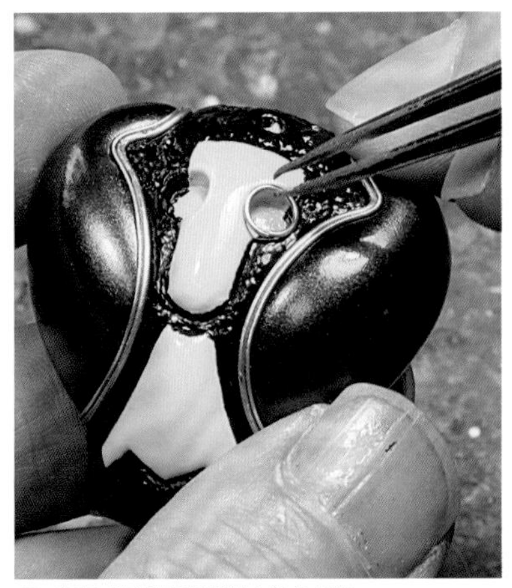

1 把做成圈的焊锡线放入触角根部。

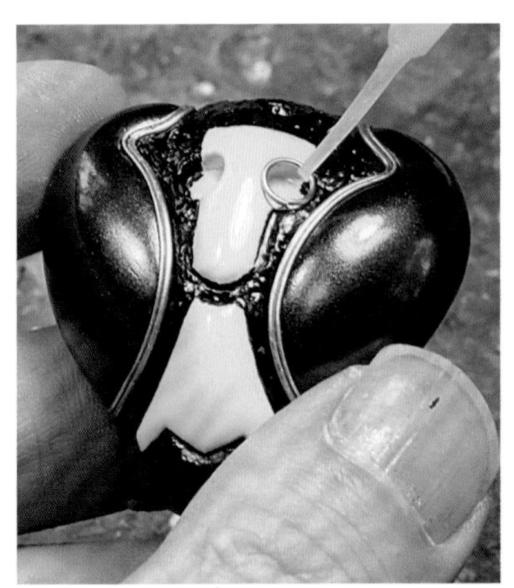

2 用快干胶水一点点地固定。

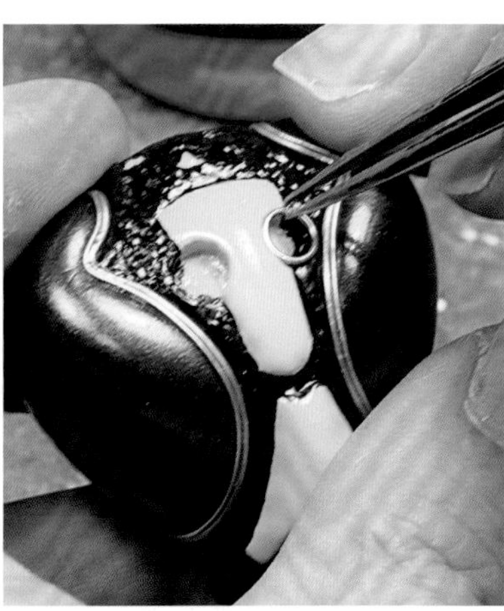

3 确保完全贴合，不要有任何间隙。

在口器周围贴上焊锡线

1 把焊锡线拗进口器边缘。

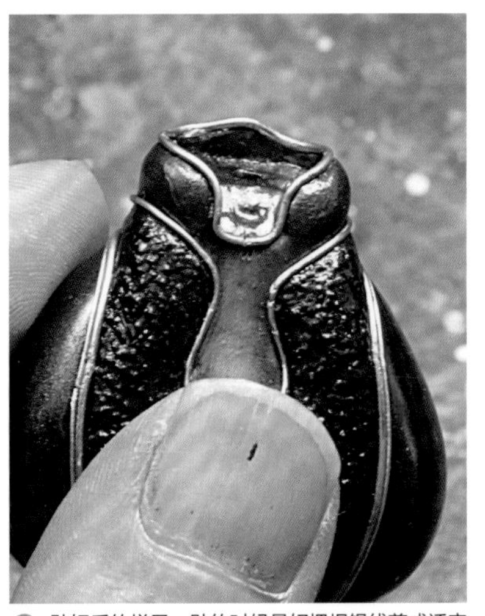

2 贴好后的样子。贴的时候最好把焊锡线剪成适宜的长度。如果用的焊锡线长度在50cm以上的话，可以先缠成圈，然后一边用一边放线。

3 口器内侧用金属色颜料(Mr.COLOR)进行上色。

在单眼上贴上钢珠和焊锡线圈

1 这里要用到 3 颗钢珠，其中 Φ3mm 钢珠一颗，Φ2mm 钢珠两颗。

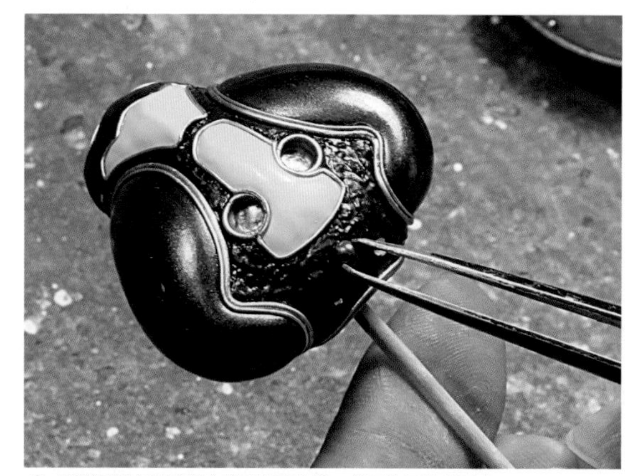

2 用镊子把大钢珠放入头部指定位置，并用快干胶水固定。

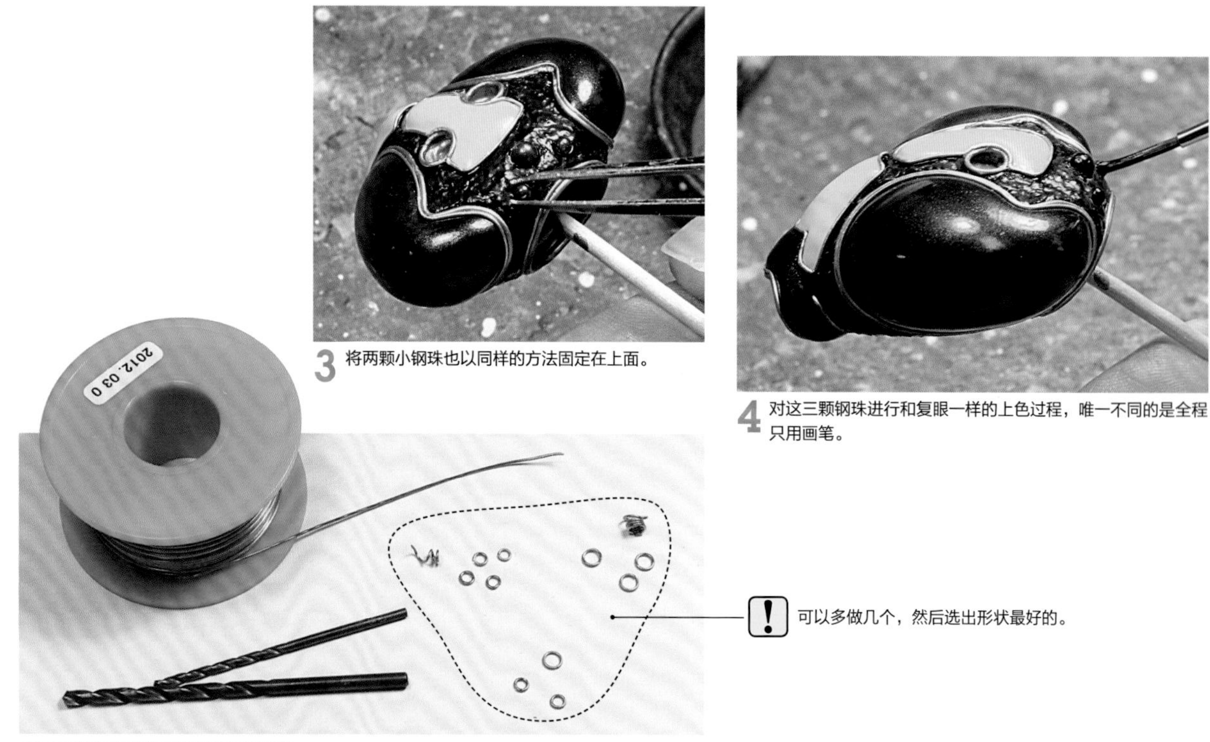

3 将两颗小钢珠也以同样的方法固定在上面。

4 对这三颗钢珠进行和复眼一样的上色过程，唯一不同的是全程只用画笔。

! 可以多做几个，然后选出形状最好的。

5 按照第 23 页的步骤做出焊锡线圈。

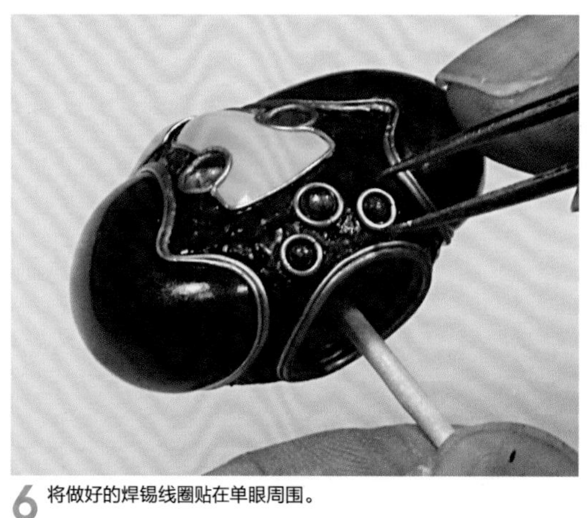

6 将做好的焊锡线圈贴在单眼周围。

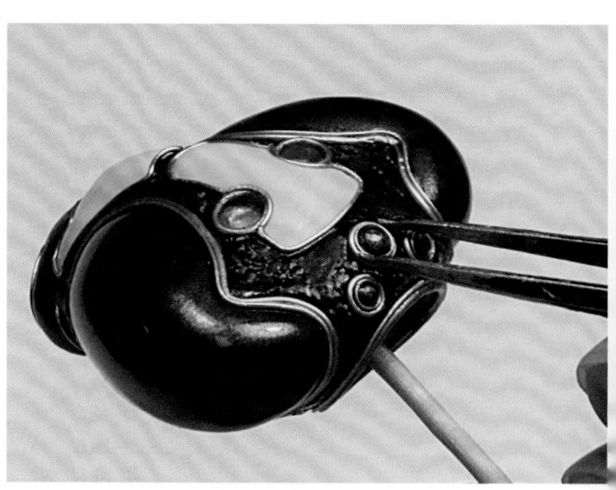

7 再在线圈内侧贴一圈更细的焊锡线圈。

2 给腹部 2 加上金属材质

在连接部位的金属板外形部分贴上焊锡线，营造出铆钉的效果。

在连接处贴上焊锡线和大头针

1 在分界的地方贴上焊锡线。首先要处理的是连接处的垫圈周围。

2 在喷枪喷绘的深色区域贴上焊锡线以隔出边线，可以使轮廓更有立体感。

3 金属板部分贴上焊锡线后的效果图。

4 为了在金属板部分能够插入大头针来营造铆钉的效果，需先用锥子打孔。

5 将大头针用尖嘴钳剪断，并准备好所需的数量。

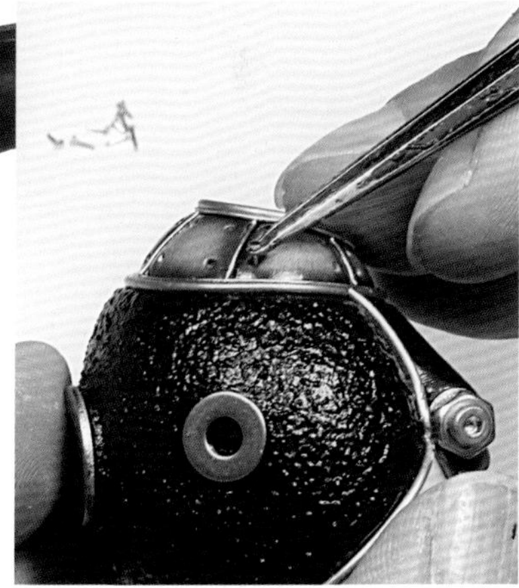

6 将剪好的大头钉插入打好的洞里。

7 用快干胶水进行固定。

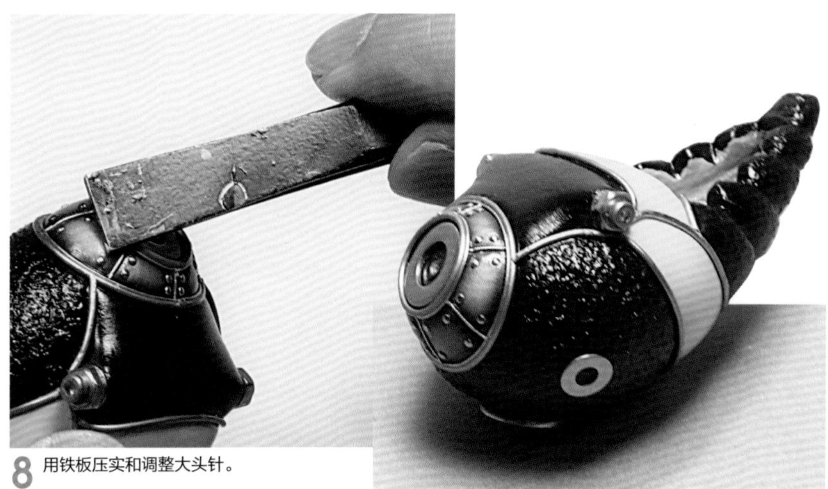

8 用铁板压实和调整大头针。

9 上完焊锡线和大头针后的样子。

〈3〉给腹部 1 和胸部装上关节和金属材质

组装关节

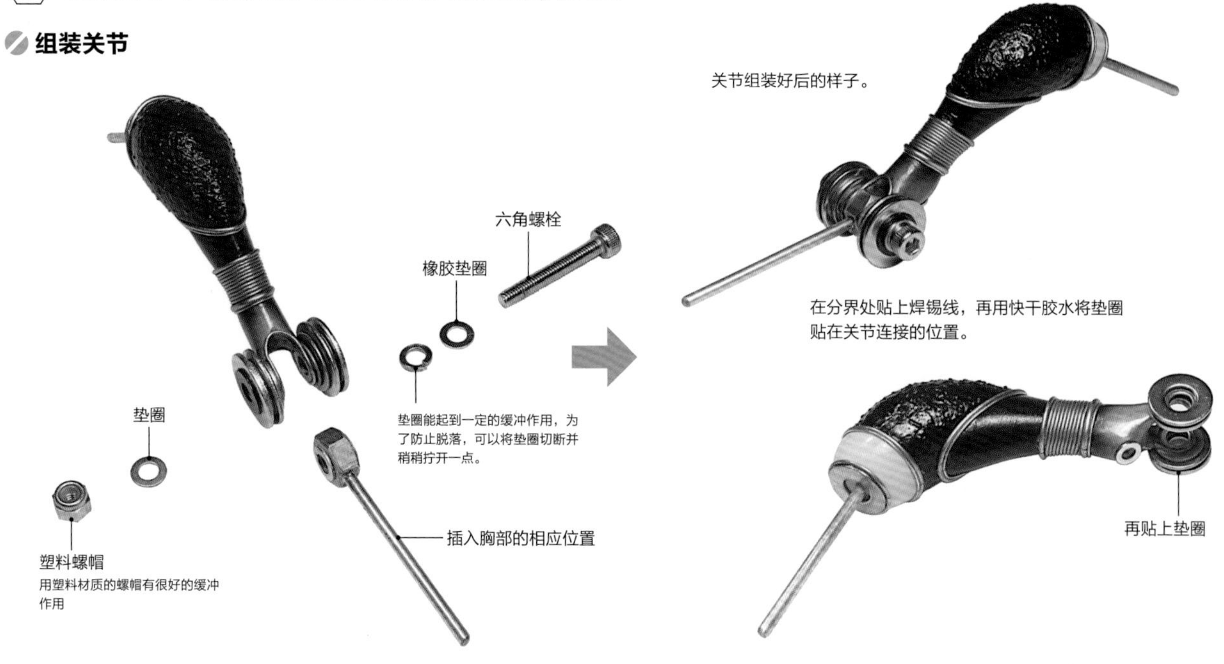

贴垫圈和焊锡线

▶事先准备好不锈钢垫圈。

1 在翅根处滴上 2~3 滴快干胶水。

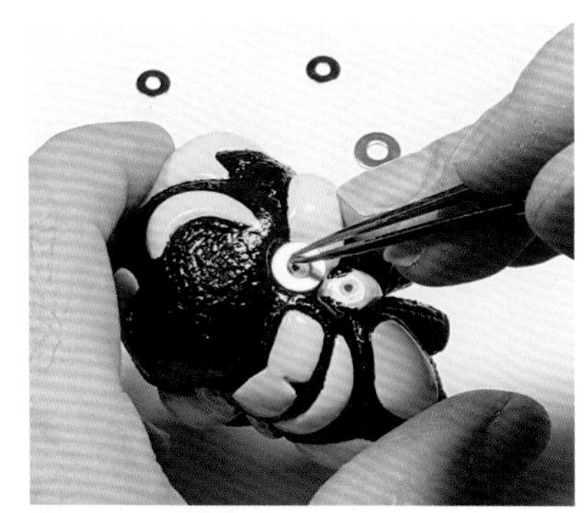

2 用镊子固定垫圈，并在周围贴上焊锡线。当然，应先把垫圈贴牢。

3 在足根部分也贴上垫圈。

▲根据部位的不同，可适时地调整使用粗细不同的焊锡线，有的地方可以缠上两圈，而有的地方则可以缠上三圈。

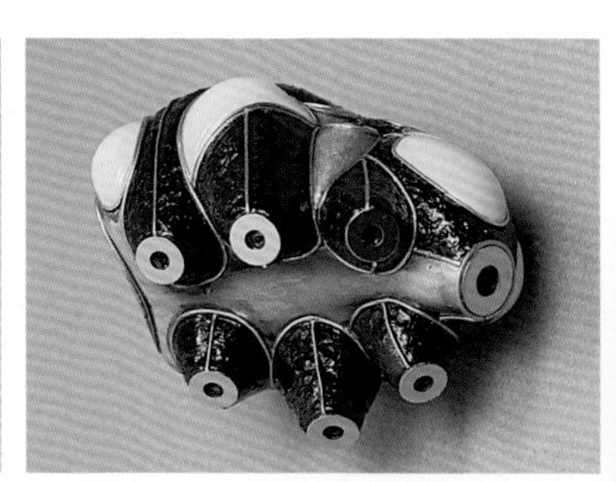

▲内侧的样子。

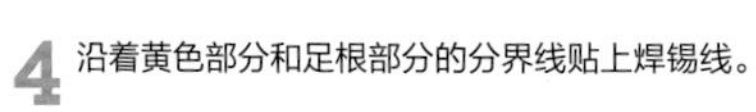

4 沿着黄色部分和足根部分的分界线贴上焊锡线。

临时组装

各部位贴完焊锡线和垫圈之后的最终样子

◀头部底面的样子

◀腹部 2 底部的样子

由前方观察的样子

由斜侧方观察的样子

由侧方观察的样子

◀▲▼▶现阶段各部位组装在一起的样子

底面

制作陶工蜂

各部位的制作

〈1〉给头部装上口器

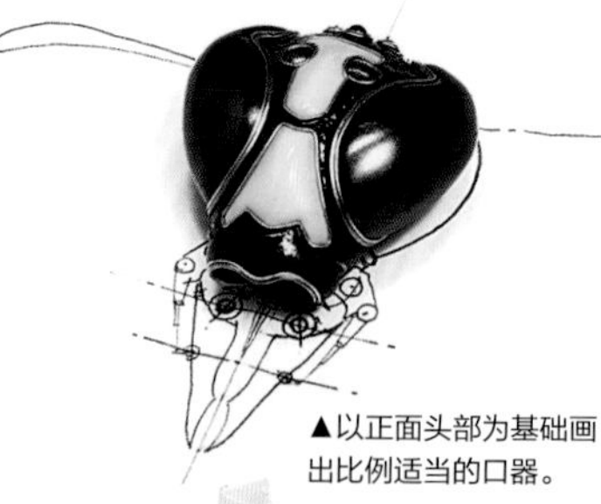

▲以正面头部为基础画出比例适当的口器。

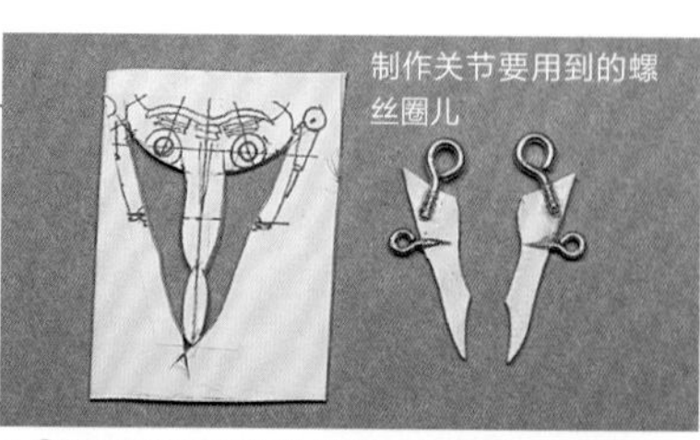

▲①将画好的图纸贴在卡纸上，再用美工刀割出来。

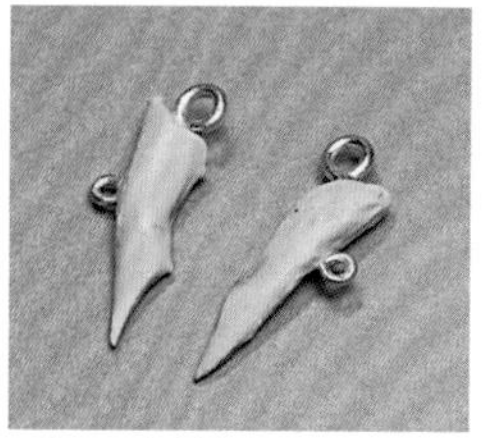

▲②用环氧树脂加厚。

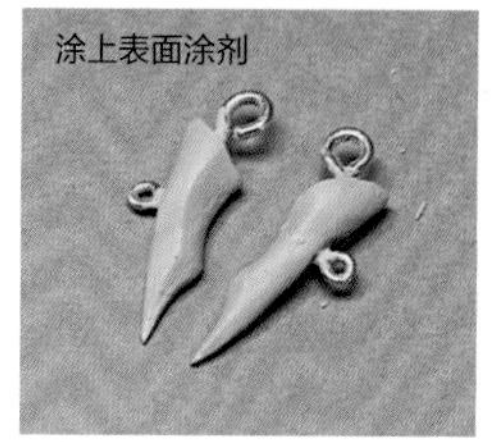

▲③借助美工刀和砂纸塑形。

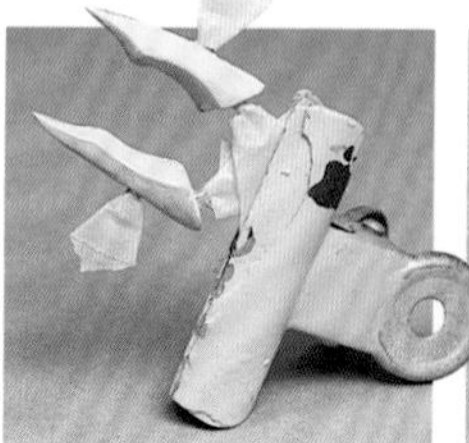

▲④遮蔽螺丝圈儿。

▲⑤涂上颜料（黑色）。

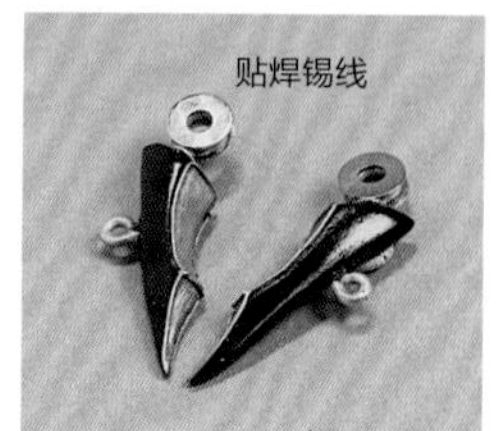

▲⑥内侧涂上金属色颜料（银色）。

制作口器的关节

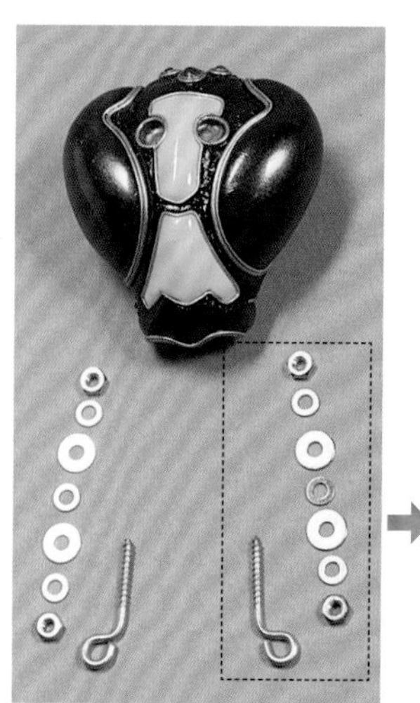

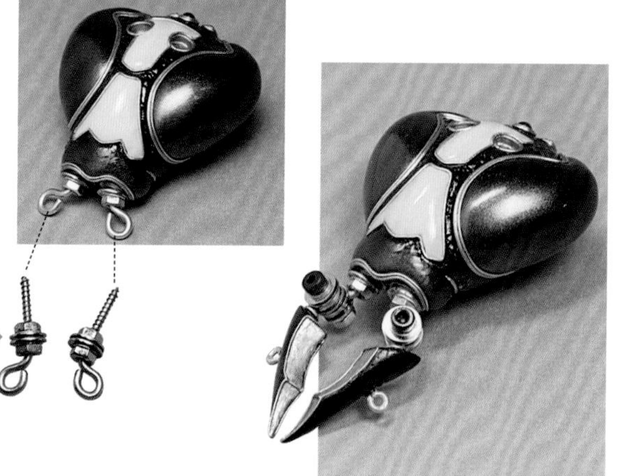

1 如图所示把螺丝圈儿、螺帽和垫圈组装在一起，做成口部的关节。

2 用螺栓、垫圈、橡胶垫圈、螺帽等组装口器。

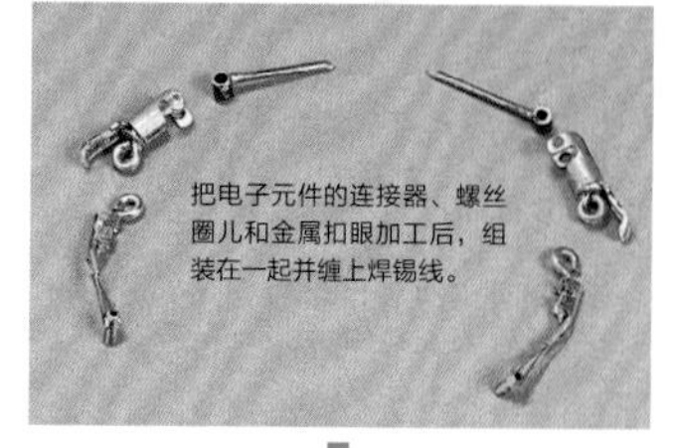

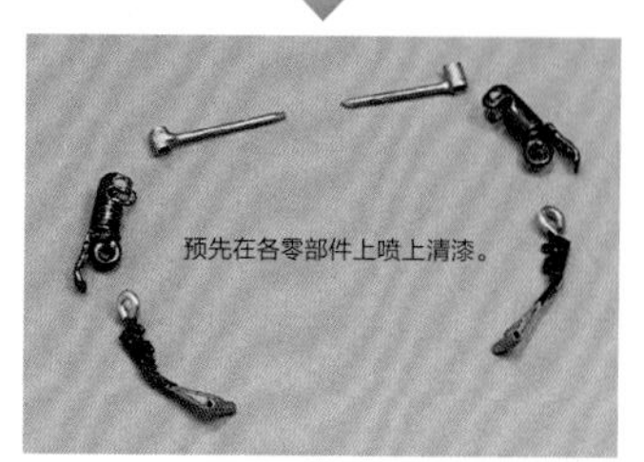

3 制作可以让口器活动的联动装置。

*联动装置是把不能活动的一些关节及能直线运动的零件连接在一起，使其成为可动的装置。

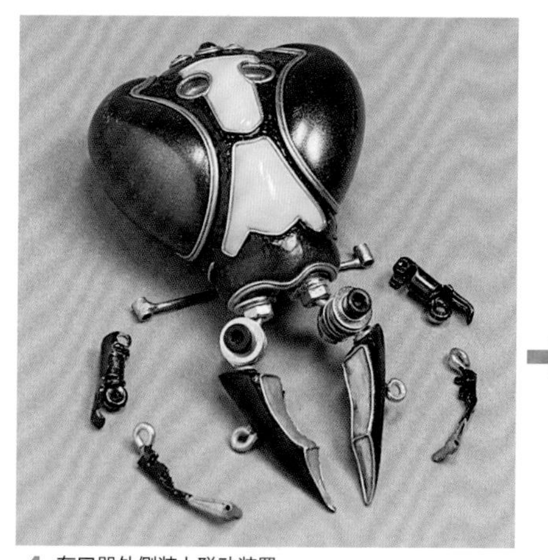

4 在口器外侧装上联动装置。

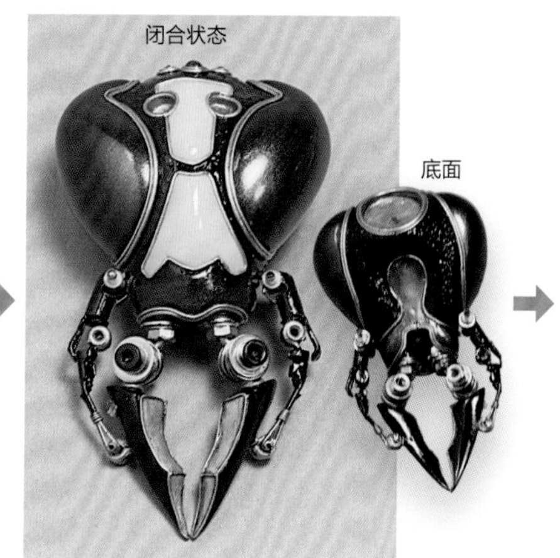

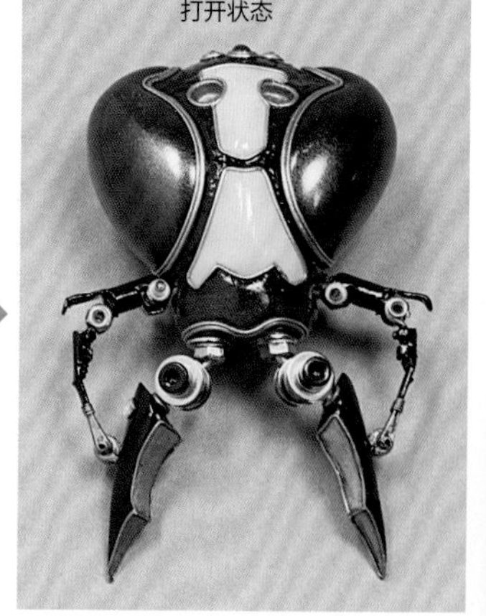

2 给腹部 2 装上合页并与腹部 1 连接

制作合页

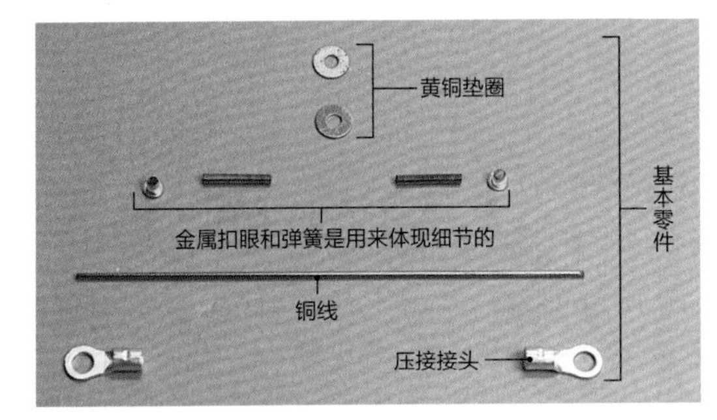

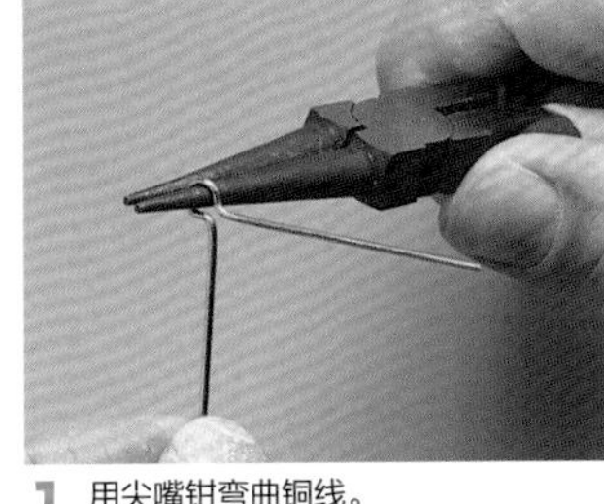

1 用尖嘴钳弯曲铜线。

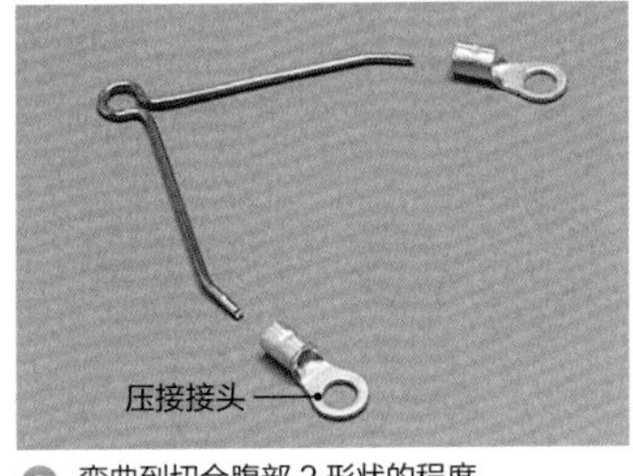

2 弯曲到切合腹部 2 形状的程度。

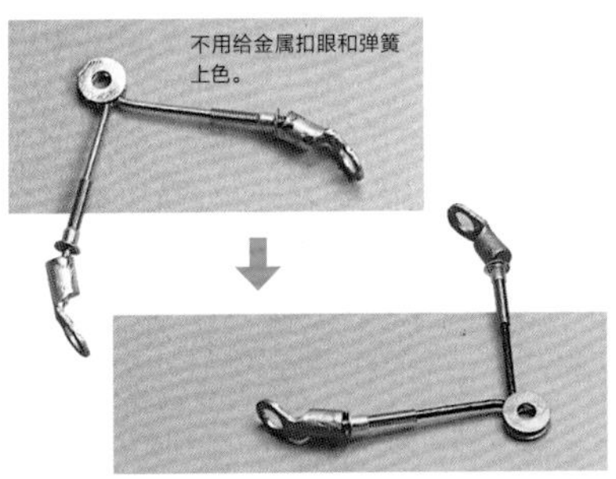

3 在铜线中央贴上垫圈，然后在压接接头底部缠上焊锡线，固定完以后喷上清漆。

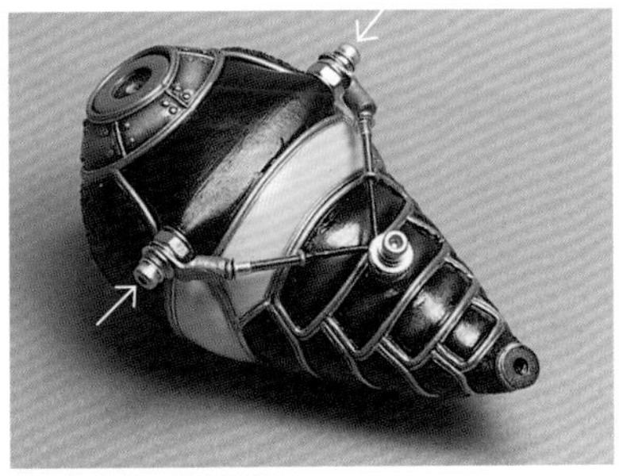

4 给腹部 2 装上螺栓。

5 确保可以开关。在合页上添加点电子元件可以提升作品的细节。

制作连接部分

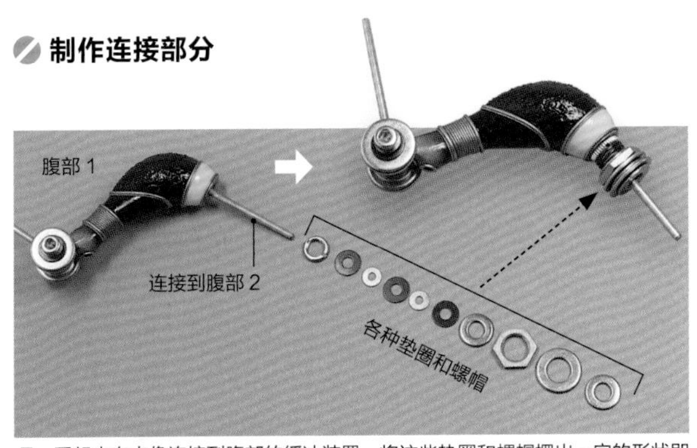

1 看起来有点像连接到腹部的缓冲装置，将这些垫圈和螺帽摆出一定的形状即可，串到黄铜圆棒上后用快干胶水固定。

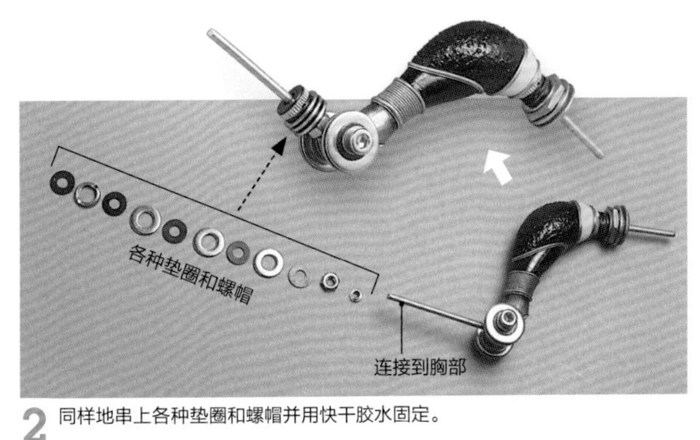

2 同样地串上各种垫圈和螺帽并用快干胶水固定。

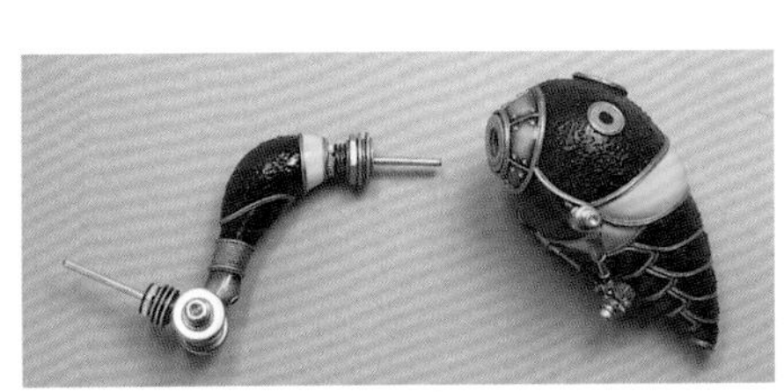

3 把腹部 1 和腹部 2 组装在一起。

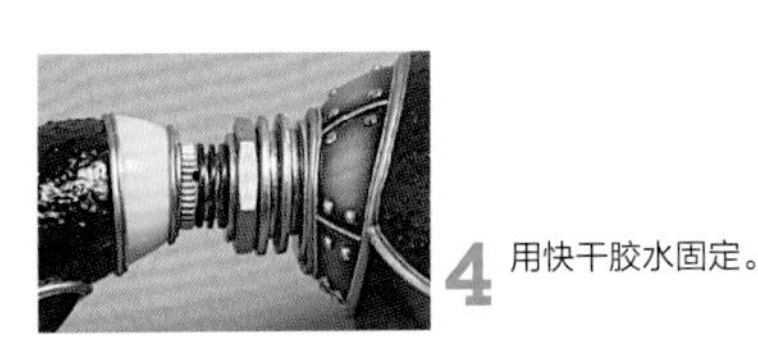

4 用快干胶水固定。

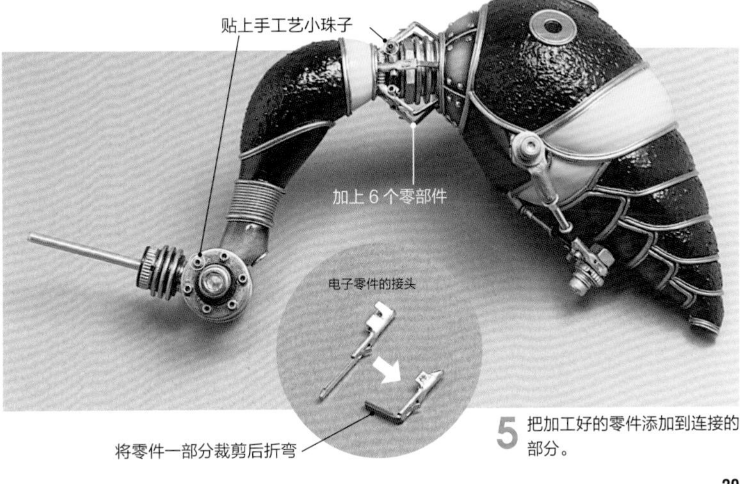

5 把加工好的零件添加到连接的部分。

3 给胸部装上足根

制作足根

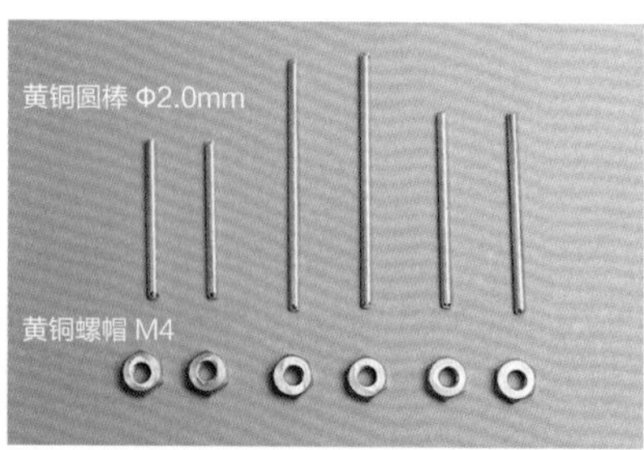

1 把黄铜圆棒剪裁成需要的长度，并处理切口。

2 用冲头在螺帽上标出打孔的位置。

3 在钻床上把螺帽钻出孔洞。

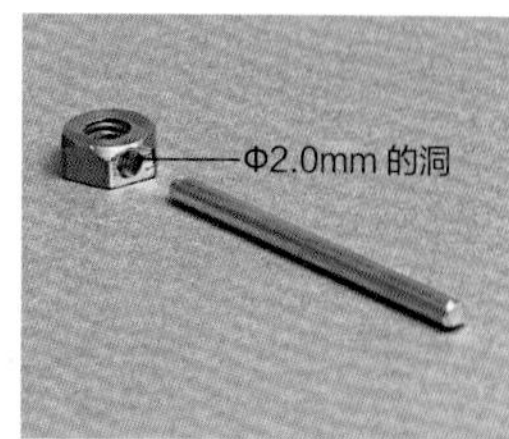

4 打完洞以后进入下一个步骤。

＊圆棒的切口处理：用铁丝钳剪断以后，用装有钻石钻头的电钻打磨截面使其平滑。

＊钻床机：在金属上精准打洞的机器。

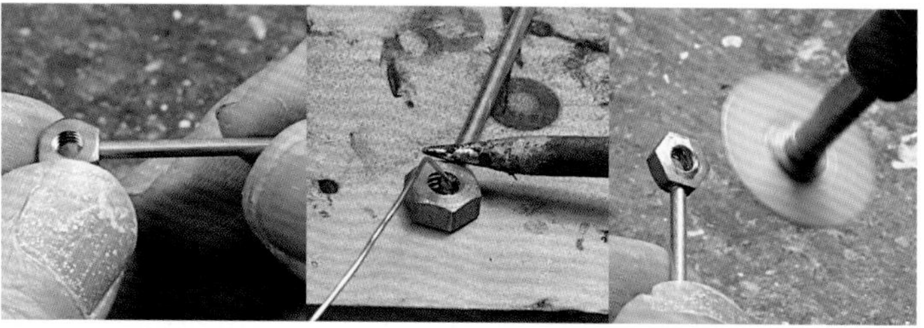

5 把黄铜圆棒插进打好的孔里，并缠上焊锡线。将多出来的焊锡线用电钻削掉。

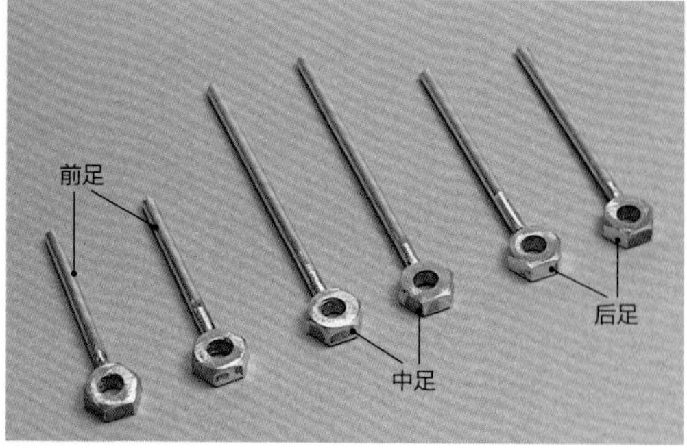

6 三对足根的基础零件完成后的样子。

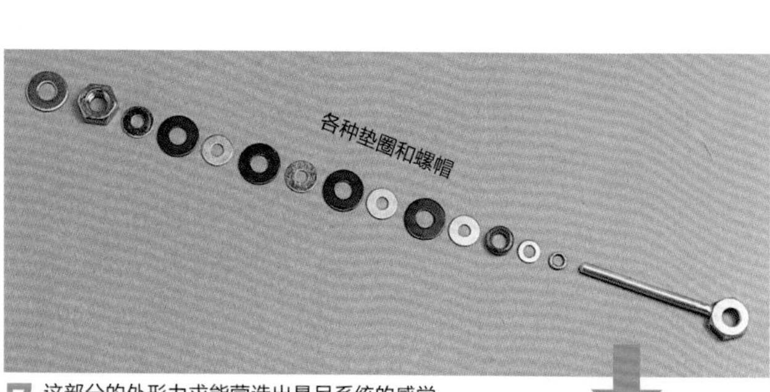

7 这部分的外形力求能营造出悬吊系统的感觉，所以可以尝试各种不同的搭配，直到找出自己理想形状的零件组合。

▲串在黄铜圆棒上并用快干胶水固定。

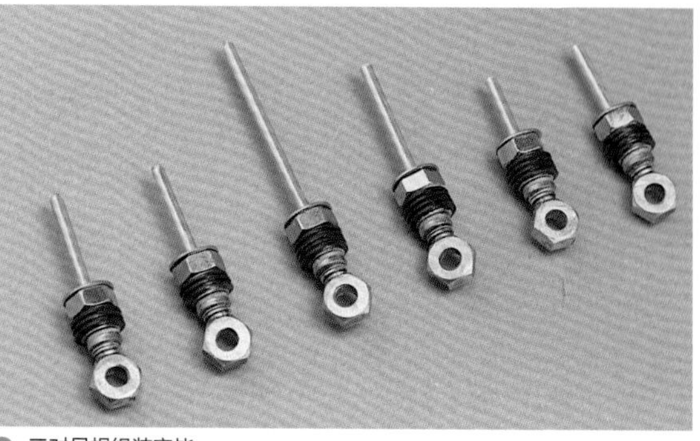

8 三对足根组装完毕。

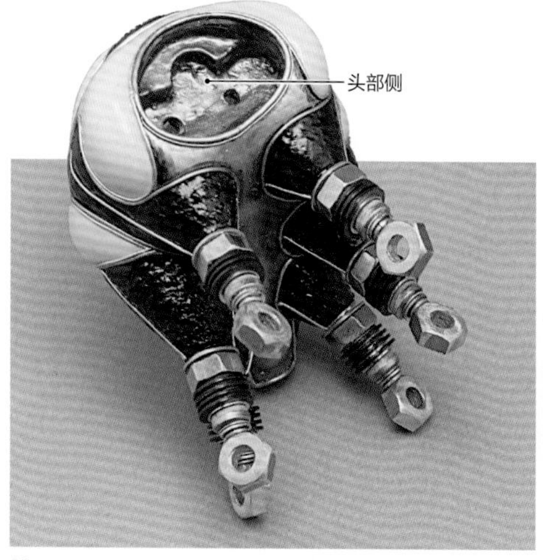

9 插入胸部足根位置。现阶段只是临时组装，所以不需要固定。

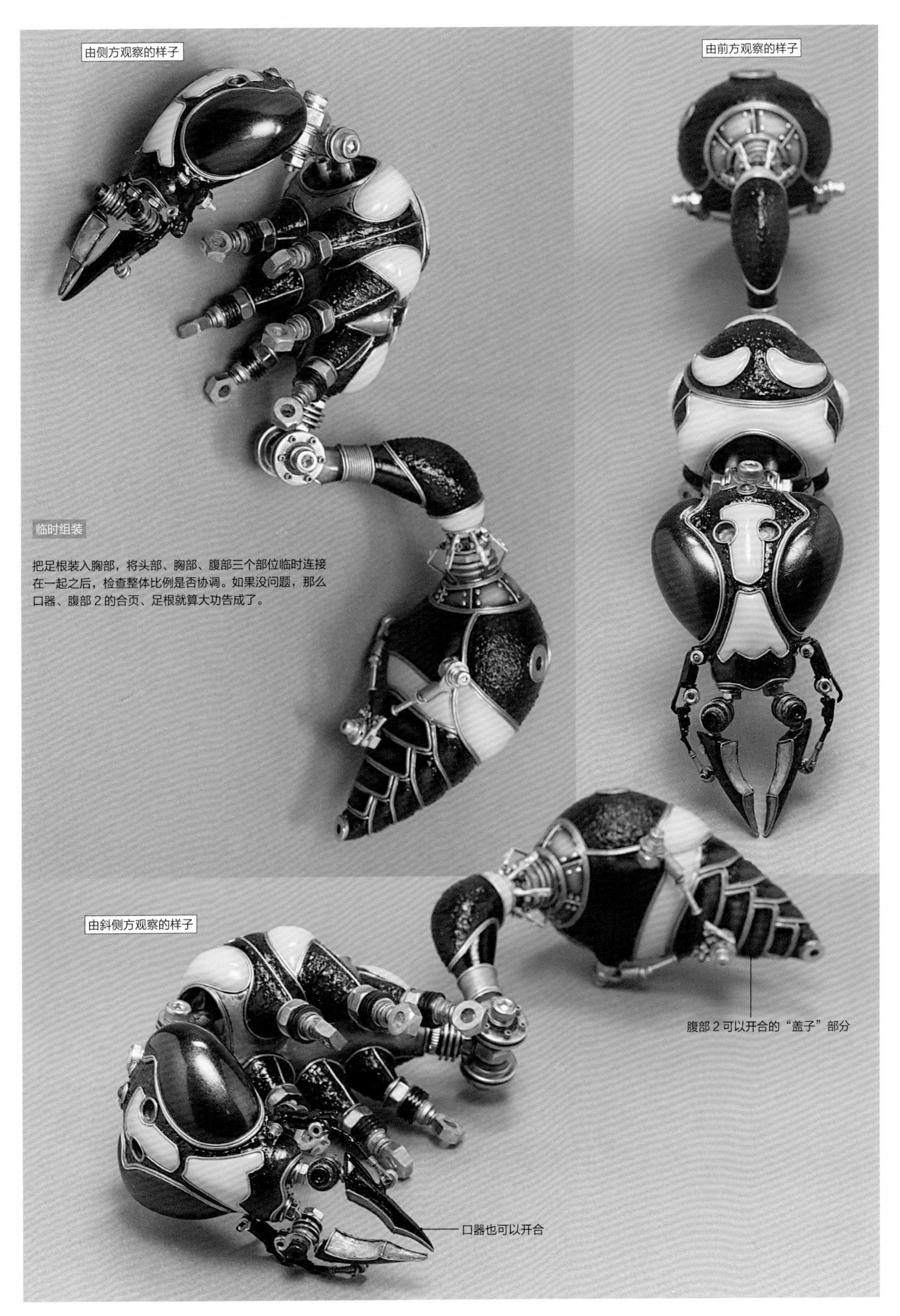

临时组装

把足根装入胸部，将头部、胸部、腹部三个部位临时连接在一起之后，检查整体比例是否协调。如果没问题，那么口器、腹部 2 的合页、足根就算大功告成了。

〈4〉制作足部

制作腿节

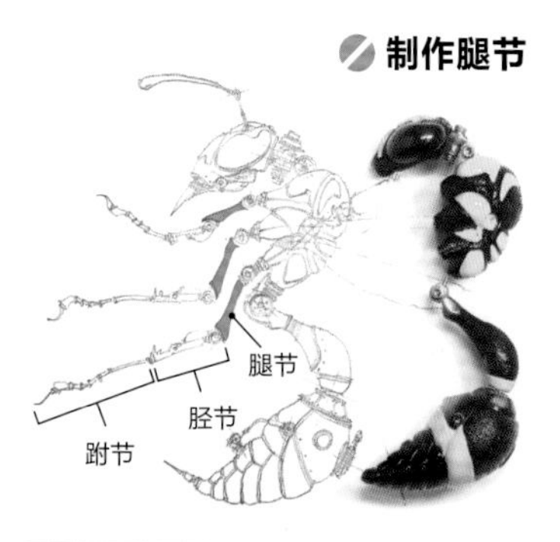

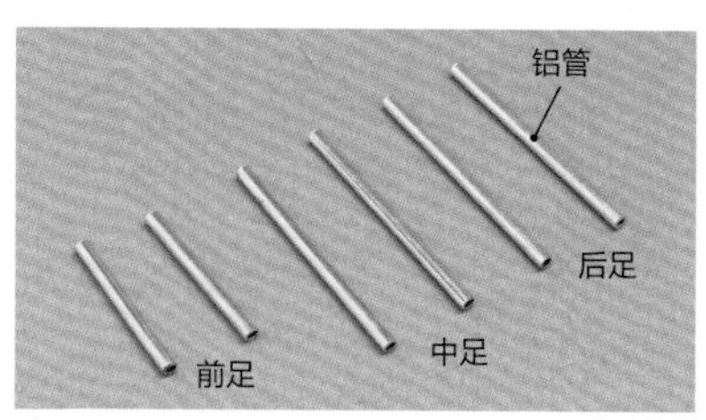

1 根据等比尺寸的侧面图（详见第 21 页），将铝管裁剪成合适的长度。

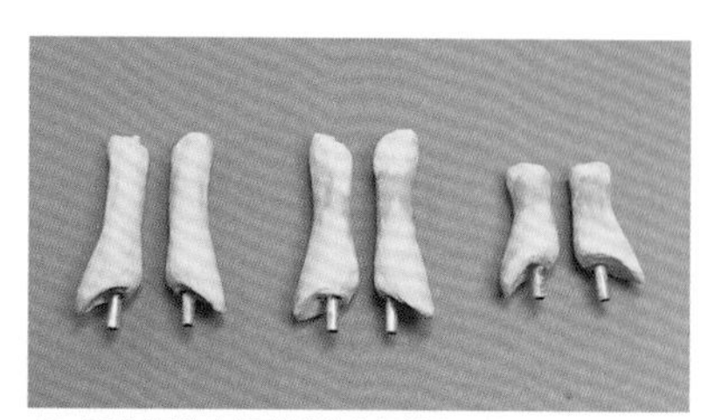

2 因为纸黏土很难涂抹在铝管上，所以可以先涂点环氧树脂，然后再加上纸黏土。

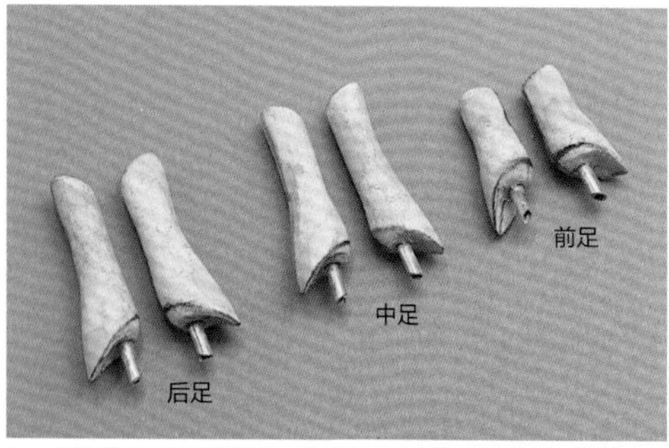

3 借助美工刀和砂纸塑形，和制作身体部位的操作是一样的。

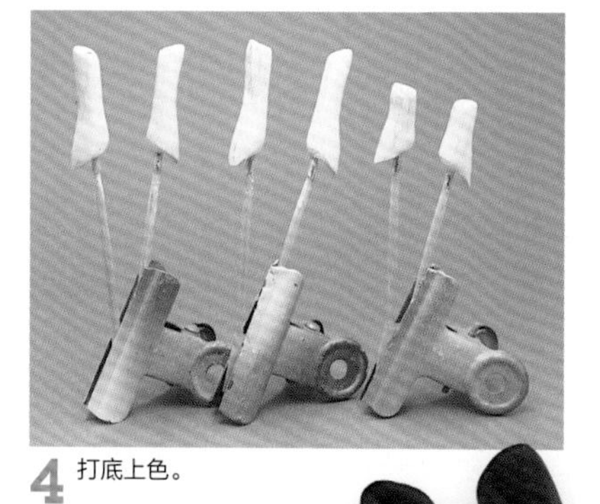

4 打底上色。

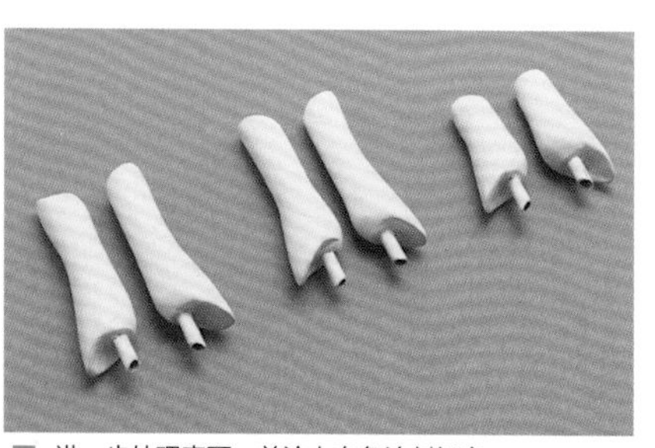

5 进一步处理表面，并涂上白色涂剂打底。

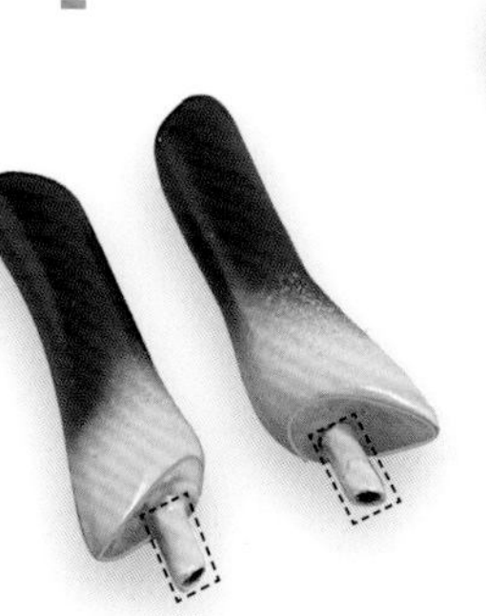

6 喷上清漆，为下一步骤做好准备。

制作腿节关节

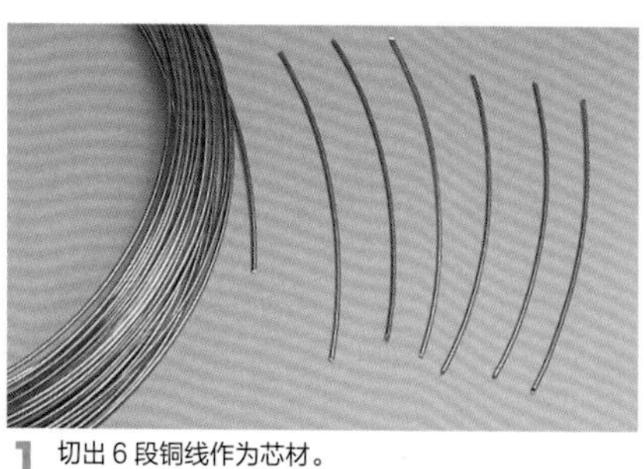

1 切出 6 段铜线作为芯材。

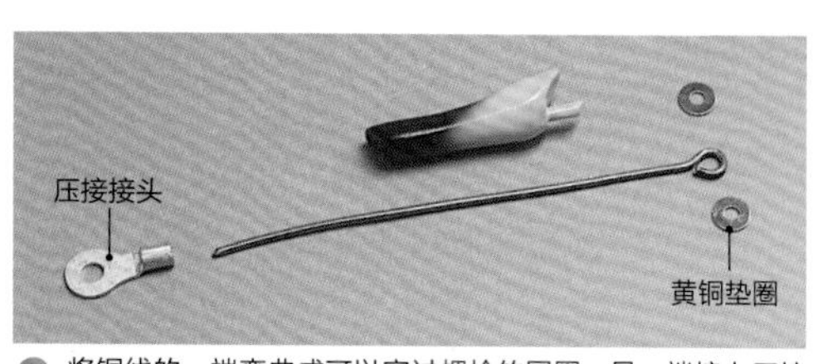

2 将铜线的一端弯曲成可以穿过螺栓的圆圈，另一端接上压接头。

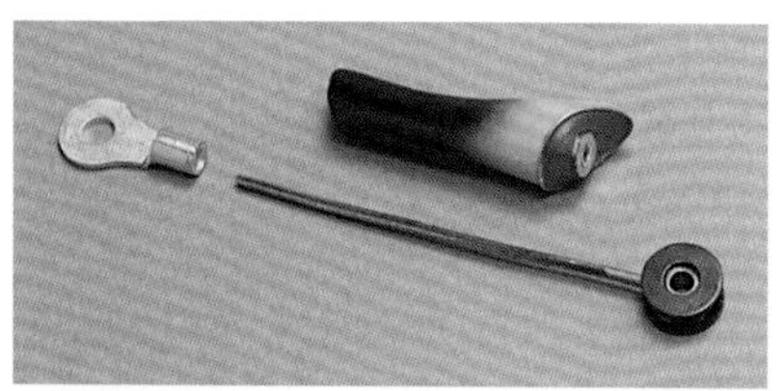

3 将弯曲成圆圈的一端贴上垫圈和焊锡线。之后再贴上垫圈，并调整其长度后裁断。

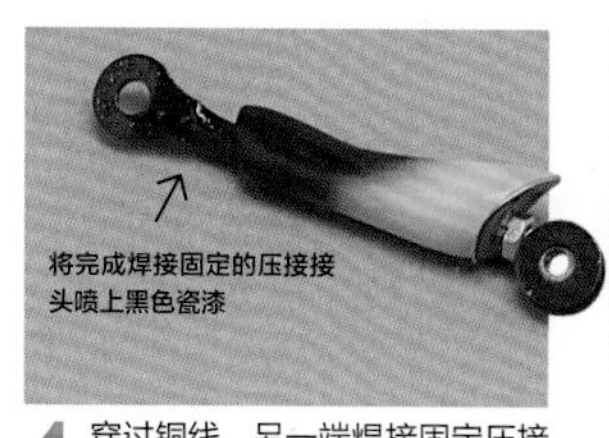

4 穿过铜线，另一端焊接固定压接接头。

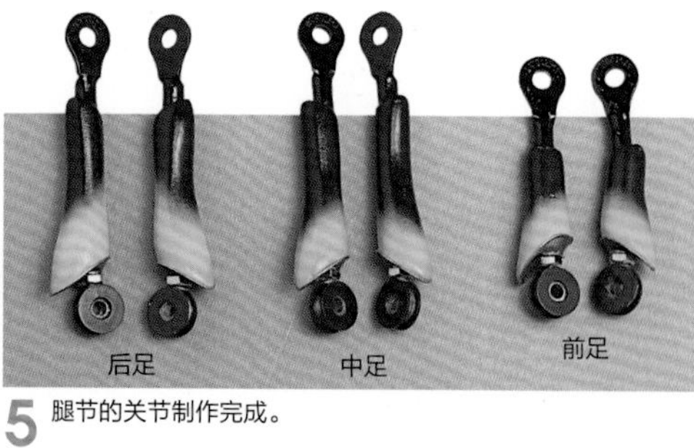

5 腿节的关节制作完成。

将各部位零件组装起来

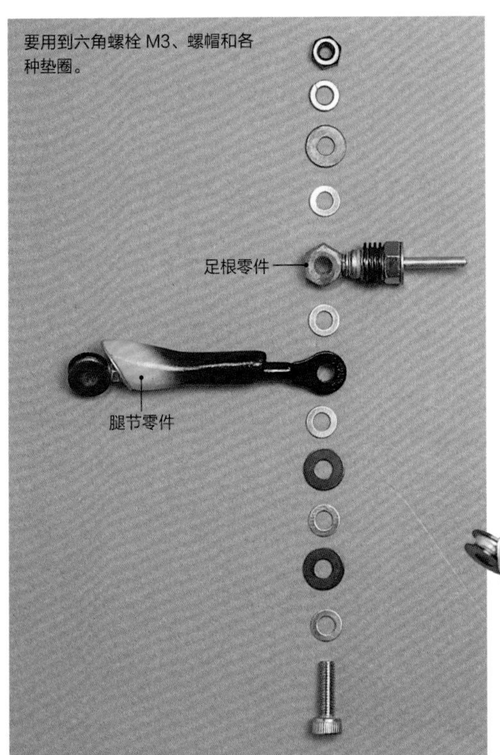

1 把足根和腿节连接起来。

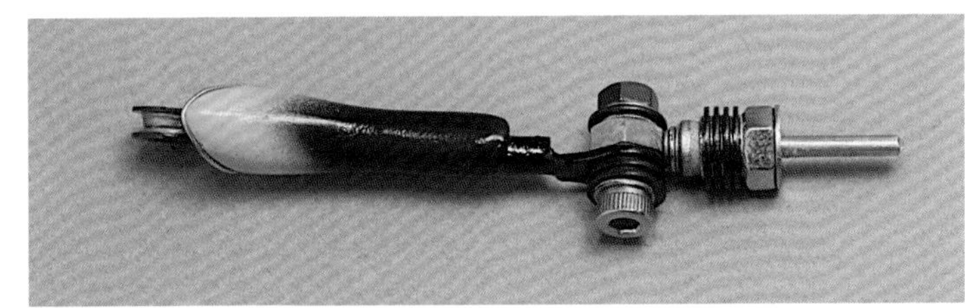

2 组装好以后的样子。虽然昆虫的足可以划分为腿节、胫节、跗节，但总体上还是要让人看得出来这是昆虫的足。

3 临时组装到胸部上。

为了加快效率，可使用专业的快干胶水

根据使用对象的不同材质，分别有木工专用胶水、快干胶水、工业液体胶等。就我们目前的制作而言用快干胶水比较好。

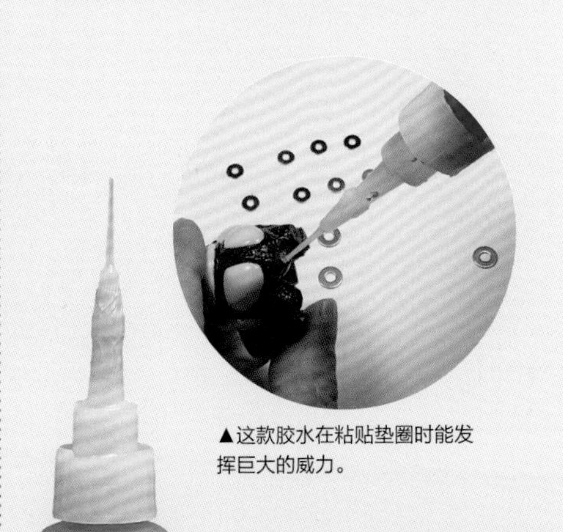

▲这款胶水在粘贴垫圈时能发挥巨大的威力。

◀ LOCTITE 金属专用的高强度胶水

这款胶水有一个尖尖的管头，在想要粘贴的地方滴 2~3 滴即可。即使是光滑的平面也能够粘住。用得多的话，由于胶水的硬化反应比较慢，周围会变白，后期可以用透明漆消除掉，所以不用太在意。而对于接触面积小或是会有强烈冲击的如挂钩等物品则不推荐使用。

〈5〉制作头关节

在继续足的制作之前，因为考虑到和头部、胸部的协调性，所以先把头关节给做了。

制作连接胸部一侧的零件

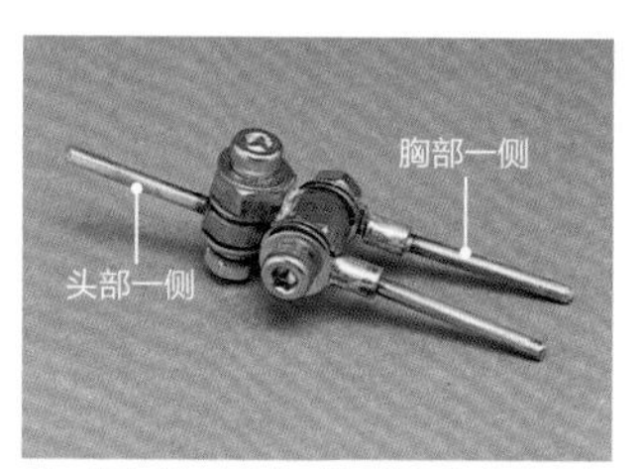

1 把在第 8 页临时组装好的头关节拆开，通过装设垫圈和管状螺帽来增加其分量感。

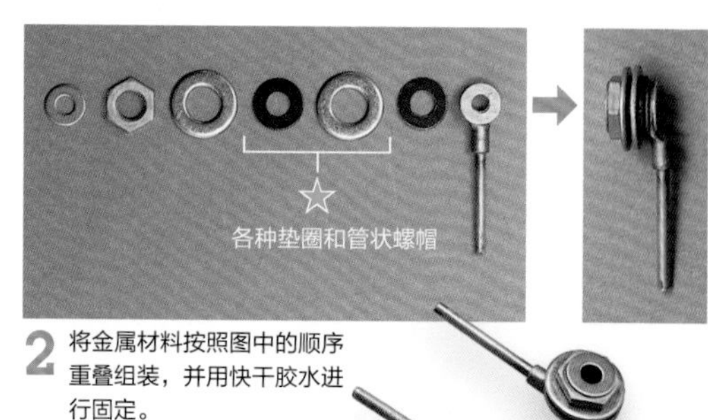

2 将金属材料按照图中的顺序重叠组装，并用快干胶水进行固定。

▲胸部一侧零件　两根

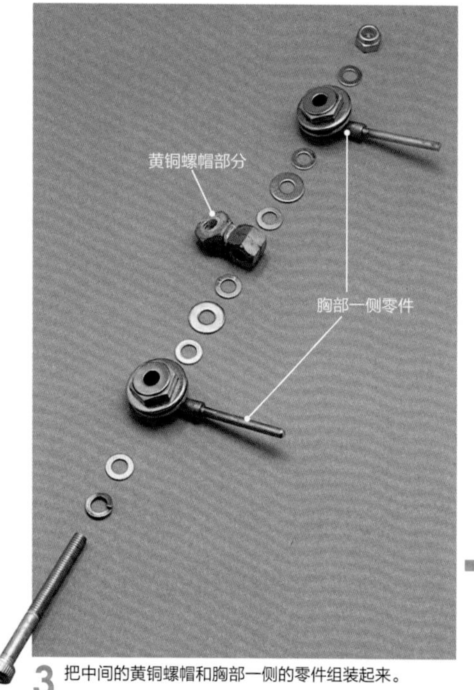

3 把中间的黄铜螺帽和胸部一侧的零件组装起来。

把头关节 A 临时插入胸部，如果宽度不合适的话还要做适当地调整。

分别拆下一枚六角螺帽 M6 和用铬酸盐处理过的黑色垫圈，成为头关节 B，临时组装到胸部进行确认。试着比较一下左边的头关节 A 和此处头关节 B 的不同。

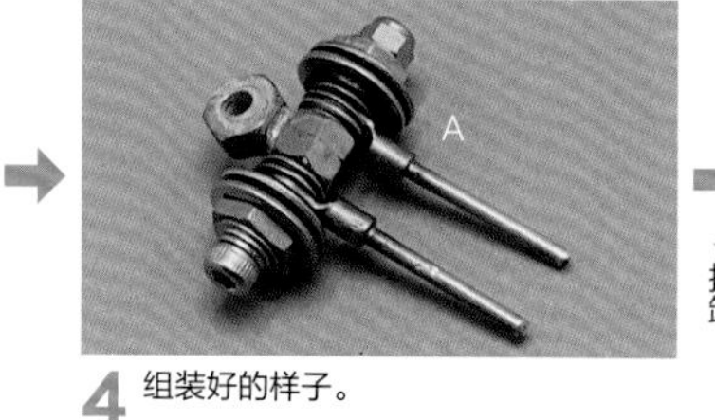

4 组装好的样子。

★拆卸

5 除去两枚垫圈后组装在一起的样子。

制作连接头部一侧的零件

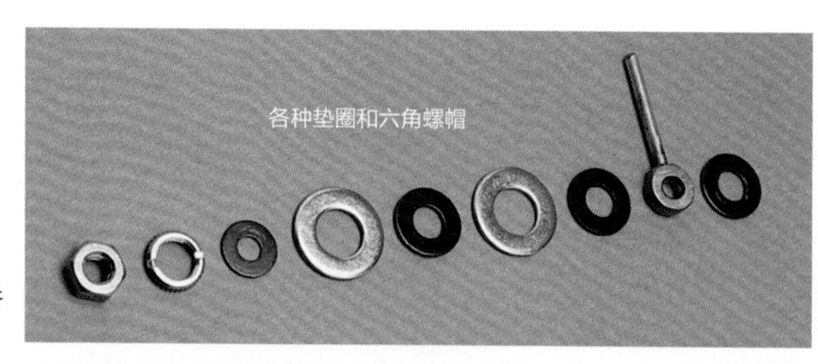

1 将金属材料按照图中的顺序重叠组装，并用快干胶水进行固定。

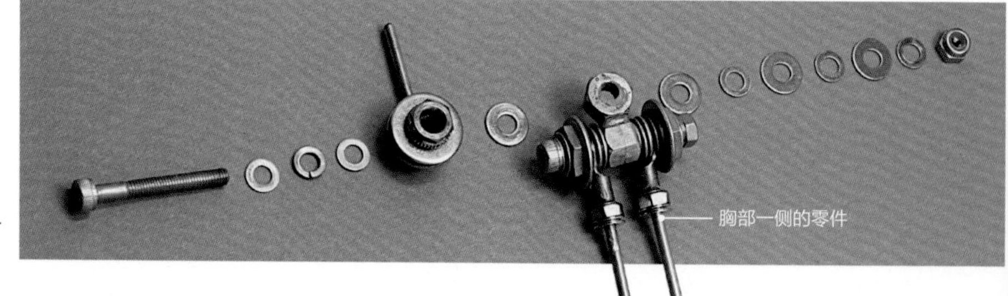

2 将头部一侧的零件和胸部一侧的零件组合在一起。

3 头关节组装好的样子。

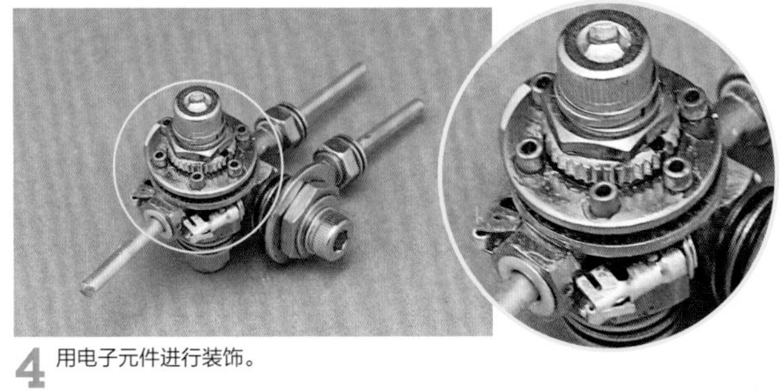
4 用电子元件进行装饰。

等到全部完成以后还要再好好整理。

头部和头关节的临时组装

▲由侧方观察的样子

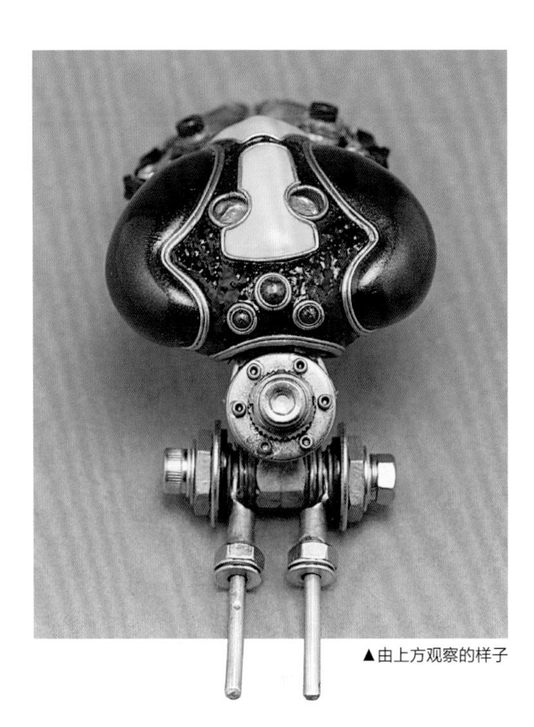
▲由上方观察的样子

把胸部也一起装上，看看是否协调

确认是否能够上下左右移动。

〈6〉组装脚的胫节

回到足的制作。接下来制作的胫节用于连接第 32 页做好的腿节。

制作胫节

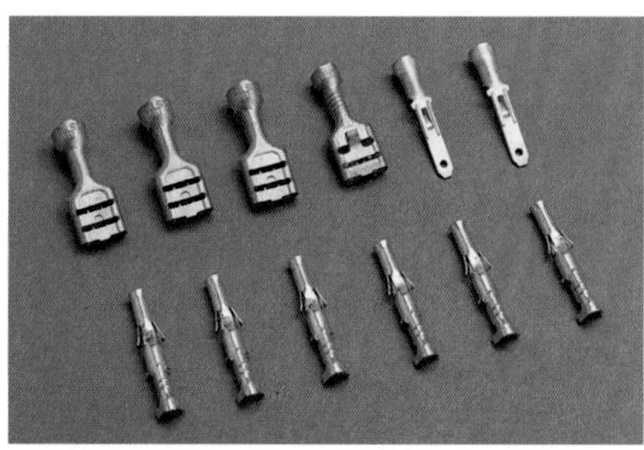

1 使用电子元件制作。把两个形状各异的连接器组装在一起，做成胫节。

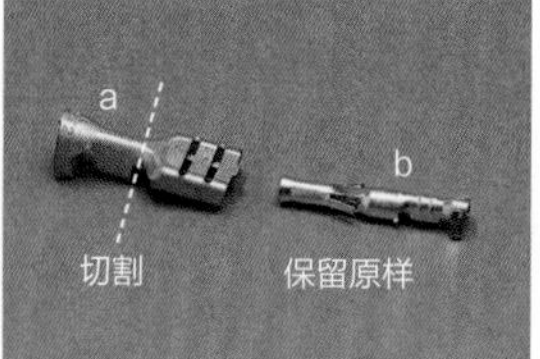

2 准备好两个连接器。

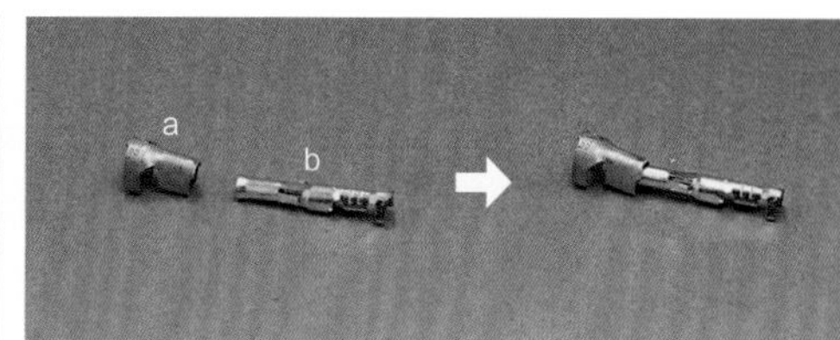

3 组装连接器。

＊切割下来的部分可以用于底座等部分的细节修饰，不要扔掉。

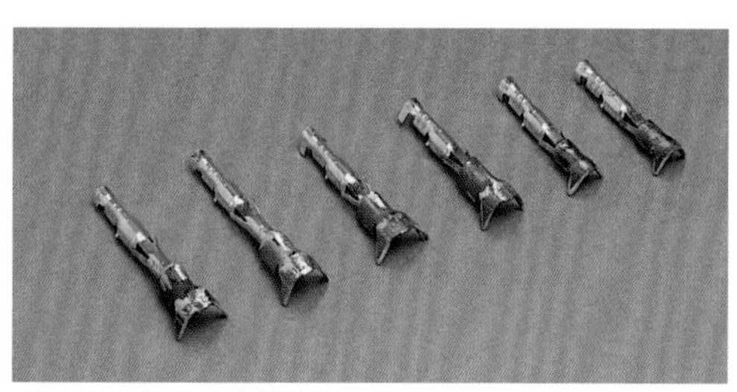

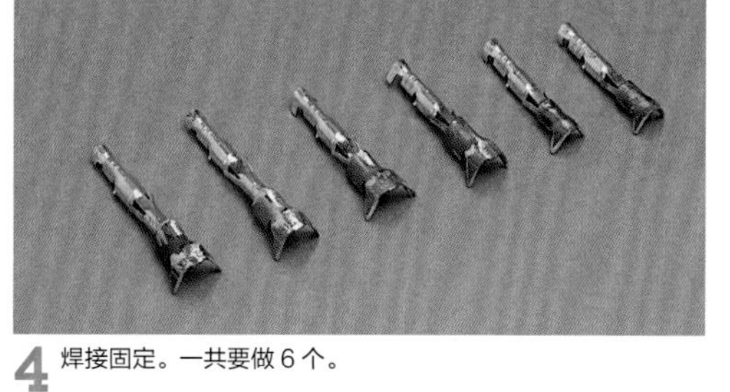

4 焊接固定。一共要做 6 个。

5 涂上白色打底涂料。

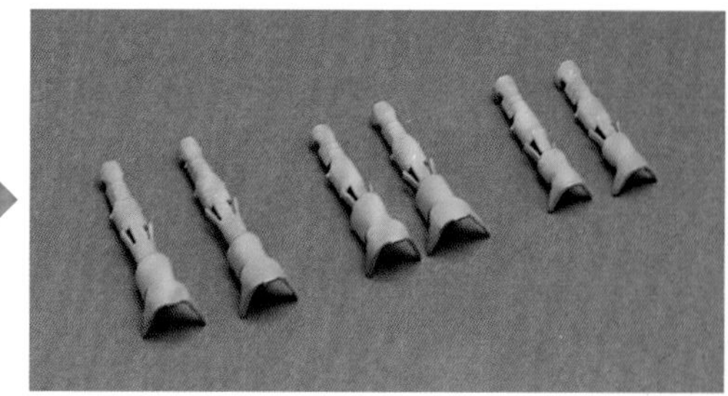

6 和陶工蜂主体一样的上色流程。

制作胫节的关节

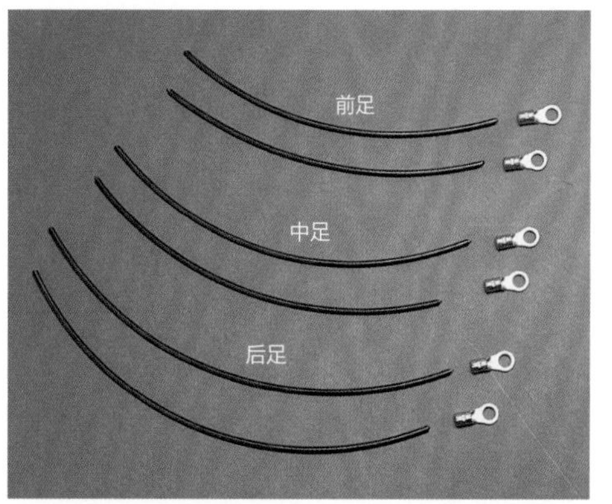

1 切割出 6 根作为芯材用的铜线。关节部分使用压接接头制作。

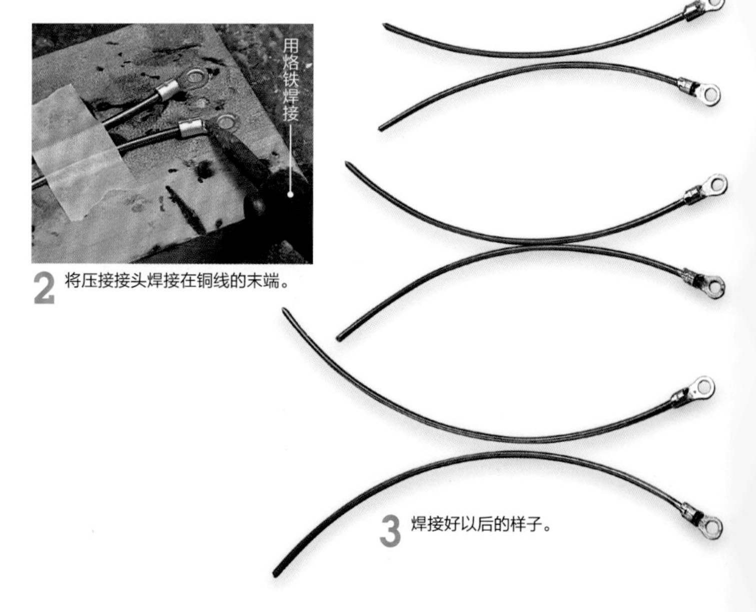

2 将压接接头焊接在铜线的末端。

3 焊接好以后的样子。

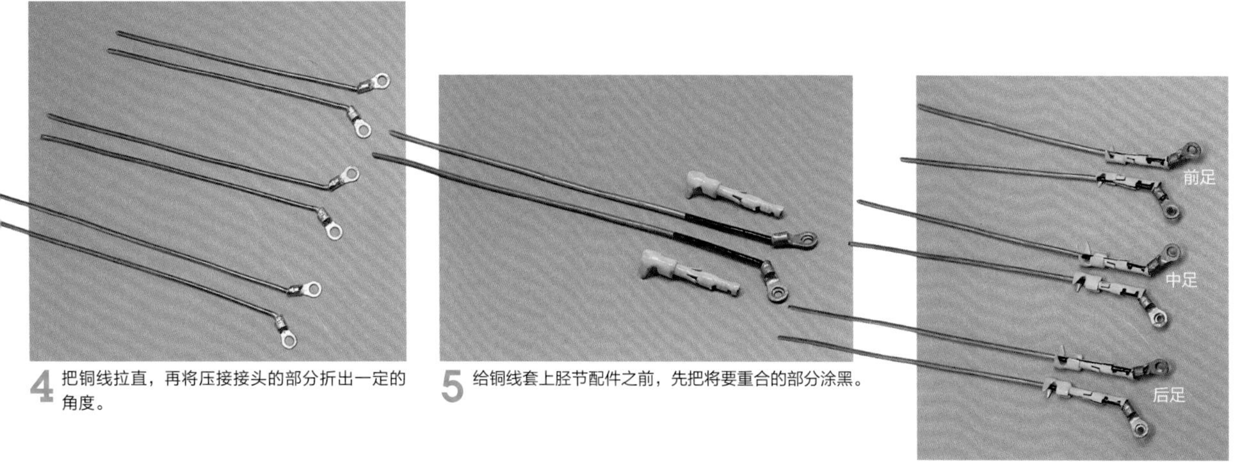

4 把铜线拉直，再将压接接头的部分折出一定的角度。

5 给铜线套上胫节配件之前，先把将要重合的部分涂黑。

6 套上胫节配件，并用快干胶水固定，一共做成 6 根。

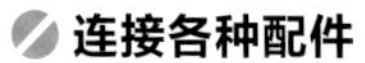

连接各种配件

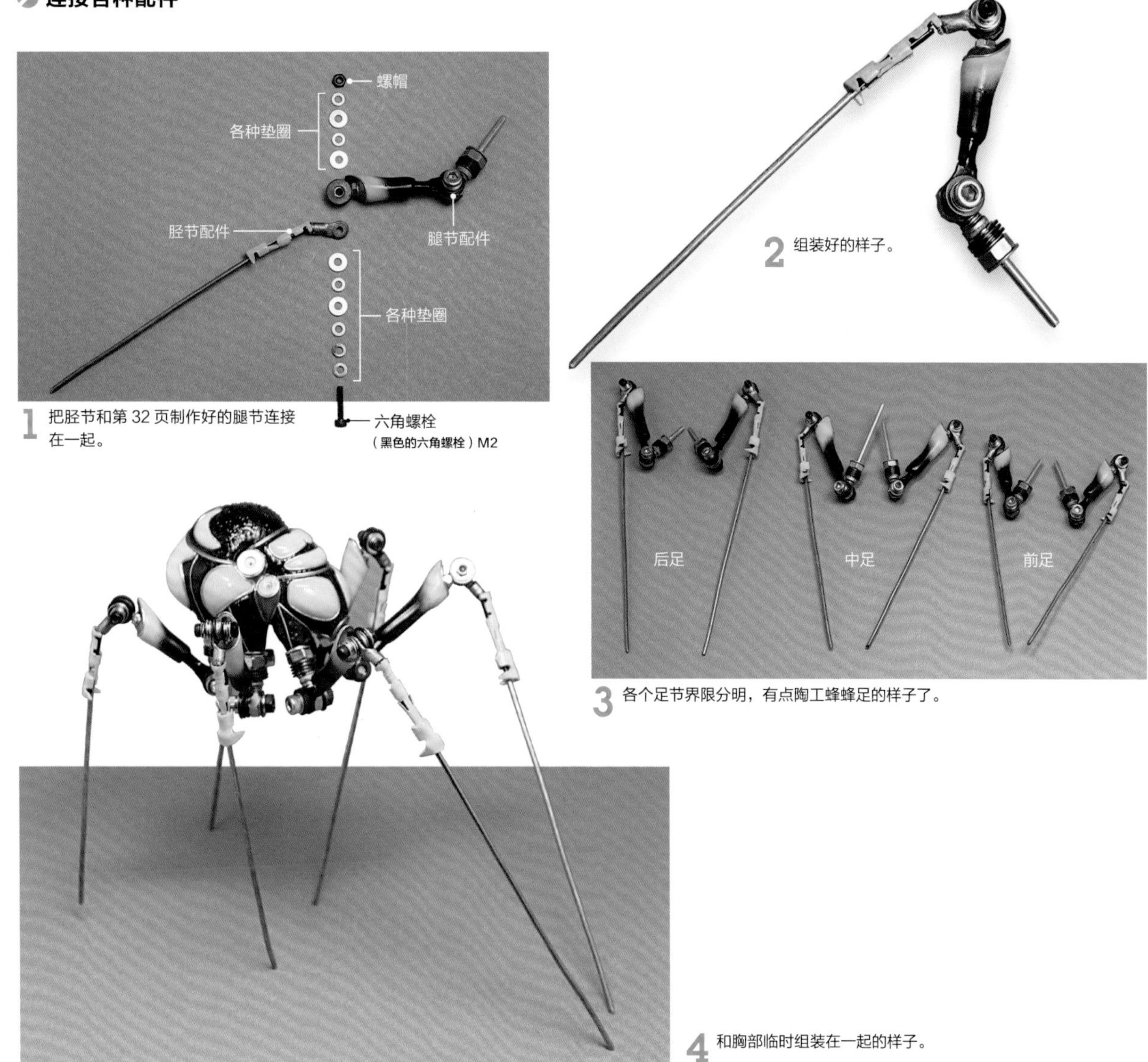

1 把胫节和第 32 页制作好的腿节连接在一起。

2 组装好的样子。

3 各个足节界限分明，有点陶工蜂蜂足的样子了。

4 和胸部临时组装在一起的样子。

7 组装跗节和尖爪

下面制作的跗节要和第 36 页完成的胫节连接在一起。先加工制作最前面的尖爪。

制作尖爪

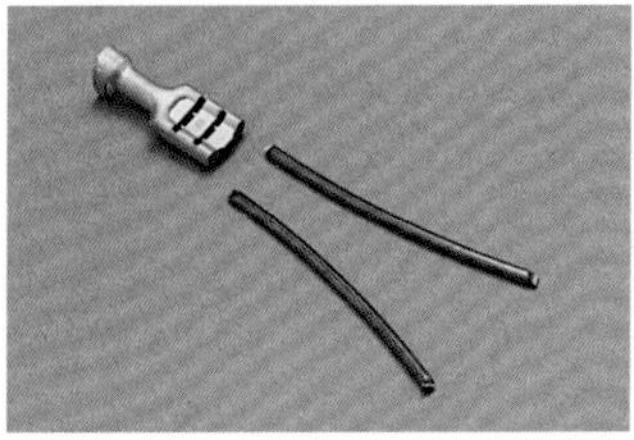
▲①使用电子元件的连接器和铜线进行制作。

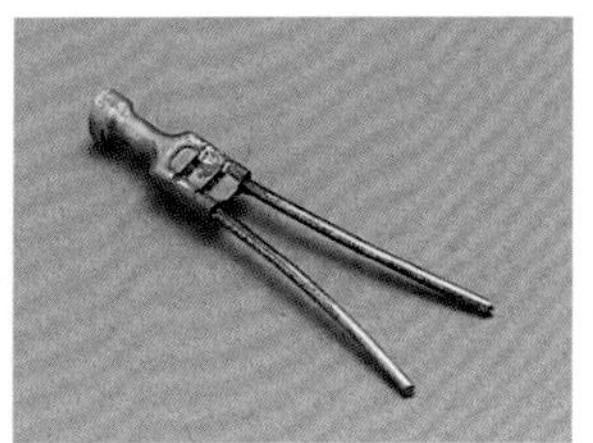
▲②用焊锡进行固定。

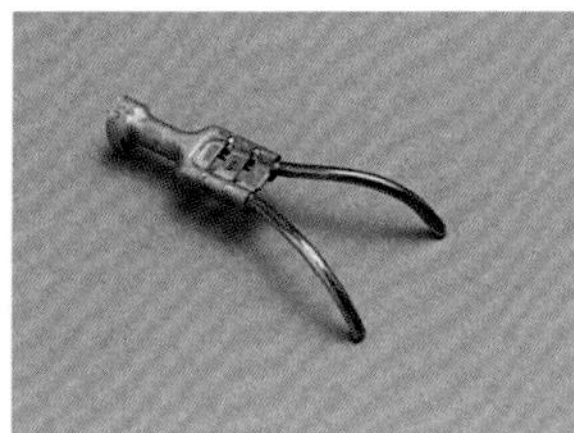
▲③弯曲铜线，使其更像尖爪的样子。

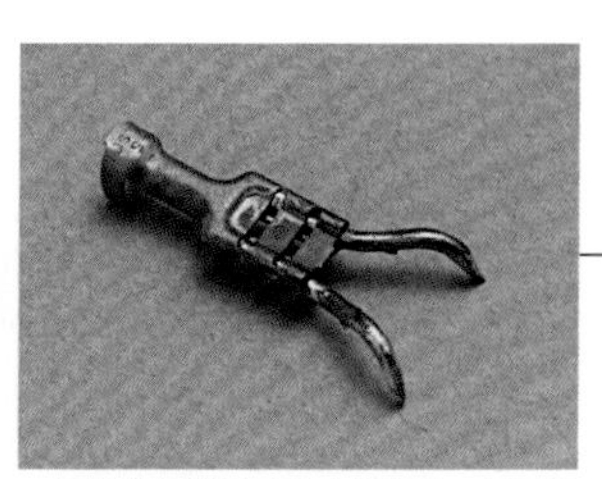
▲④剪掉铜线前端多余的部分，并用锉刀进行修整。

制作跗节

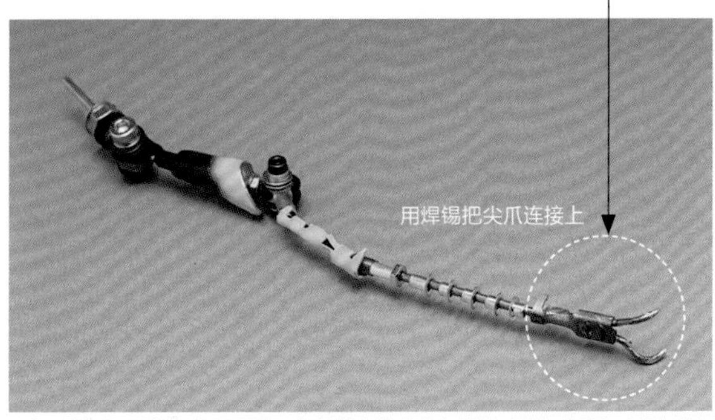

▲加工第 37 页做好的足零件。在铜线上依次套入弹簧、铝管、螺帽、金属扣眼。这时候光靠铜线是固定不住的，因此要用焊锡进行固定。

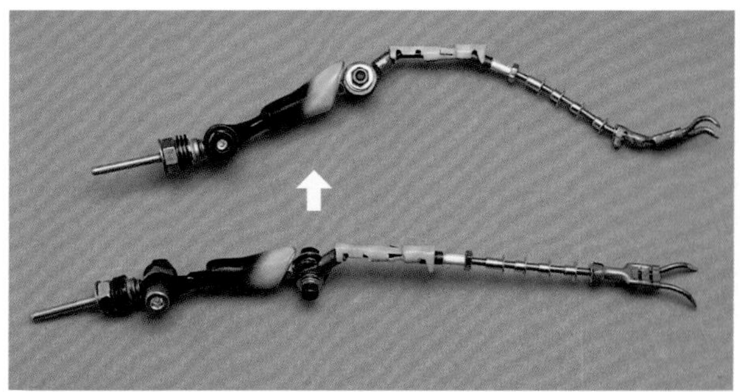
▲为了使其看起来更像足，需要弯曲铜线。图中的两根前足，上面的是加工好的，下面的是还没有加工的。

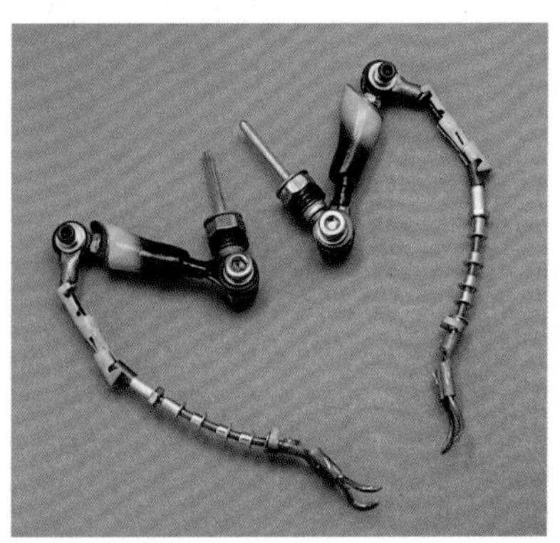
▲足的形状差不多就出来了。

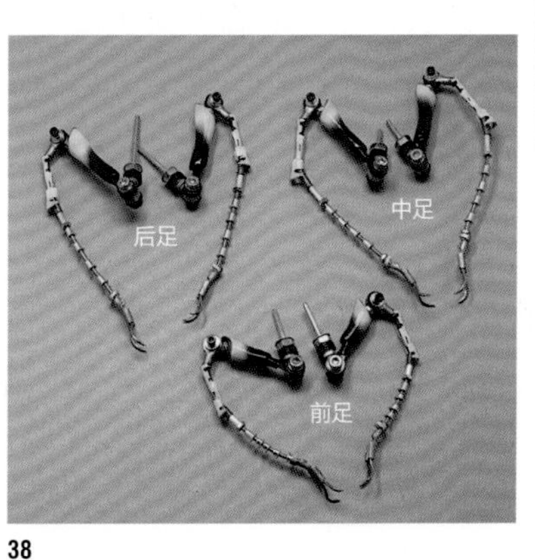

◀临时组装胸部和足。因为关节处装了螺栓和螺帽，因此可以转动。

▲跗节还没有固定，所以看起来会有点怪。▶

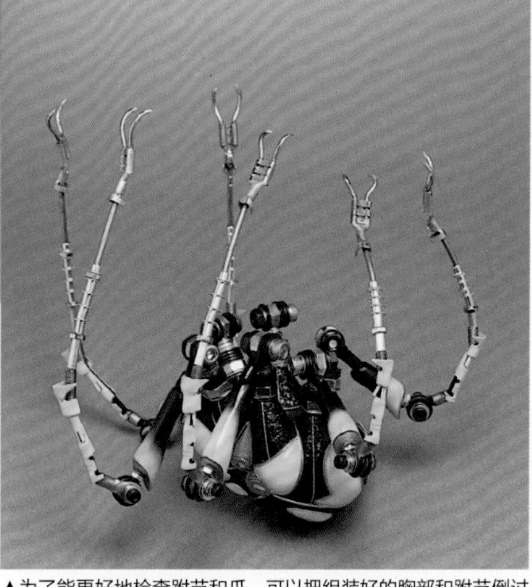
▲为了能更好地检查跗节和爪，可以把组装好的胸部和跗节倒过来看。查看整体是否协调，然后进行细节上的修整。

临时组装在一起的整体

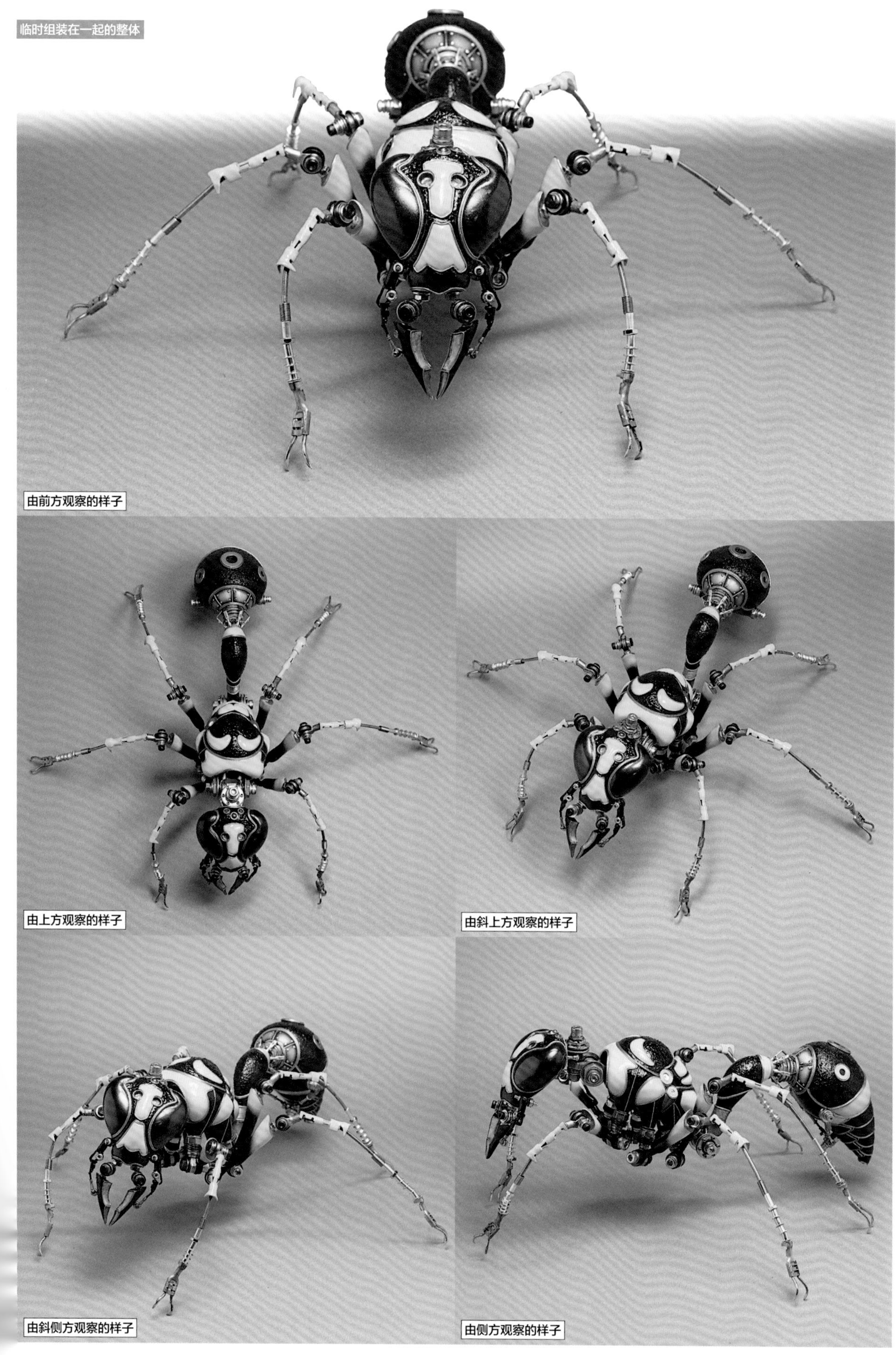

由前方观察的样子

由上方观察的样子

由斜上方观察的样子

由斜侧方观察的样子

由侧方观察的样子

8 组装翅膀的关节

制作关节部分

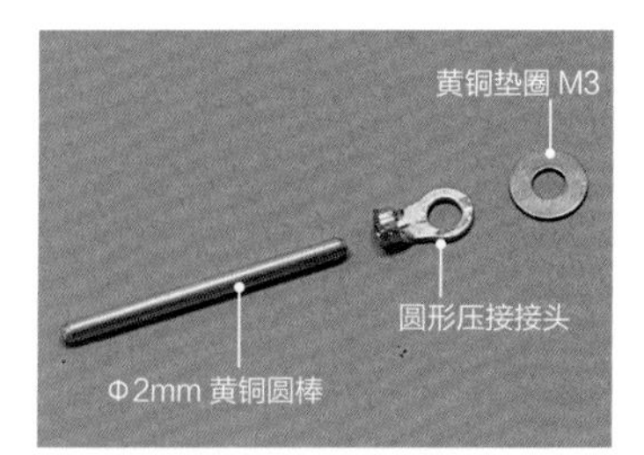

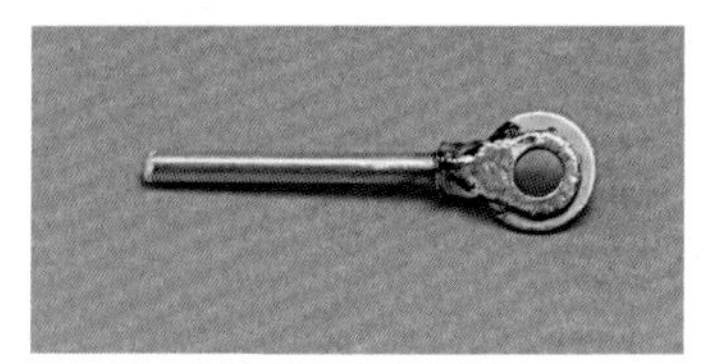

▲把胸部一侧的零件用焊锡焊接好。

▲用丝锥加工黄铜螺帽 M4 的侧面，使其可以连接 M2 螺栓。

＊丝锥加工：用丝锥这一工具在内壁上刻出螺纹。

▲准备好黄铜螺帽和螺栓。

▲制作四支翅膀需要用到的零件。

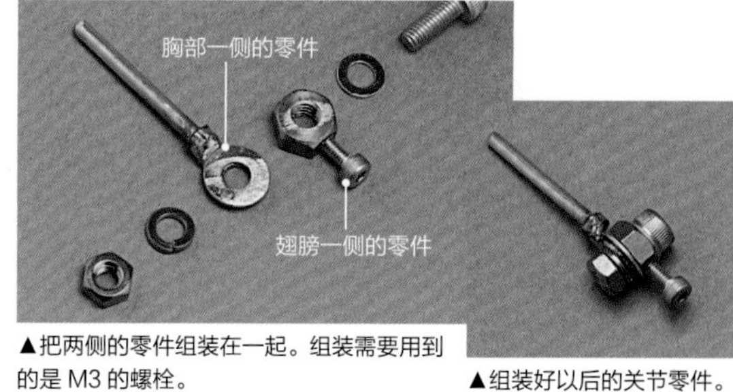

▲把两侧的零件组装在一起。组装需要用到的是 M3 的螺栓。

▲组装好以后的关节零件。

和胸部临时组装进行调整

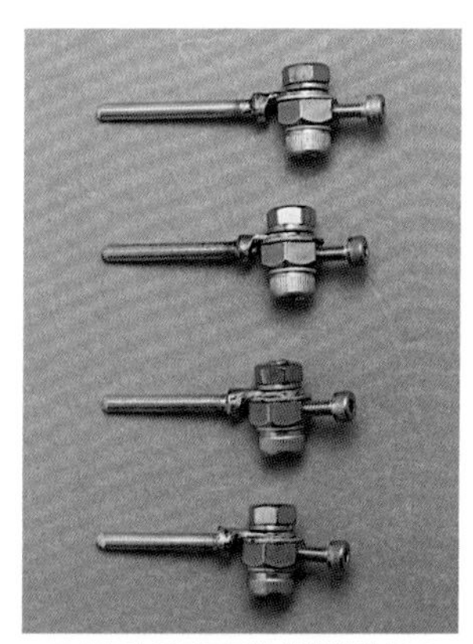

▲四支翅膀需要用到的关节就做好了。

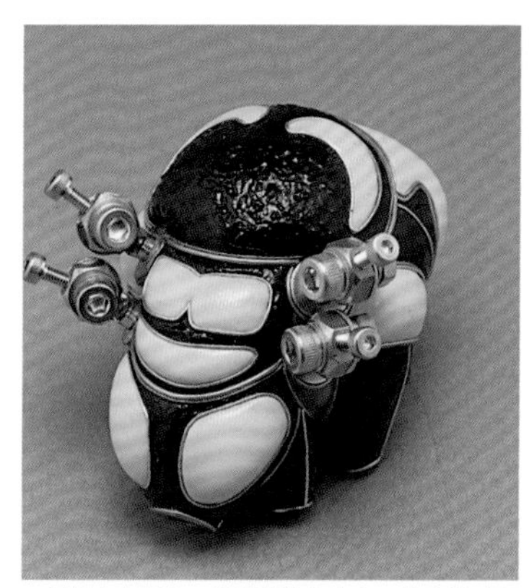

▲组装在胸部上。关节稍微有点大，转动的时候会撞在一起，因此无法自由地转动。

将黄铜垫圈 M2 的边角修改成小一号的样子。再将胸部一侧零件的垫圈换成 M2，同时把翅膀零件的螺帽削成圆形。

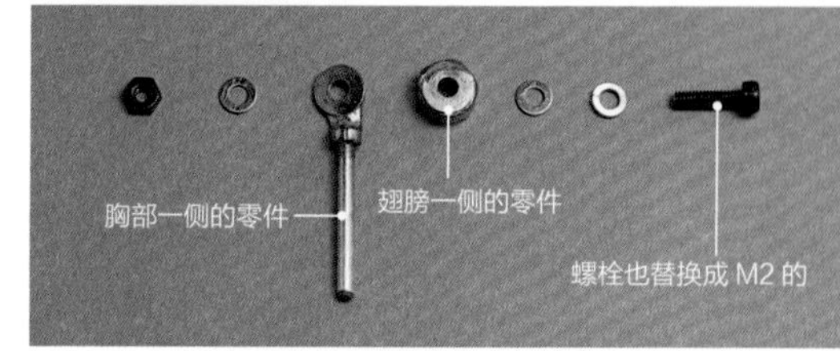

▲准备好修改完以后的两侧的零件。

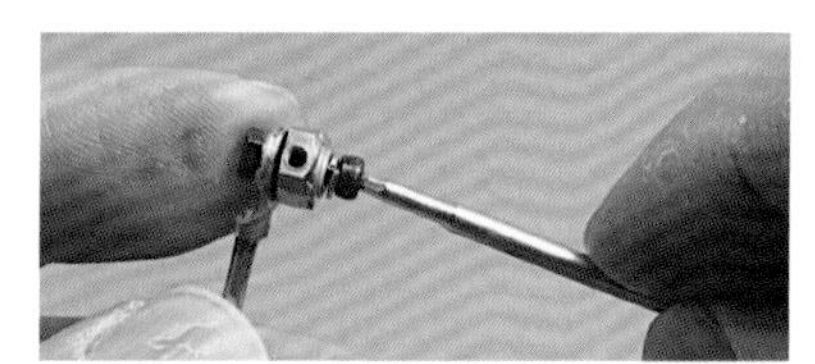

▲再次组装翅膀一侧的螺帽。

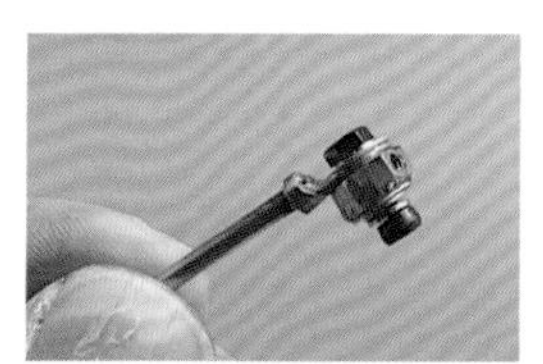

▲修改后的关键零件。

▲制作四支翅膀的关节。

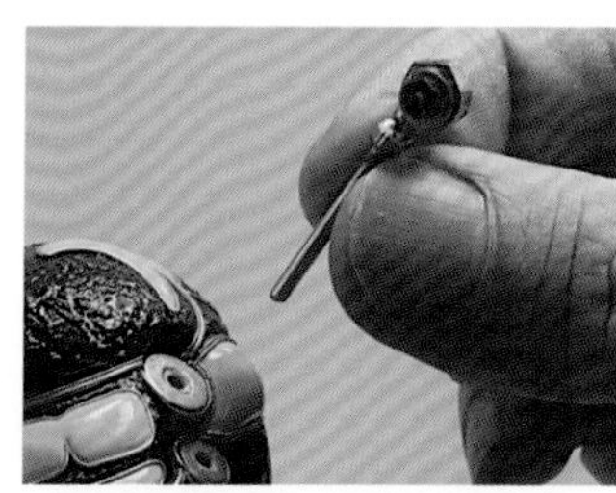

▲插入胸部的洞里临时组装在一起。

▲翅膀的关节就做好了。

9 加工翅膀并用焊锡固定

制作前翅的翅脉

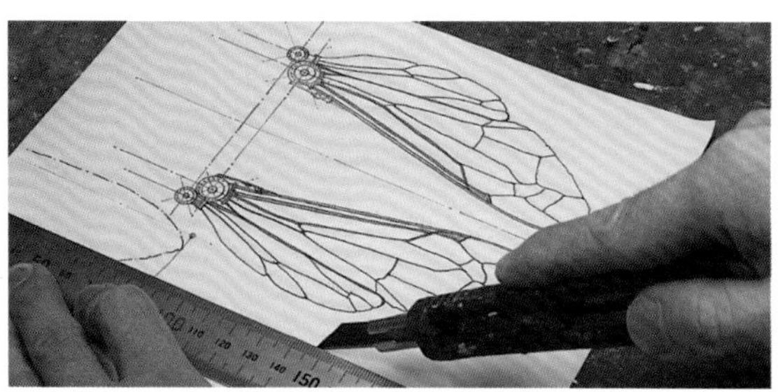

1 翻转第 21 页的设计图，做成左右两支翅膀。

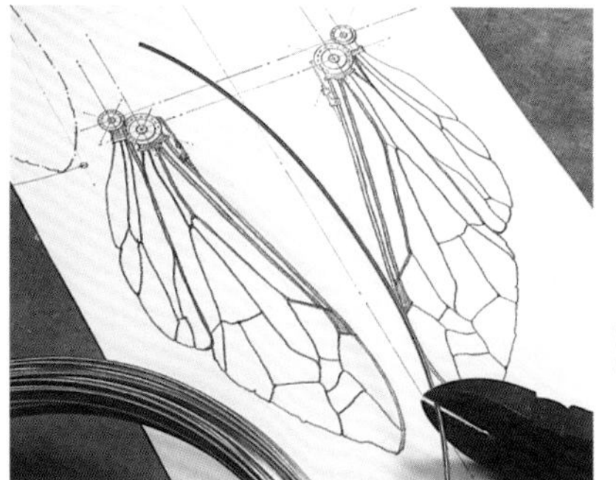

2 复制好制作翅膀用的底纸。制作翅脉需要用到 Φ1.2mm、Φ0.9mm、Φ0.5mm 的三种铜线，并用焊锡进行固定。

注意剪切铜线要多留出一点长度。

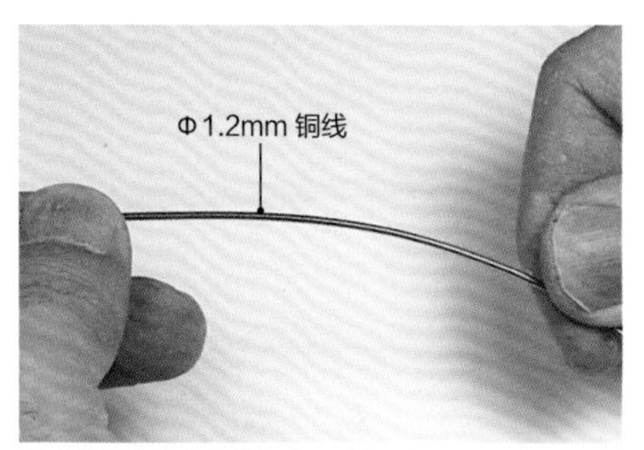

3 先制作出上方的翅脉作为基准。

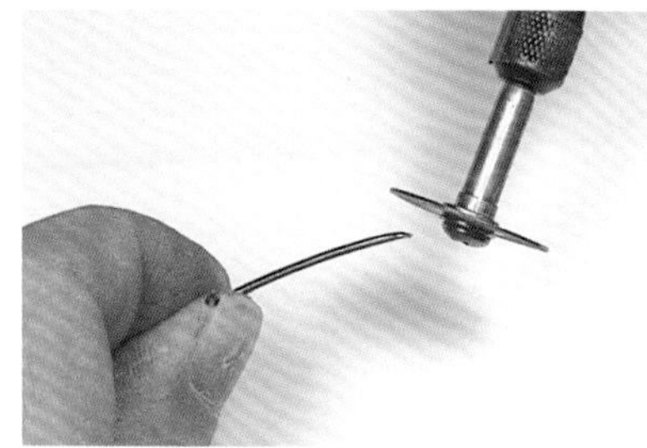

4 用电钻修整铜线前端的切口。

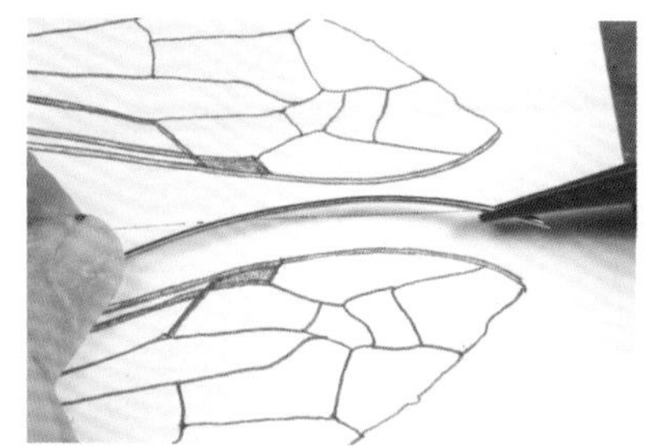

5 对照底纸上的图形，用钳子修整铜线的形状。

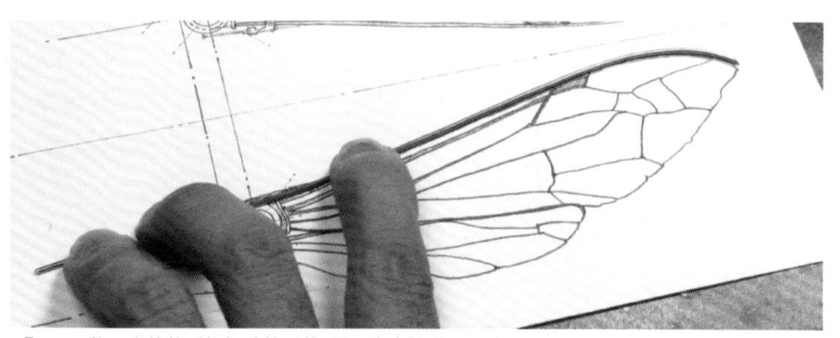

6 不可能一次就能对好翅膀的形状，要一点点地进行修整。

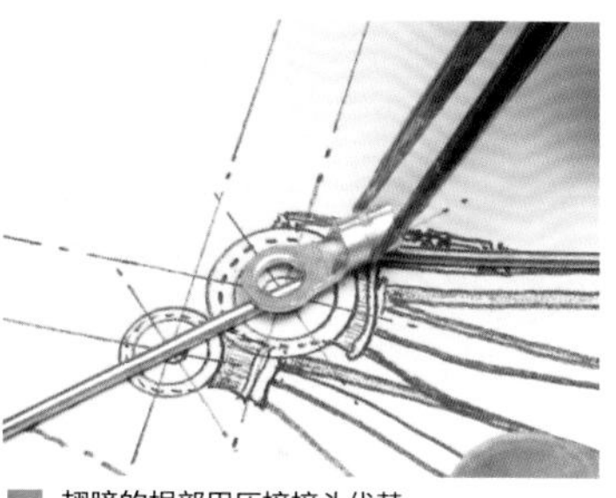

7 翅膀的根部用压接接头代替。

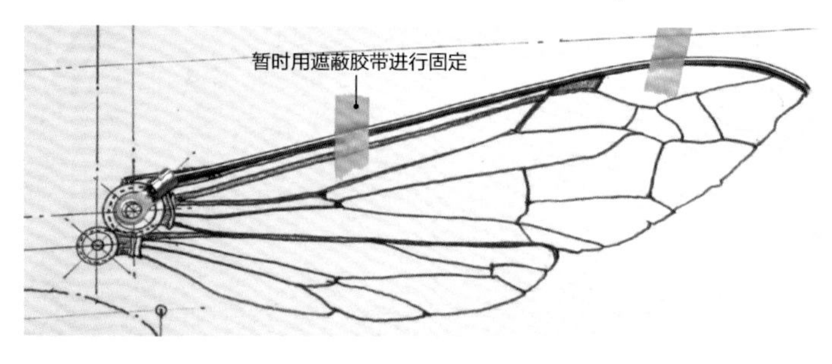

8 切断铜线并接上压接接头。

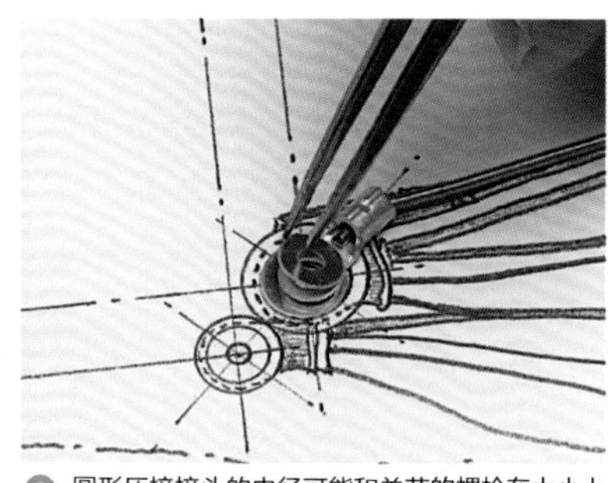

9 圆形压接接头的内径可能和关节的螺栓在大小上有一定的出入，可以用黄铜垫圈（M2、M3）来弥补。

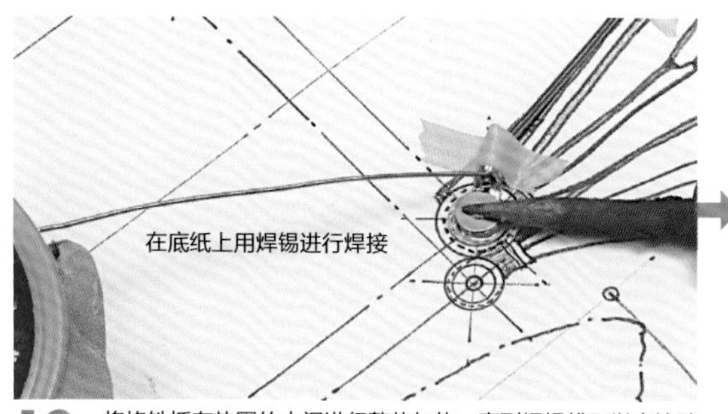

10 将烙铁抵在垫圈的中间进行整体加热，直到焊锡线可以直接贴上为止。

焊锡线将会融化在整个垫圈的周围。

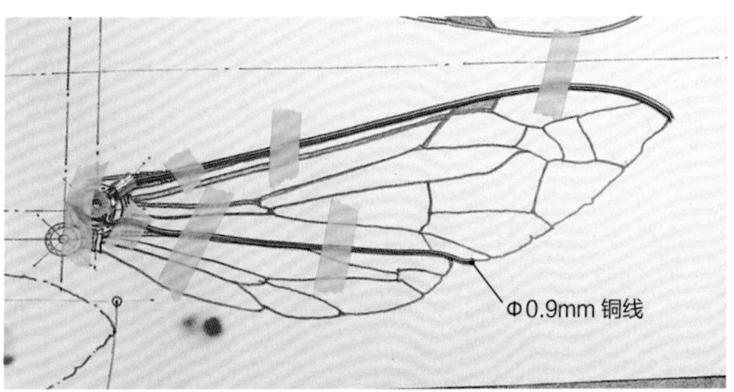

11 下方的翅脉用 Φ0.9mm 的铜线。

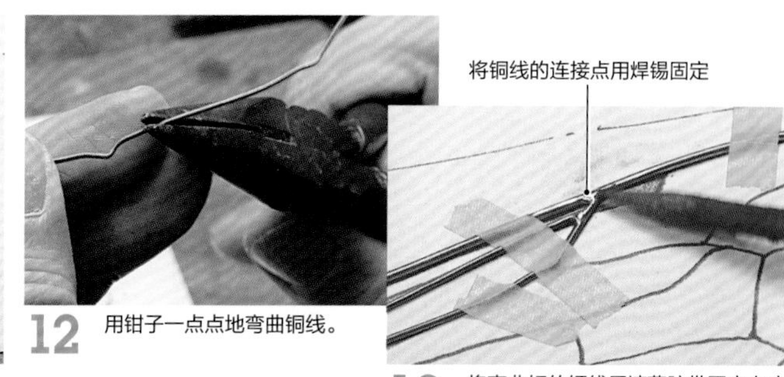

12 用钳子一点点地弯曲铜线。

13 将弯曲好的铜线用遮蔽胶带固定在底纸上。

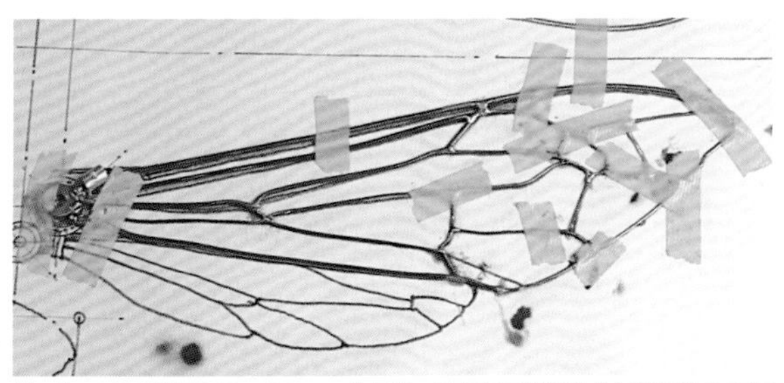

14 里面的翅脉用 Φ0.5mm 的铜线。依照相同的操作将铜线固定在底纸上，并用焊锡固定。

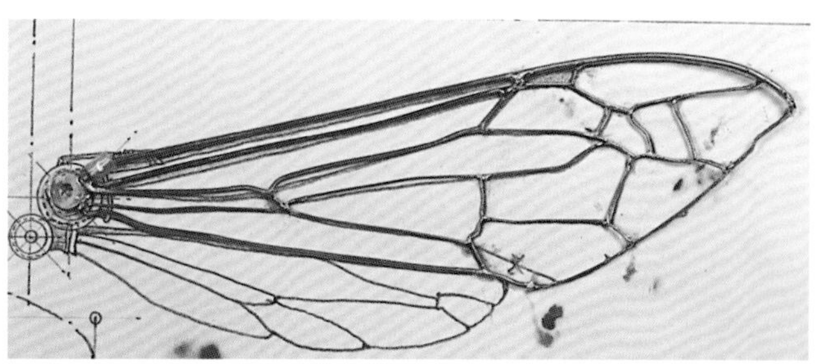

15 将胶带拆下后可以看到初步完成的样子。为了防止烙铁的热度损坏桌面，可以垫一张隔热板。

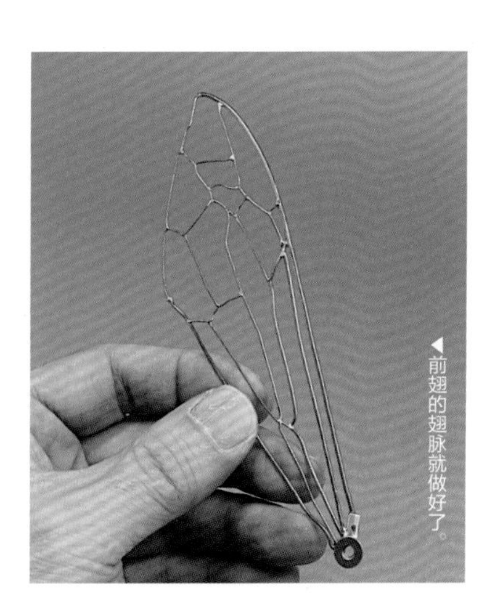

◀前翅的翅脉就做好了。

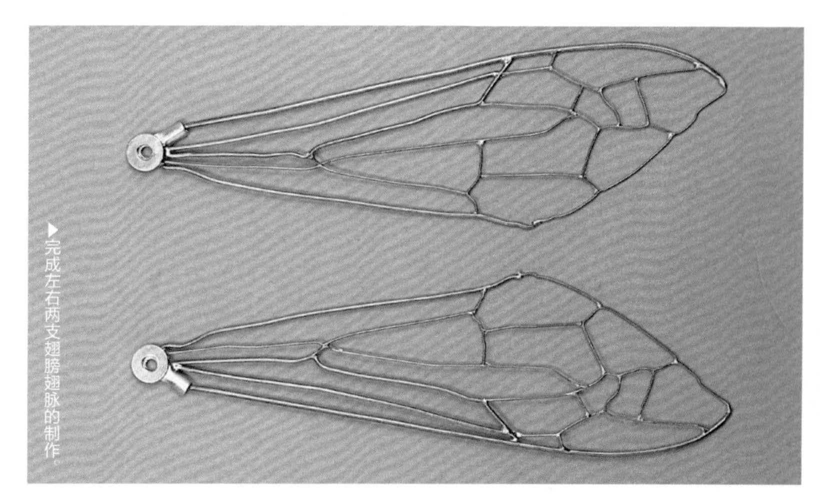

▶完成左右两支翅膀翅脉的制作。

制作后翅的翅脉

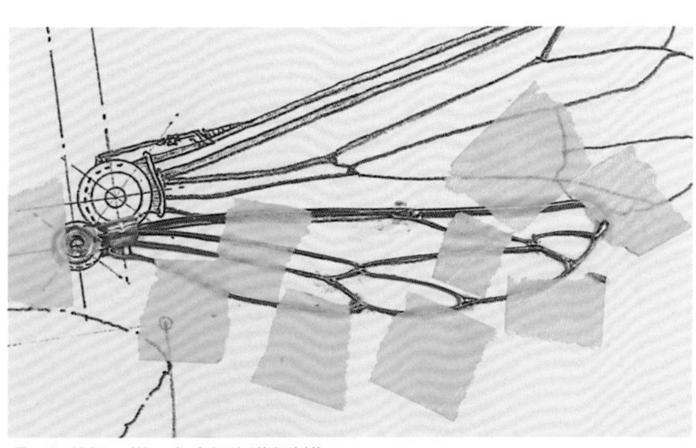

1 和前翅一样，在底纸上进行制作。

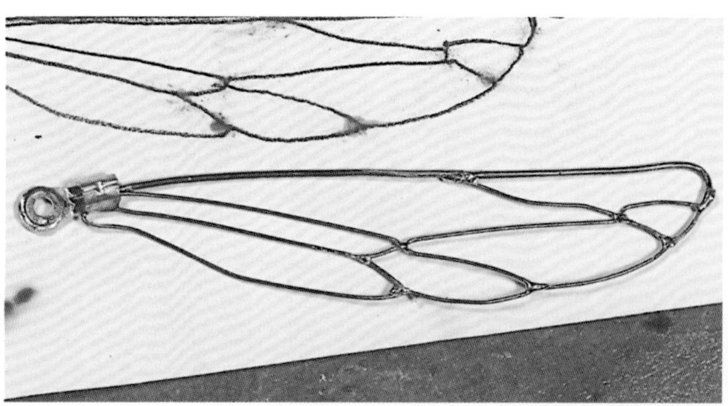

2 使用 Φ0.9mm、Φ0.5mm 的铜线制作后翅的翅脉，并用焊锡进行固定。

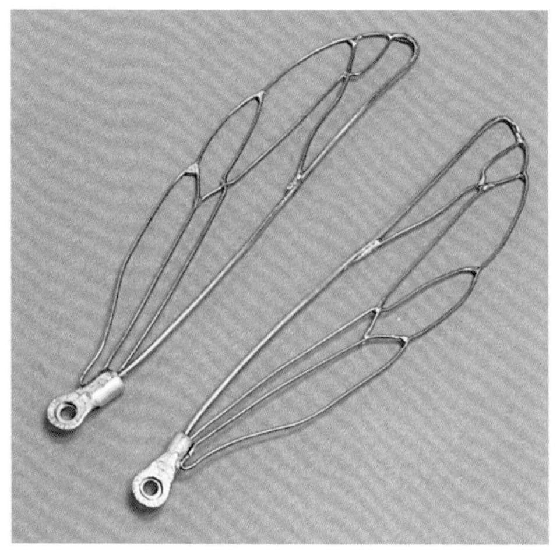

▲完成两只后翅的制作。

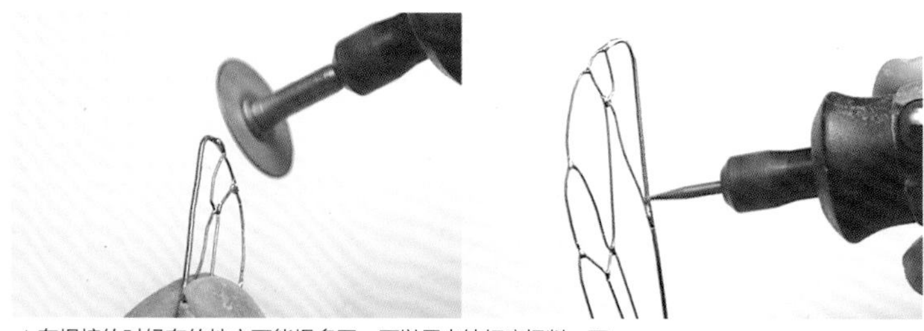

▲在焊接的时候有的地方可能焊多了，可以用电钻打磨切削一下。

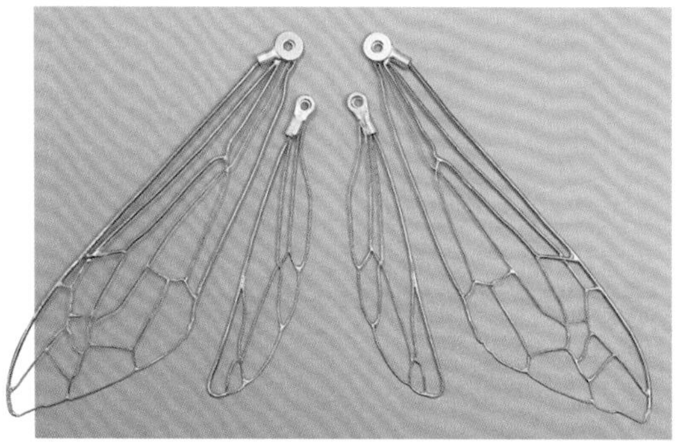

◀四只翅膀大功告成。

制作翅膀关节和胸部组装在一起

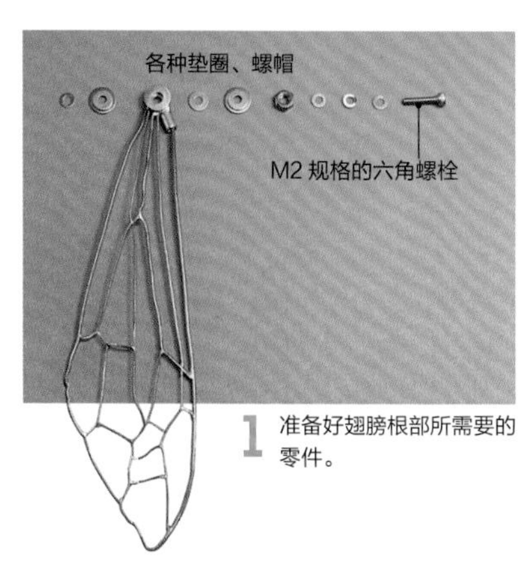

1 准备好翅膀根部所需要的零件。

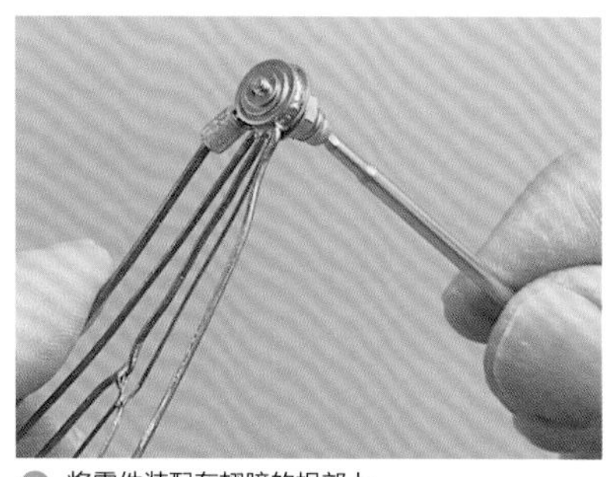

2 将零件装配在翅膀的根部上。

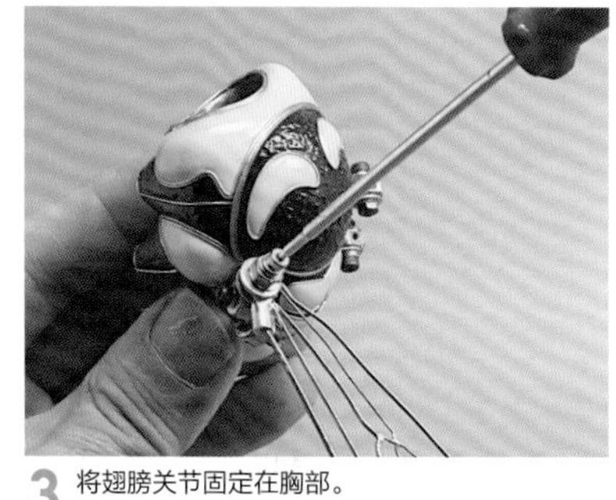

3 将翅膀关节固定在胸部。

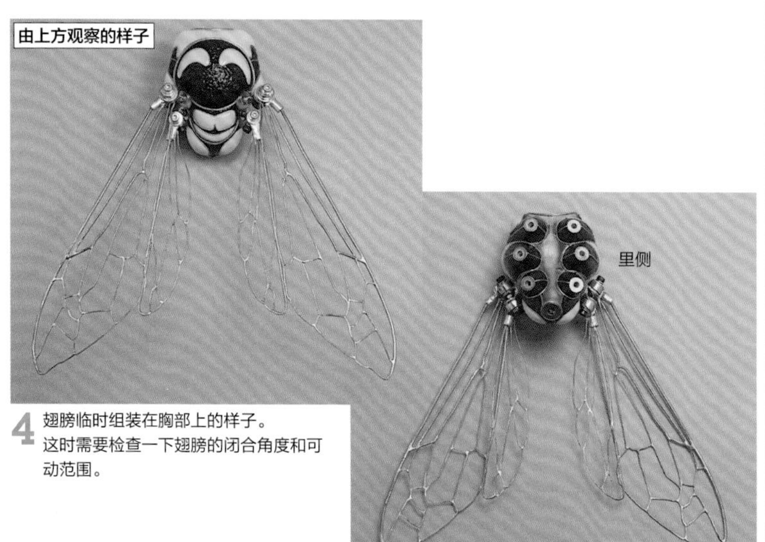

4 翅膀临时组装在胸部上的样子。这时需要检查一下翅膀的闭合角度和可动范围。

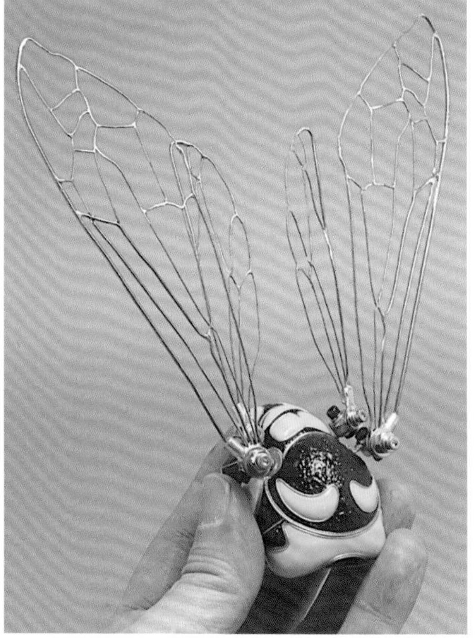

⑩ 翅膀的进一步加工

制作透明的薄膜

1 准备好 Dip 造型液和强化剂。

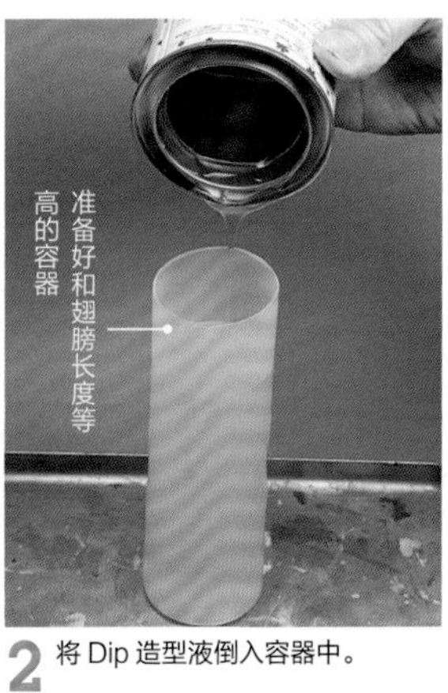

2 将 Dip 造型液倒入容器中。

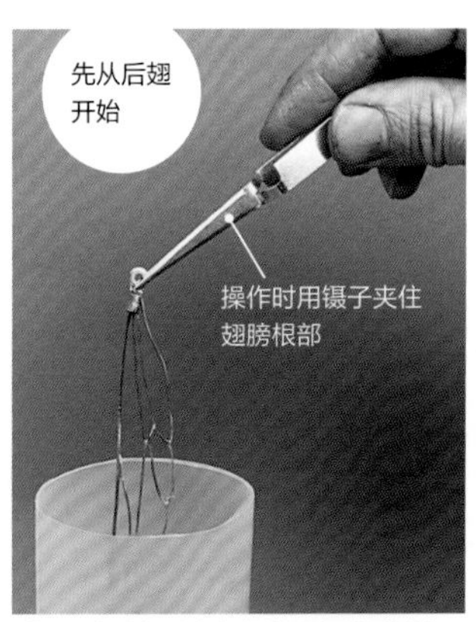

3 将整个翅膀包括根部浸入造型液中。

4 确保整个翅膀都浸好造型液后，迅速地将其拿出来。

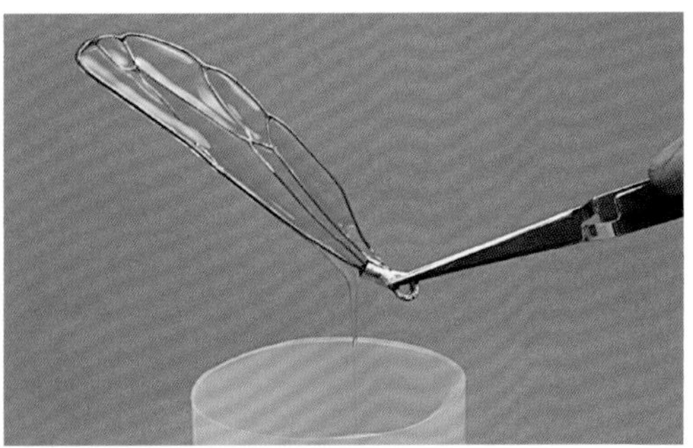

5 拿出来以后，让液体顺着翅膀的根部流下来。

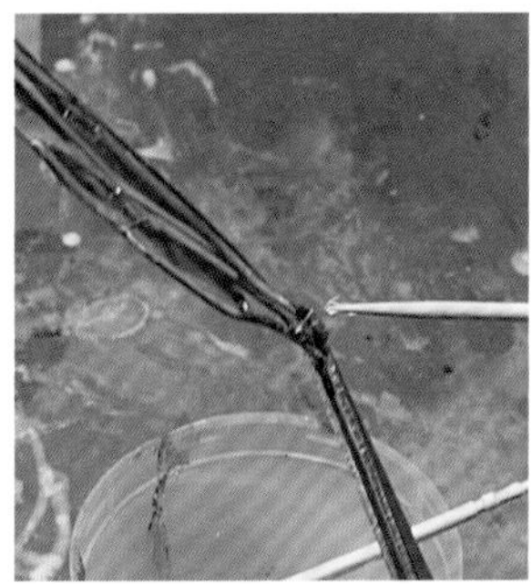

6 流得差不多的时候，用牙签清除残留在根部的多余的造型液。

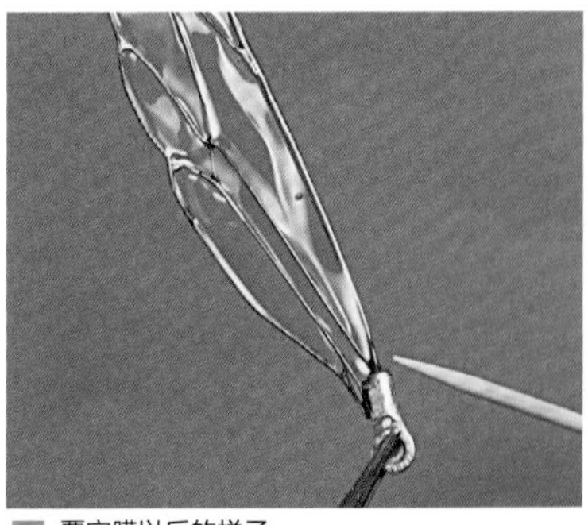

7 覆完膜以后的样子。

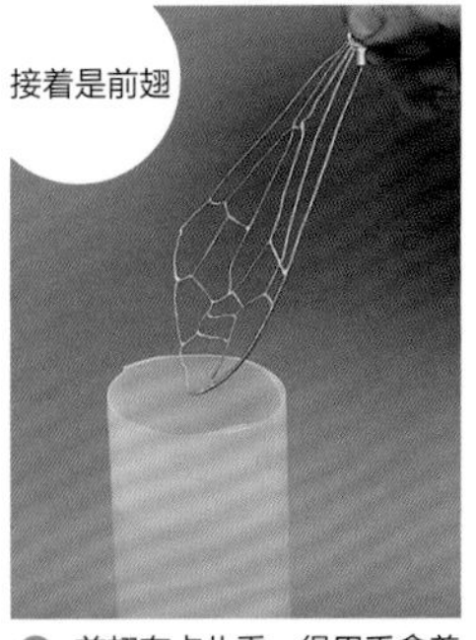

8 前翅有点儿重，得用手拿着操作。

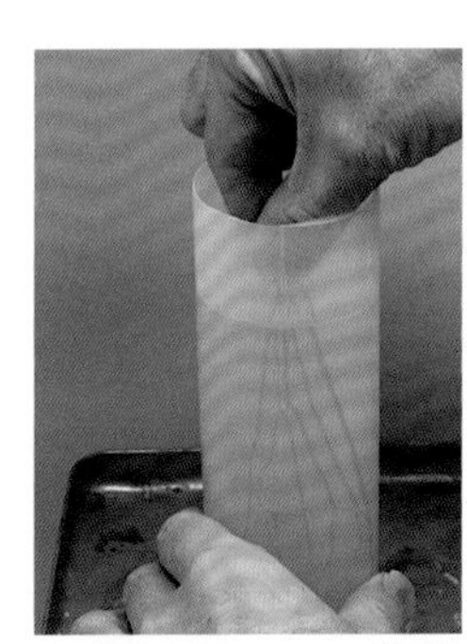

9 将整个前翅浸入 Dip 造型液中直到根部。

10 确保整个翅膀都浸入后，迅速地将其拿出来。

11 倒拿翅膀，让液体顺着根部流下来。

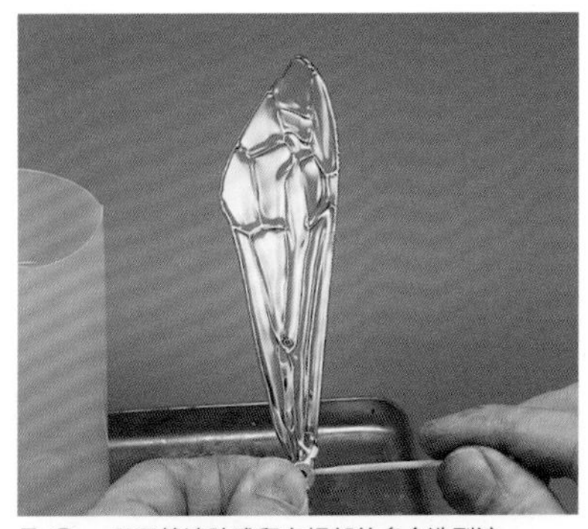

12 用牙签清除残留在根部的多余造型液。

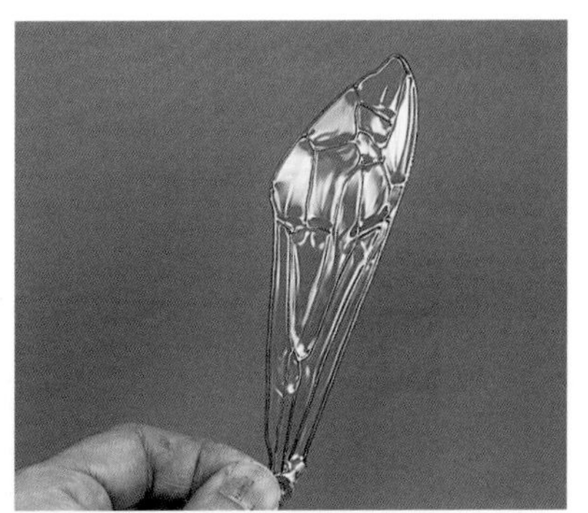

13 这样前翅的薄膜也做好了。

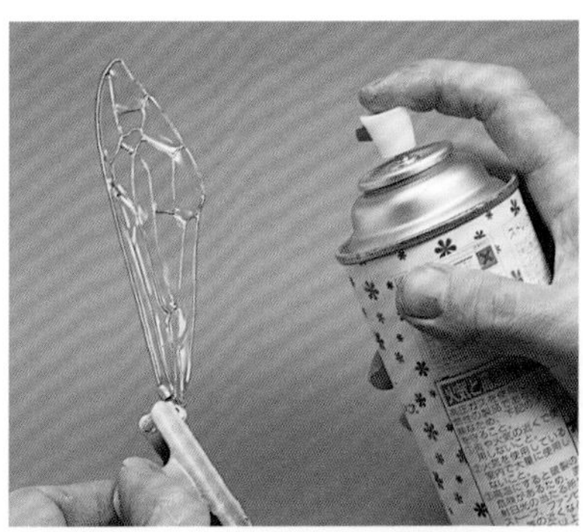

14 在干燥一小时左右之后，喷上强化剂。

＊树脂工艺：一种用树脂填满建构好的框架的手工艺技法，一般用于制作花卉。

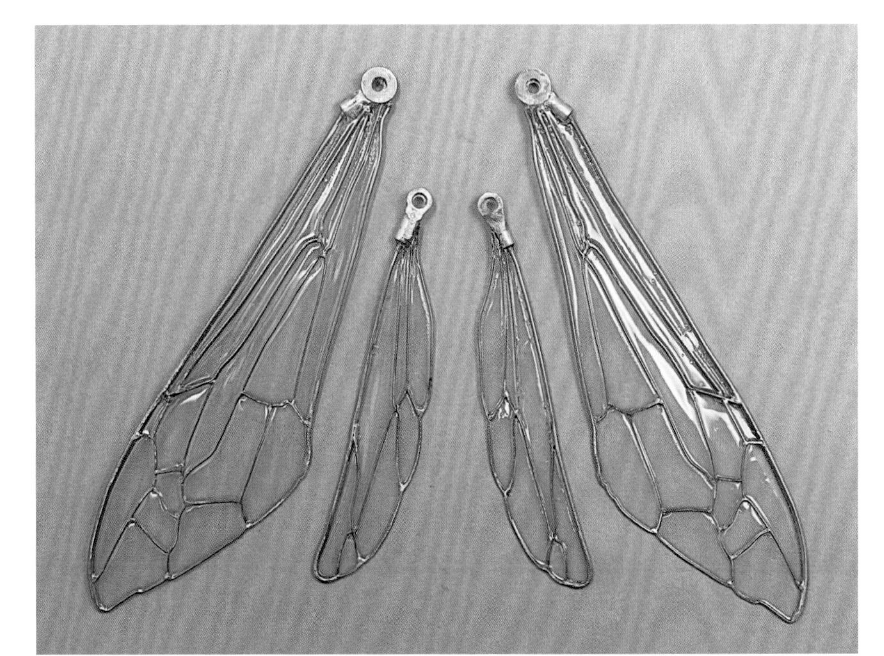

▲等翅膀完全干燥以后，就要开始上色了。

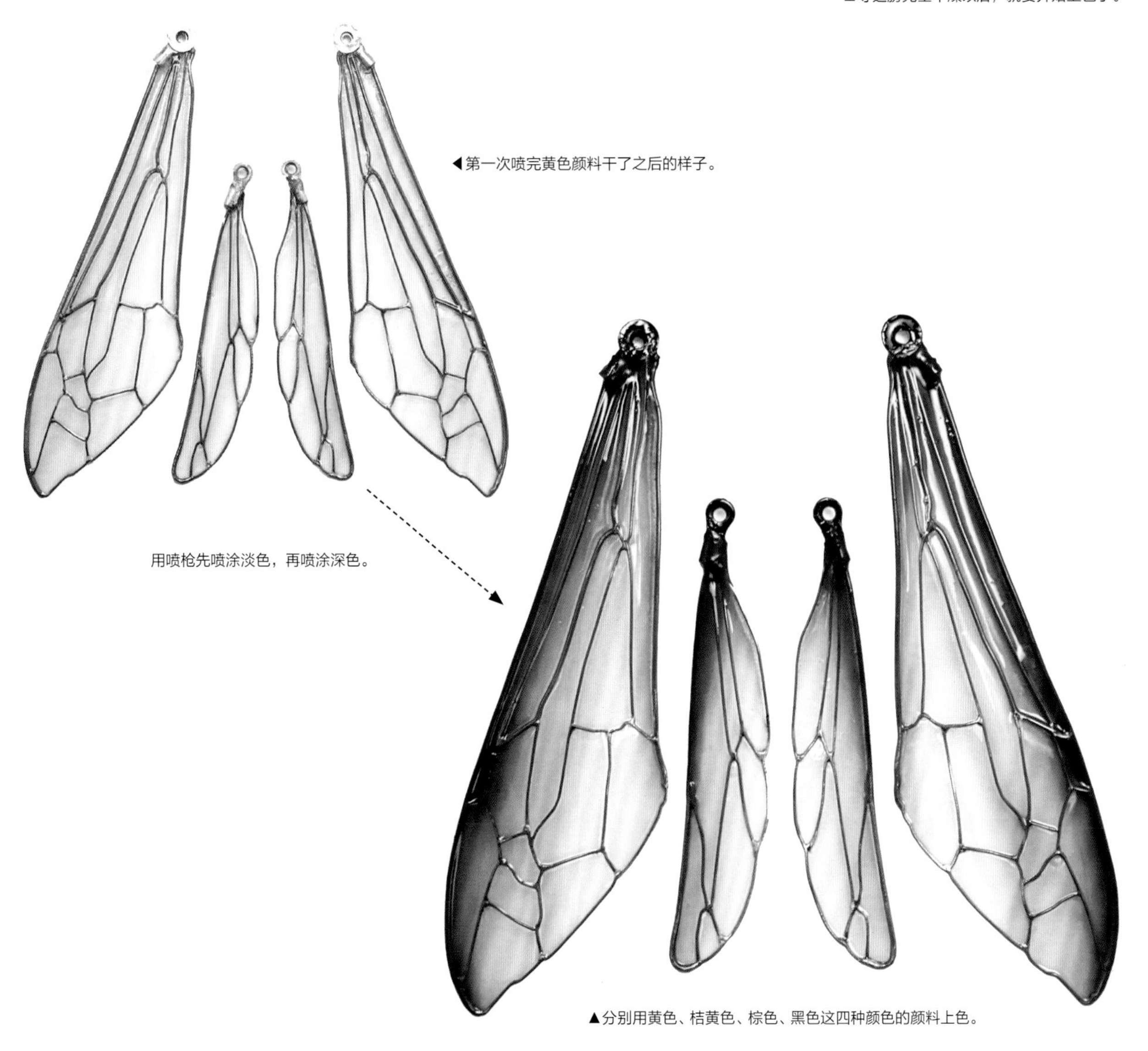

◀第一次喷完黄色颜料干了之后的样子。

用喷枪先喷涂淡色，再喷涂深色。

▲分别用黄色、桔黄色、棕色、黑色这四种颜色的颜料上色。

⑪ 确认翅膀关节的固定和可动性

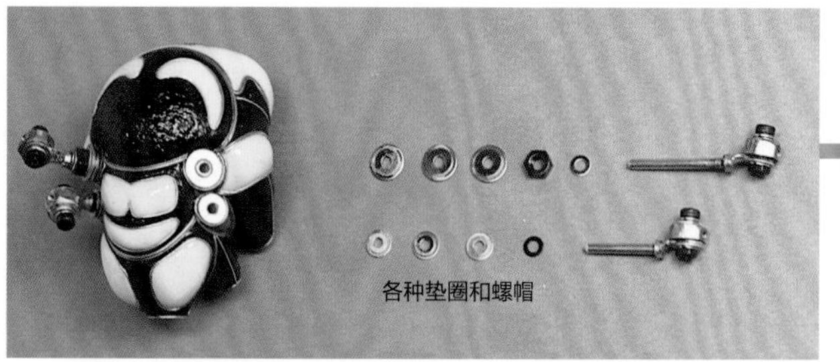

1 将第 40 页临时组装的翅膀关节进行固定。操作时使用硬化时间较长的环氧树脂粘贴剂，并确认好角度。

2 给关节的中心轴串上垫圈，并调整插入的长度。

3 将关节插入胸部，并用金属专用胶水进行固定。

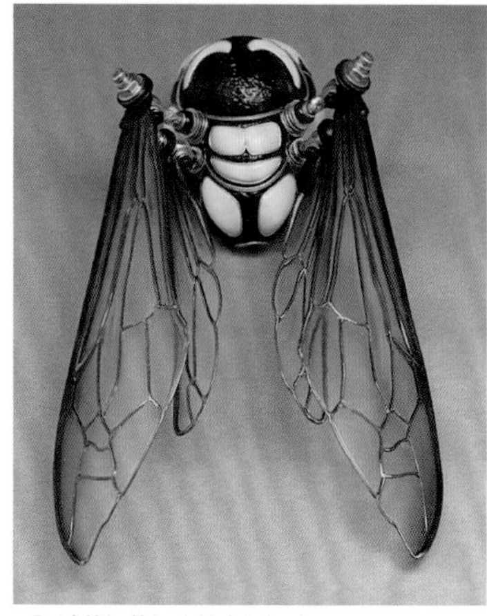

4 试着组装翅膀并确保能动。

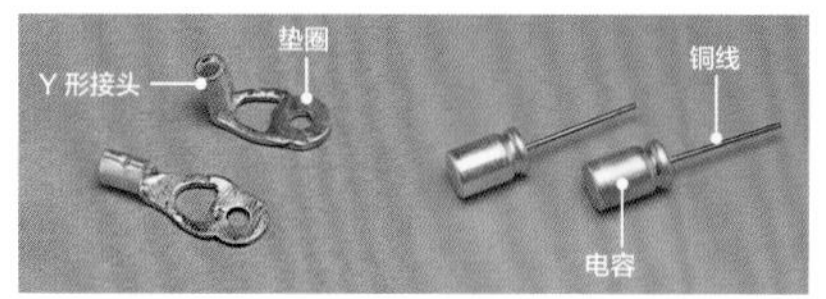

5 制作用于前翅平衡装置的零件。将 Y 形接头和垫圈用焊锡焊接在一起，接着给电容接好铜线。

6 进一步添加垫圈进行组装。

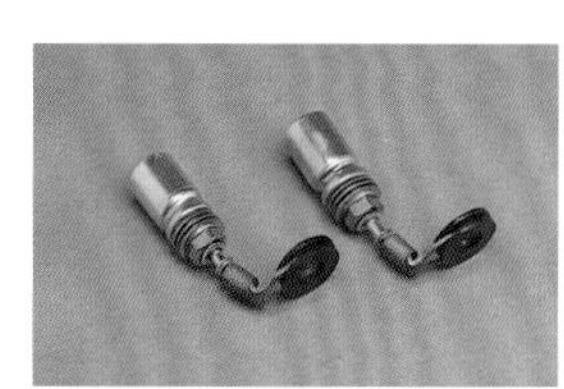

7 前翅用的平衡装置做好了。

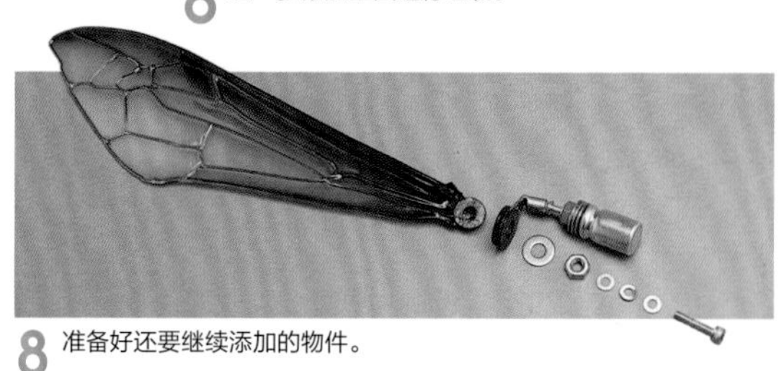

8 准备好还要继续添加的物件。

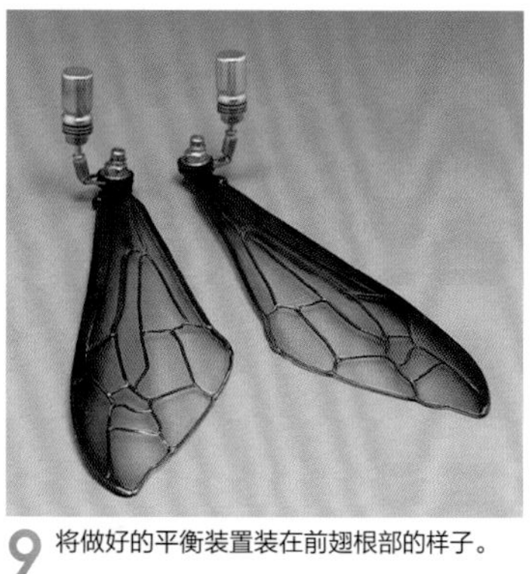

9 将做好的平衡装置装在前翅根部的样子。

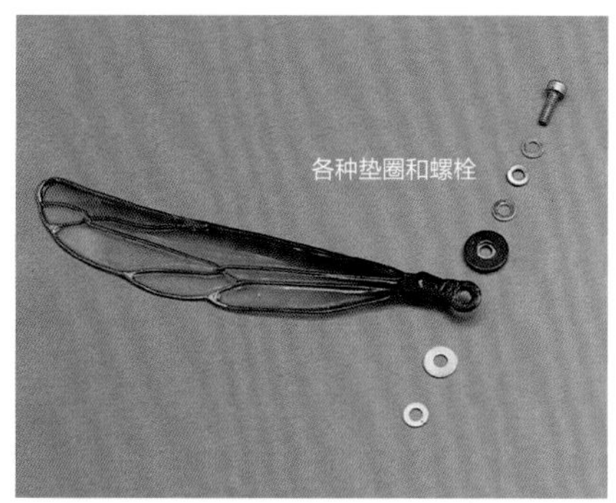
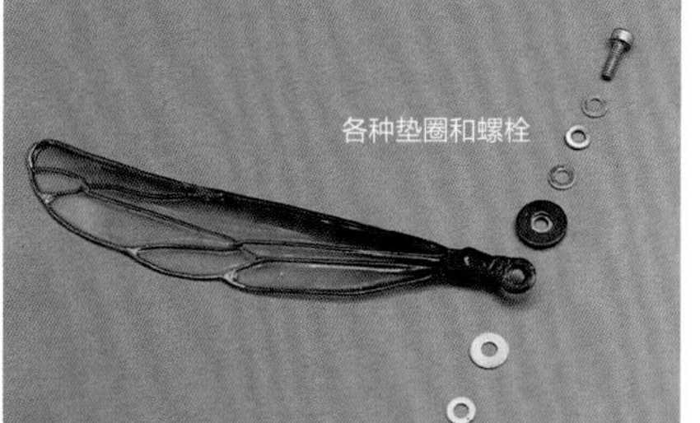

10 后翅则不需要平衡装置。

＊平衡装置：具有保持引擎平衡功能的零件。制作时可以想象一下检测机体倾斜和运行速度的装置。

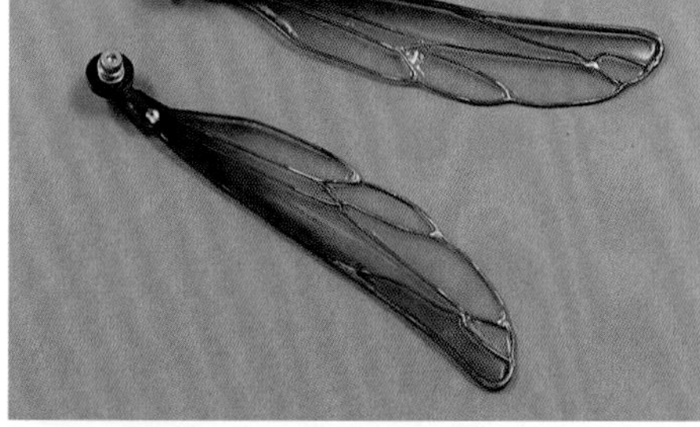

11 后翅装上 10 中所示零件后的样子。

12 用起子给关节装上翅膀。

临时组装

13 装上翅膀后的样子。此时只要能够顺利装上即可，为了方便后面的操作，现在先暂时取下来。

⑫ 确认头部关节的固定和可动性

1 固定头部关节。

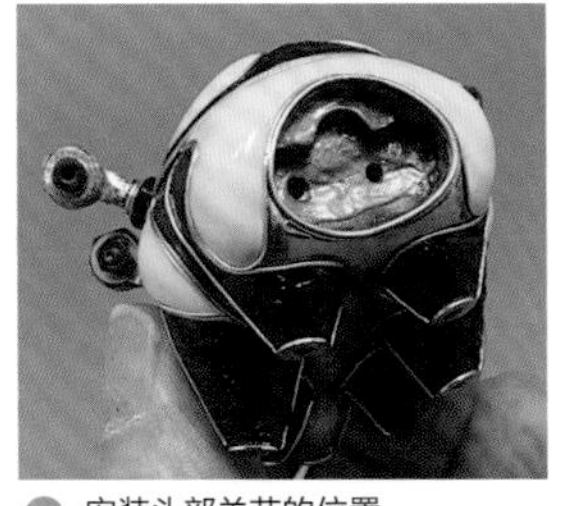

2 安装头部关节的位置。

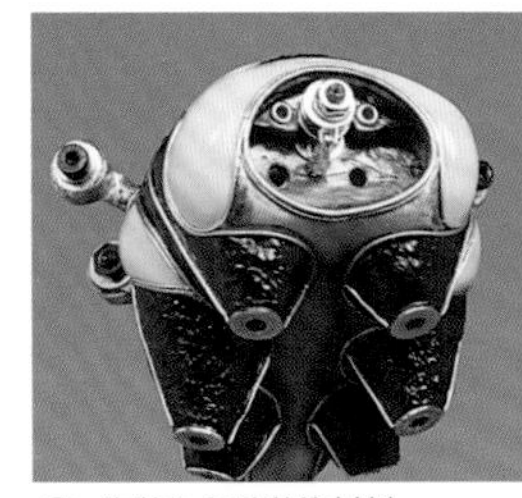

3 先装入各种装饰材料。

4 试着装入头部关节，接着装入垫圈、金属扣眼和串珠。

5 用金属专用胶水固定头部关节。

6 在金属扣眼的洞眼里装入橡胶管。

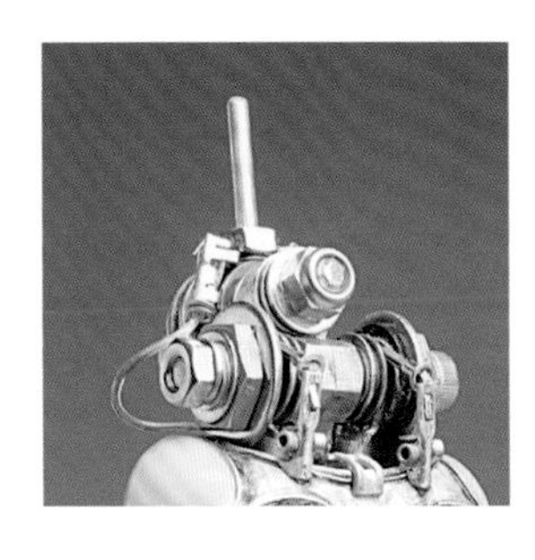

7 塑料管等管状材料被称为内管，是关节内侧的细节处理。

⑬ 组装腹部 2 的附属物

制作喷管

1 喷管前端要用到的材料。

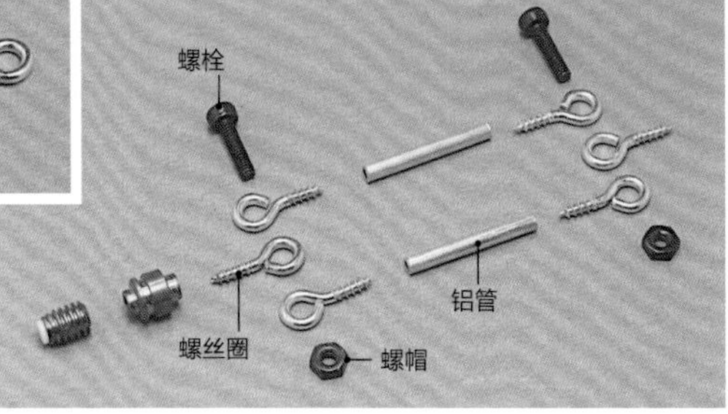

2 准备各种零件。

▶第 29 页做好的可以闭合的腹部 2。

3 加工成可以折叠的样子。

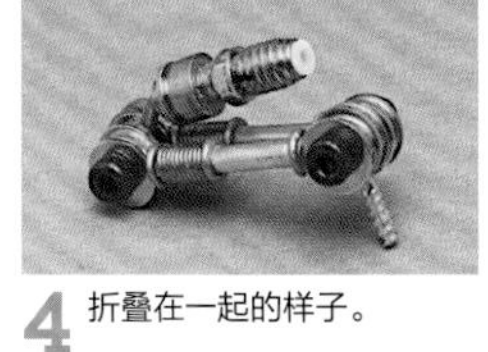

4 折叠在一起的样子。

5 在内部临时组装进行确认。为了伸展以后看起来更加好看，可以再增加点细节。

6 由 3 段追加到 4 段。

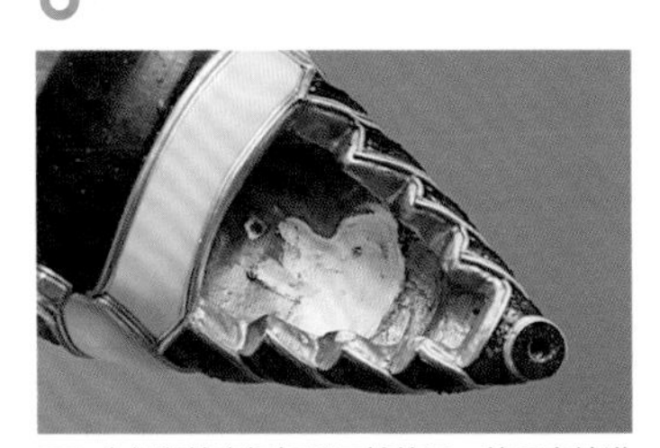

7 内部存储空间如果不够的话，就用电钻进行切削，然后在切面上涂上黑色颜料。

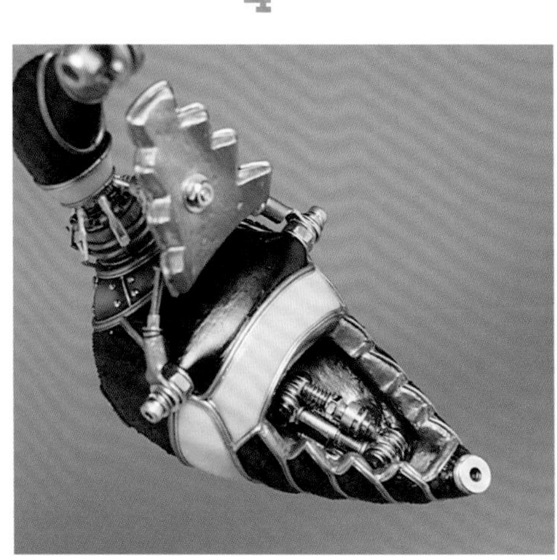

8 再次临时组装在一起进行确认。

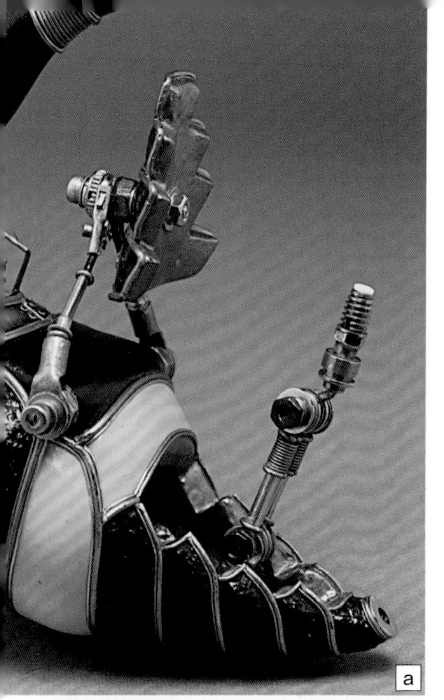

9 喷管伸展时的样子（图 a）和折叠时的样子（图 b），对照图片不断改进。

制作内部零件

1 使用从主板上拆下的零件。

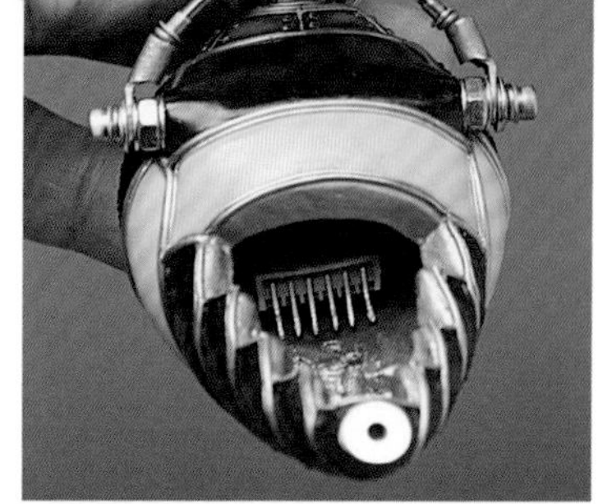

2 确认外观呈现的状态和周围是否有剩余的空间。

3 涂上金属色颜料。

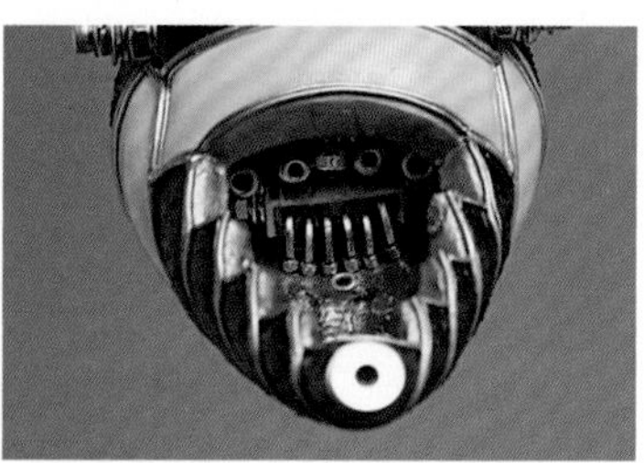

4 为了使其看上去更像是机械制作，再添加上其他金属类的零部件，并装入内部。

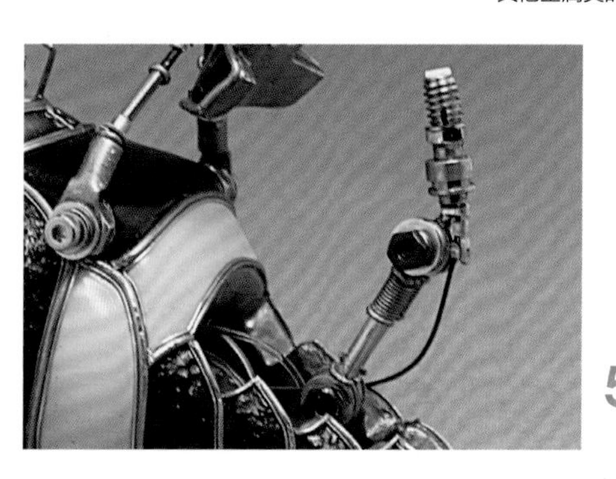

5 继续添加金属扣眼和串珠，然后再加上一些其他可以体现细节的零部件。

制作注射器

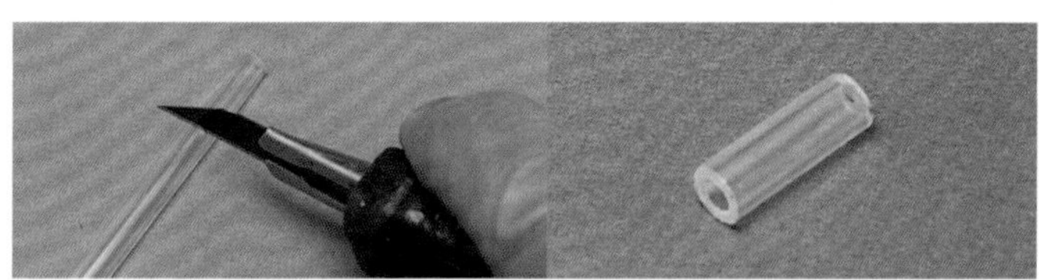

①用美工刀切割中性笔的笔芯，折下一小段，接着用砂纸磨平切割面。

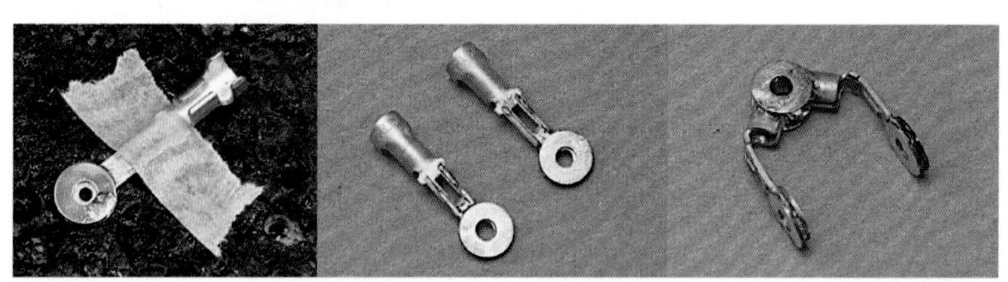

②将连接器和垫圈焊接在一起，再用电钻打磨内径使其和垫圈一致。

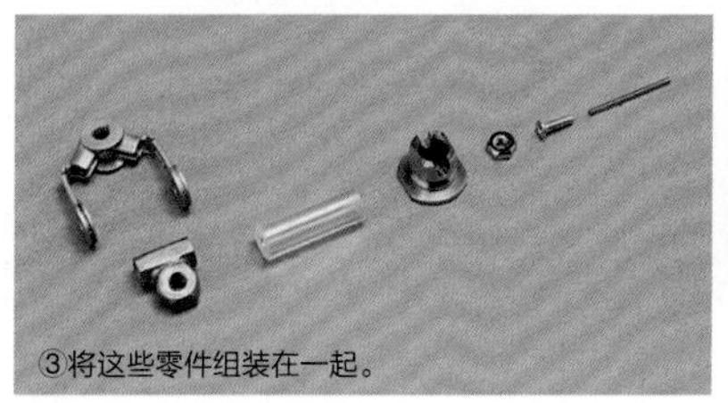

③将这些零件组装在一起。

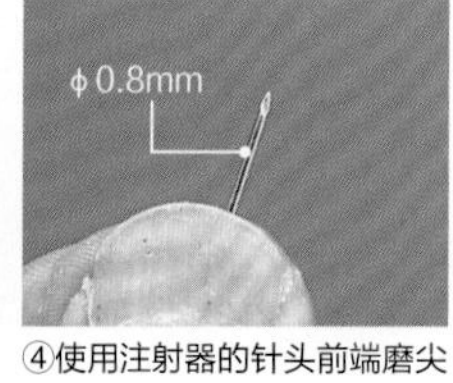

④使用注射器的针头前端磨尖的不锈钢管。

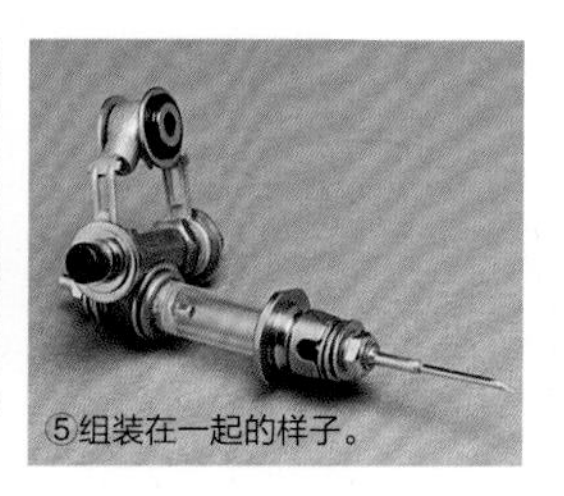

⑤组装在一起的样子。

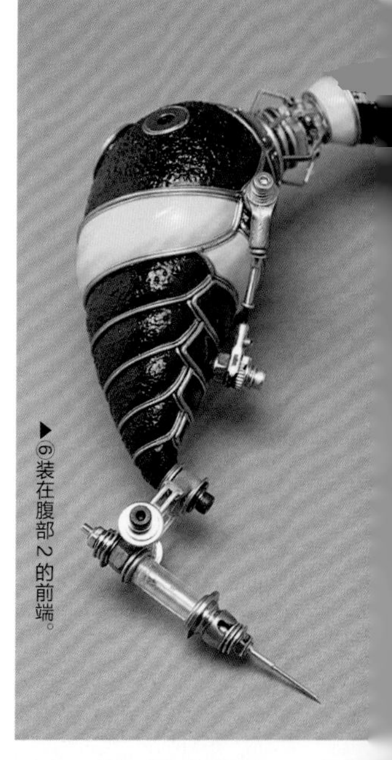

▶⑥装在腹部 2 的前端。

比起使用现成的注射器，组装起来的注射器看上去更加自然协调。

临时组装 将目前为止做好的所有零部件组装在一起，并查看整体效果是否协调。

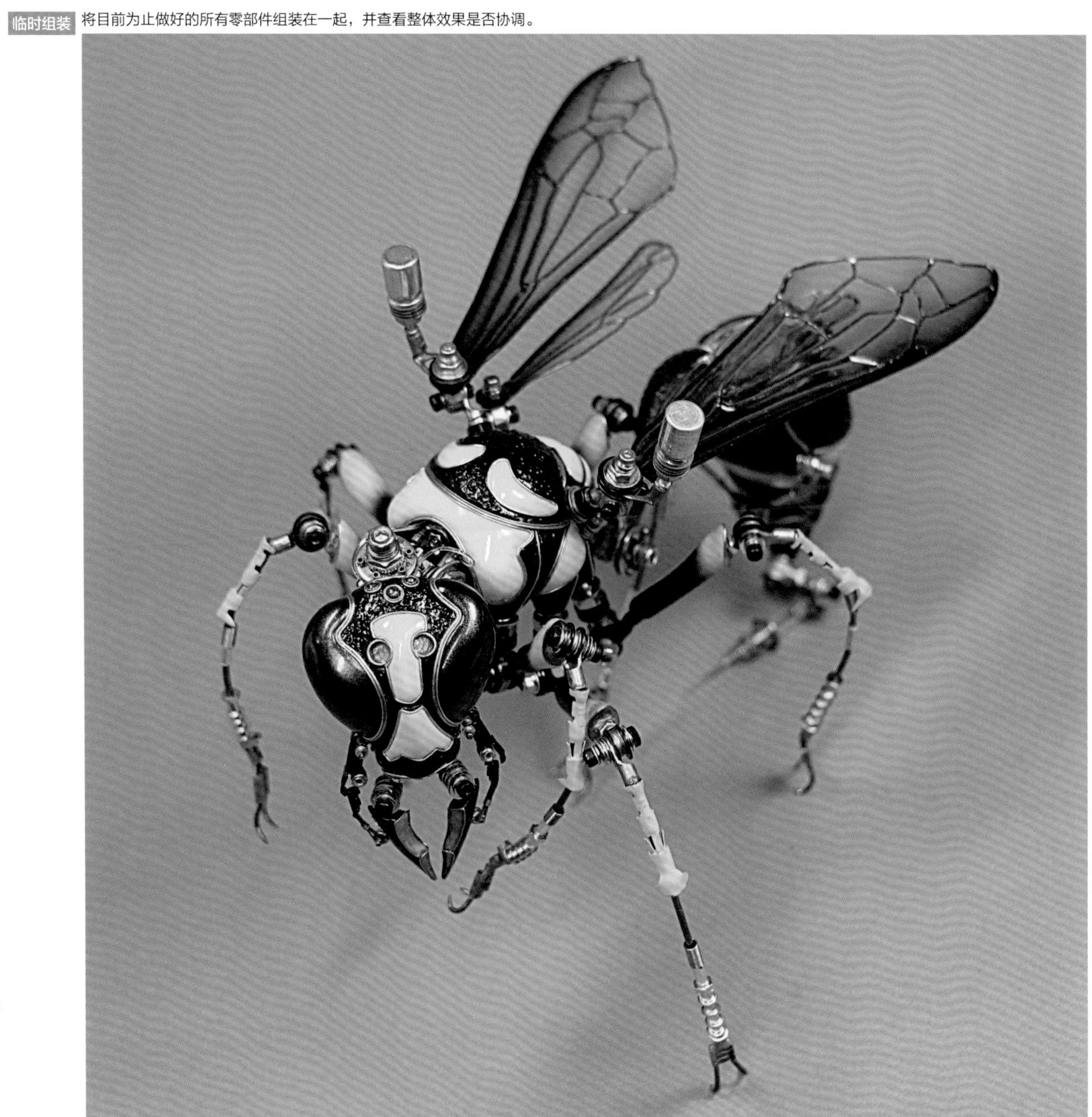

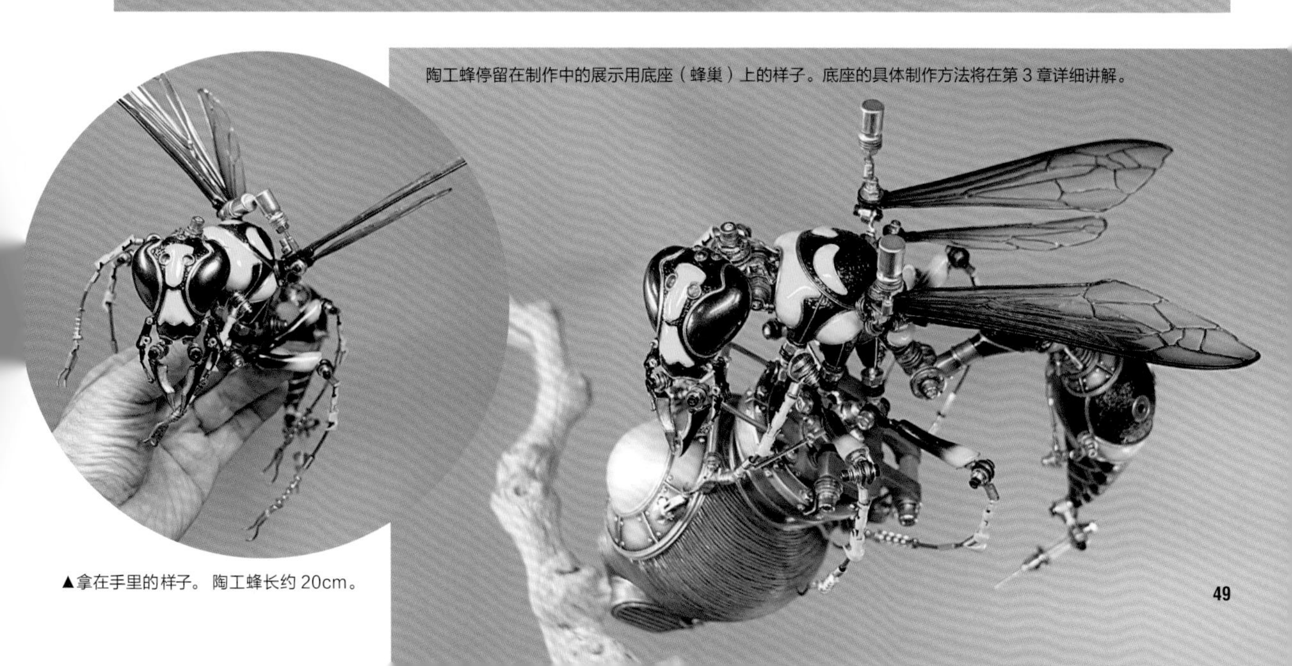

陶工蜂停留在制作中的展示用底座（蜂巢）上的样子。底座的具体制作方法将在第 3 章详细讲解。

▲拿在手里的样子。 陶工蜂长约 20cm。

制作陶工蜂

组装 + 细节处理

接下来就要将组装在一起的各部件进行固定了，顺带处理一下细节以提高整体档次。

1 组装足部

先确认三对足插入的方向，然后把足都拿下来。

固定

▲给胸部装足的孔里注入快干胶水，然后把足一根根仔细地插进去。

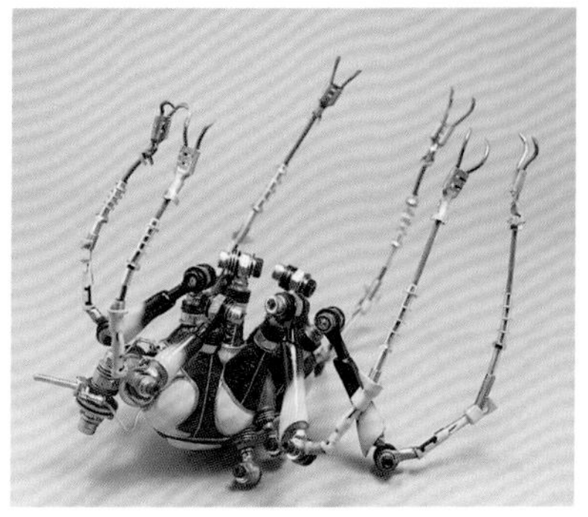

▲ 6 只足都装好以后的样子。

加工跗节

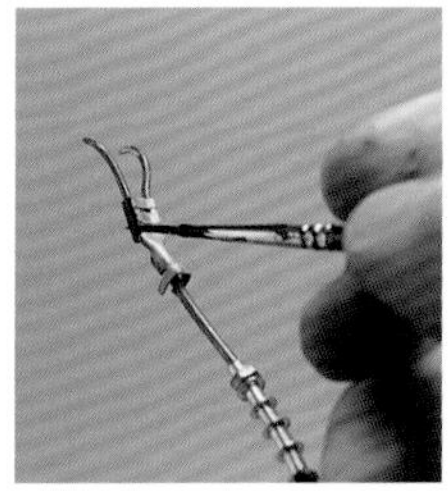

1 将前端的爪子用笔涂上黑色颜料。

2 确定好用来显示足节的金属扣眼之间的距离，然后用快干胶水进行固定。

3 在金属扣眼之间露出的铜线上用笔涂上黑色颜料。

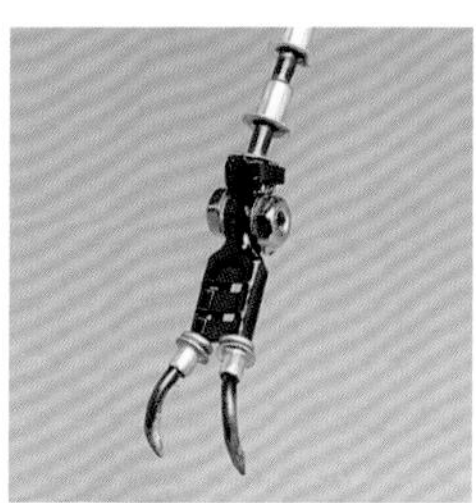

4 在爪部的两侧分别装上垫圈和螺帽，爪尖也套上金属扣眼。

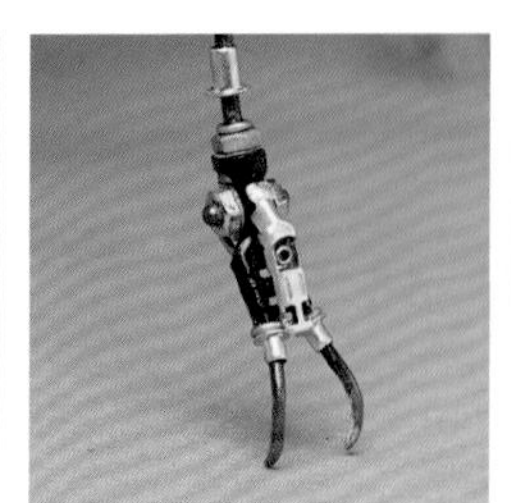

5 用电子元件和串珠做进一步的加工。

加工腿节和胫节

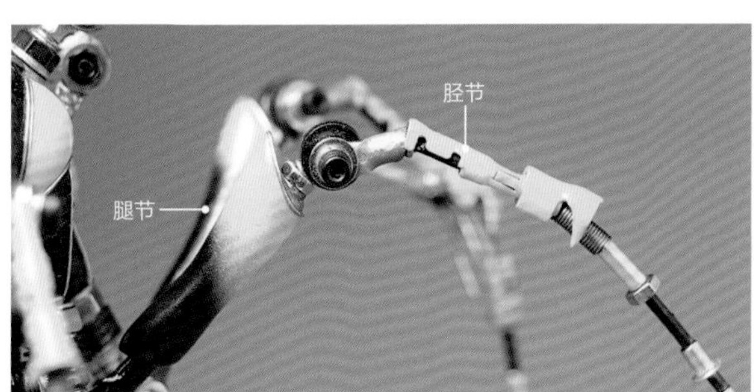

▲开始打造关节周围的细节。

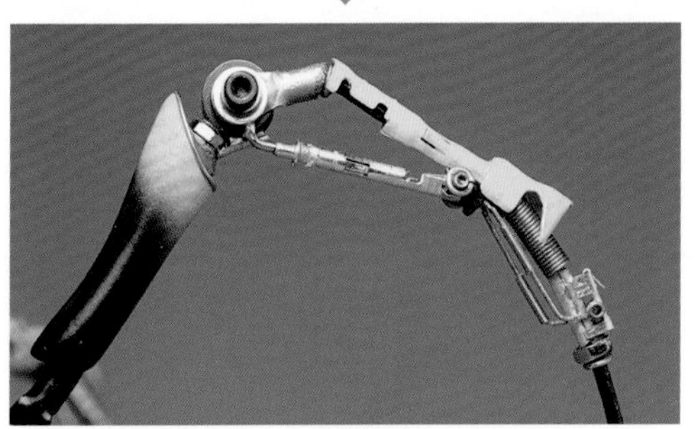

▲贴上加工过的各种电子元件等金属制品。

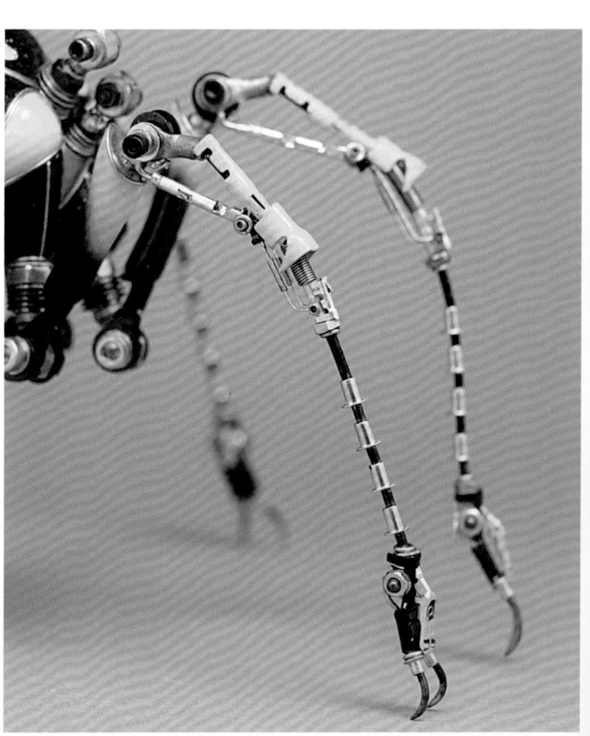

▲装上 6 只足之后的样子。

加工转节和腿节

1 准备好电子元件、螺帽、弹簧、金属扣眼等零件。

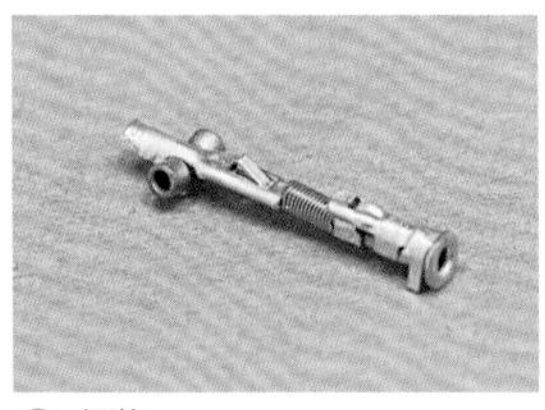
2 组装。

把关节想象成可以转动的传动装置。

＊传动装置：将能量转变成为物理性运动的装置。

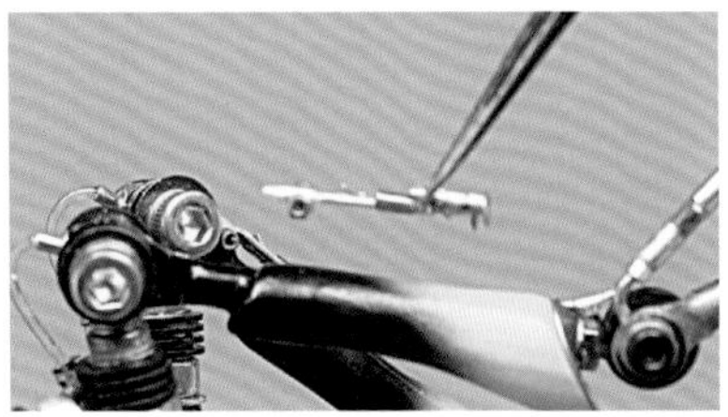
3 用小镊子夹住零件，将其放至转节内侧要安装的位置。

4 先在要安装的地方点上一点粘贴剂。

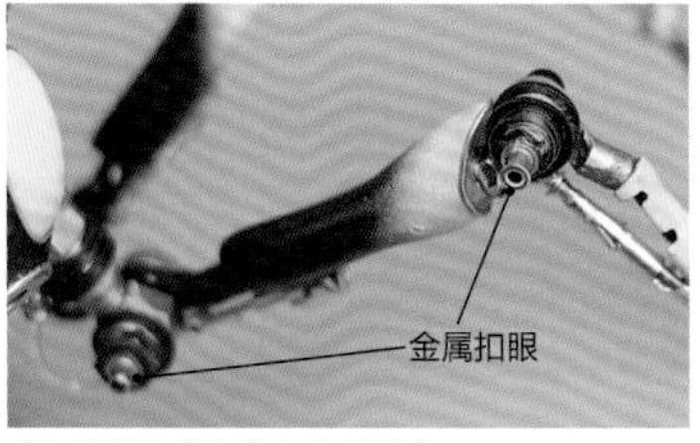

5 在关节部位装上金属扣眼。

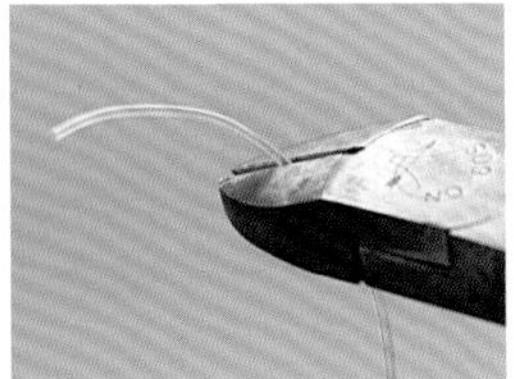
6 将橡胶管裁剪成适宜的长度。

7 在刚装好的零件上连接上橡胶管。

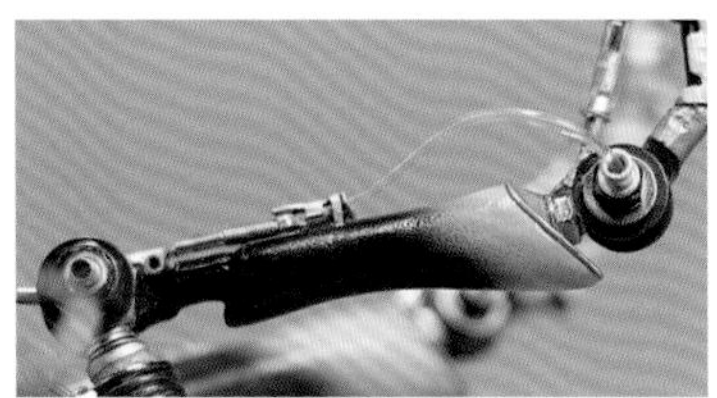
8 只要外观看起来像一个油压引擎的传动装置就可以了。

！在秋叶原等商业集散地或者网上商店都能以很低的价格买到电子元件。

加工基节

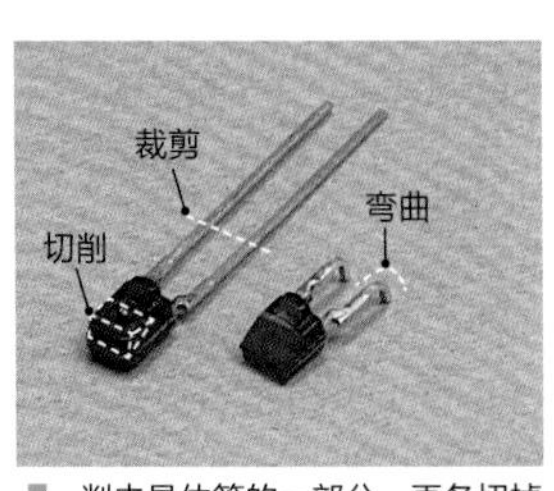

1 削去晶体管的一部分，再各切掉两支脚的一段，并把剩余脚的尖端折弯。

2 在足根部分装上基节。

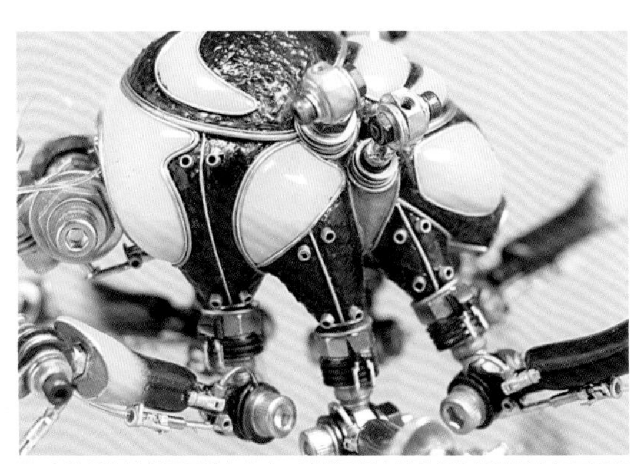
3 在胸部的基节周围装上串珠，使其看起来就像是在外装板上打了铆钉一样。

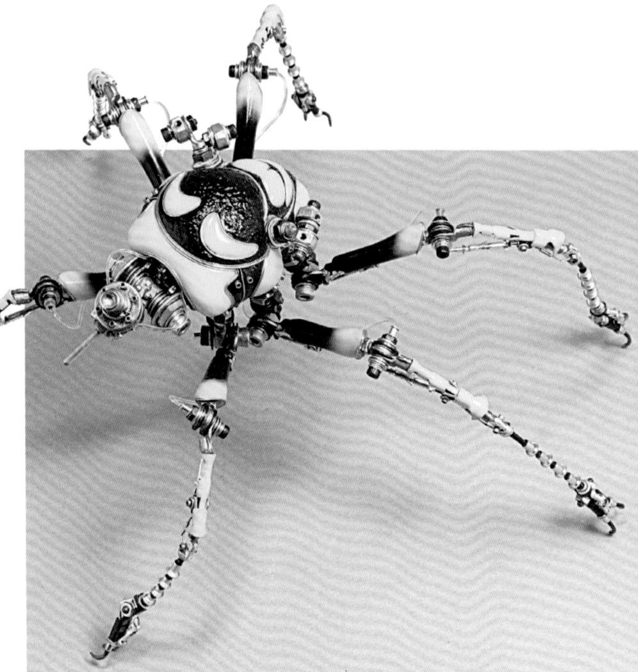
4 打造完 6 只足的细节之后的样子。从各个方位审视整体的协调性，如果觉得细节处理得还不够的话就添加，如果觉得细节加得有点多了，就拆除。

2 组装腹部

粘贴各种材料

1 贴上串珠，使其看起来就像打了铆钉一样。

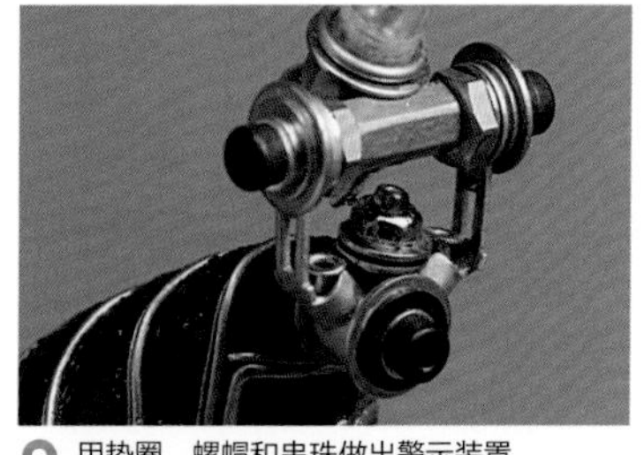

2 用垫圈、螺帽和串珠做出警示装置。

3 用锥子打孔。

4 在开口部位的盖子上装上大头针的头。

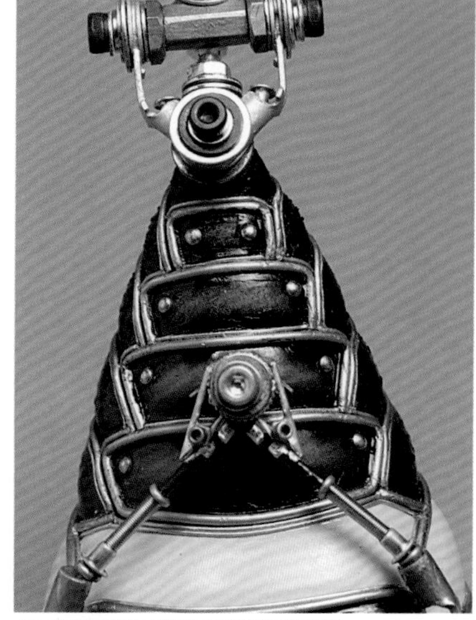

5 将盖板装饰成像是由铆钉固定的感觉。

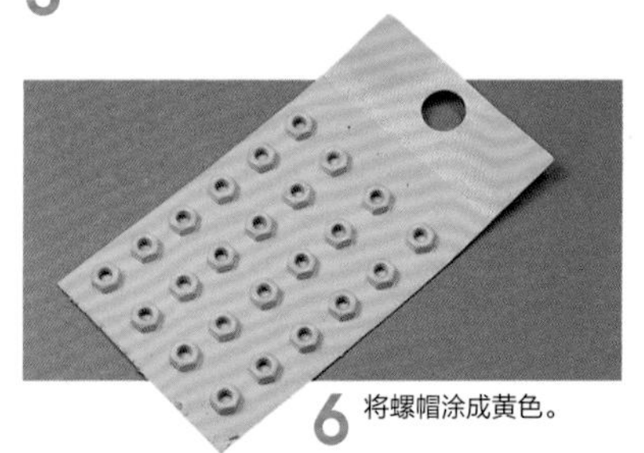

6 将螺帽涂成黄色。

7 将各个零件重叠在一起以后，分别装在左右两个地方。

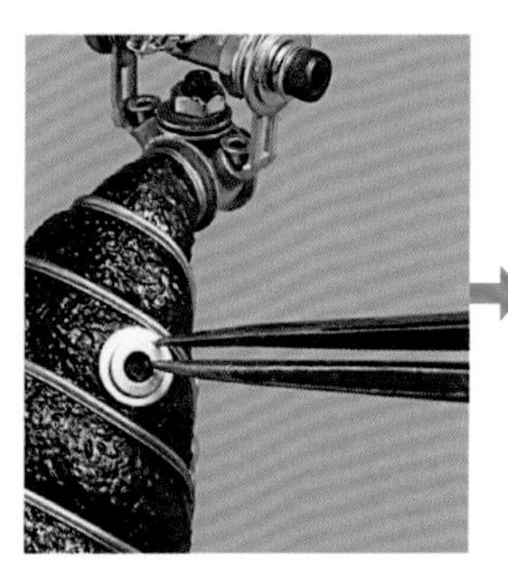

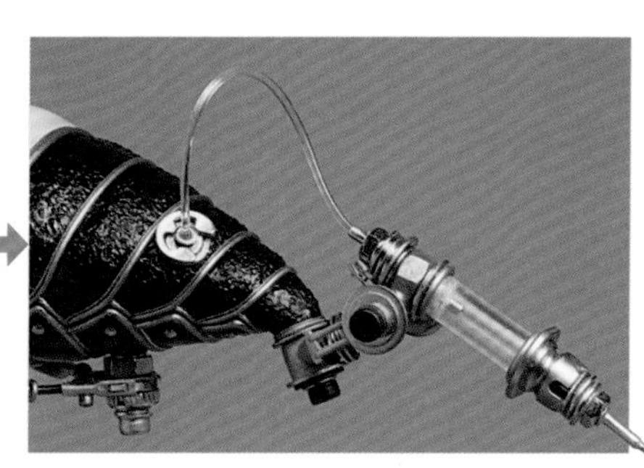

8 制作连接注射器的橡胶管插入口。

制作计量器

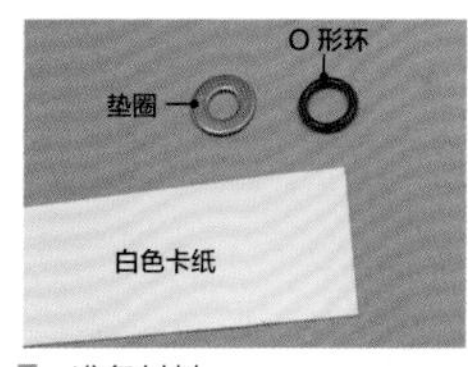

1 准备材料。

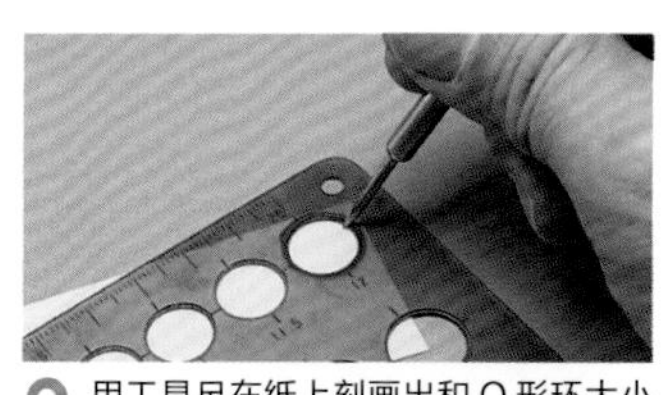

2 用工具尺在纸上刻画出和 O 形环大小一致的圆。

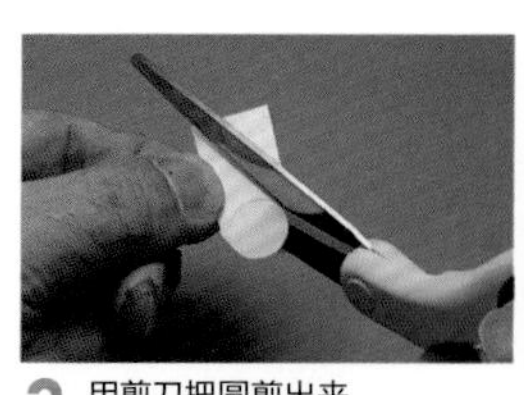

3 用剪刀把圆剪出来。

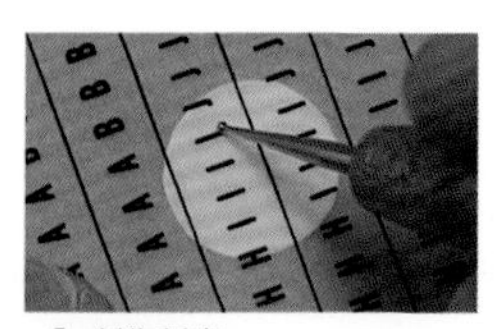

4 制作刻度。

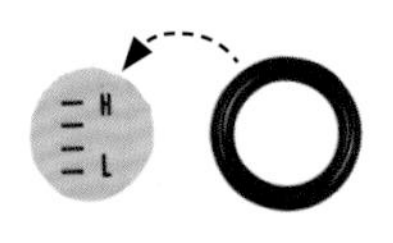

5 将 O 形环和刻度叠加在一起。

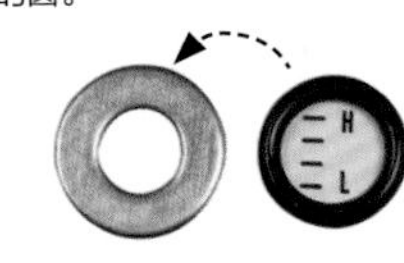

6 再贴上垫圈。

7 在周围贴上焊锡线。计量器就做好了。

＊刻画：在材料上画的同时刻下痕迹。

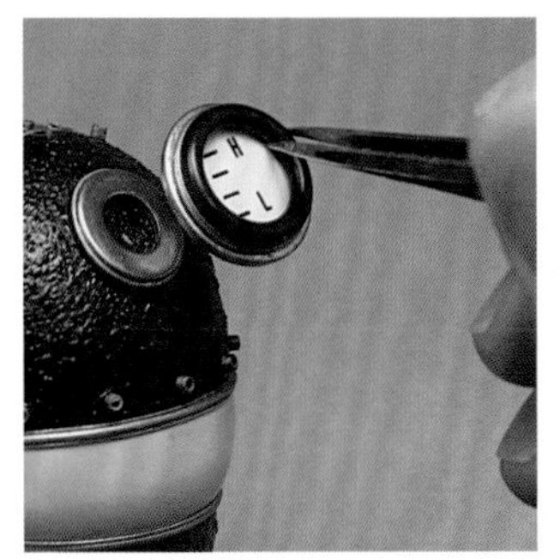

8 贴在腹部上侧。

9 计量器贴好以后的样子。

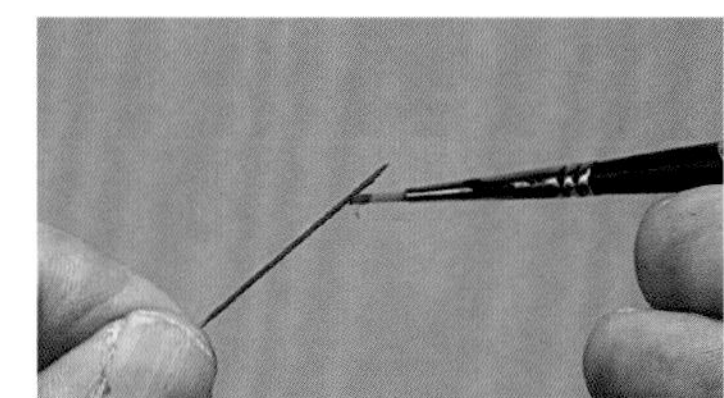

10 计量器的指针用的是大头针。将大头针用丙烯颜料涂成红色，再用钳子裁切出需要的长度。

11 贴上指针，再在周围加点装饰。

12 腹部内侧“盖子”的联动装置也要做进一步的细节处理。

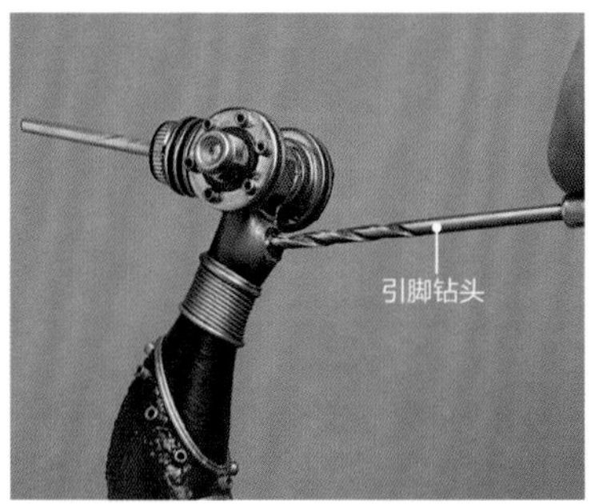

13 在腹部 1 的前端打一个可以插入橡胶管的洞。

将腹部固定在胸部上

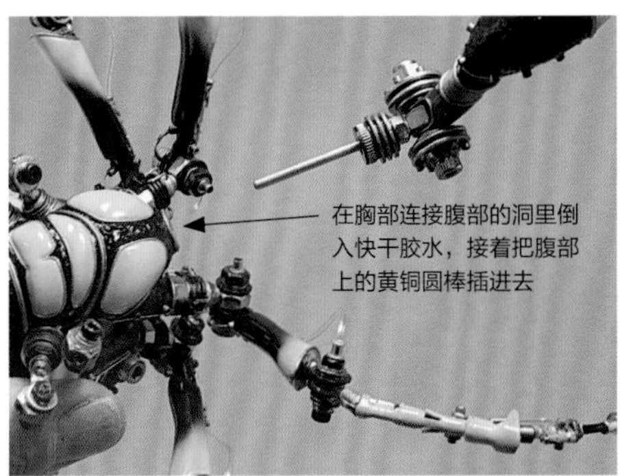

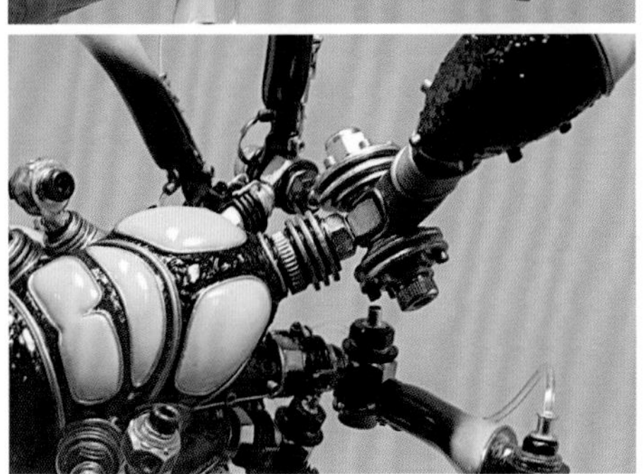

▲插的时候要注意朝向，谨慎进行。

▶将腹部插入胸部后的样子。

▲腹部的中央也被装上了其他零件。

在上面第 13 步中打好的洞里插入橡胶管

〈3〉制作口器的细节

制作舌头

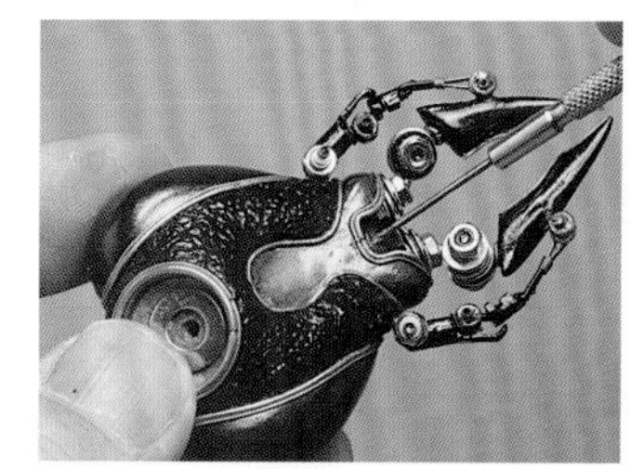

1 在中间舌头的位置，用引脚钻头打洞。

2 用垫圈和螺帽制作出舌头的底部。

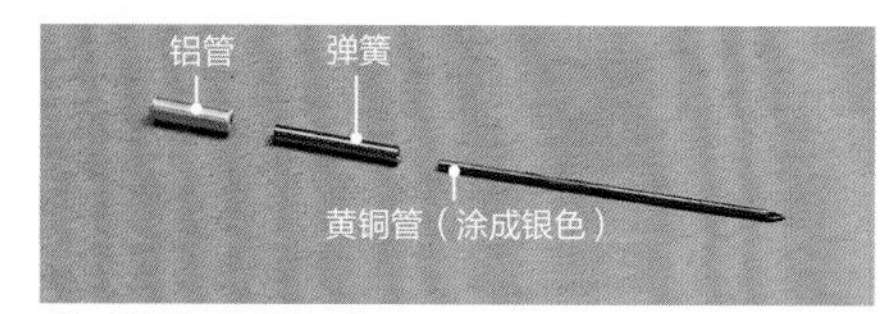

3 准备好所需的零件。

用黄铜管代替不锈钢管。前端要磨尖。

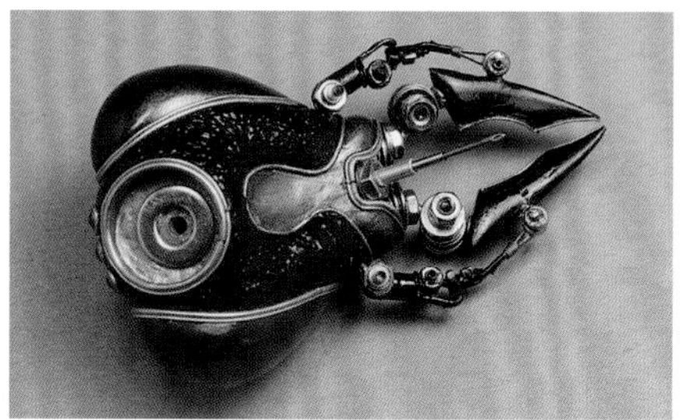

4 将舌零件插入洞里。

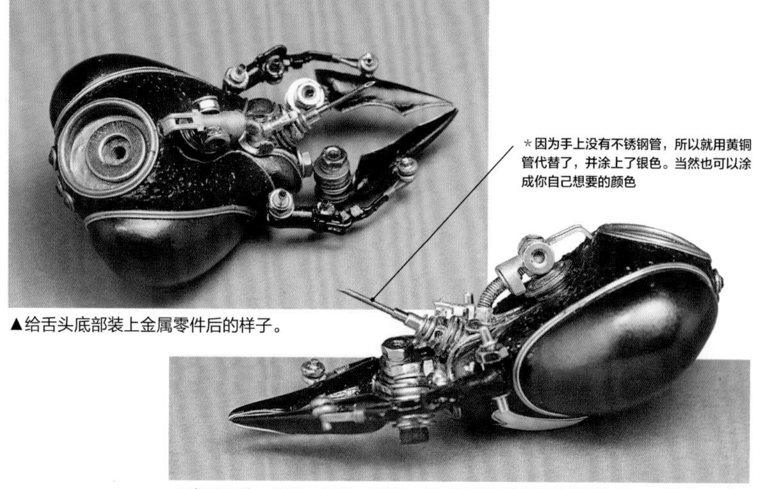

▲给舌头底部装上金属零件后的样子。

＊因为手上没有不锈钢管，所以就用黄铜管代替了，并涂上了银色。当然也可以涂成你自己想要的颜色

▲电子元件、垫圈、螺帽、弹簧、金属扣眼等的组装让头部有了一定的分量感。

制作小颚等部位

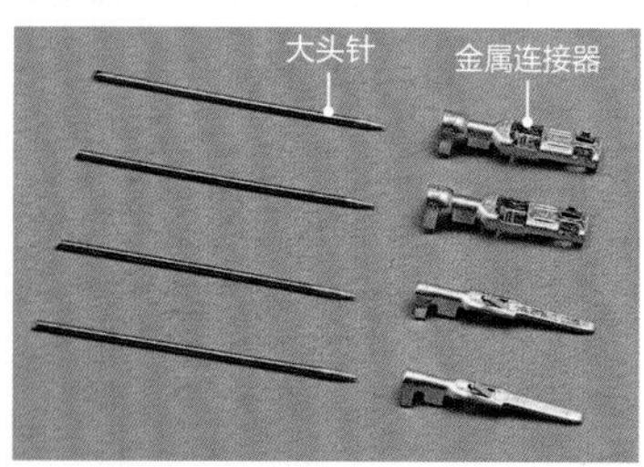

1 准备好所需的材料。

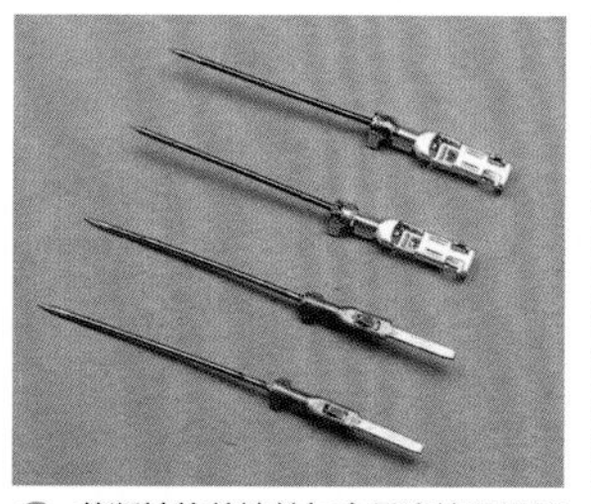

2 剪断针的前端并与金属连接器焊接固定。

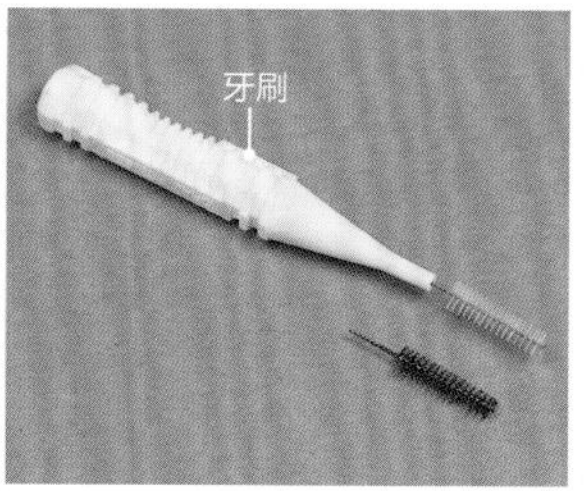

3 拔出前端后进行上色。

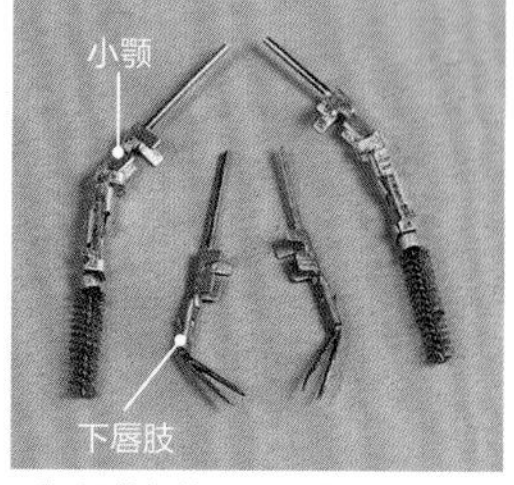

4 组装好的口器零件。

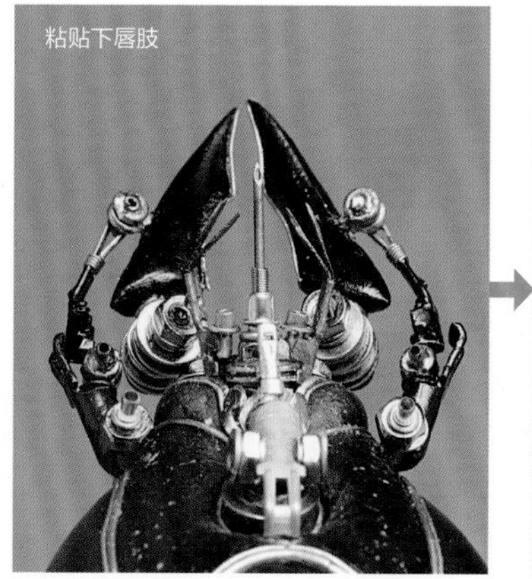

▶以真实的陶工蜂口器为原型进行组装，以使外观更加逼真。

由侧方观察的样子

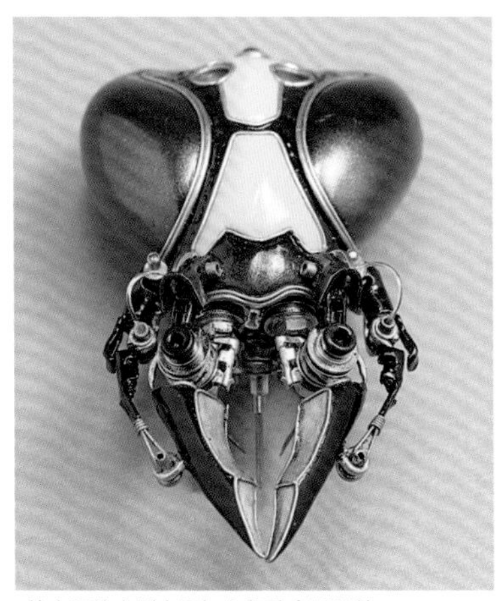

给大颚的内侧也添加上各种金属零件。

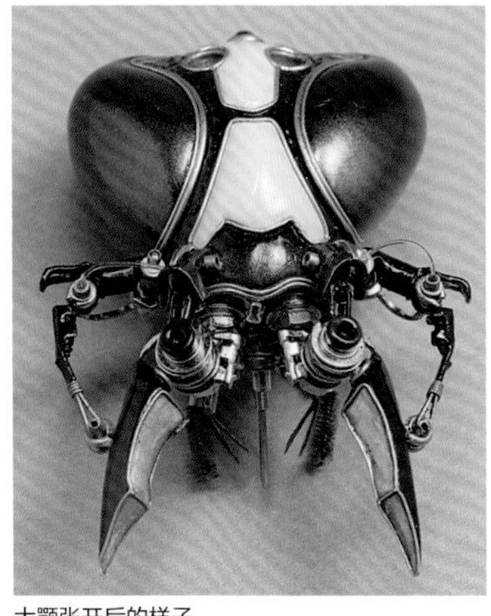

大颚张开后的样子。

细节处理的诀窍

哪怕是很细小的零件，有跟没有的差别都是很大的，它可以调节整体效果的协调性并增加分量感。在添加零件的时候，要尽可能地想象其移动方向和运动范围。像用橡胶管和弹簧做出的用来插入内部管道的洞口等，都是为头部和胸部组装好以后的细节处理做准备的。

4 制作翅膀的细节

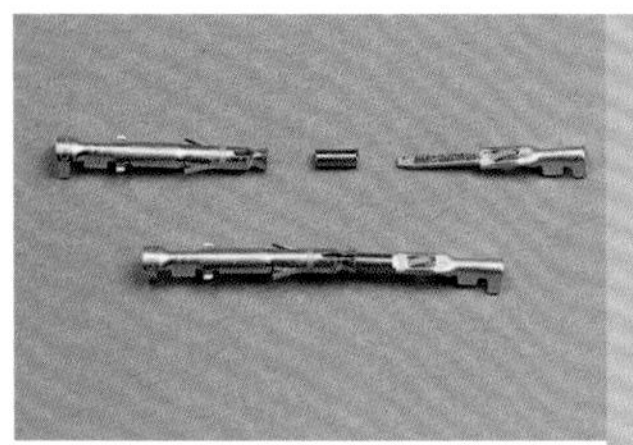

1 准备好零件，并进行组装。

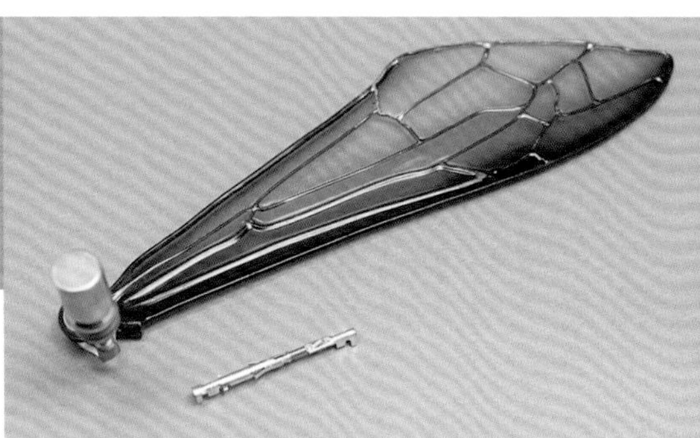

2 确认根部用的零件是否能和前翅搭配，同时确认零件的大小。

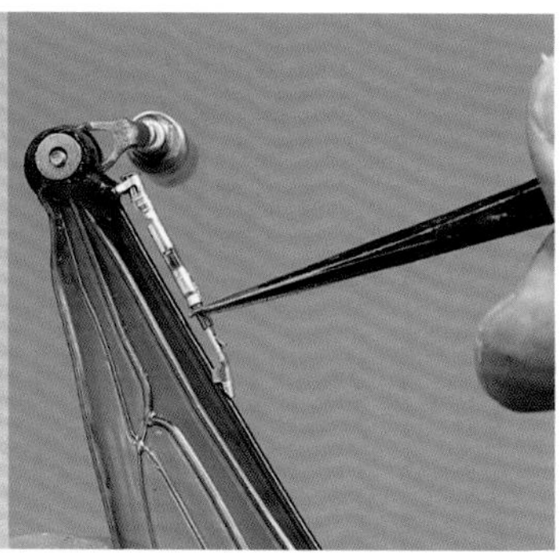

3 将零件对上翅膀的边缘，并用快干胶水固定。

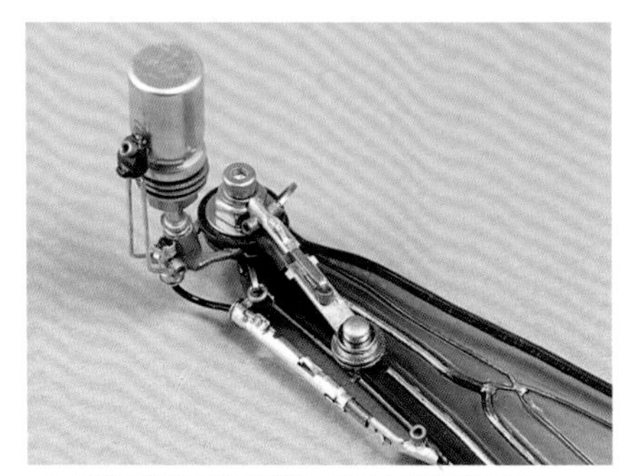

4 将橡胶管作为内部管道，并加上其他材料装饰。

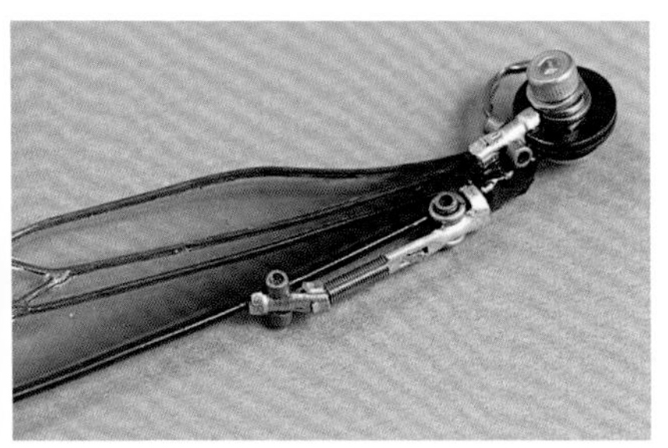

5 后翅也加上零件。

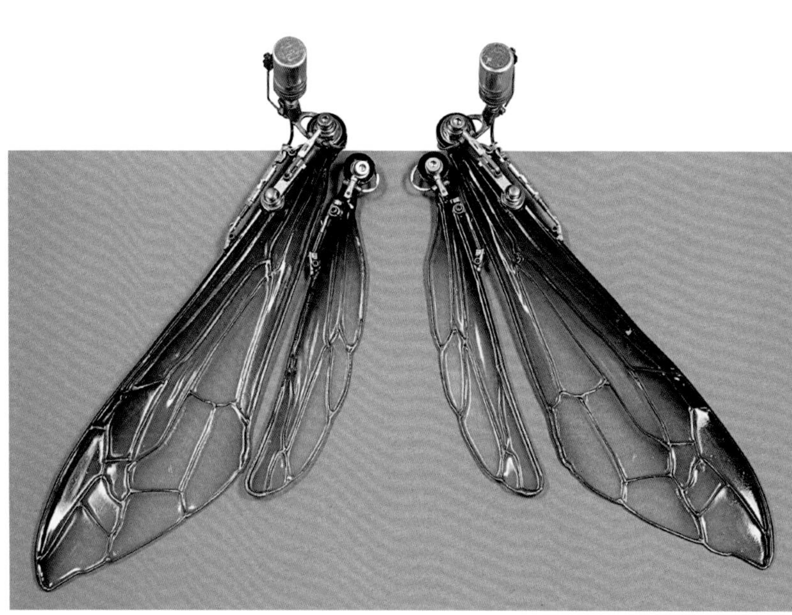

6 翅膀的细节做好了。接下来就要考虑翅膀装到胸部后的可动范围及翅膀之间是否会相互干扰，进而进一步改善细节。

5 制作触角

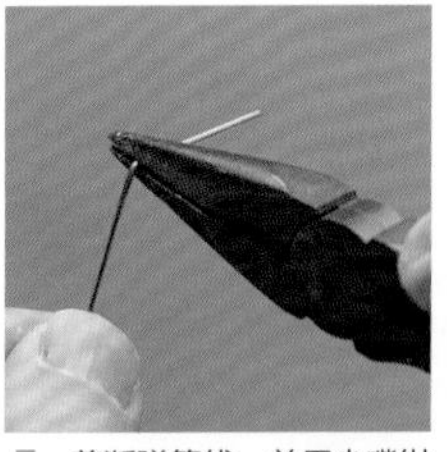

1 剪断弹簧线，并用尖嘴钳折弯。

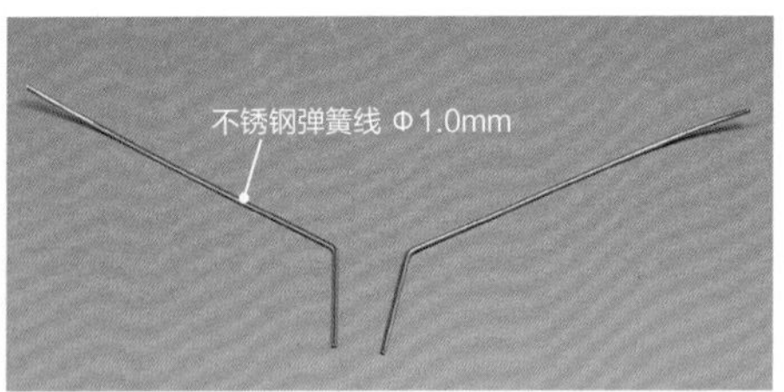

2 调整长度使其与头部相匹配。

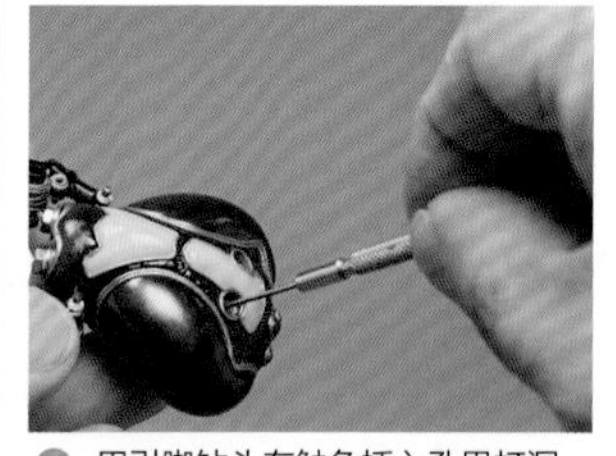

3 用引脚钻头在触角插入孔里打洞。

4 插入弹簧线，并调整孔洞的深度。

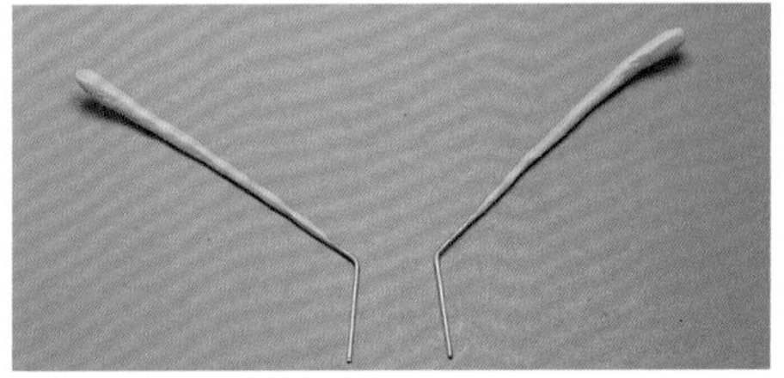

5 给弹簧线加上环氧树脂。

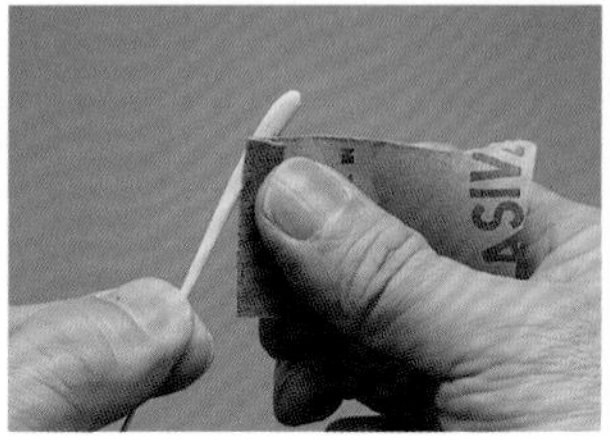

6 用砂纸打磨。

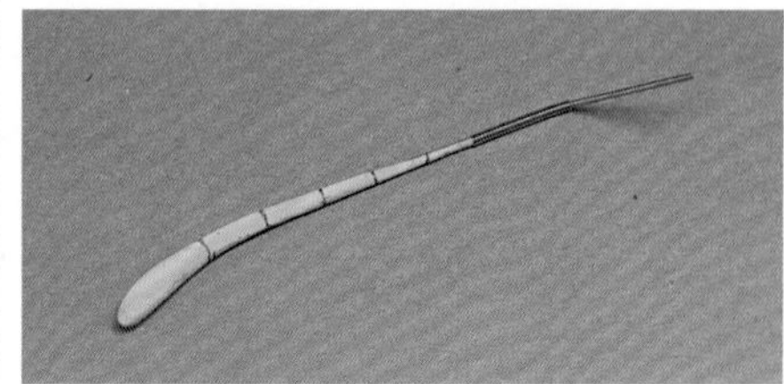

7 将触角刻成一节一节的。

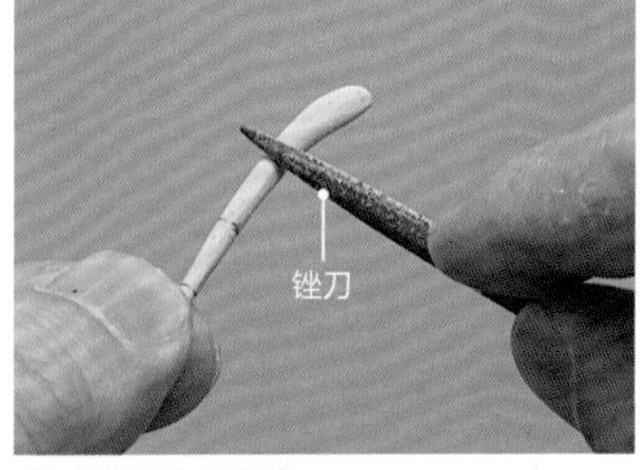

8 用锉刀加深刻痕。

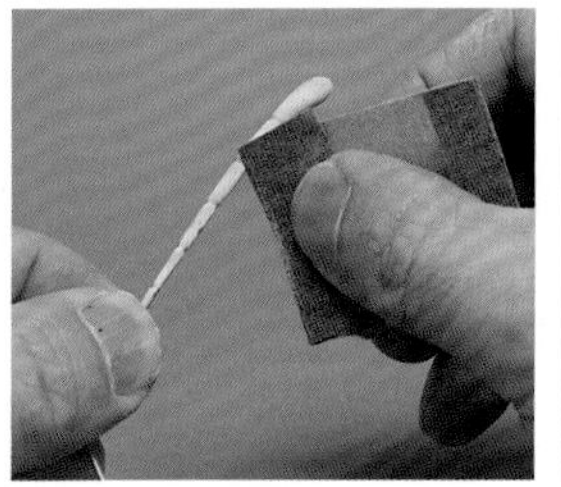

9 用砂纸打磨表面。

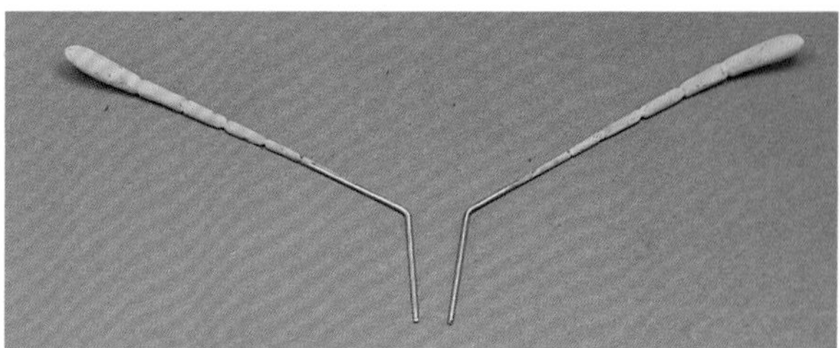

10 环氧树脂成型后的样子。

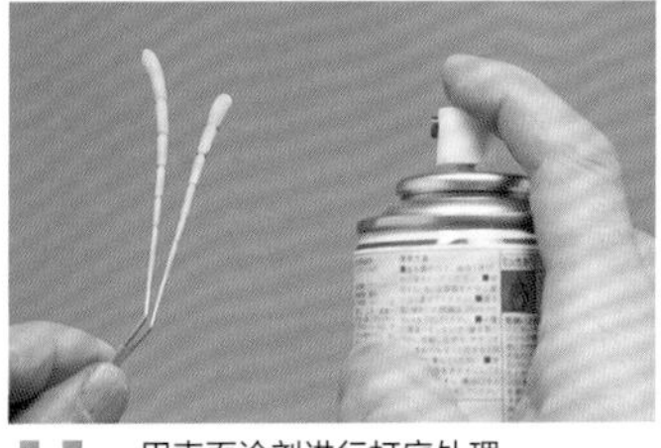

11 用表面涂剂进行打底处理。

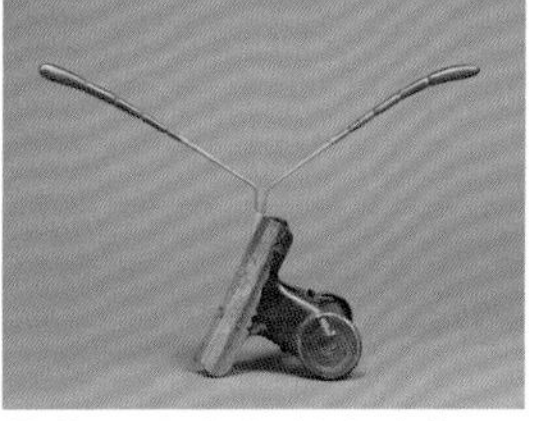

12 用更细的砂纸打磨表面后上色。

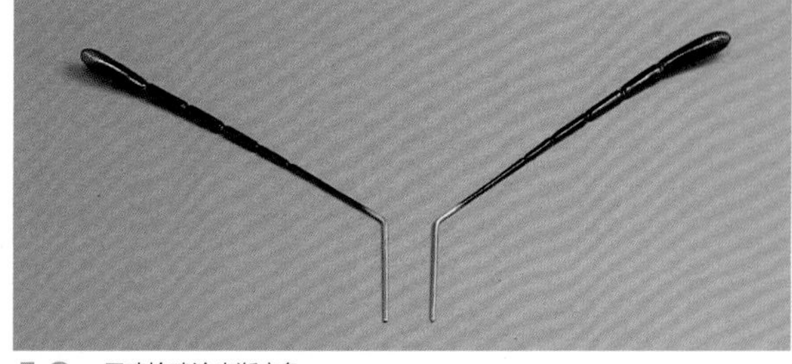

13 用喷枪喷涂出渐变色。

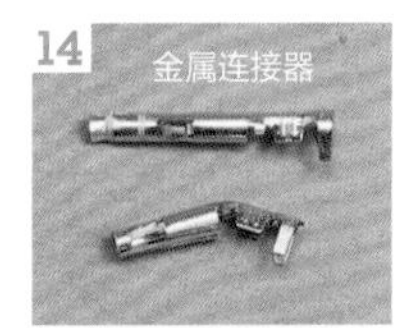

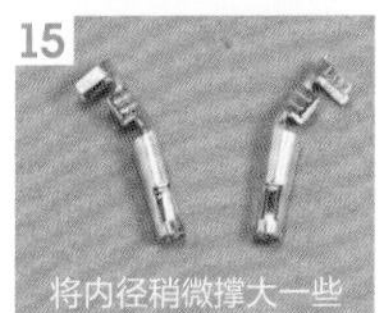

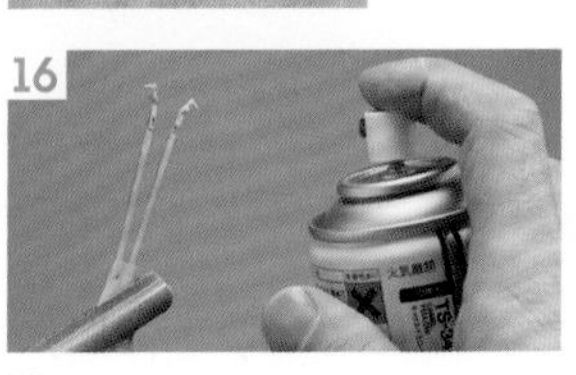

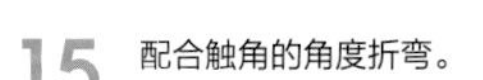

14 制作触角根部所需的零件。

15 配合触角的角度折弯。

16 进行喷漆。

17 用喷枪上色。

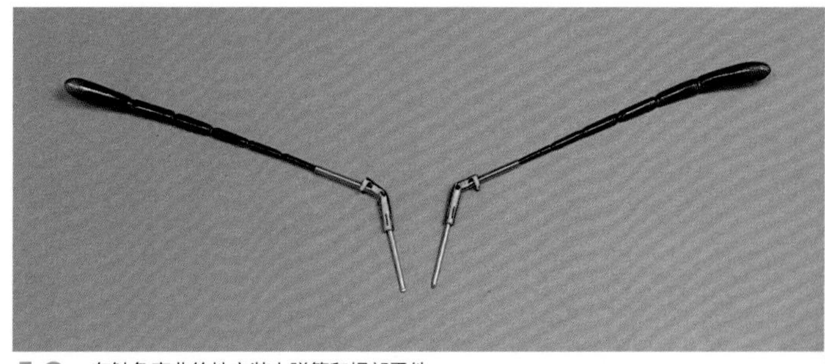

18 在触角弯曲的地方装上弹簧和根部零件。

！ 和给头部、胸部、腹部上色时的操作一样，在涂抹黄色等明度与亮度都很高的颜色时，为了色彩效果和容易上色，需要提前进行打底处理，这样颜料的视觉效果会更好。

制作陶工蜂

组装剩余部分

触角插入以后如果能够很轻易地转动的话，就需要在孔洞内填充一些胶水，将孔洞的内径调整得稍微小一点。

将各部位组装起来

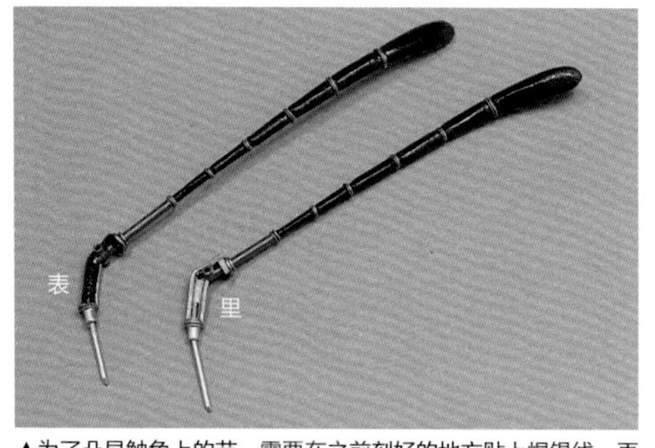

▲为了凸显触角上的节，需要在之前刻好的地方贴上焊锡线。再给整个触角添加点金属材料后，将其装到头部上。

▲ 装上触角以后的头部。

▲为了使头部能够转动，所以就不固定了。

▲将头部和胸部连接在一起的内部导管。

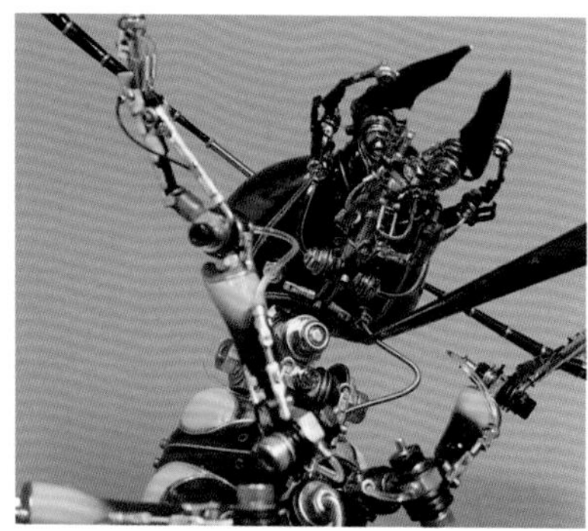

▲内侧也有弹簧式的内部导管。

▲先装后翅，再装前翅。

▼动一动翅膀，确认不会相互干扰。

主体完成

一边组装各个部位，一边进行细节处理，最终固定好翅膀等部件就算完工了。在第 3 章的底座制作中，还要对脚爪在场景中的造型设计做进一步处理。

把橡胶管和注射器连接在一起，看起来就像是能够随时供给麻醉剂的样子

翅膀打开以后的样子

翅膀闭合时的样子

▲陶工蜂的局部特写。表现时特别强调了陶工蜂胸部特有的黄色斑纹。

转印贴纸的粘贴方法

▲转印贴纸是事先在透明的转印贴纸底纸上描上字母做出来的。

▲把自己制作的转印贴纸的空余部分剪掉。

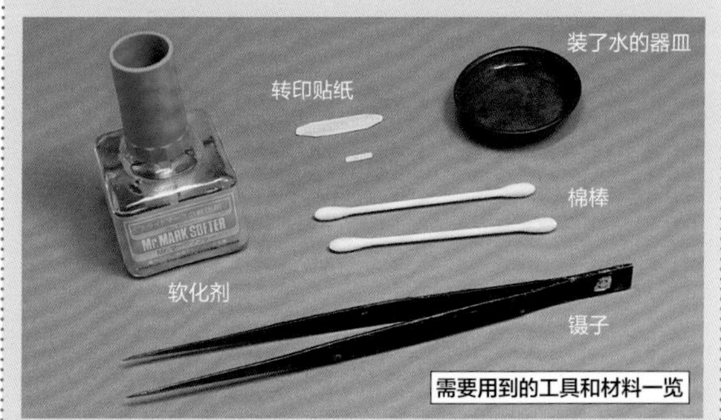

▲将转印贴纸打湿以后抽出底纸，使上面的图案贴在陶工蜂身上。

▲沿着曲面涂上软化剂，使其软化。

▲为了使其能更好地贴合，再用棉棒来回碾压一下。

作品还可以用转印贴纸进行标记，也可以根据制作顺序进行标号。为了缩短转印贴纸的粘贴时间，还可以用吹风机加速水分的蒸发。干燥后，用清漆在表面喷上 2~3 次即可。

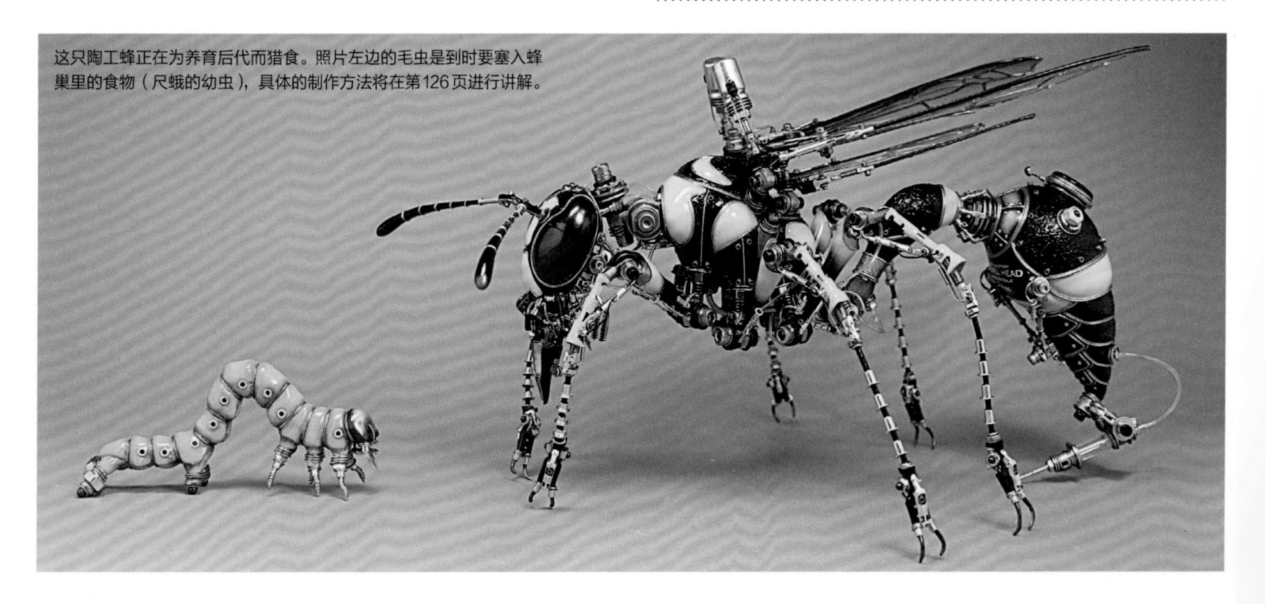

这只陶工蜂正在为养育后代而猎食。照片左边的毛虫是到时要塞入蜂巢里的食物（尺蛾的幼虫），具体的制作方法将在第126页进行讲解。

第2章 由复制品开始制作的原创作品

7种不同甲虫的制作方法（批量作品的制作流程）

当我们想要制作大量形状相同的昆虫时，可以使用模具复制的方法。
用纸黏土制作甲虫主体的方法与制作陶工蜂的方法相同，只是后续要增加一道把做好的甲虫主体放入硅胶材料中制作出模具的工序。只要在模具中灌入树脂，就可以复制出一样的形状了。用这种树脂材料的复制方法可以衍生制作出各种各样变化丰富的作品。
只要改变上色和细节处理，就能做出从传统造型到变异的各种造型。同时本章还会讲解通过改变足的长短来改变昆虫形态，以及将数个个体组合在一起的应用作品。

本章将会制作7种不同类型的甲虫翻模作品。在开始具体制作以前，先详细讲述制作模具及翻模的步骤，掌握之后制作起来就十分方便了。

幻想世界中的甲虫们

▲接下来要制作的 7 种不同类型的甲虫。

使用喷漆罐和喷枪喷绘的作品

vol.01 Mazeran-1

vol.06 Trapezium-2

vol.05 Gold-pilot green

1. [jewelry scarabs]
   宝石圣甲虫
2. W40 × L65 × H25mm
3. 2001/SH-0108,0110,0112,0141,0142,0143

这些是以栖息于中南美高海拔地区的宝石圣甲虫为原型制作的作品。金属光泽的完美呈现和制作陶工蜂时的复眼上色一样，使用了珠光颜料和金属色泽。为了打造光滑的壳面，需要用喷漆罐和喷枪进行上色，完成后还要再进行清洁整理。

vol.08 Silver

vol.07 Yellow-green

vol.03 Seyfert

使用画笔上色的作品

-Red-spotted Masu beetle-

-Chinese mitten crab beetle-

-Rainbow trout beetle-

-Tiger beetle-

-Red-crowned crane beetle-

-Zebra beetle-

-Arabesque beetle-

-Japanese spider crab beetle-

-Longnose filefish beetle-

1. [Mutant Beetles]
   变异甲虫
2. L75 ~ 85mm
3. 2006,2007/SH-0617,0618,0619,0620,0621,0622,0623,0747,0748
4. photo : Johnny Murakoshi

这是在甲虫的形状上通过混合其他各种各样动物的外貌特征而设计出来的作品。把鱼类、甲壳类、哺乳类动物的特征用丙烯颜料等画材呈现出来。

从原型翻模到量产制作

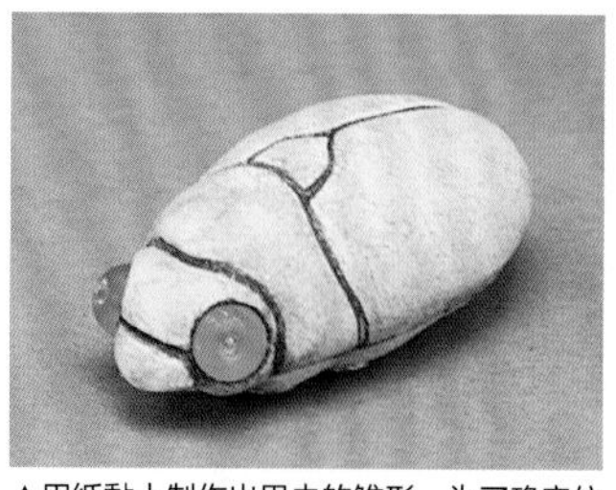
▲用纸黏土制作出甲虫的雏形。为了确定位置，先暂时把眼睛装上去。

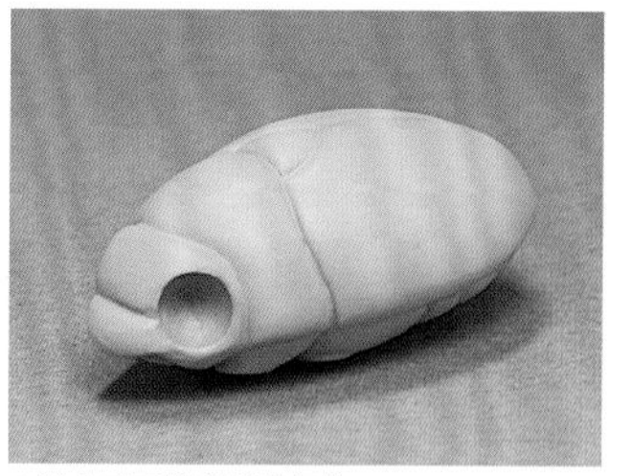
▲涂上表面涂剂并进行修正。

首先要先制作出用于翻刻模具的甲虫原型。用和陶工蜂一样的制作手法制作出甲虫的原型，并修整好表面以后，就可以以此为模具进行批量生产了。

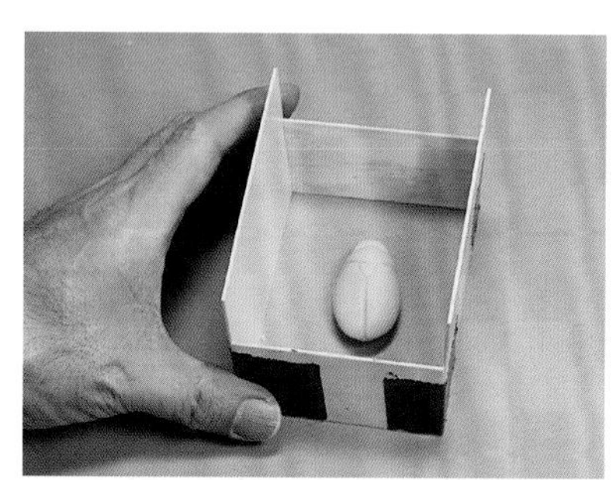

*事先准备好用于下浇口的合成树脂角棒和合成树脂板。

1 开始制作背侧模具

模具有一体模具和双拼模具两种，我们这里选择双拼模具，也就是将硅胶模具分割成两半的方法来进行制作。并且采用能够使原型和硅胶紧密贴合没有气泡的浇灌式模具设计。

使用的材料和工具
a 合成树脂板 b 胶布 c 甲虫原型 d 油黏土（准备好打印纸用于铺在下层吸油）e 金属托盘

! 合成树脂板可以反复使用，只要贴上容易撕开的胶布就可以了。这里用的合成树脂板也已经用了好多次了，所以有点变色了。

放入原型并用油黏土填埋

1 用胶布把合成树脂板粘成一个框。

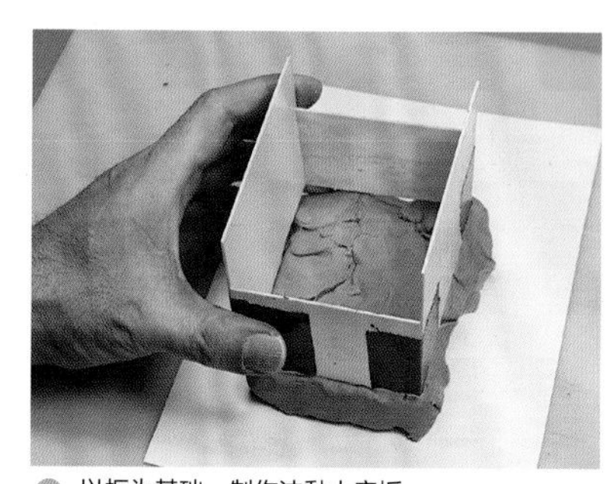
2 放入原型，并确认框的大小。要把原型包围住且留有一点空间，因为要预留出注入树脂时作为通道的下浇口。

3 以框为基础，制作油黏土底板。

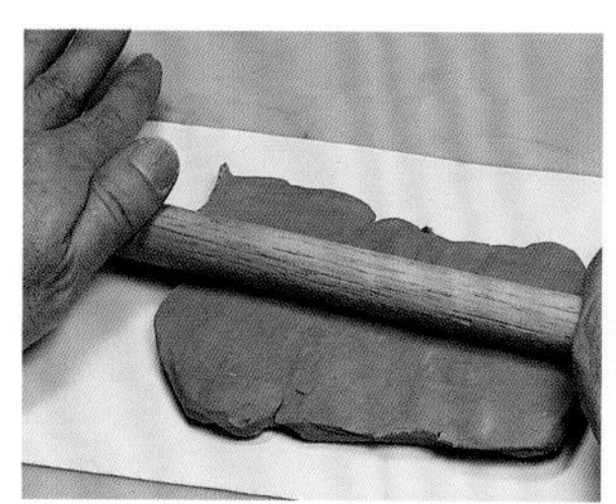
4 将油黏土摊平，使其大于框的面积。

5 用框在油黏土上压出痕迹。

6 用刮刀切除周围多余的部分。

7 将原型、用作下浇口的合成树脂角棒放在油黏土底板上。

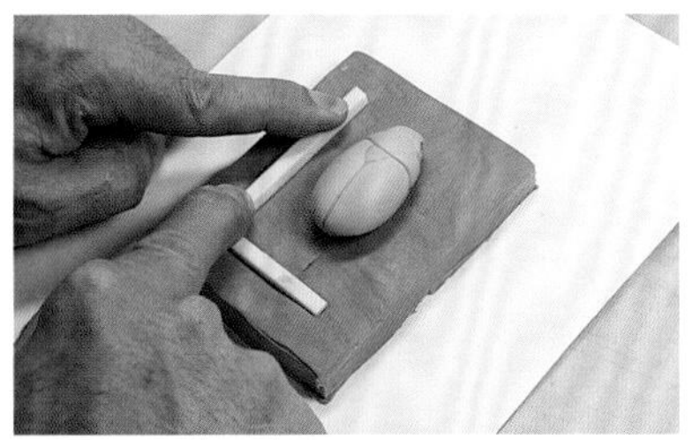

8 暂时将原型放置成树脂从腹部流向头部的方向。然后将合成树脂角棒向下按压一半至油黏土里。

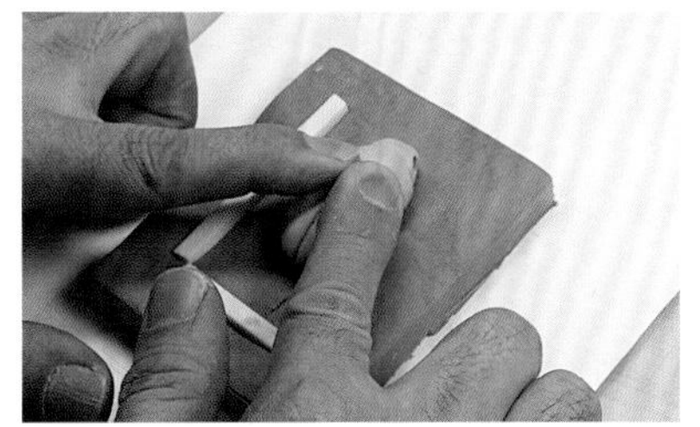

9 将原型按压到油黏土上，留下痕迹。

10 用刮勺沿着留下的痕迹挖出油黏土后，再将原型埋入。

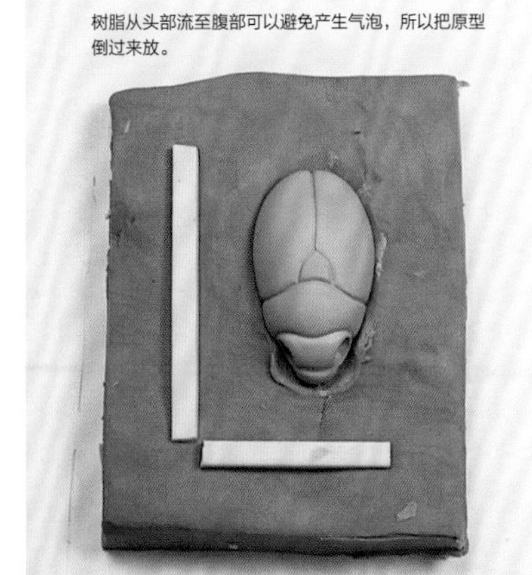

11 将原型埋至腹部和背部的分界线稍稍偏向背部的地方。

❗ 注意在埋的过程中一定要和原型紧密贴合。

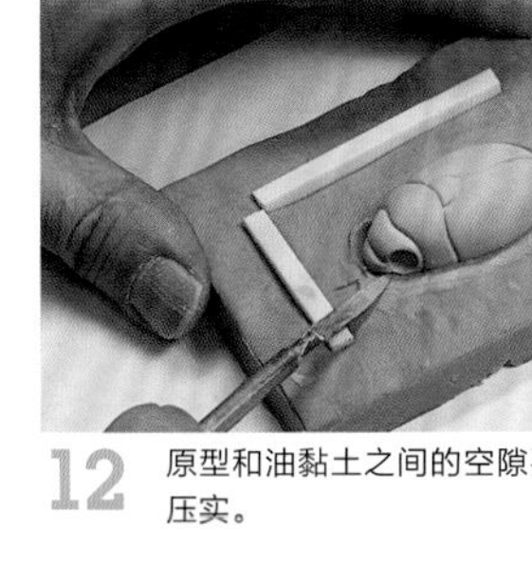

12 原型和油黏土之间的空隙要用刮勺仔细地压实。

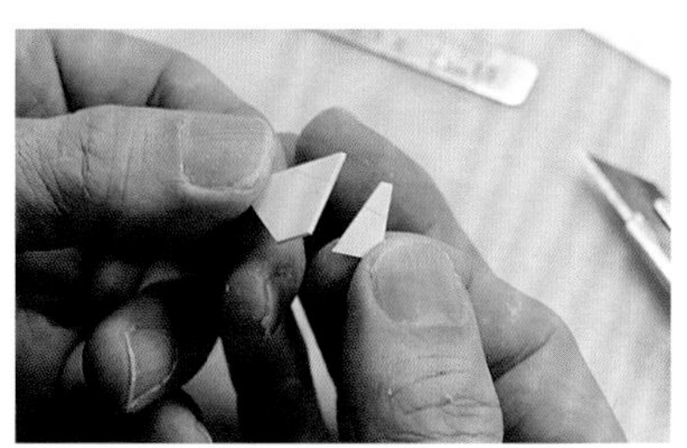

13 在原型和下浇口的连接部分，要用合成树脂板切成便于树脂流动的形状放在油黏土上。

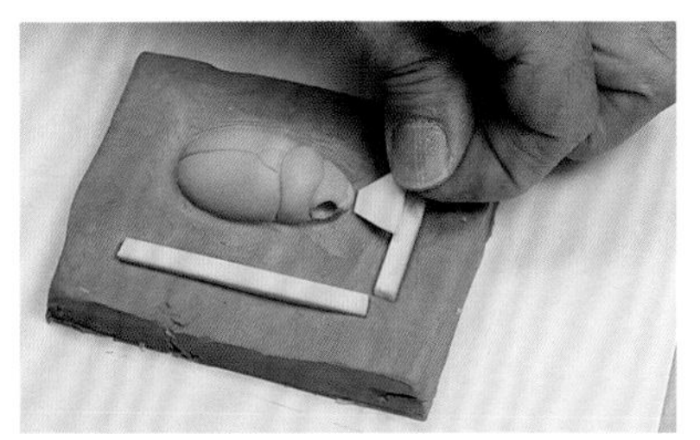

14 合成树脂板也要稍稍埋入一点，在和原型、下浇口保持一致的位置。

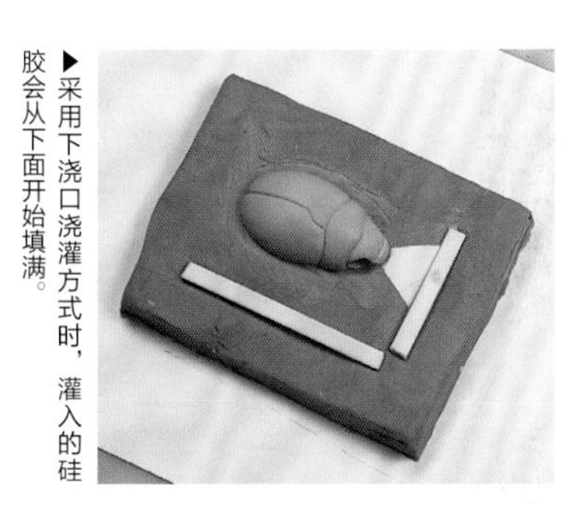

▶采用下浇口浇灌方式时，灌入的硅胶会从下面开始填满。

放入合成树脂板框，打暗销

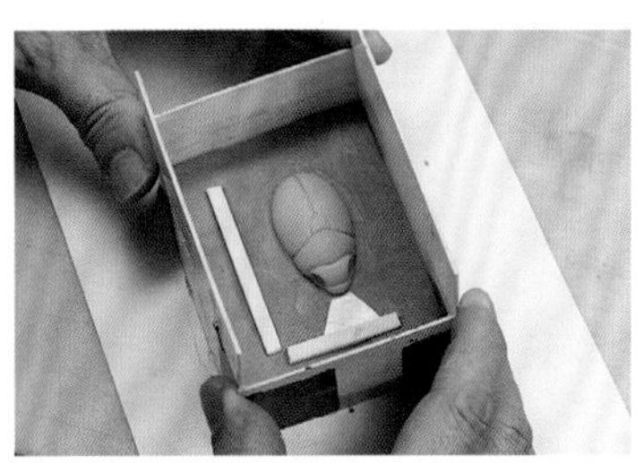

1 套上合成树脂板。

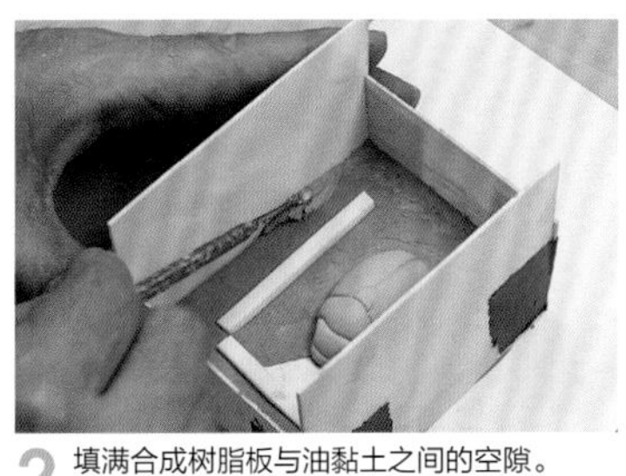

2 填满合成树脂板与油黏土之间的空隙。

3 在浇灌的时候硅胶很有可能会溢出来，所以务必仔细填满空隙。

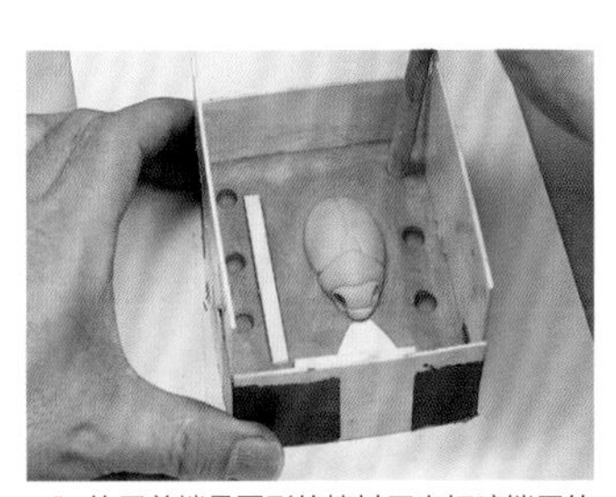

4 使用前端是圆形的棒材压出打暗销用的孔洞。

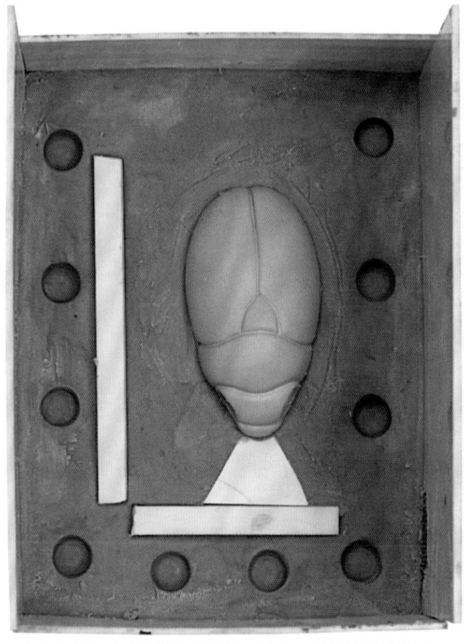

5 为了使两个硅胶模型能够紧密贴合，务必把洞打得深一点。

涂抹隔离剂

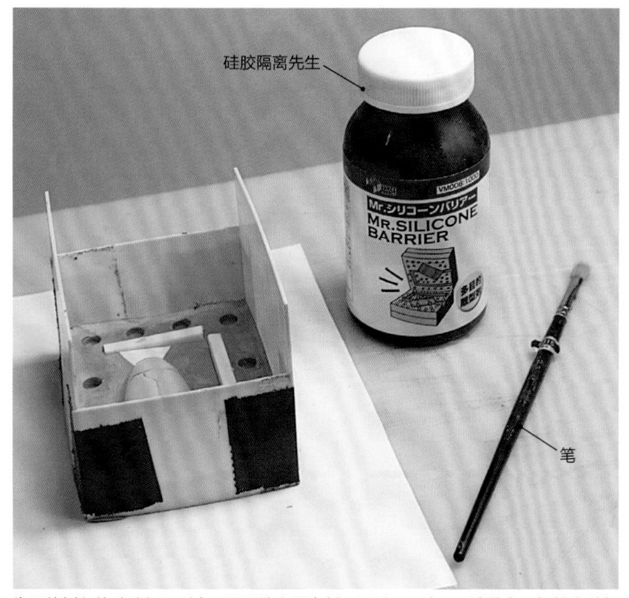

为了使倒入的硅胶便于剥离，需要涂上隔离剂。原型、下胶口、油黏土、框的内壁都要涂上。

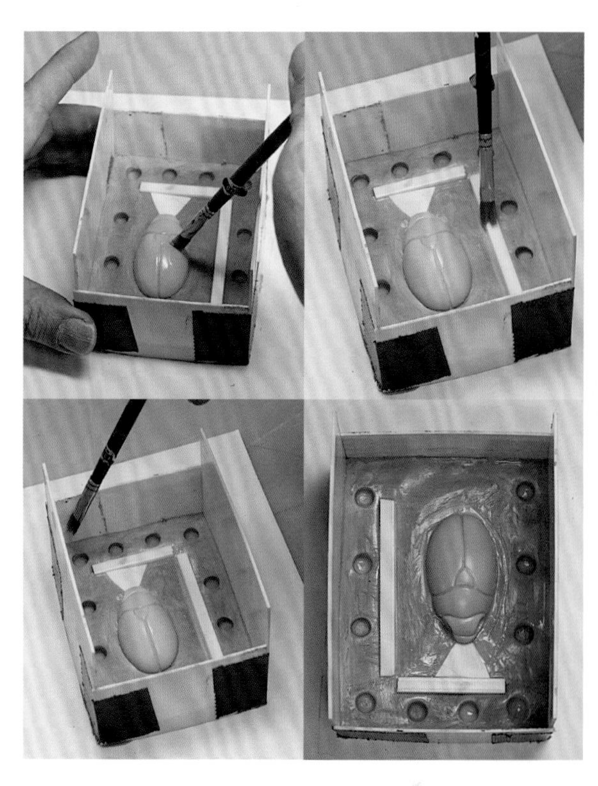

调配硅胶

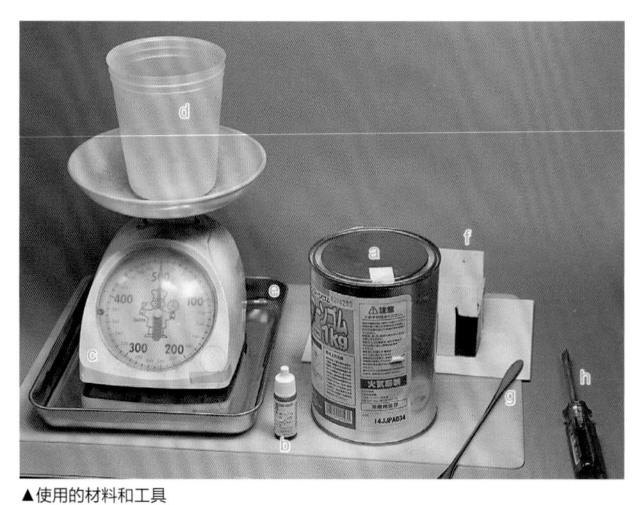

▲使用的材料和工具

硅胶（a 主剂 +b 硬化剂）、c 计量仪、d 量杯、e 金属托盘、f 已埋入原型的框、g 搅拌棒、h 螺丝刀

1 测量框的长、宽、高，计算出硅胶的使用量。这里需要的用量是 150cc。

＊硅胶需要根据主剂的分量按一定比例调配硬化剂。

2 将主剂倒入量杯内称重。

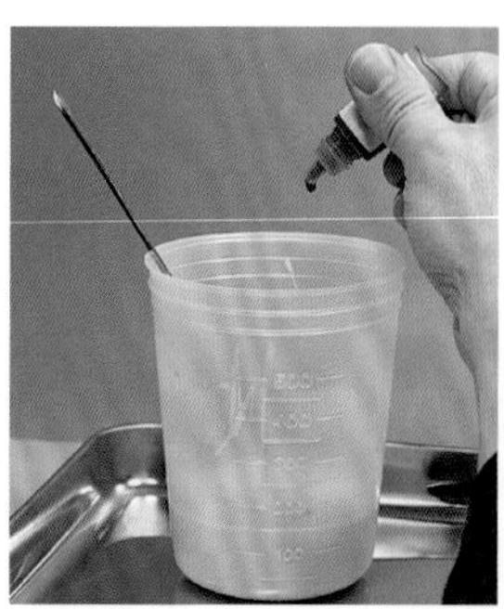

3 根据主剂的重量计算并倒入相应的硬化剂。

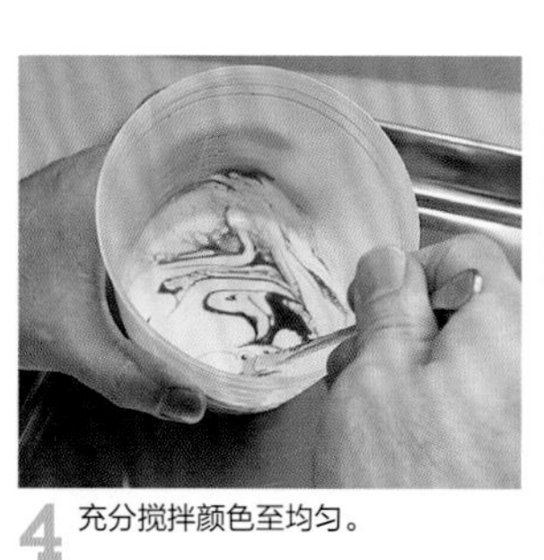

4 充分搅拌颜色至均匀。

5 完成将硅胶倒入框中前的准备工作。

倒入硅胶

1 刚开始的时候顺着搅拌棒倒入能够覆盖平面的薄薄的一层。

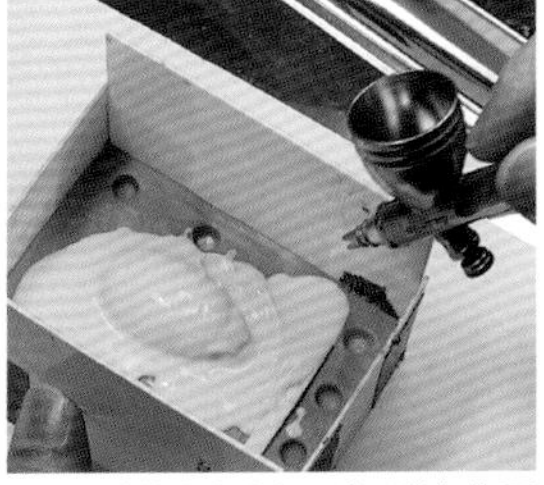

2 用喷枪吹走空气。发现的气泡要及时进行处理。

3 暗销洞里也要倒入硅胶。

4 将剩下的硅胶慢慢地倒入框内。

5 在搅拌和倒入硅胶的时候很容易混入空气。通过振动，能有效地排出气泡。

6 用橡皮筋进行加固，放置 1 天左右待其硬化。

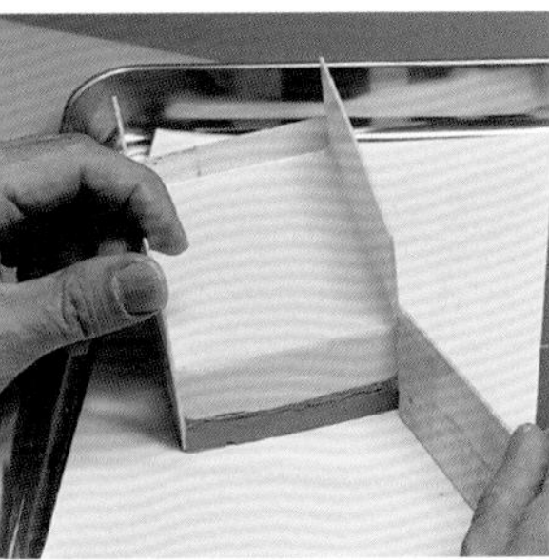

7 硬化完以后，打开合成树脂板。

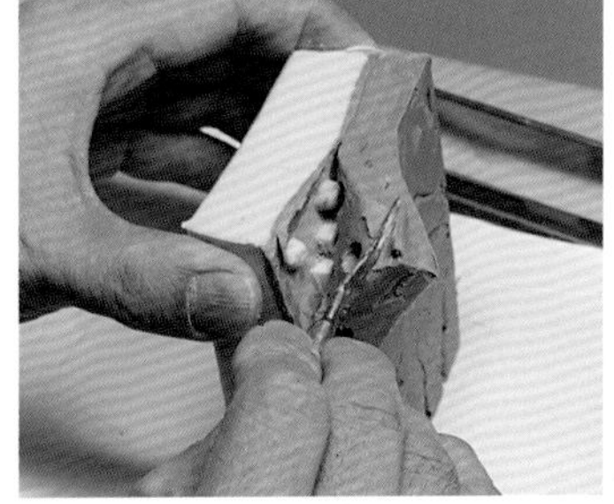

8 翻转使油黏土的一面朝上。

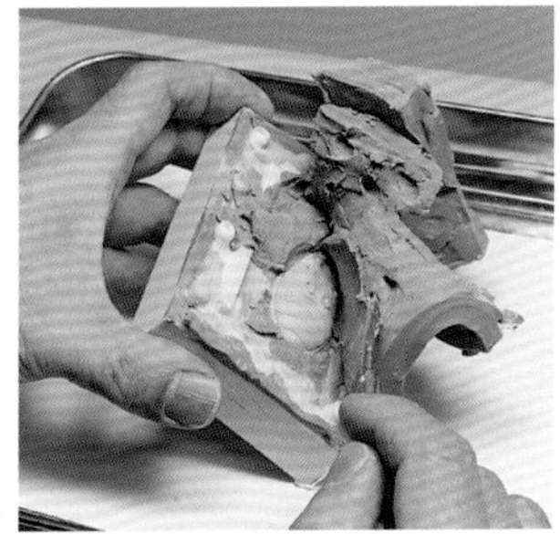

9 小心地剥除油黏土。

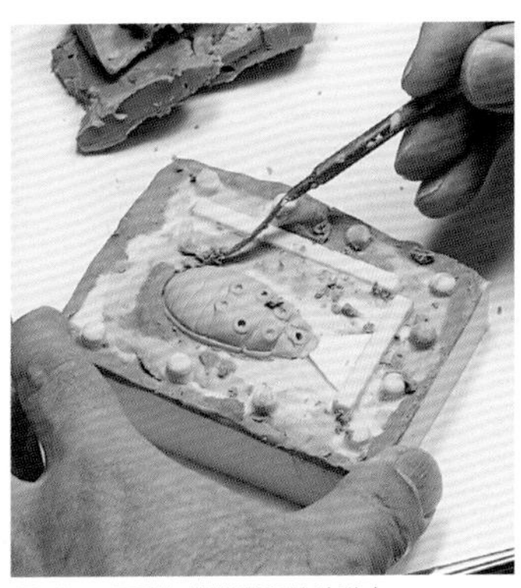

10 用刮勺清除残留的油黏土。

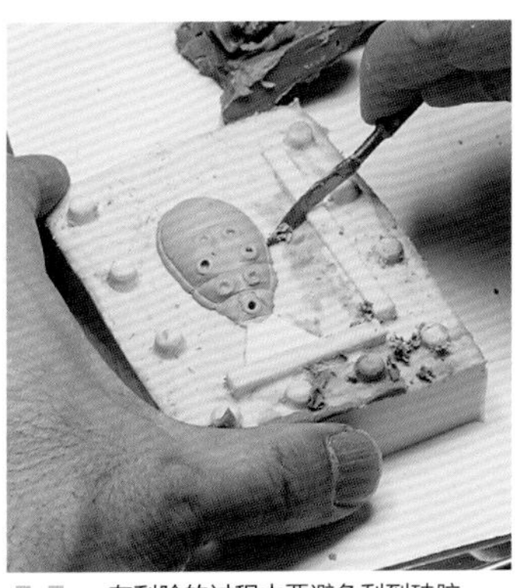

11 在刮除的过程中要避免刮到硅胶。

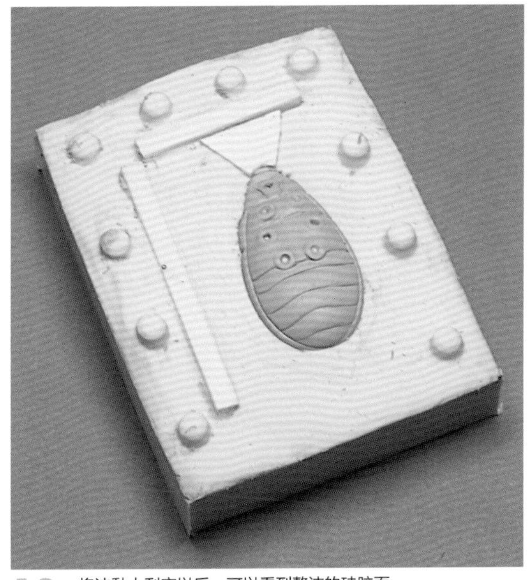

12 将油黏土刮完以后，可以看到整洁的硅胶面。

2 制作腹部一侧的模具

涂抹隔离剂

涂上隔离剂之后，就可以防止原型和硅胶，以及新旧硅胶之间的粘合。同时还有助于树脂的脱模，在复制的时候也可以使用。

1 在硅胶四周围上合成树脂板，并用橡皮筋固定。

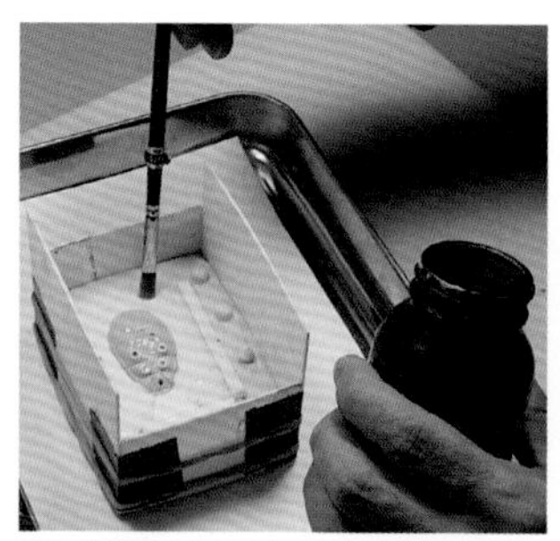

2 和第 66 页一样，全部涂上隔离剂。

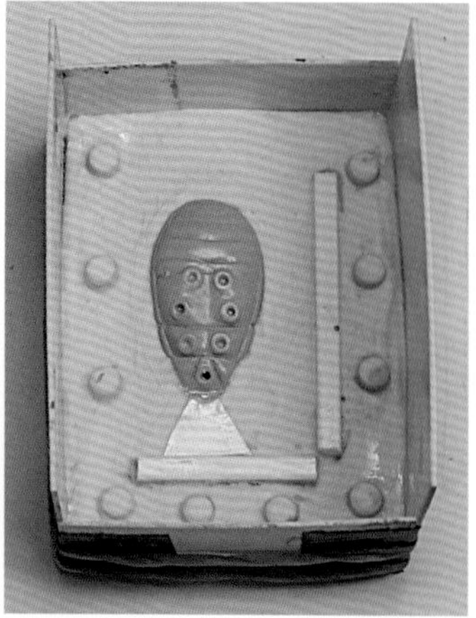

3 如果忘了这一步，接下来就很难分离两个硅胶模具了。

调配硅胶

1 测量主剂分量。

2 加入硬化剂。

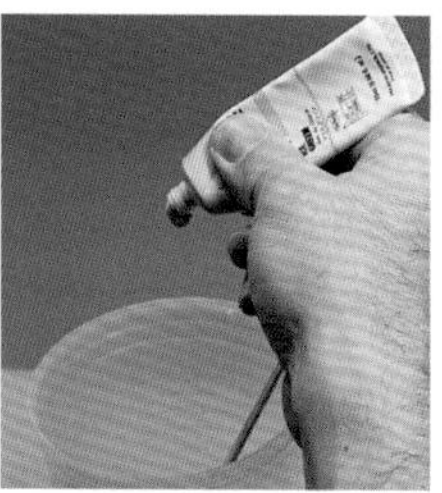

3 加入颜料，使其和之前的硅胶有一个视觉上的区分。

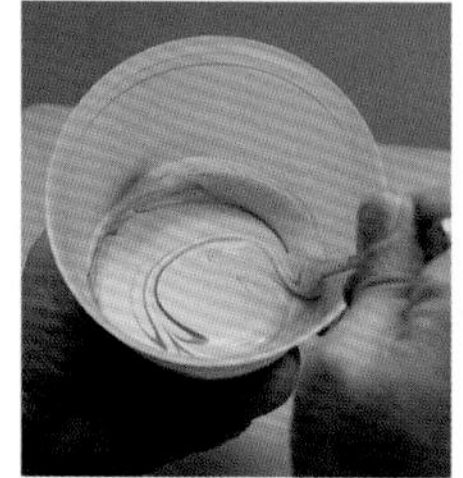

4 充分搅拌均匀。

5 调好色的硅胶。

! 混入少量颜料能生成不同颜色的硅胶。

倒入硅胶

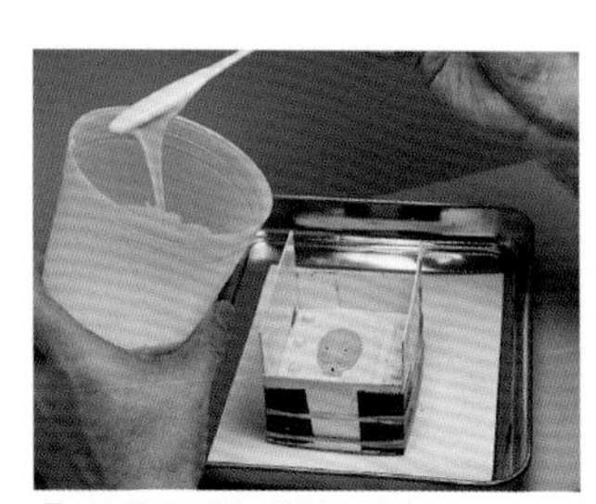

1 和第 67 页一样倒入硅胶。

2 从淋入中间的原型开始。

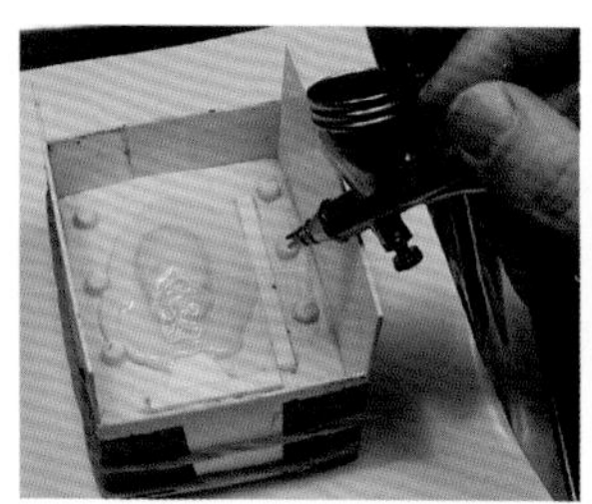

3 涂上薄薄的一层以后，用喷枪吹走气泡。

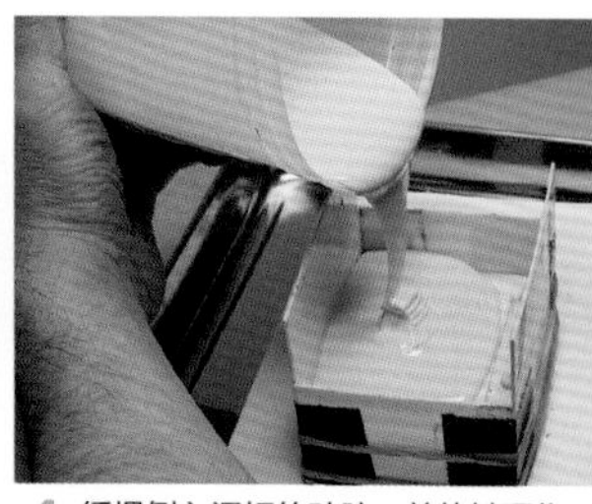

4 缓慢倒入调好的硅胶，并待其硬化。

5 经过一天的硬化以后，揭开合成树脂板。

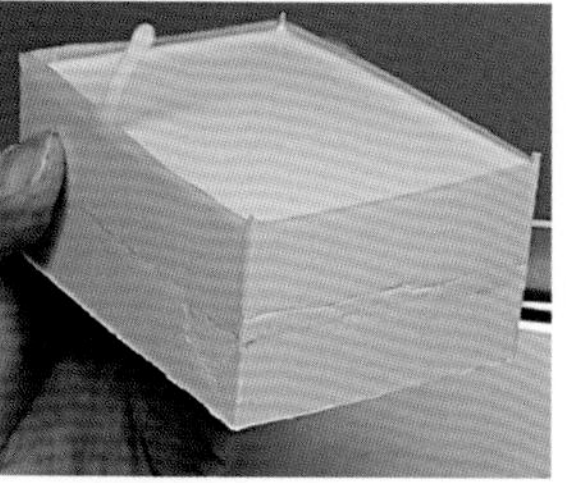

6 背面和腹面的硅胶由于颜色不同，很容易进行区分。

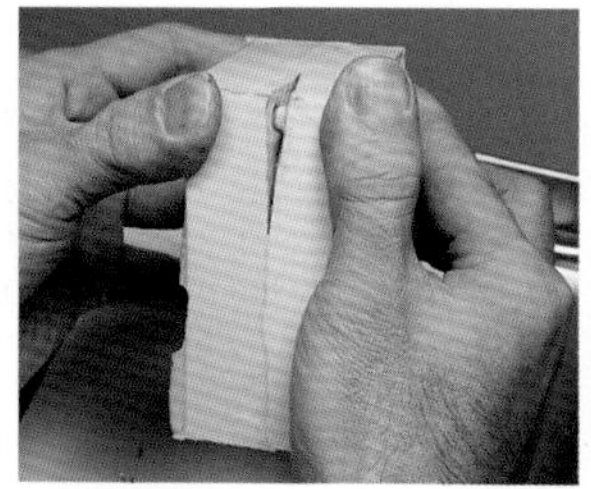

7 慢慢地分离硅胶。

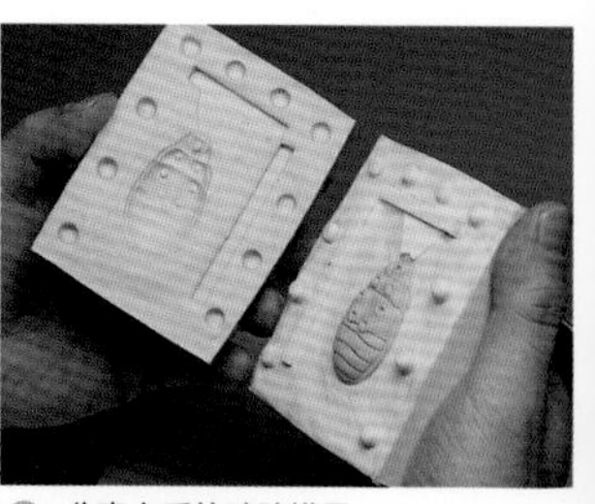

8 分离之后的硅胶模具。

3 硅胶模具的修整与成型

下面要开始制作硅胶模具中用于树脂流动的通道了。注入树脂的“浇口”、浇入时树脂排出空气的排气口、下浇口的连接部分以及甲虫的连接部分等，都要从有利于树脂流动的角度认真考虑。

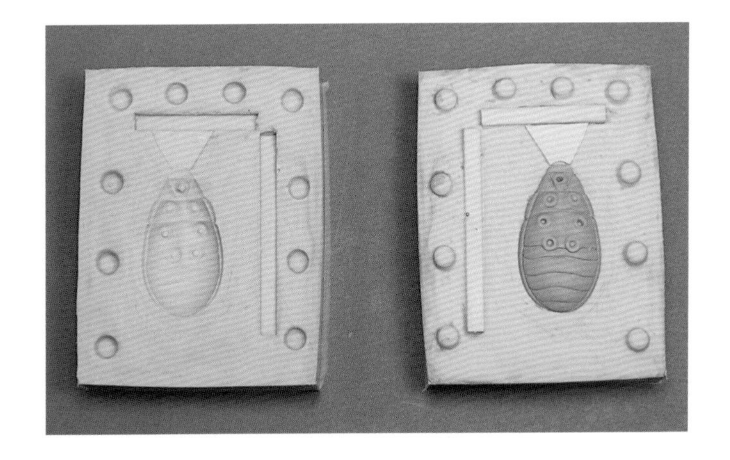

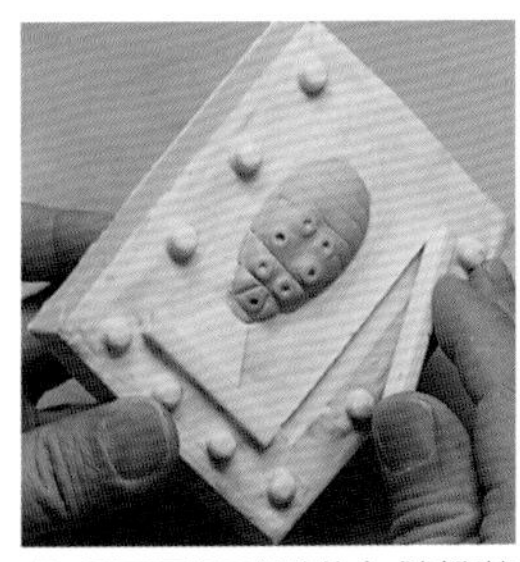

1 取下下浇口部分的合成树脂棒。

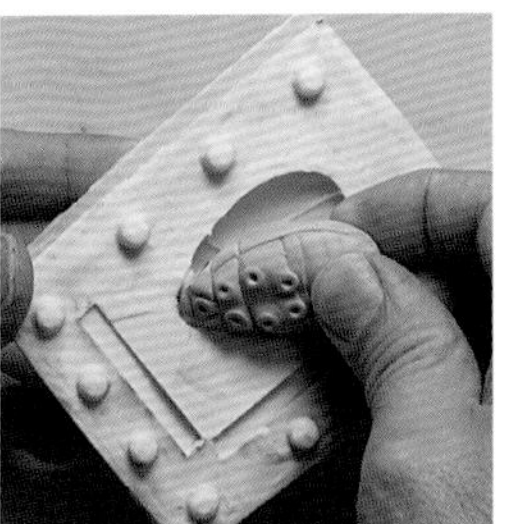

2 取出原型。

3 用马克笔画出浇口和排气口的位置。

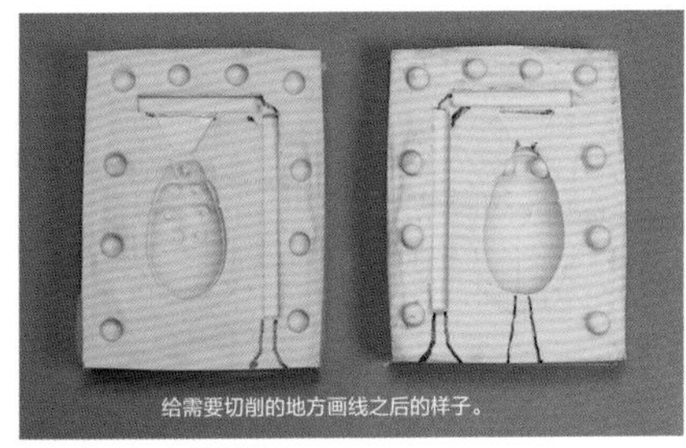

给需要切削的地方画线之后的样子。

4 背面和腹面的模具。

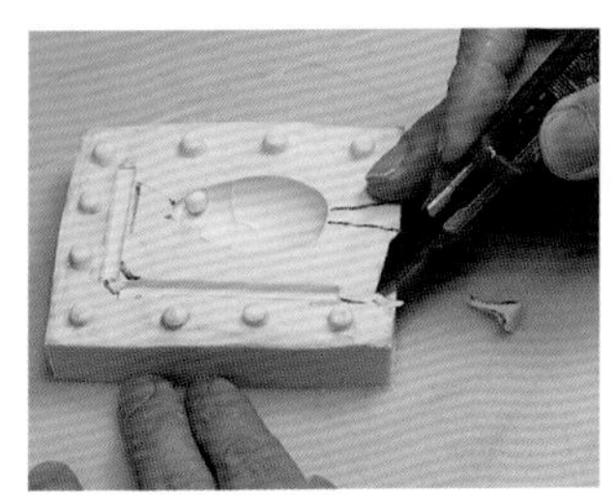

5 用美工刀进行加工。因为硅胶材料十分柔软，所以使用美工刀的时候不需要太用力。

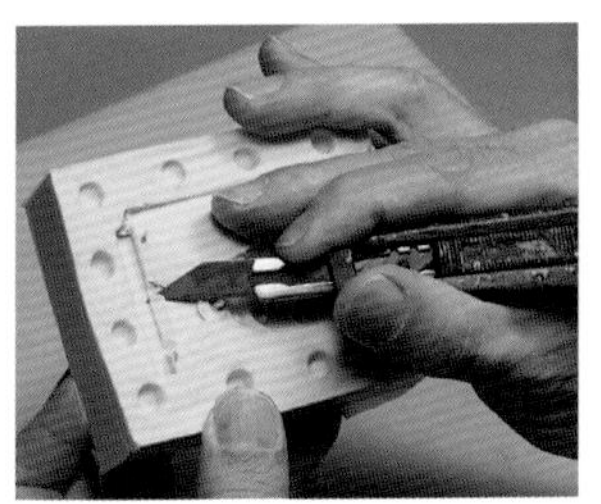

6 加工甲虫的连接部位。

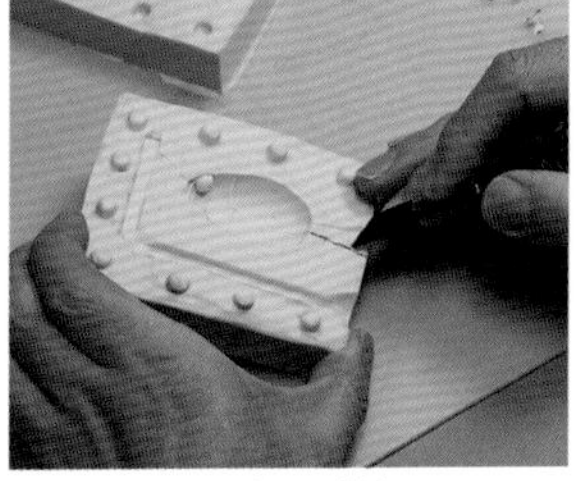

7 进一步加工浇口和排气口。

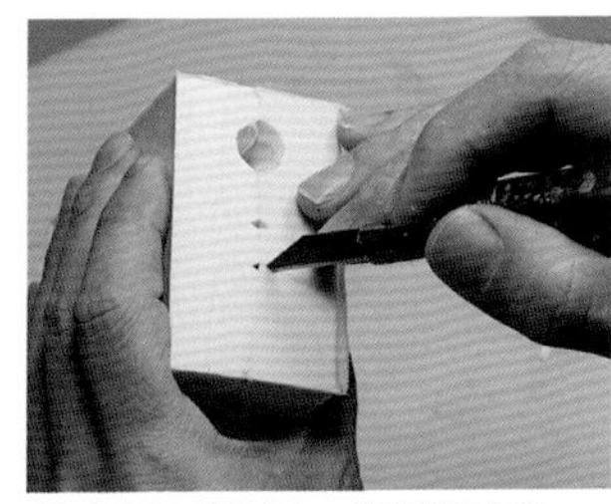

8 把两个模具合在一起确认排气口。

现在的硅胶模具优先考虑了分模线的问题，使得眼睛部分变成了倒锥形。如果勉强扯出原型的话，连接着“眼睛”部分的硅胶材料也会被撕扯掉，所以脱模的时候要稍稍掰开一点，以避免硅胶造成严重的拉扯。

倒锥形

从上到下一点点变大的是锥形。反过来，从上到下一点点变细的就是倒锥形。

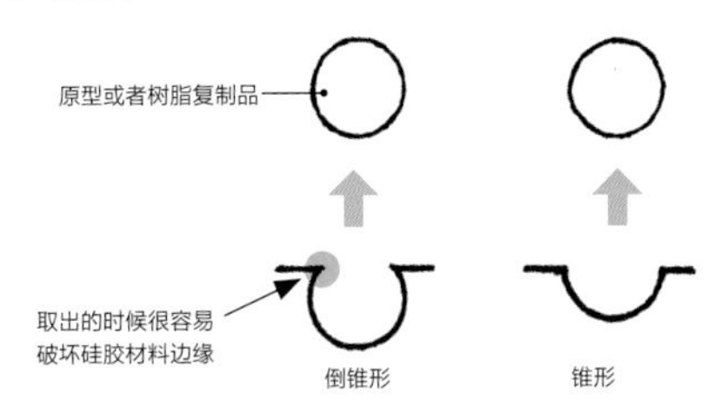

即使原型是一样的形状，由于分模线的不同也会导致对硅胶材料的施力不同。

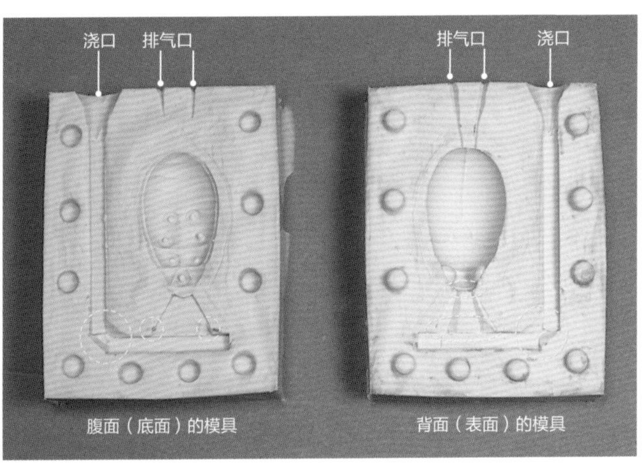

9 加工好以后的模具。

4 用树脂进行复制

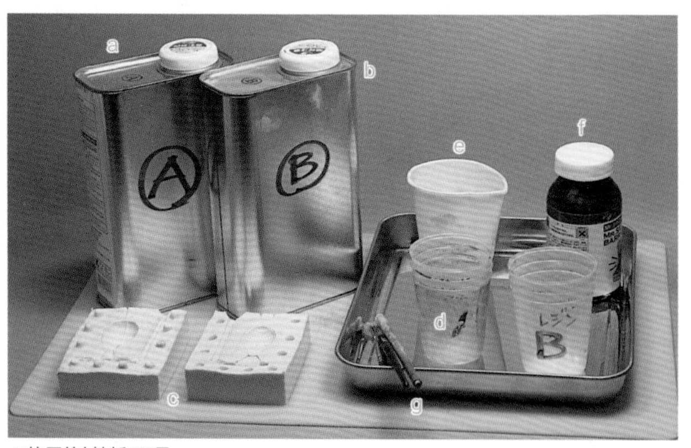

▲使用的材料和工具
a 树脂主剂（A）+b 硬化剂（B）、c 硅胶模具、d 量杯两个（A、B 用）、e 注入树脂用的量杯、f 隔离剂、g 搅拌棒。

准备模具

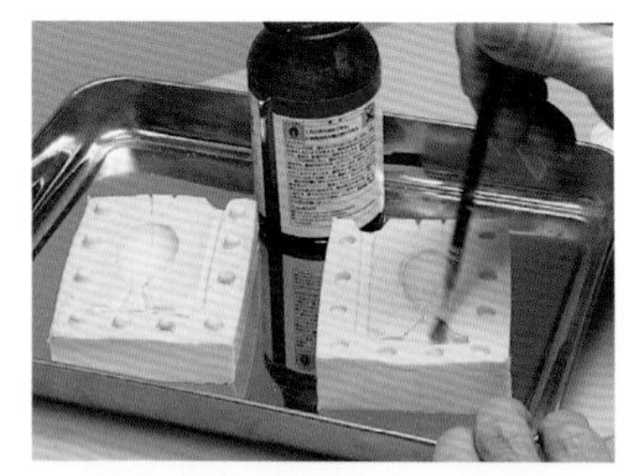

◀使用硅胶模具和树脂进行复制。首先在硅胶模具上涂好隔离剂。只需要涂抹树脂流经的地方即可。

▲▶用合成树脂板加固外侧，并用橡皮筋固定。两个模具没夹紧的话，树脂很可能会流出来，所以要确保紧密闭合。

倒入树脂

1 将树脂主剂（A）和硬化剂（B）按照相应比例倒入量杯。根据作者的经验，计量不是太精准也没关系，估计着差不多就行了。

2 将 A 剂和 B 剂倒入纸杯。

3 如果搅拌不均匀的话会影响硬化，所以一定要好好搅拌。

4 从硅胶模具的浇口缓慢倒入。

! 因为树脂的硬化时间有限，所以要在两三分钟之内倒完。

5 在浇口插入牙签，帮助气泡排出。

只要在排气口能看得见树脂，就说明树脂确实有流进模具。

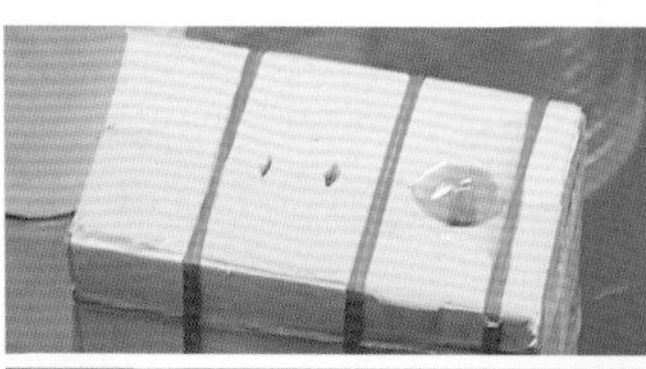

6 注入完树脂以后的样子（上图）。硬化后树脂会从透明变得有颜色，因此可以通过树脂的颜色变化来判断树脂是否硬化（下图）。

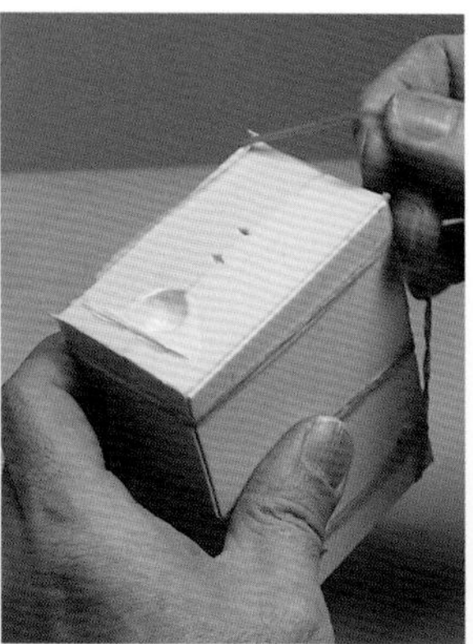

7 硬化完以后去除橡皮筋，缓慢地分离模具。

＊硬化的时间会因树脂的种类和当时的温度而有所差异。

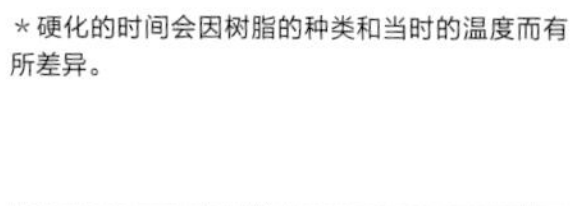

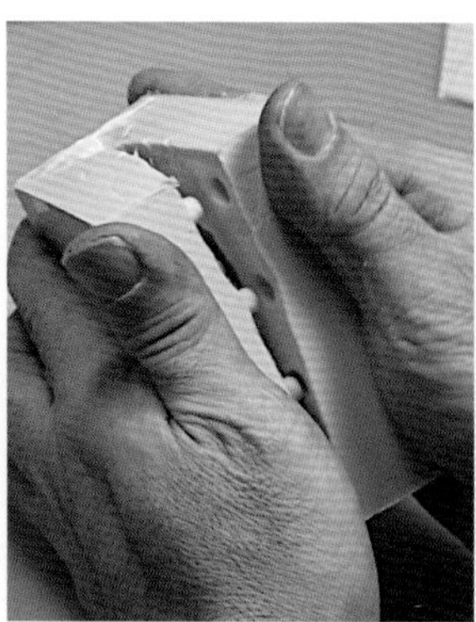

复制完成

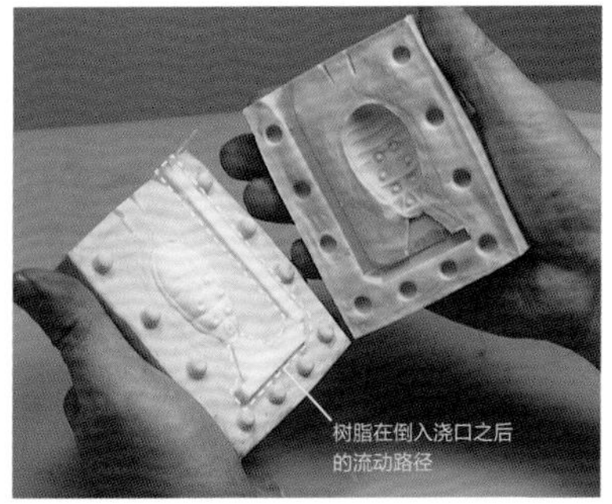

1 取出复制好的树脂。

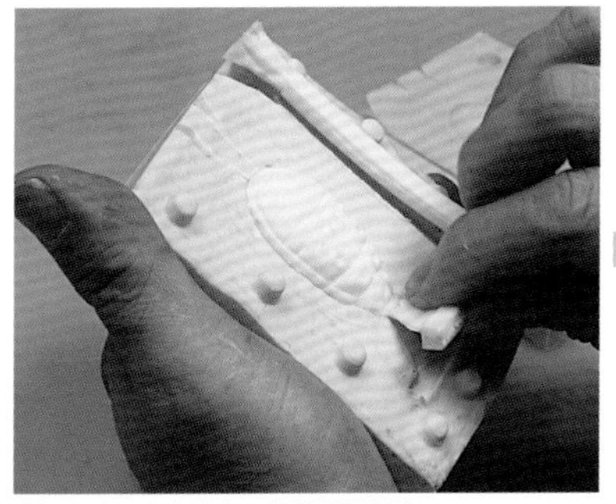

2 取出和甲虫连在一起的树脂部分。

倒过来拿

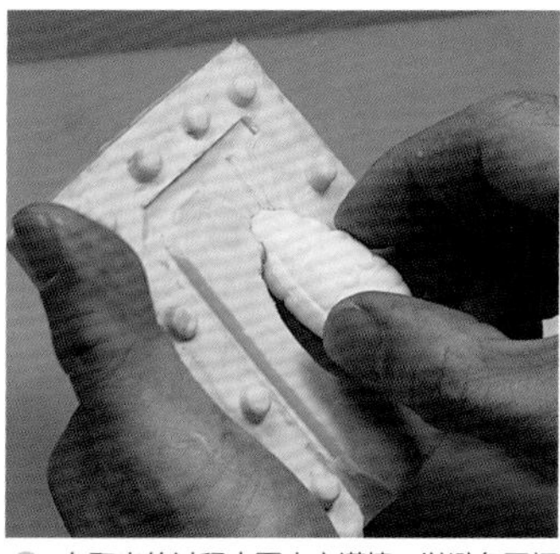

3 在取出的过程中要小心谨慎，以避免弄坏模具。

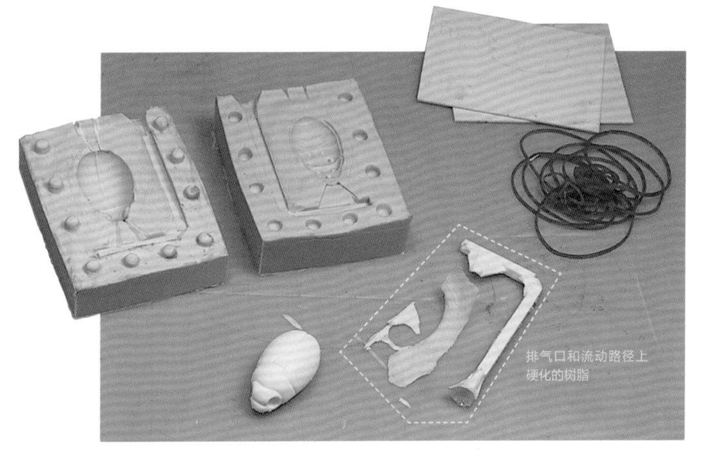

4 取出之后的树脂复制品和模具。

5 比较一下树脂复制品（前）和原型（后）。两者之间几乎没有差别，可能复制品要小那么一点点。

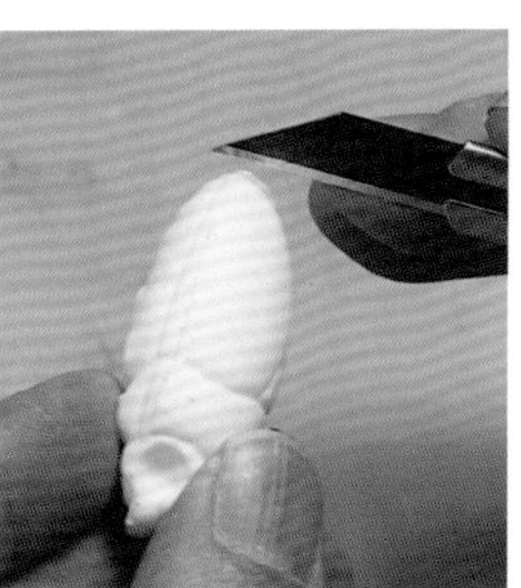

6 把比较明显的分模线用美工刀切削掉。

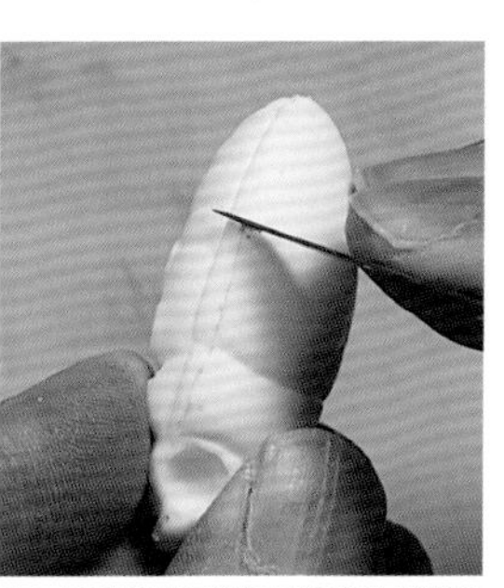

7 切削的时候美工刀沿着分模线垂直水平运动。

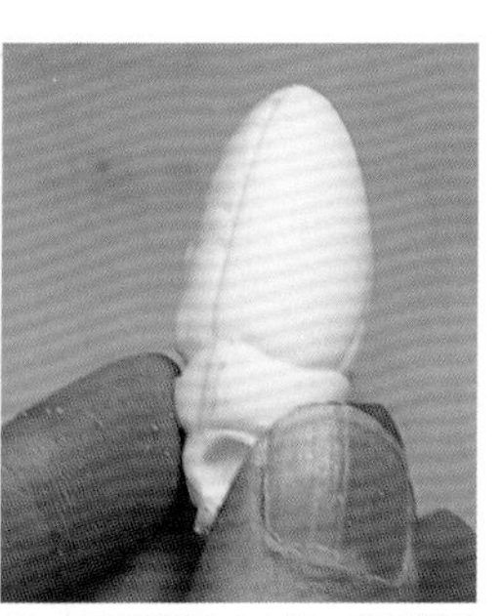

8 不需要用太大力气，就能把表面切削干净。

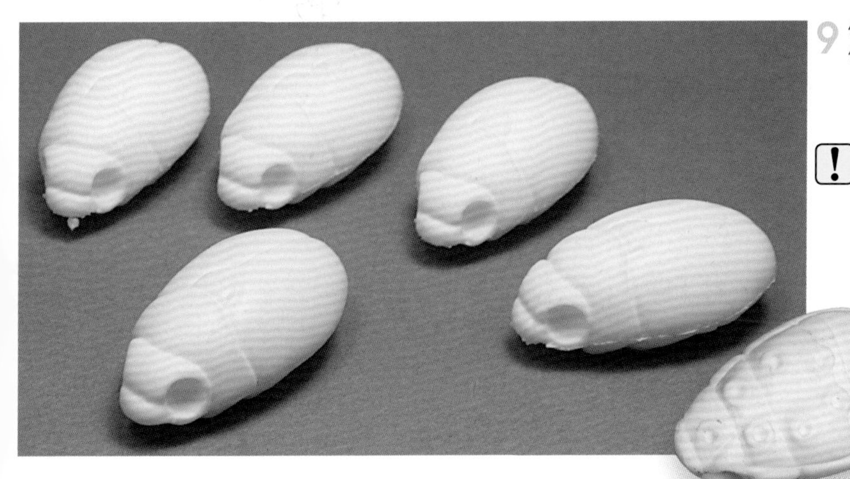

9 做完的复制品。接下来我们就要进行七种甲虫的创作，所以要复制出一定的数量。

❗ 这次复制虽然比较顺利，但难免出现复制品有缺损和出现气泡的情况，可以试着增加排气口，或者把原型做得丰满一点。

◀里（底面）

切除完分模线之后，用砂纸进行打磨处理。

制作甲虫

金属甲虫之钢铁型

虽然是以实际生活中的生物为原型，但也绝对不是完全再现，而是要把它的特性和金属机械结合起来，给人一种“居然还有这么有趣的东西啊”的惊喜感来进行制作。

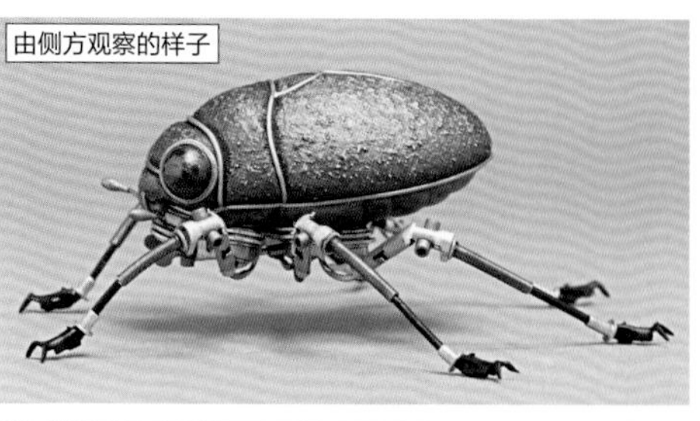
由侧方观察的样子

由上方观察的样子

由斜侧方观察的样子

只要是同样的形状，就可以用纸黏土做出原型，然后以此为基准进行量产复制。
金属甲虫有着坚硬的外壳，很有金属质感，呈现出向铸物进化的形态。

＊铸物：把熔化的金属倒入模具中形成的作品。

树脂复制的两方面用处

1. 以此为基体，制作各式各样的复制品（比如本章节的变异甲虫）。
2. 所有的复制品也可以完全一样，呈现种群的状态（比如第 150 页的尺蛾幼虫）。

制作流程

打底处理～上色成型

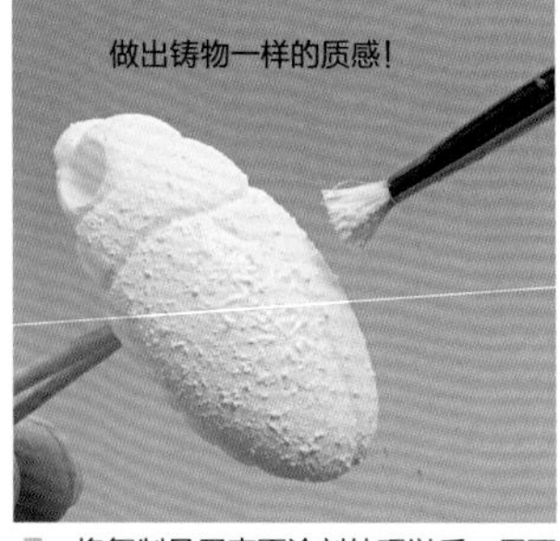

1 将复制品用表面涂剂处理以后，用画笔在表面造型（参照第 13 页）。

2 造型完之后的样子。

3 用销钳在连接足部的地方打洞。

4 用喷漆上色。使用银色和炮铜色两种颜色。

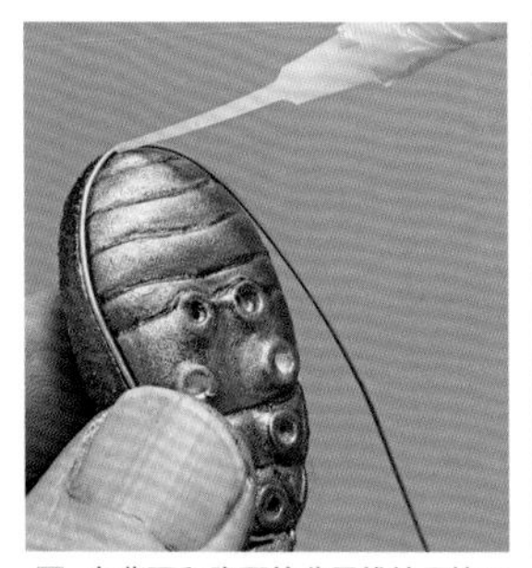
5 在背面和腹面的分界线处用快干胶水贴上焊锡线。

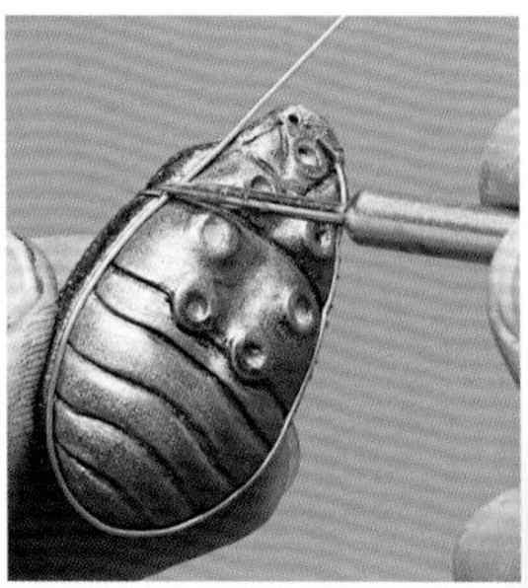
6 用锥子压实焊锡线，使其紧密贴合。

7 贴完焊锡线后的样子。

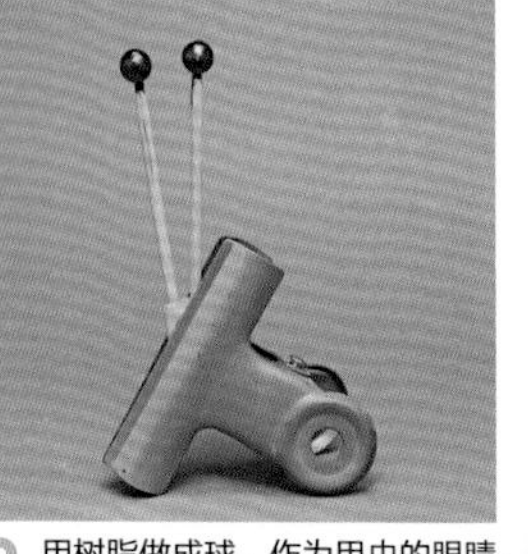
8 用树脂做成球，作为甲虫的眼睛。并用笔涂上金属色漆。

9 给甲虫装上眼睛，并在周围缠上焊锡线。

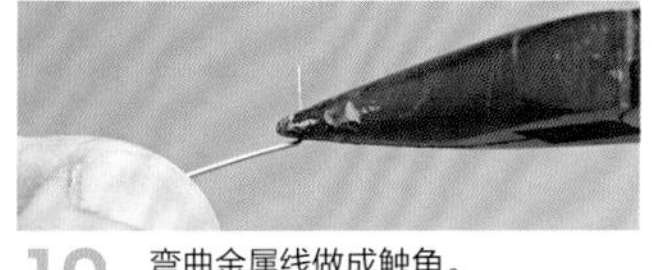

10 弯曲金属线做成触角。

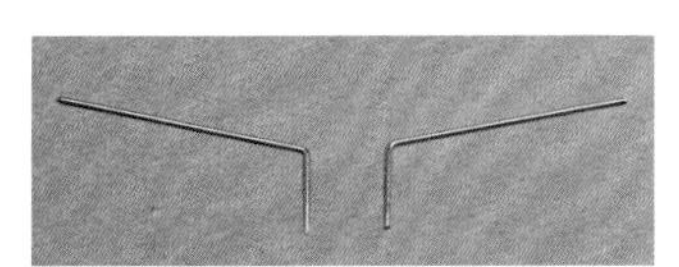

11 把去完头的大头针作为触角的前端。

12 插入主体中，并用快干胶水固定。

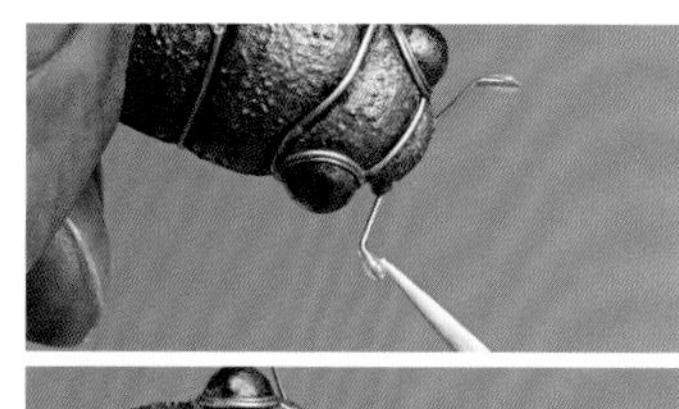

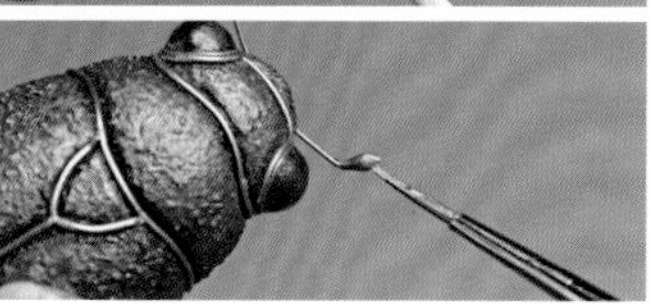

13 触角前端鼓起来的地方，用环氧树脂制成（上图）。待其干燥之后再上色（下图）。

14 触角安装完成之后的样子。

各个部位的制作

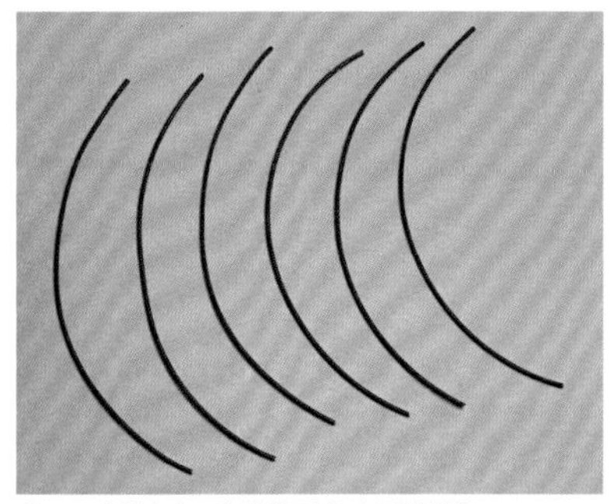

1 甲虫的脚部用包着塑胶的金属丝制作。

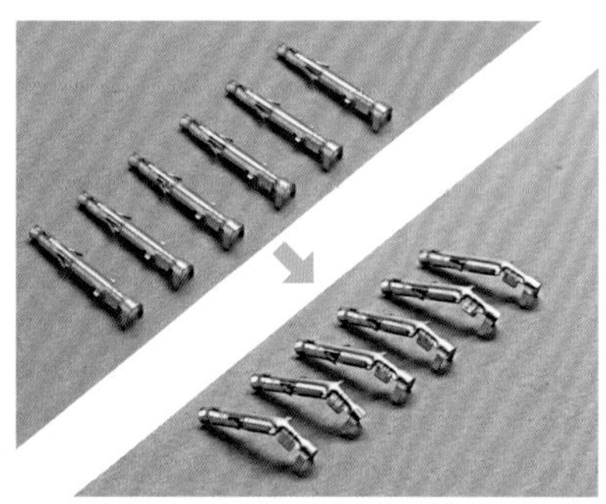

2 腿节和胫节使用加工好后的电子元件制作。

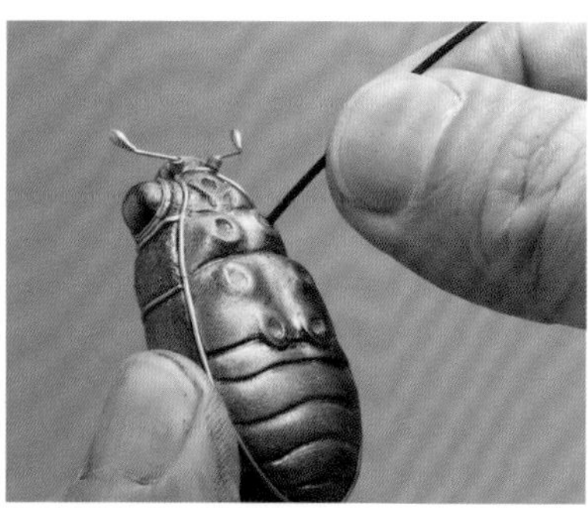

3 将金属丝插入连接脚部打好的洞里，并用快干胶水固定。

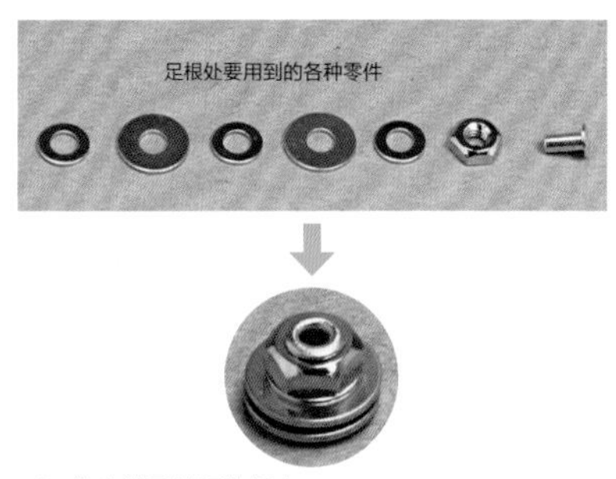

4 将上述零件组装起来。

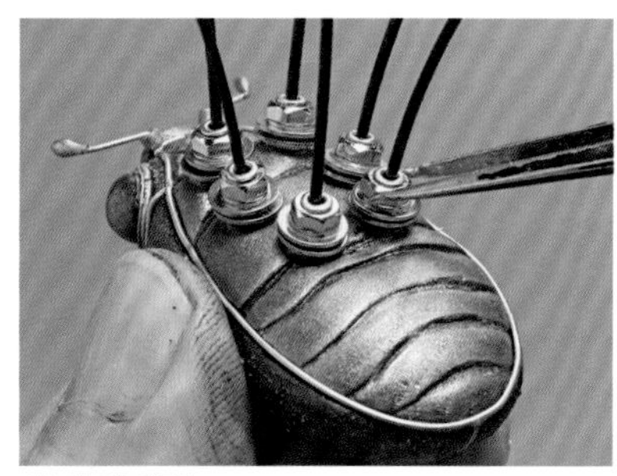

5 装到足根上。

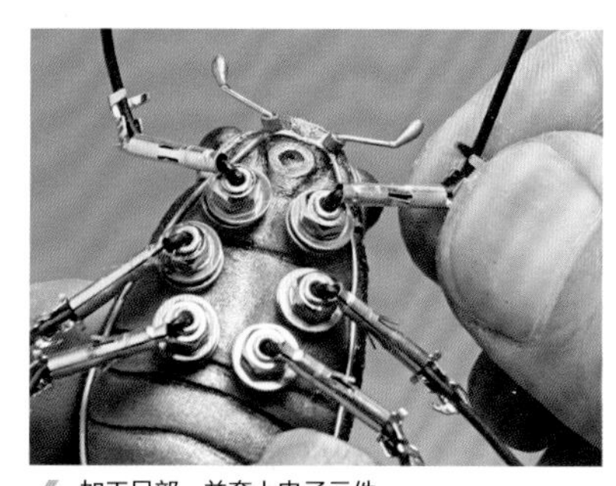

6 加工足部，并套上电子元件。

7 把作为脚的金属丝剪切到适宜的长度，以便于加工。

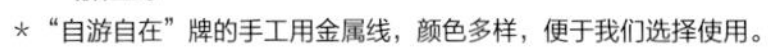

* “自游自在”牌的手工用金属线，颜色多样，便于我们选择使用。

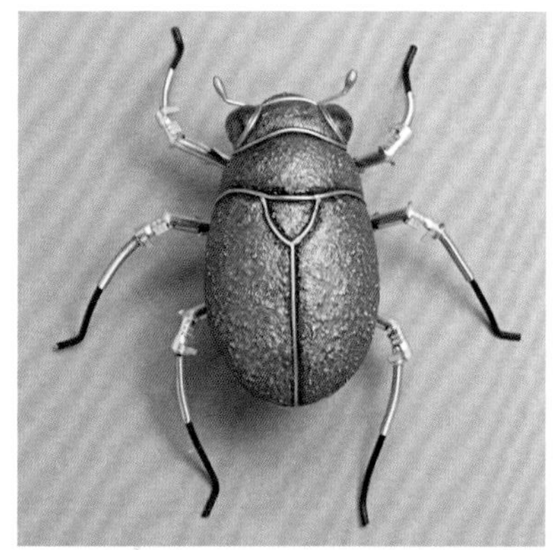

8 跗节就用弹簧来体现。在不破坏整体协调性的前提下调整脚部的形状，最后剪掉前端弯曲后多余的部分。

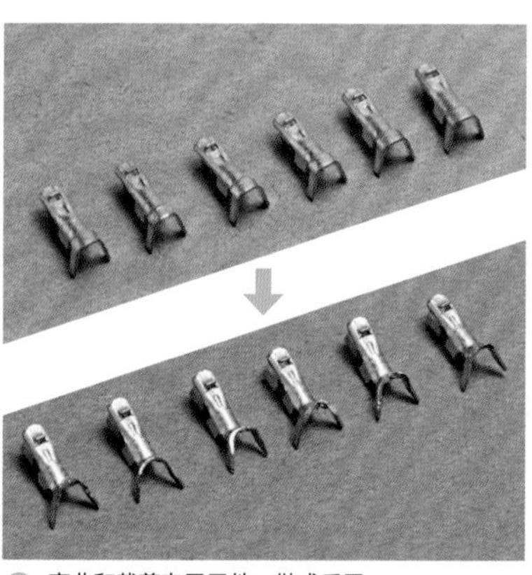

9 弯曲和裁剪电子元件，做成爪子。

先组装再做细节处理

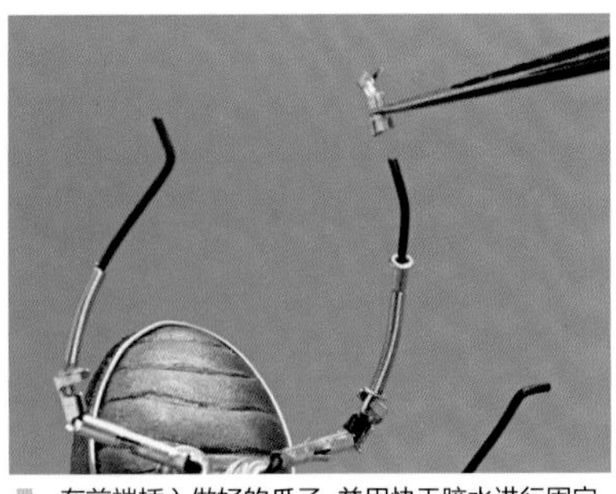

1 在前端插入做好的爪子，并用快干胶水进行固定。

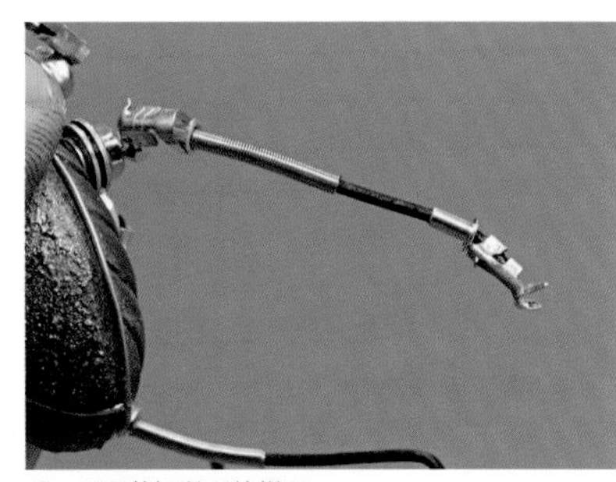

2 爪子装好以后的样子。

3 6 只脚都加工完以后的样子。为了突显出脚的前中后三部分，在相应的位置进行弯曲。

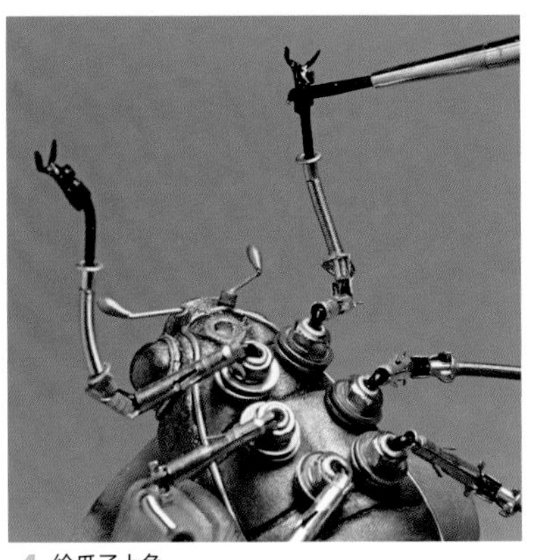

4 给爪子上色。

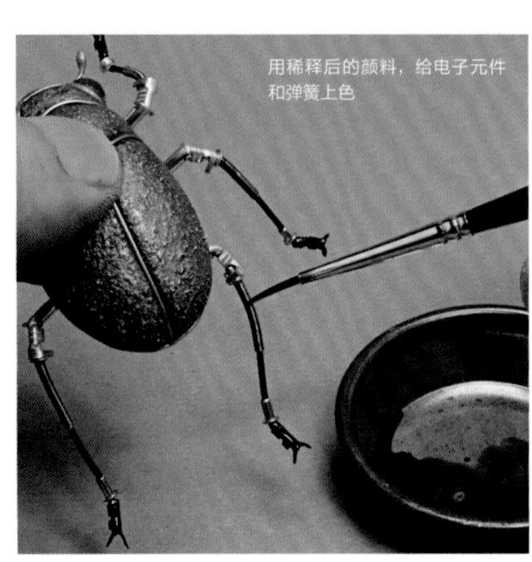

5 给脚的关节部位套上串珠。

6 上色之后看起来更立体。

贴上转印贴纸做最后修饰

粘贴完作品序号后，涂上清漆进行固定（粘贴方法参照第 60 页）。

1 在透明的转印贴纸底纸上写好内容。

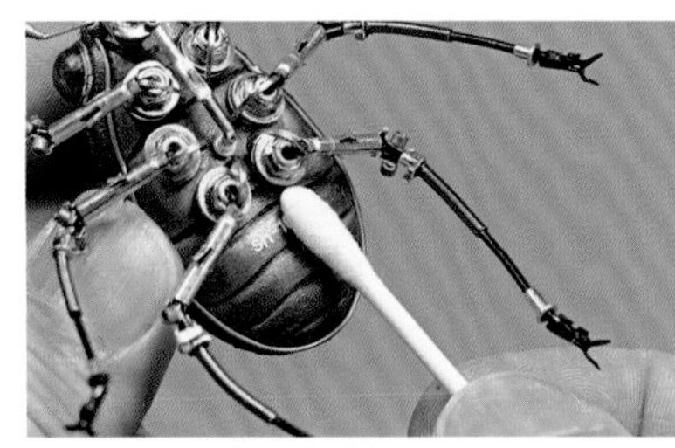

2 贴到甲虫腹部上，并用棉签按压。

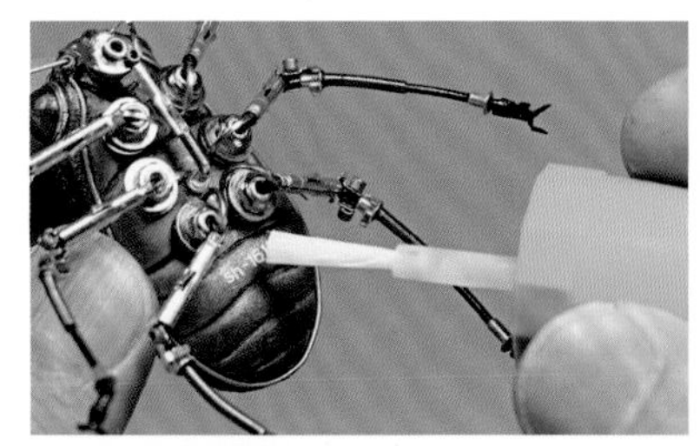

3 涂上软化剂使其贴得更牢固。

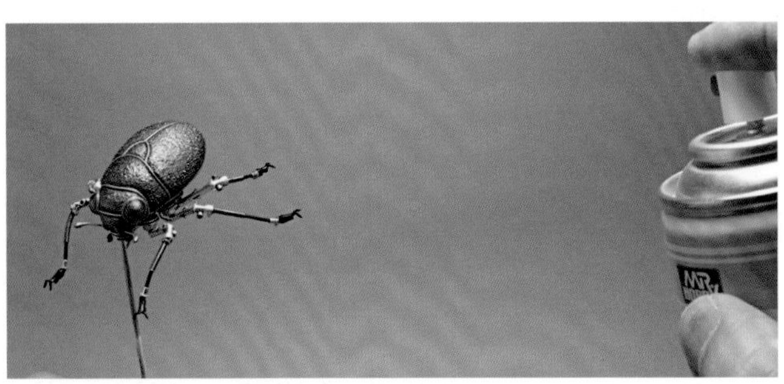

4 喷上哑光保护漆，使其看起来更有沉稳的金属质感。

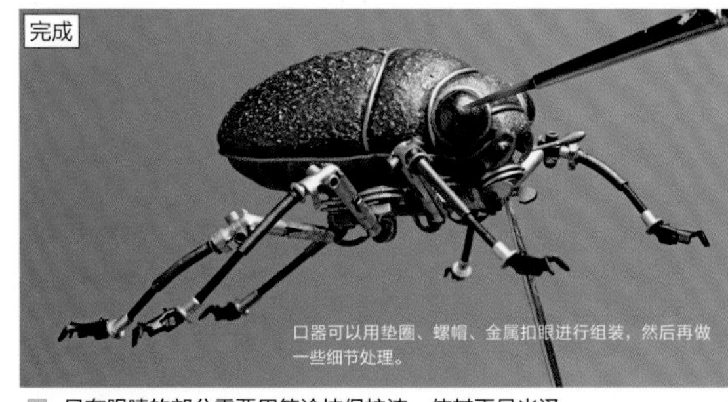

5 只有眼睛的部分需要用笔涂抹保护漆，使其更具光泽。

制作甲虫

金属甲虫之紫铜型

紫铜型的甲虫和钢铁型的一样，以复制出来的甲虫为基体进行制作，不同之处是会在背部做出不一样的鞘翅。钢铁风格是色泽深沉的，而紫铜风格则是颜色靓丽的。

＊鞘翅是指甲虫等昆虫硬化了的前翅。接下来将简称为上翅。

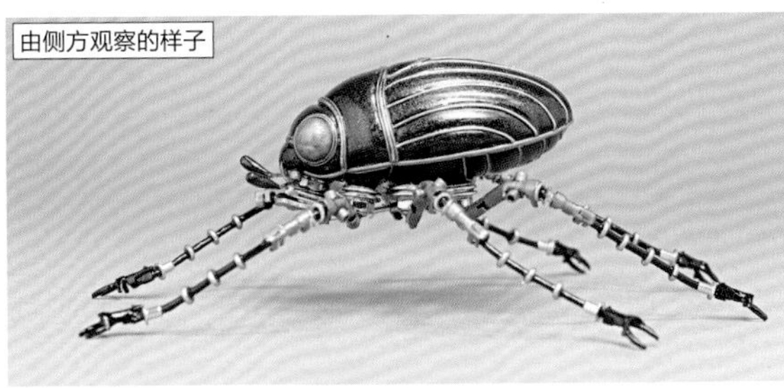
由侧方观察的样子

由上方观察的样子

由斜侧方观察的样子

制作流程

打底处理，涂装为主体塑形

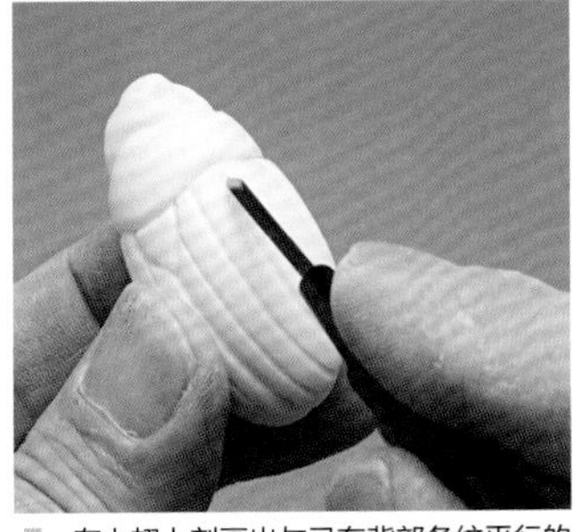
1 在上翅上刻画出与已有背部条纹平行的条纹。

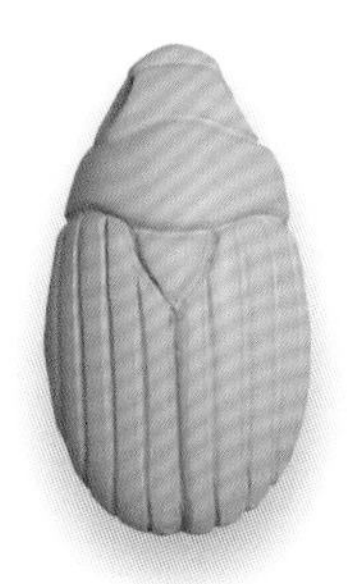
2 用砂纸进行打磨，并用表面涂剂进行涂抹。

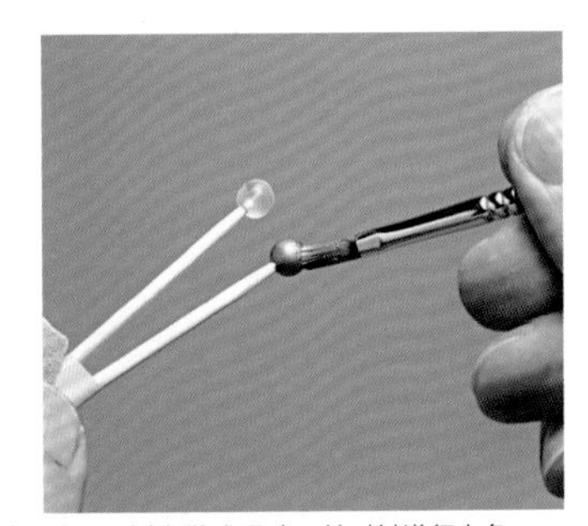
3 用树脂做成眼睛，并对其进行上色。

4 用喷漆罐对整体进行上色，这里用到的是黑色和铜色。装上眼睛，然后贴上焊锡线进行装饰。

5 触角还是用弯曲的金属线插入主体，并用环氧树脂制作出触角的膨胀部分，然后涂上黑色。

制作各个部位的零件

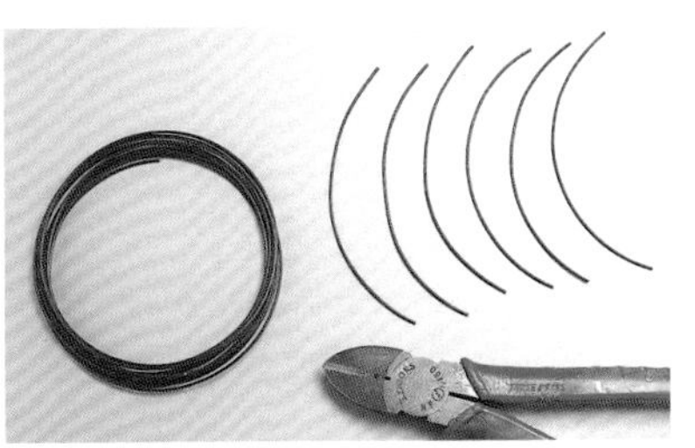
1 脚还是采用包有黑色塑胶的金属线来进行制作。

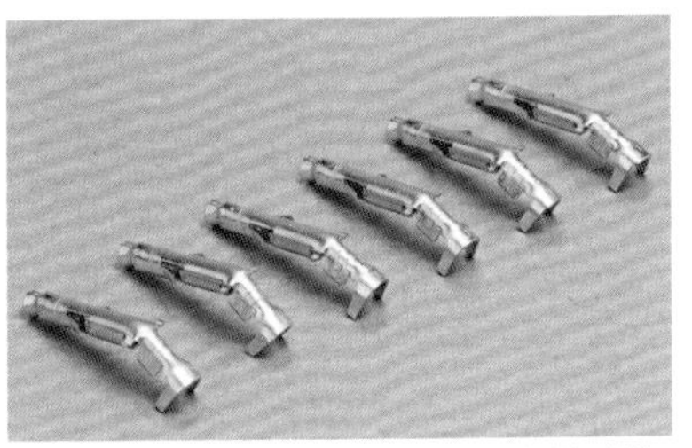
2 腿节和胫节采用加工好的电子元件来进行制作，并在相当于关节的地方进行弯曲。

继续制作各个部位的零件

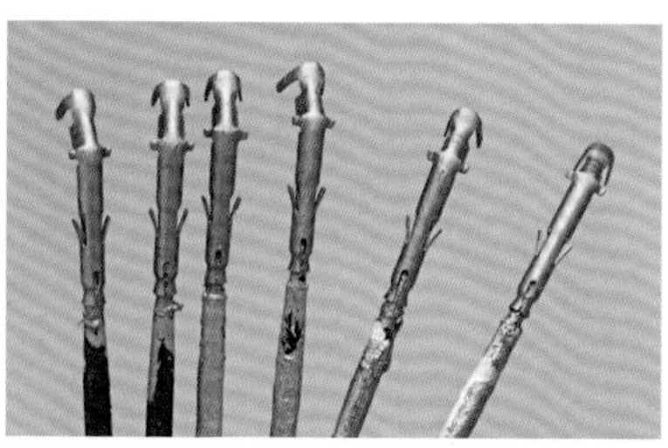

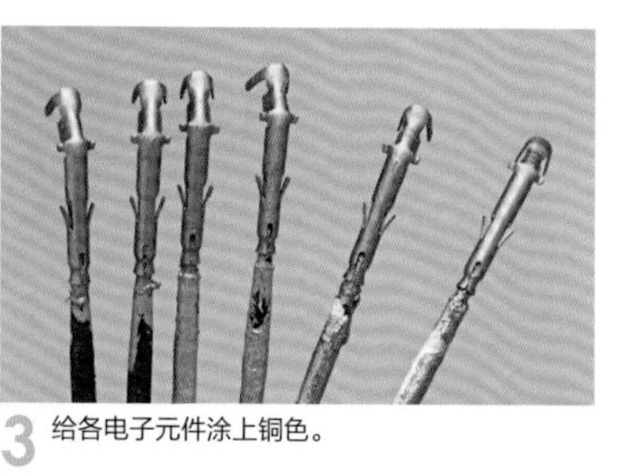

3 给各电子元件涂上铜色。

4 将脚插入主体，并在足根部分装上垫圈、螺帽和金属扣眼。

5 给金属线套上加工好的电子元件，并调整脚的形状。

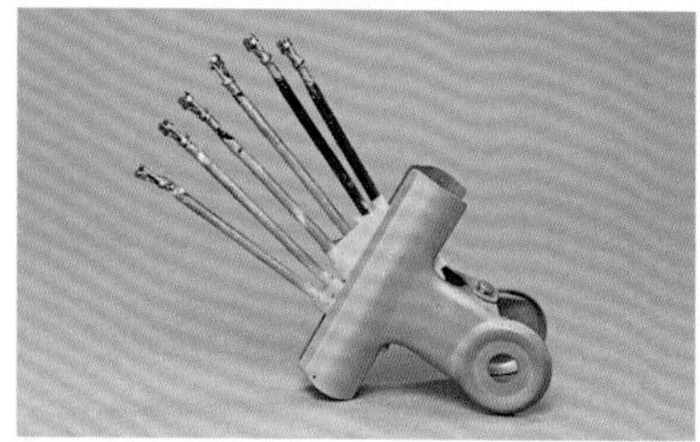

6 给胫节添加金属连接器，并上色。

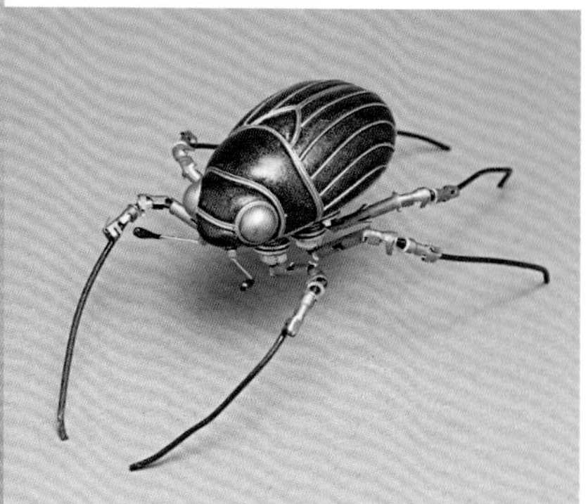

▲脚上的零件装好以后的样子。将脚的前端稍微弯曲一下。

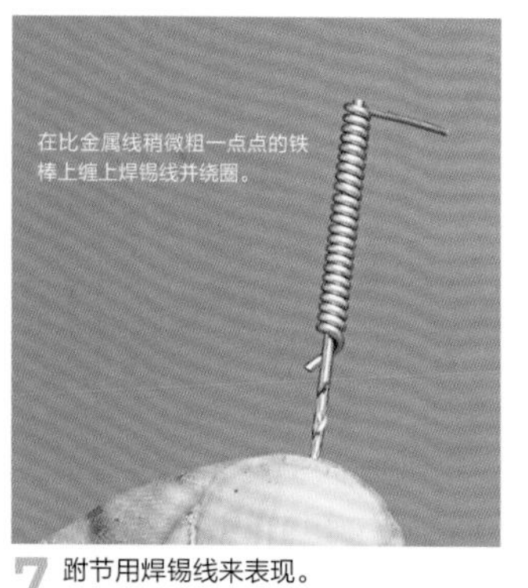

7 跗节用焊锡线来表现。

8 将绕好圈的焊锡线裁剪成一个一个的圆环。

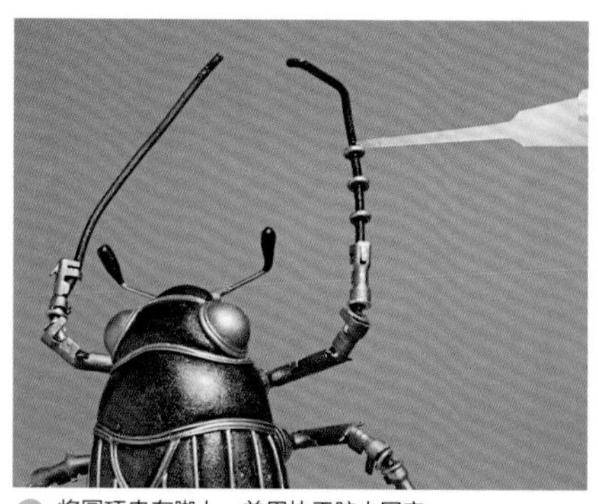

9 将圆环串在脚上，并用快干胶水固定。

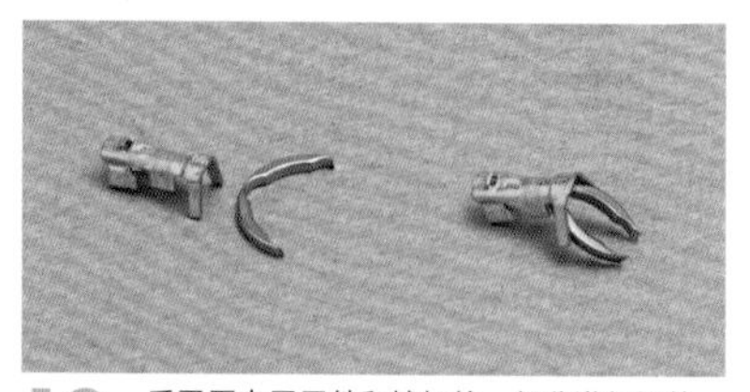

10 爪子用电子元件和按扣的一部分进行组装。

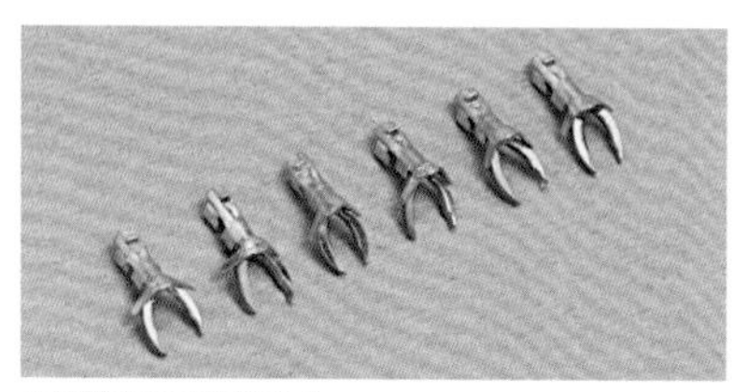

▲这样的爪子要做 6 个。

先组装再处理细节

1 在脚的前端套上金属扣眼和组装好的爪子，并用快干胶水进行固定。

2 装好爪子以后并将其涂成黑色。

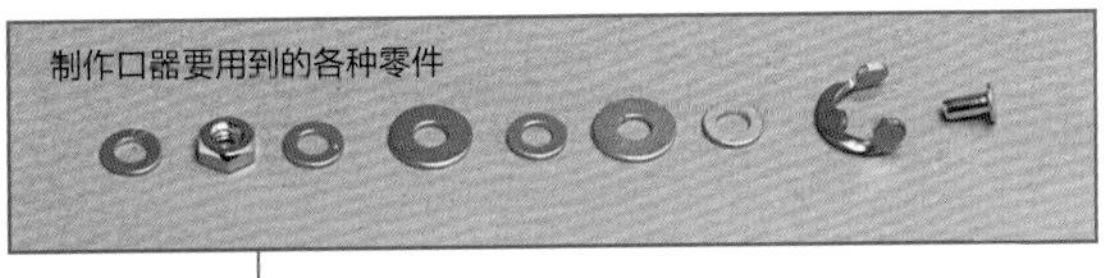

3 组装好之后并将其装在主体上。

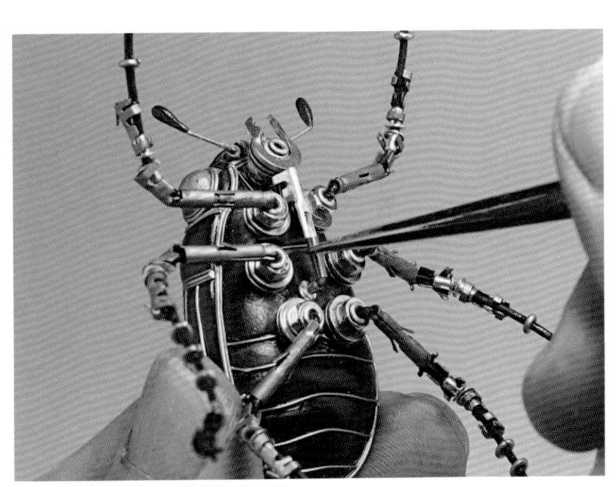

4 用电子元件和串珠进行细节处理。

5 用和前面一样的方法在甲虫的腹部贴上转印贴纸。
待干燥后，喷上清漆进行固定。

! 喷涂透明保护漆要分几次进行，
每次只喷上薄薄的一层。

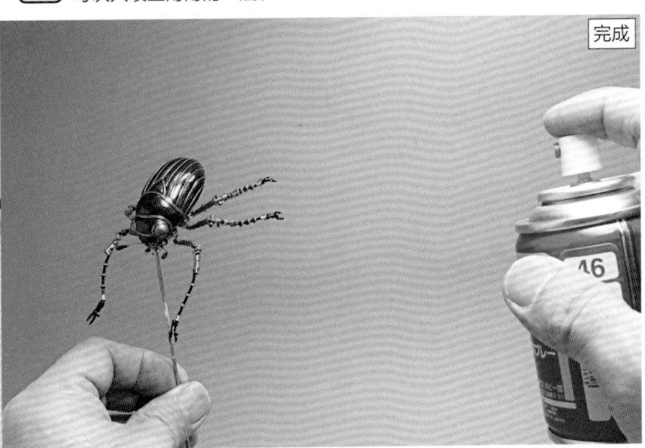

6 全部做完以后，喷上透明保护漆增加光泽感。

制作甲虫

围巾装饰甲虫之旋扭型

"围巾装饰甲虫"外观看起来就像是在前胸背板上围了一条围巾，和钢铁甲虫的区别就在于它的颜色绚丽多彩。下面就来制作有旋扭风格的甲虫。

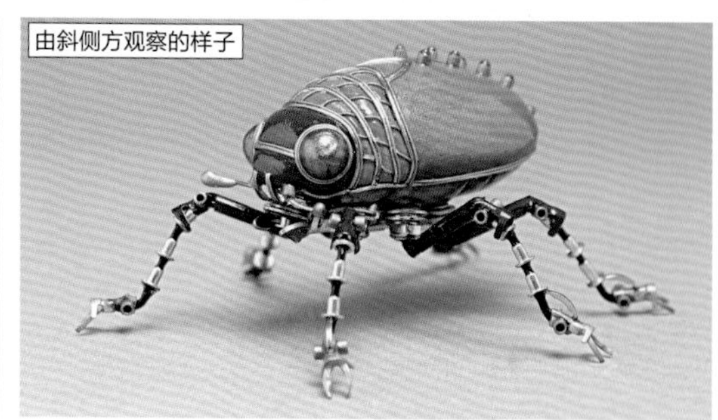

制作流程

打底处理，涂装为主体塑形

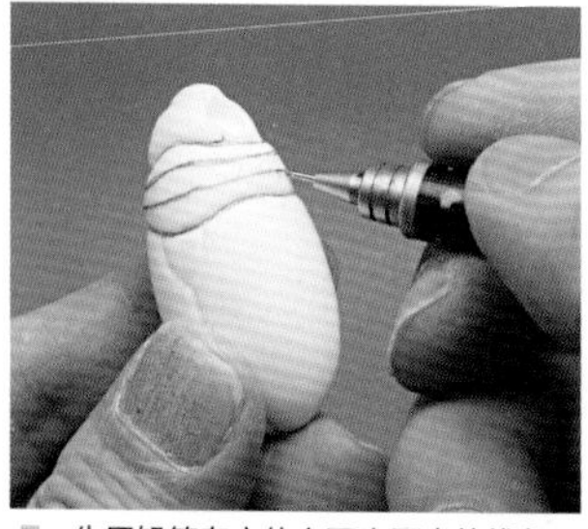

1 先用铅笔在主体上画出围巾的线条。

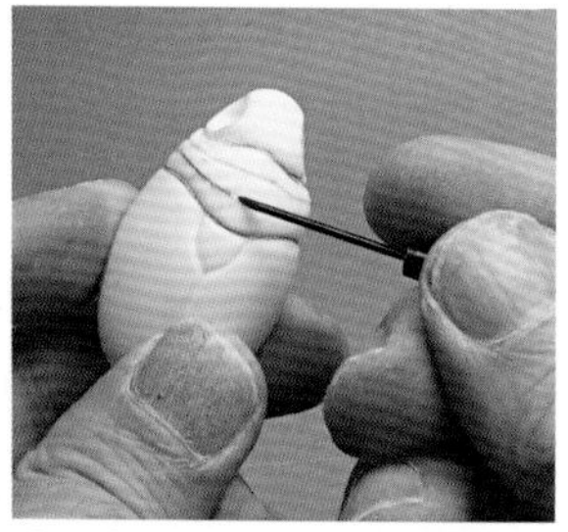

2 沿着画好的线用刻刀刻出沟槽。

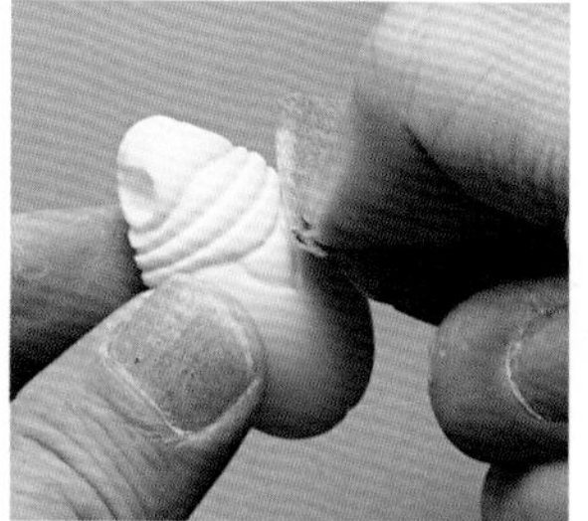

3 用砂纸打磨表面。

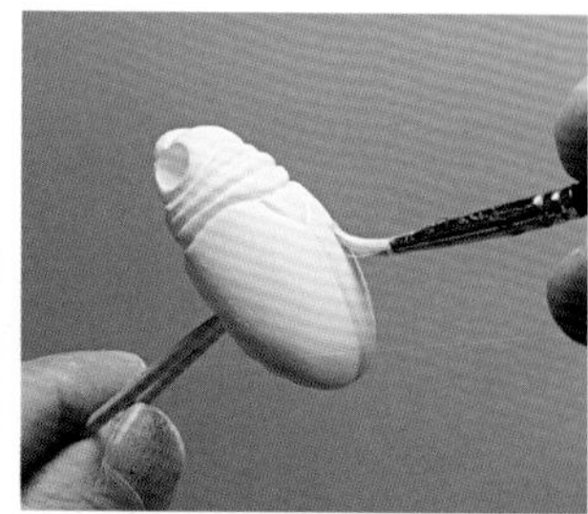

4 涂上表面涂剂。

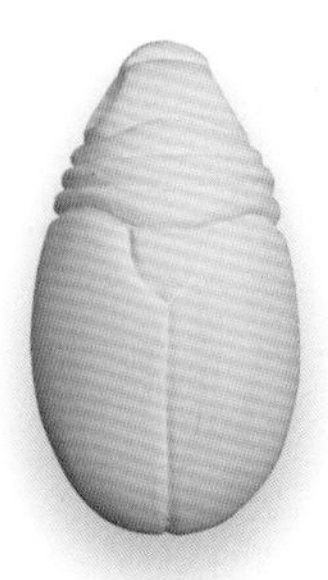

5 打完底以后的样子。

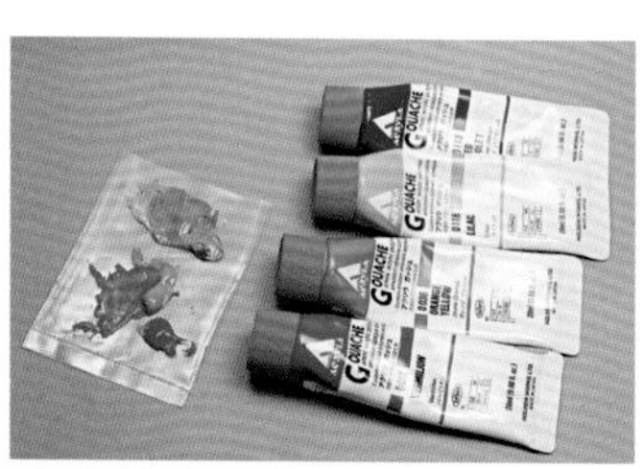

6 围巾部分需要用到几种丙烯颜料的混合颜色。

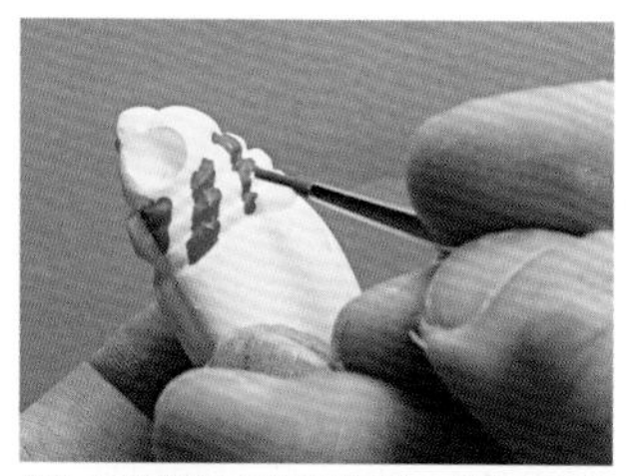

7 丙烯颜料因其自身属性，很少会和旁边的颜色发生染色。

8 涂好围巾部分颜色后的样子。涂出线了也没有关系，调整一下条纹即可。

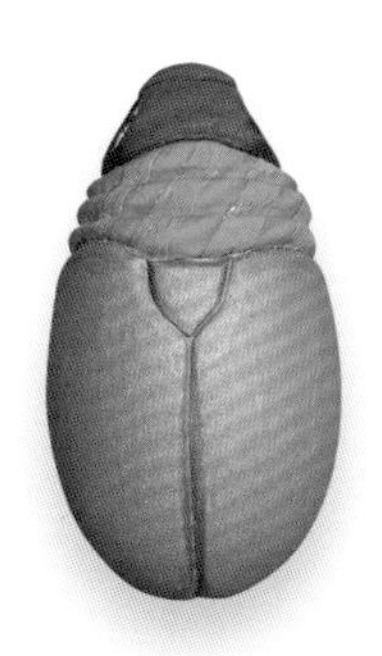

9 头部也用丙烯颜料上色。上翅则用清漆上色。

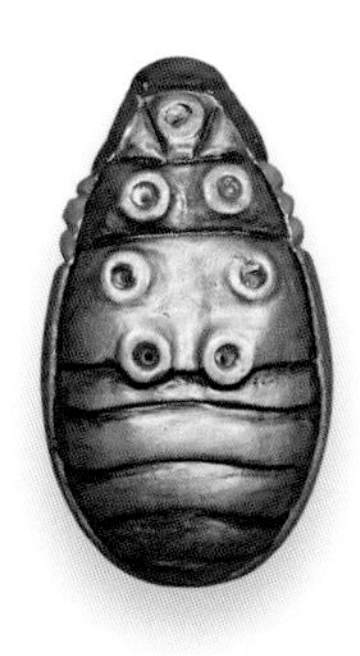

10 腹面也涂上颜料。待干燥后，将整体都喷上一层透明保护漆。

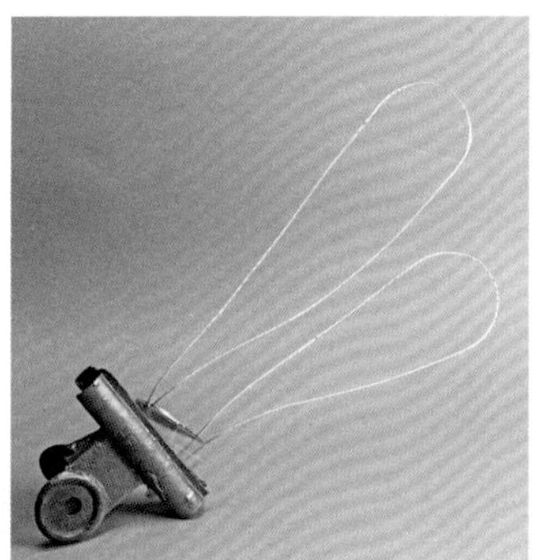

11 给焊锡线涂上金色。

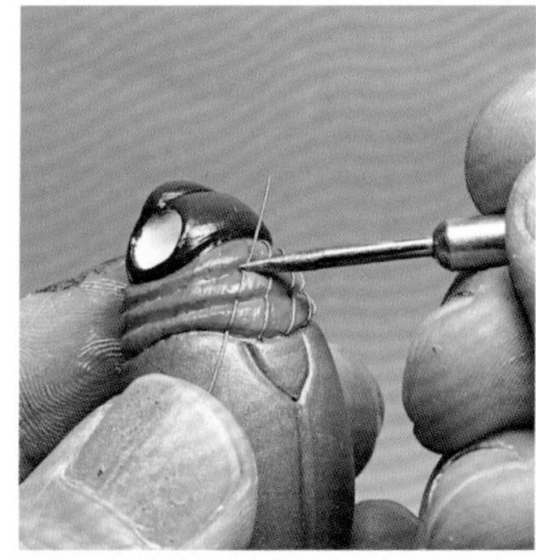

12 沿着围巾的条纹贴上金色的焊锡线。

13 将焊锡线用快干胶水一点点固定。

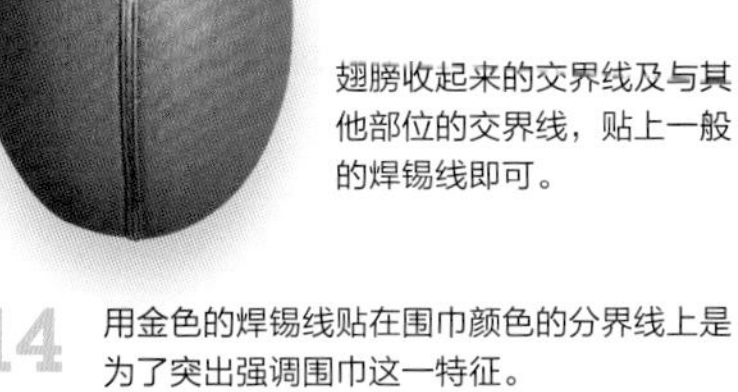

翅膀收起来的交界线及与其他部位的交界线，贴上一般的焊锡线即可。

14 用金色的焊锡线贴在围巾颜色的分界线上是为了突出强调围巾这一特征。

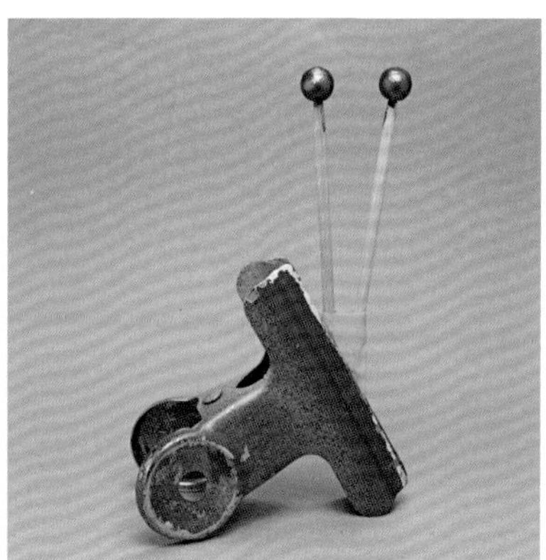

15 用树脂做出眼睛，并用笔涂上金属色系的颜料。

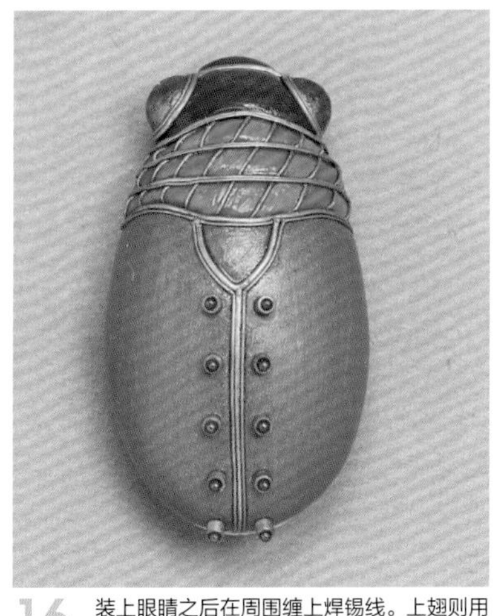

16 装上眼睛之后在周围缠上焊锡线。上翅则用串珠进行装点。

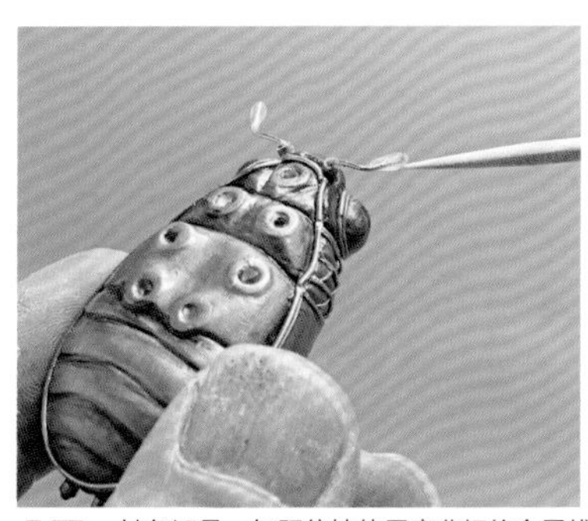

17 触角还是一如既往地使用弯曲好的金属线，并用环氧树脂做出触角膨胀的部分。

制作主体的同时加强细节处理。

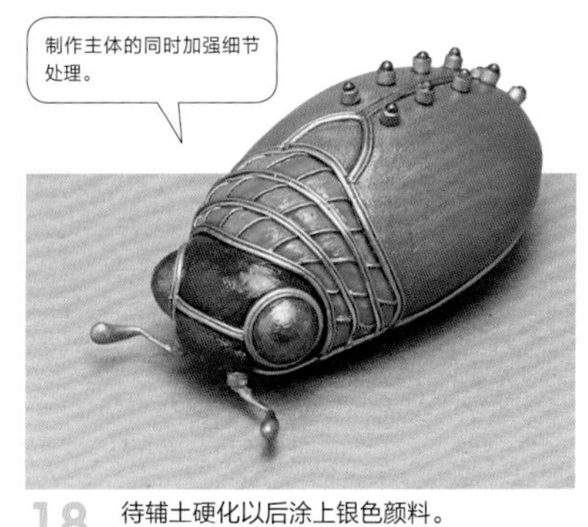

18 待辅土硬化以后涂上银色颜料。

制作各个部位的零件

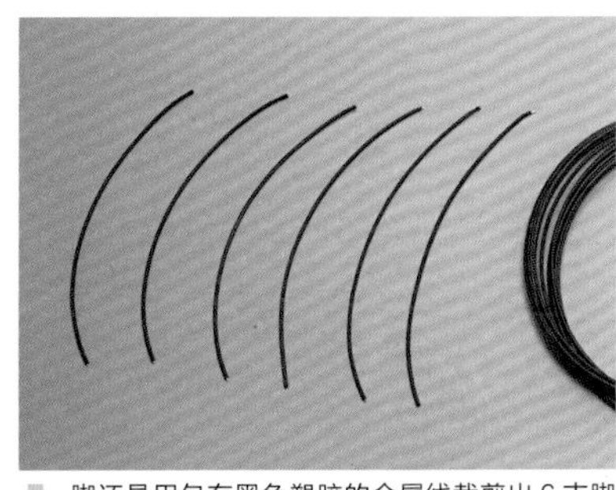

1 脚还是用包有黑色塑胶的金属线裁剪出 6 支脚所需的长度。

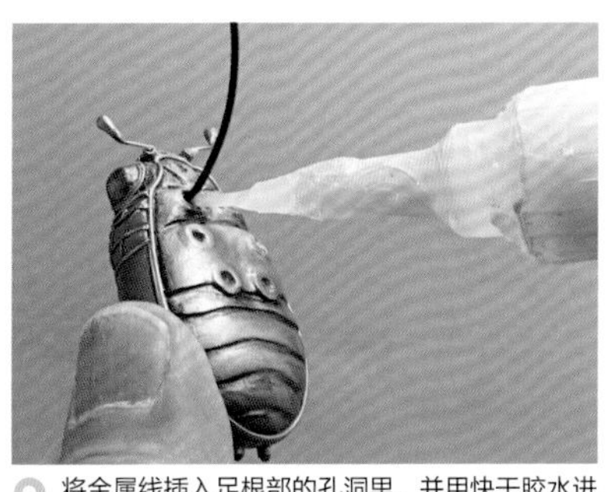

2 将金属线插入足根部的孔洞里，并用快干胶水进行固定。

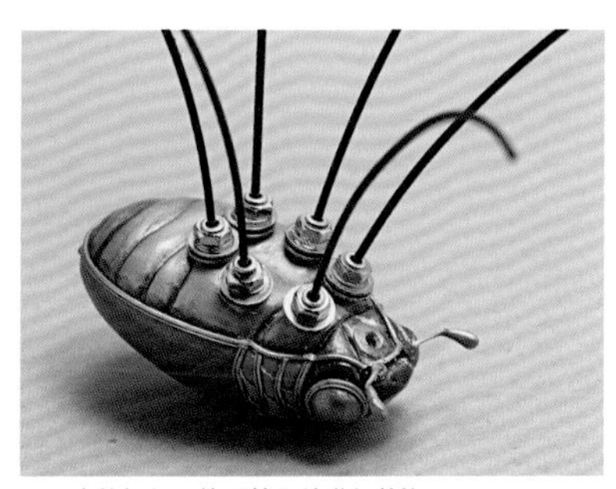

3 脚的根部用垫圈等零件进行装饰。

制作各部位的零件并进行组装

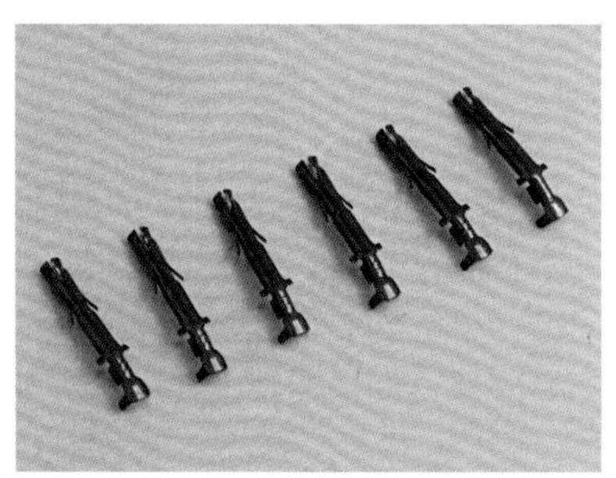

1 腿节和胫节，用的是加工好后的电子元件。

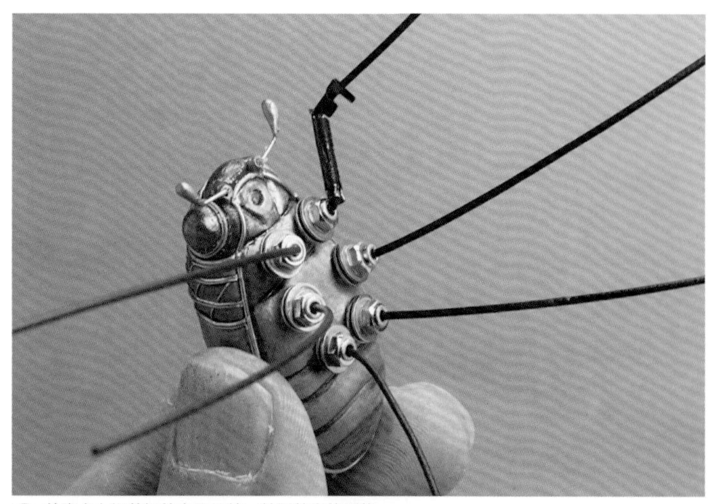

2 给脚套上组装好的电子元件，并调整脚的形状。

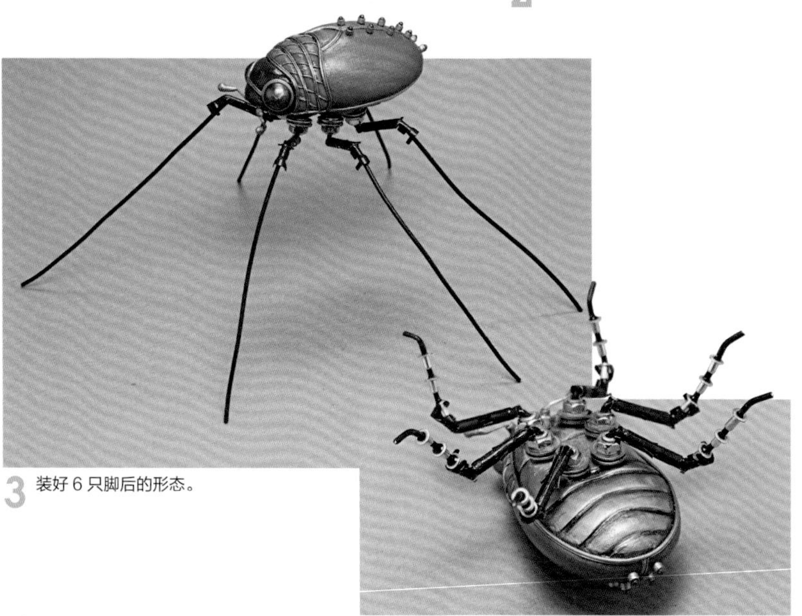

3 装好 6 只脚后的形态。

4 跗节用金属扣眼来表现，并用快干胶水进行固定。调整脚的形状，给脚的前端留出装爪子的余地后裁剪掉多余的部分。

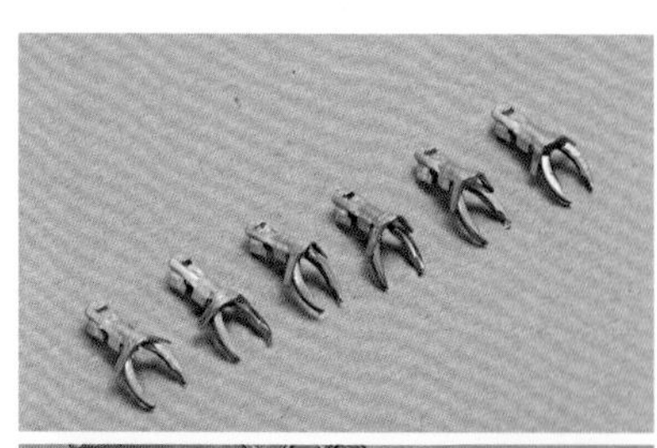

5 爪子用按扣的一部分和电子元件组装而成。

6 将爪子涂成金色。

7 口器用垫圈等进行组装，再用电子元件做细节处理，最后给整体喷上透明保护漆。

制作甲虫

围巾装饰甲虫之水珠型

还有一种围巾装饰甲虫，它的围巾上点缀着非常时尚的水珠图案。可以用丙烯颜料画出从艳到暗的多种方案。和第 63 页对作品群的处理一样，只要在细节上稍加处理，就能呈现出各种独特的风格了。

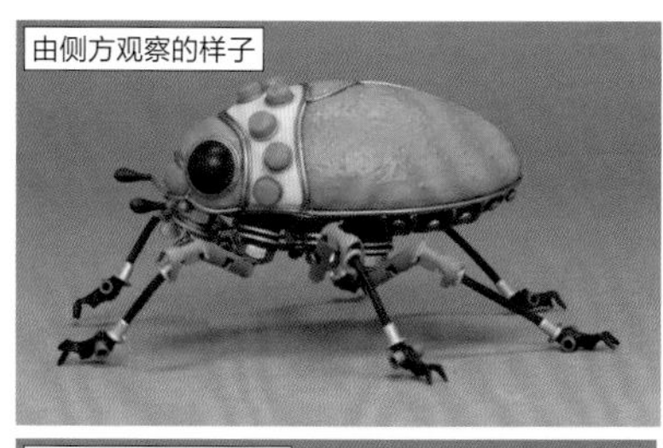
由侧方观察的样子

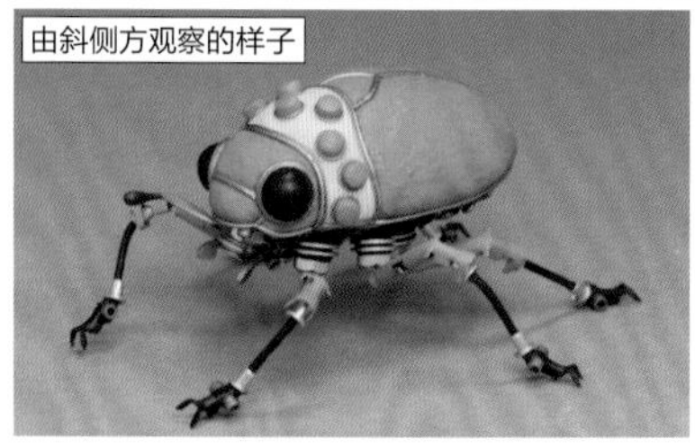
由斜侧方观察的样子

由上方观察的样子

由前方观察的样子

制作流程

打底处理，涂装为主体塑形

1 给主体进行打底处理以后，像制作钢铁风格甲虫那样，在头部和上翅涂抹出粗糙的质感。

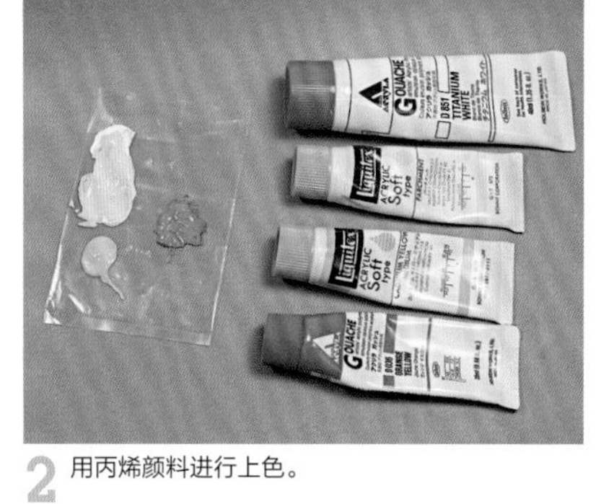
2 用丙烯颜料进行上色。

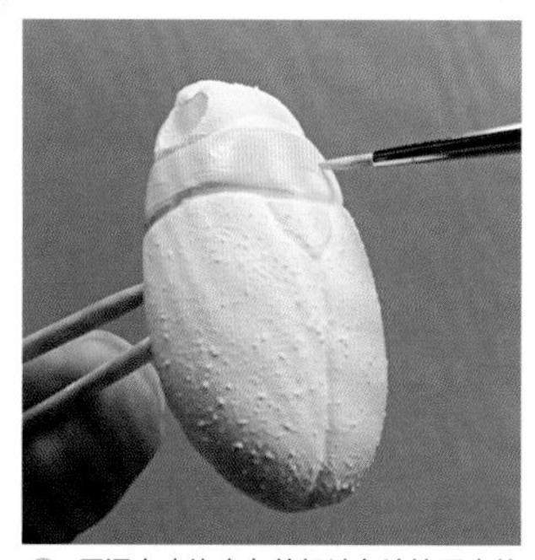
3 用混有少许白色的奶油色涂抹围巾的部分。

4 将头部和上翅涂上鲜艳的桔红色。

5 将腹部涂上黑色。

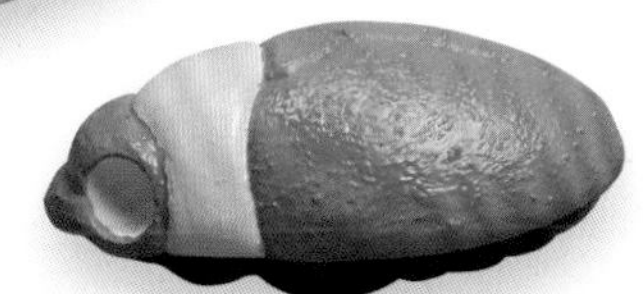
6 在表面喷上一层透明保护漆。

! 根据作品风格的不同，使用的颜色和细节处理所用到的零件也会有所不同。焊锡线的粗细和粘贴的位置要从整体结构的角度进行考虑。

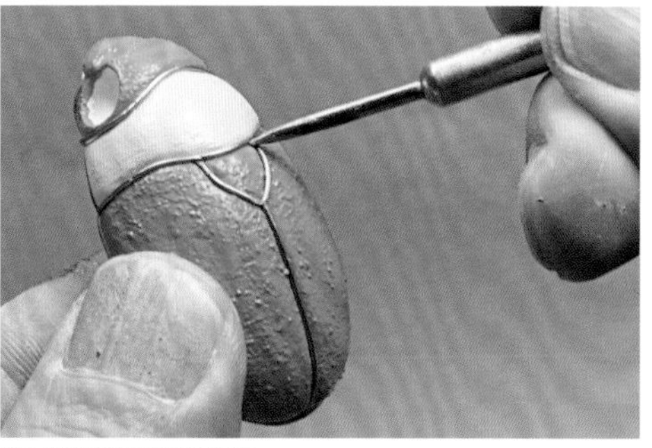
7 贴上焊锡线进行装饰。

8 在腹部也贴上焊锡线。

上色造型

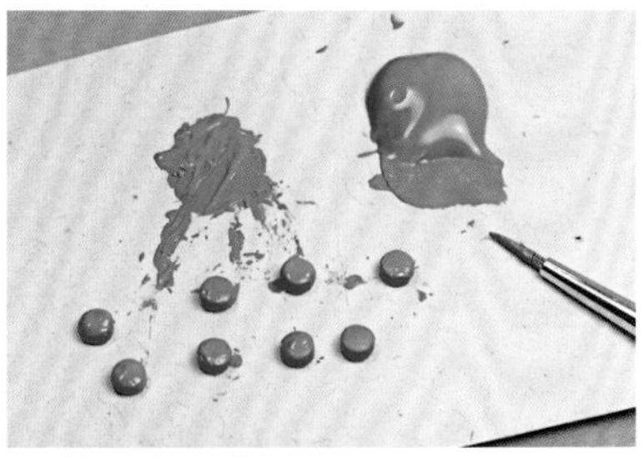

9 给水珠状的零件涂上颜色。

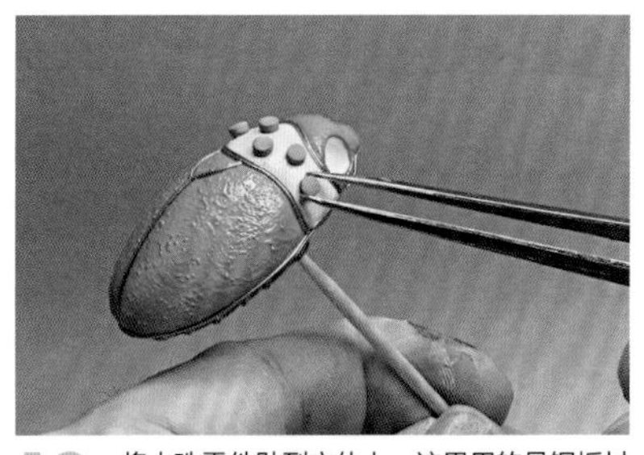

10 将水珠零件贴到主体上。这里用的是铜板材料，也可以用厚卡纸来制作。

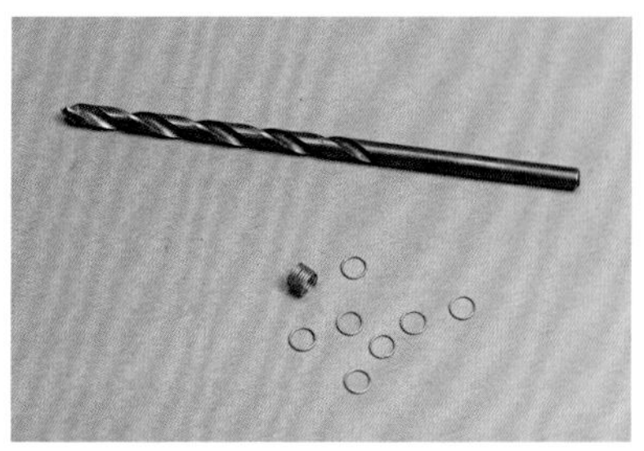

11 用和水珠零件直径差不多的圆柱体将焊锡线绕成圆形。

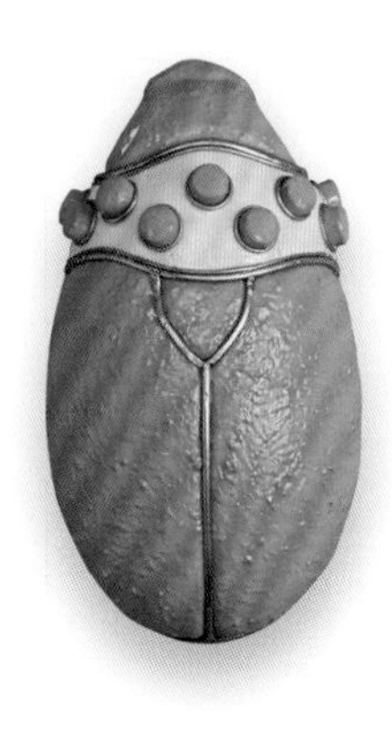

12 在水珠零件周围贴上环状的焊锡线。

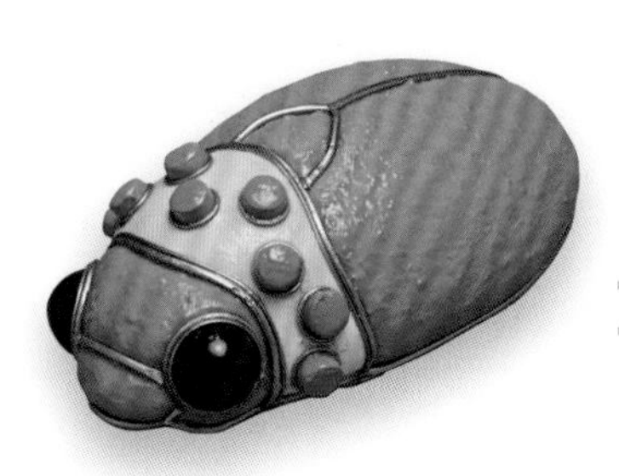

13 用树脂做出眼睛，并在其周围也缠上焊锡线。

制作各部位零件并组装

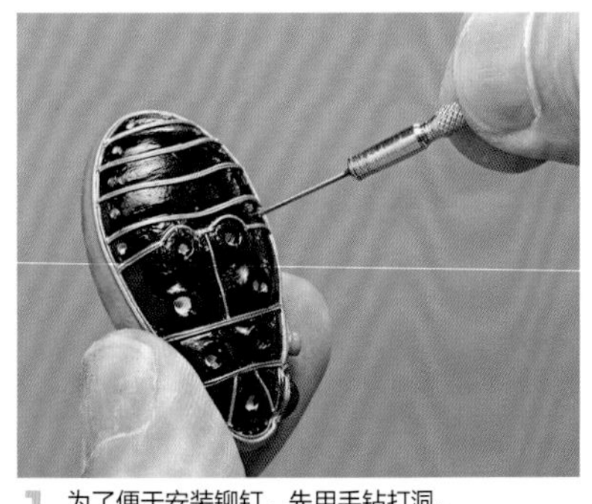

1 为了便于安装铆钉，先用手钻打洞。

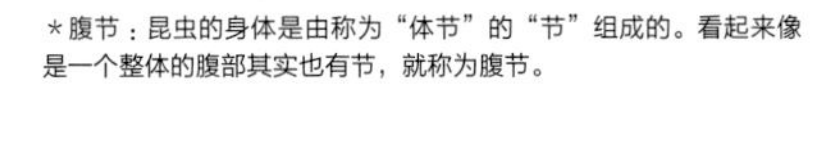

＊腹节：昆虫的身体是由称为“体节”的“节”组成的。看起来像是一个整体的腹部其实也有节，就称为腹节。

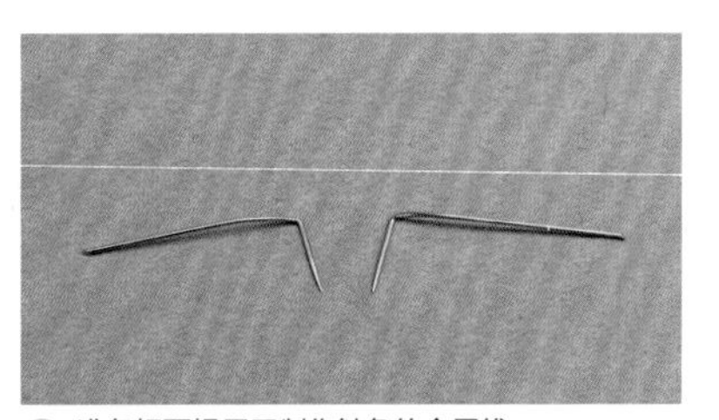

2 准备好两根用于制作触角的金属线。

3 将大头针的头放入打好的洞里，并用快干胶水进行固定。触角也一样要固定。

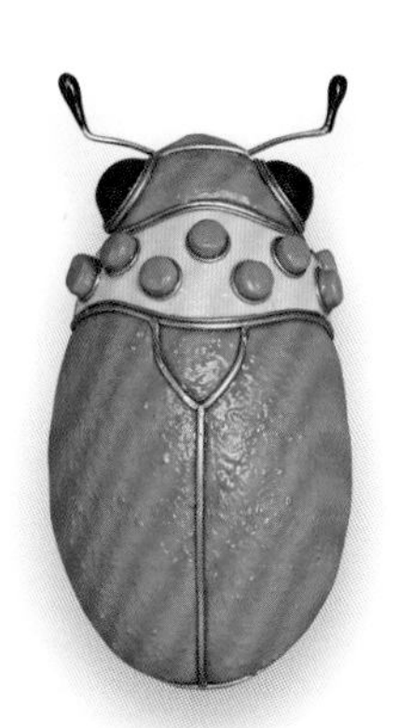

4 触角前端用环氧树脂做好以后，将其涂成黑色。

5 脚由包有黑色塑胶的金属线制成。将金属线插入孔洞后用快干胶水固定。

6 脚的根部用垫圈等零件进行装饰。

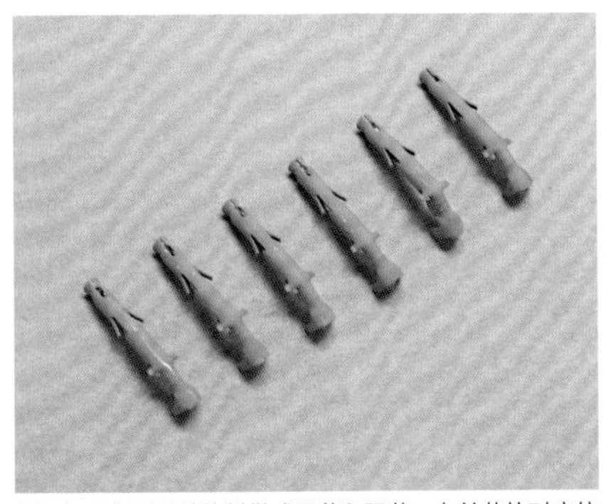

7 加工电子元件将其做成腿节和胫节。在关节的对应位置进行弯曲并上色。

8 给脚尖部位套上加工好的电子零件并弯曲出腿的形状。

9 脚前端的爪子由电子元件加工而成。

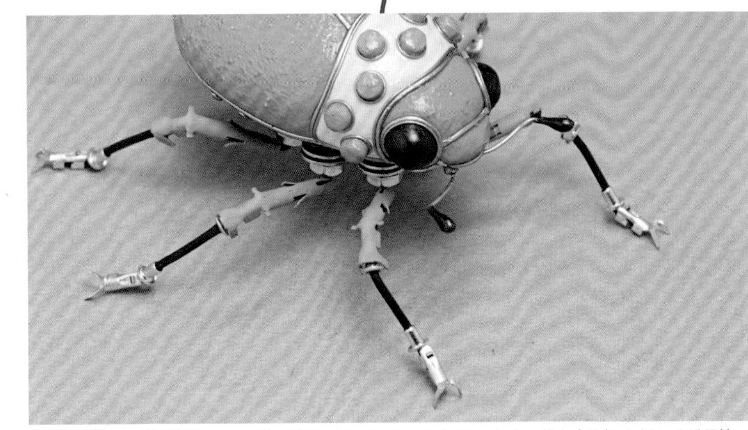

10 调整脚的形状，保留前端装爪子的部分，多余的金属线剪掉。装上金属扣眼和爪子后用快干胶水进行固定。

11 给爪子涂上颜色。

12 口器由垫圈、螺帽和金属扣眼组装而成，并用电子元件做进一步的细节处理。

13 作品号以转印贴纸的形式贴在甲虫腹部。

14 用喷漆罐给整体喷上哑光保护漆，沉稳的质感就显现出来了。

制作甲虫

小号造型甲虫

这里要制作的是将乐器和甲虫融为一体的作品。形象设定最大的特征是甲虫背上的铜管和口器上的弱音器，使小号甲虫能够发出不被天敌听见的声音。乐器如果和现实生活中的完全一样就了然无趣了，如果改动太大也有可能会认不出来，所以试着进行程度适宜的改造设计。

＊弱音器：通过阻塞振动的气流来改变乐器的音色，也叫作变音器，其外形像牵牛花的花朵一样。

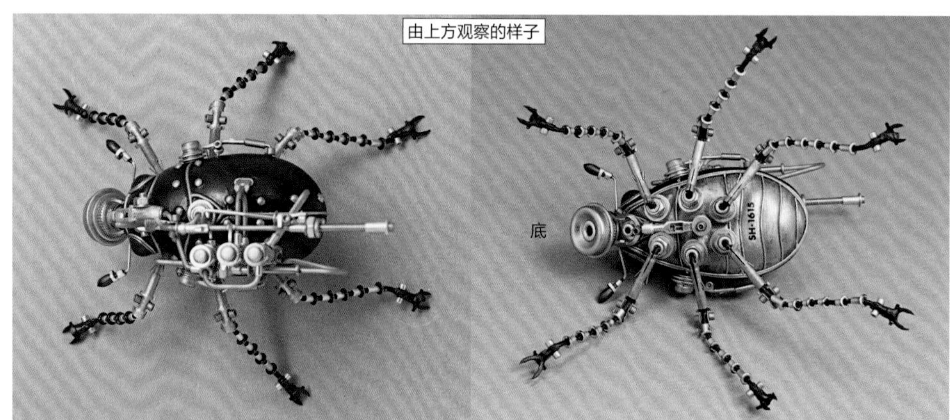

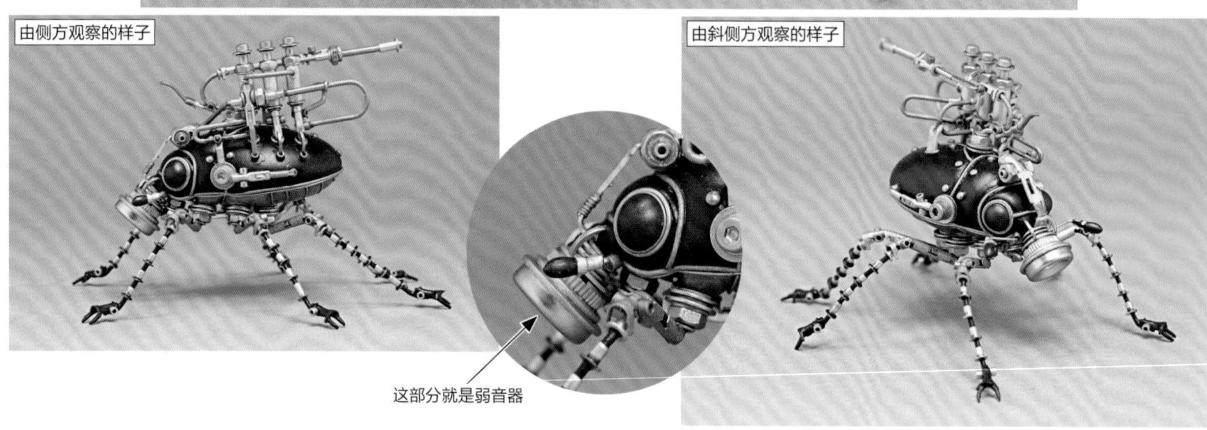

制作流程

打底处理

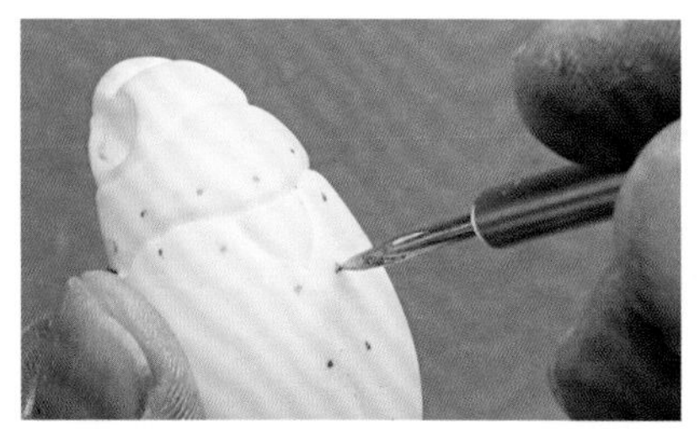

1 为了便于装设铆钉，先用铅笔在相应的位置标出记号，再用手钻打孔。

2 用手钻钻出约 5mm 深的孔洞。

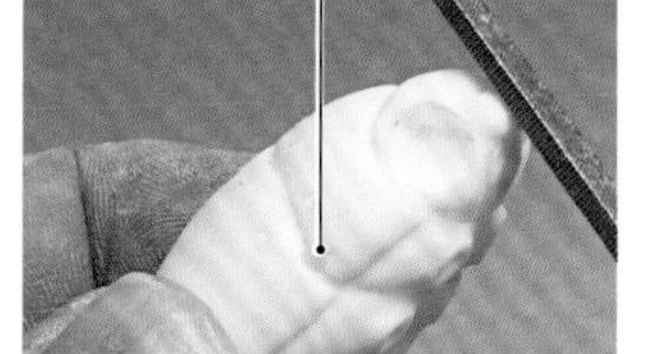

3 因为头部前端最后要装上配件，所以这里先用锉刀进行打磨以便于安装。

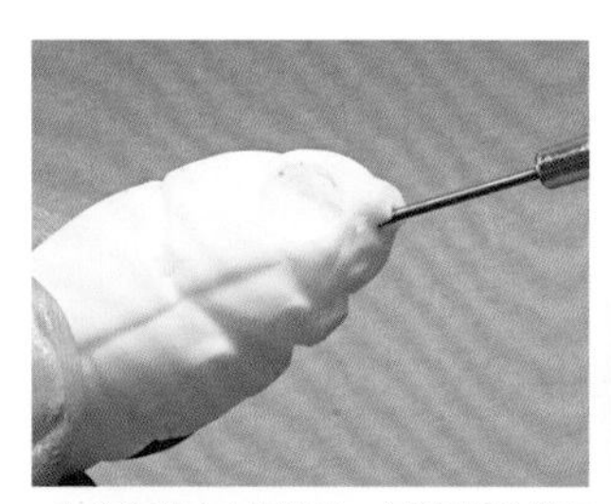

4 在面部中央先钻出一个用于插入固定零件用的金属棒的孔洞。

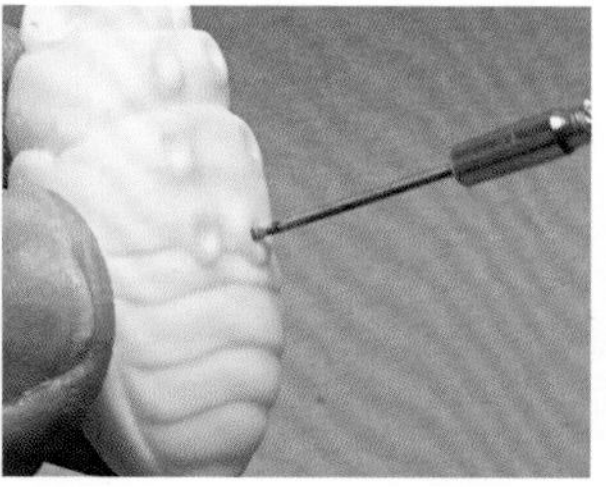

5 在腹部打出用于装饰脚部的孔洞。

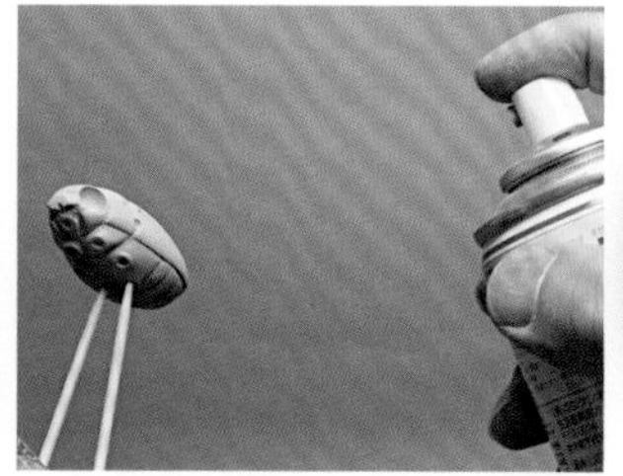

6 用砂纸打磨表面以后，喷上表面涂剂。

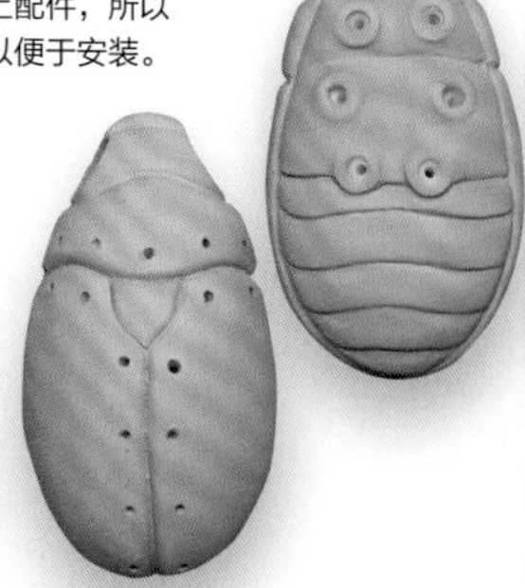

7 等表面涂剂干燥以后，用 320~400 号的砂纸进行打磨修饰。

涂装上色

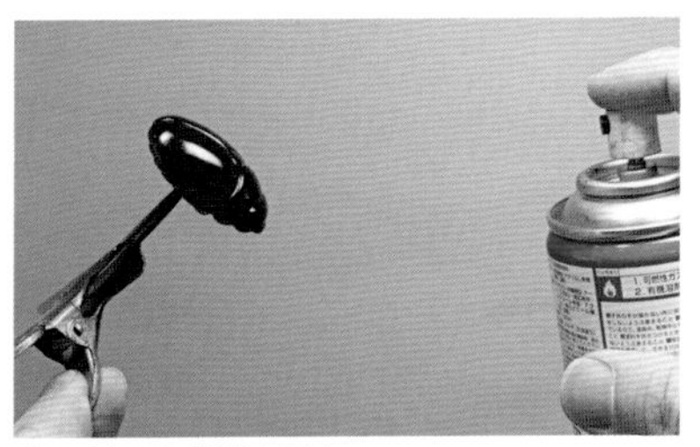
1 喷上黑色的清漆颜料。

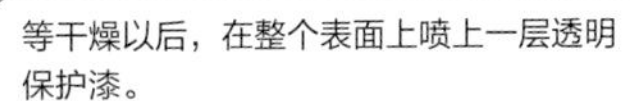

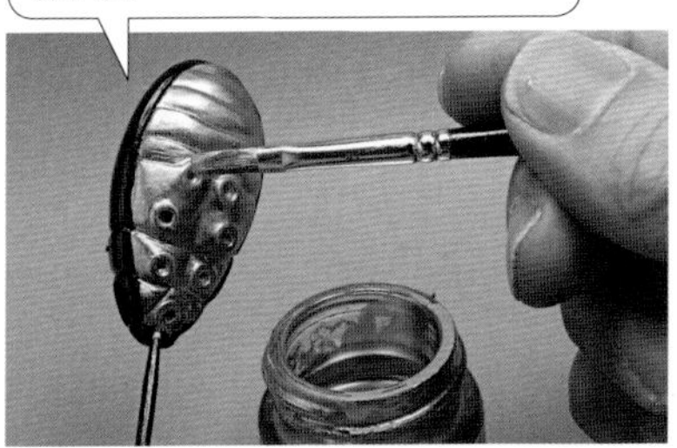
2 在腹部，用笔涂上颜料，注意不要涂出分界线。

3 把装饰用的焊锡线涂成金色。

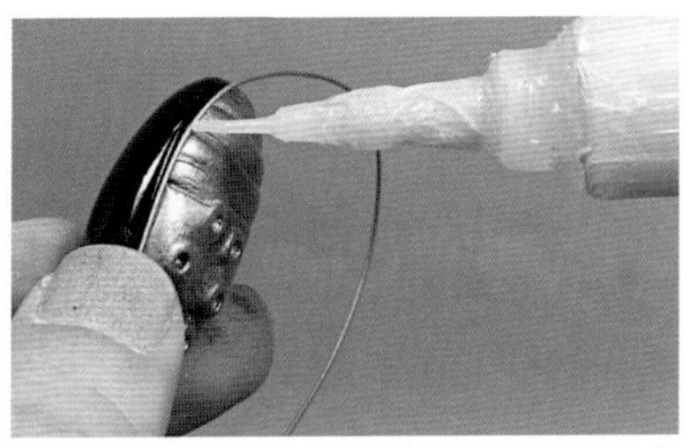
4 沿着背部和腹部的分界线贴上刚刚上完色的金色焊锡线。

5 贴好焊锡线之后的样子。

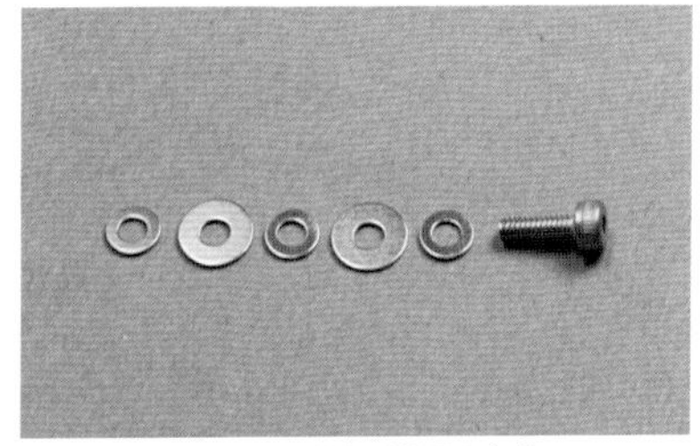
6 要安装在甲虫侧面的各种垫圈和螺栓。

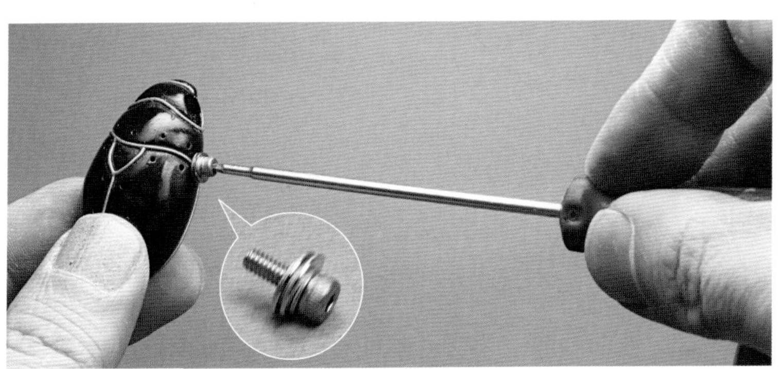
7 用螺丝刀拧紧固定。

! 上色时只用一种颜色的时候，可以通过使用焊锡线来分离各个部位。比起打阴影等加深层次的方法，这种方法更常用。

8 甲虫两侧装上零件之后的样子。

制作各部位的零件并处理细节

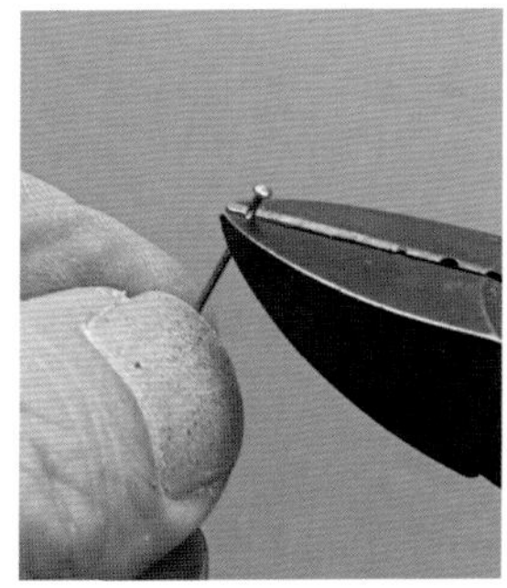
1 制作铆钉。将大头针（黄铜材质）从头保留 2~3mm 的长度，裁剪掉后面的部分。

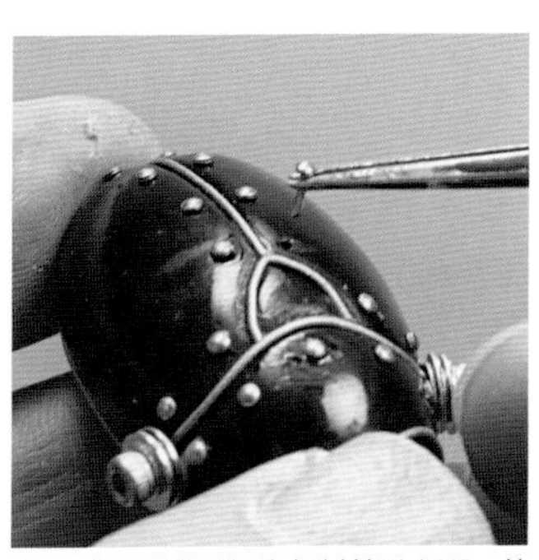
2 用镊子将裁剪好的大头针插入洞里，并用快干胶水进行固定。

3 装好大头针以后的样子。

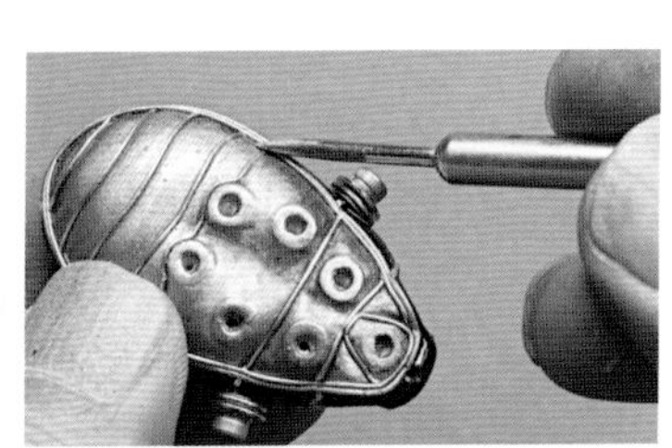

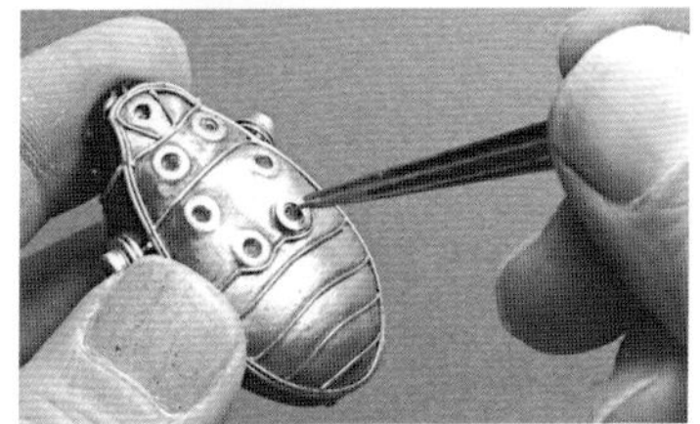
4 腹部也要用焊锡线进行修饰，并在足根部位贴上垫圈。

制作乐器部分

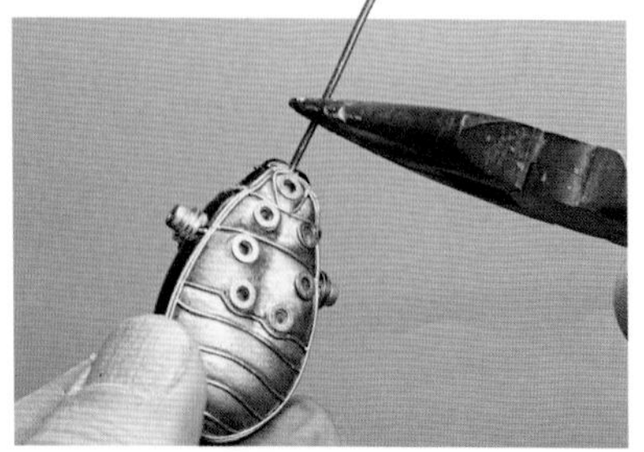

1 在头部前端插入铜线。

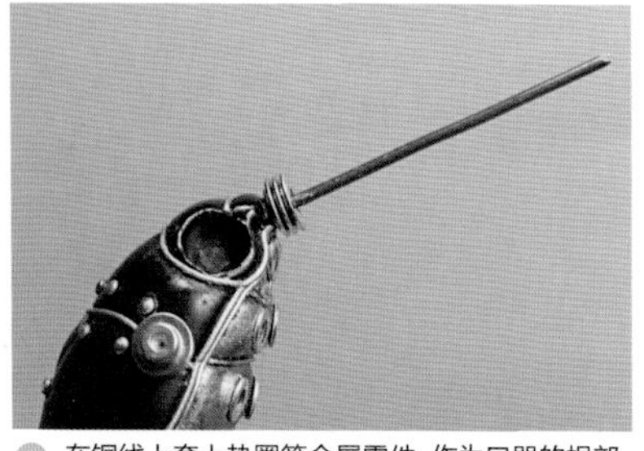

2 在铜线上套上垫圈等金属零件，作为口器的根部。

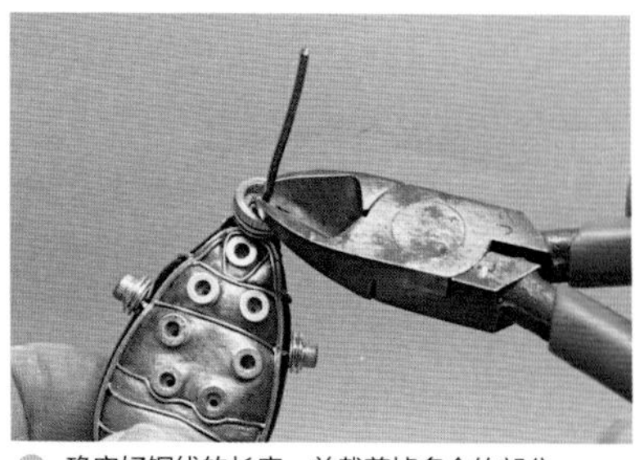

3 确定好铜线的长度，并裁剪掉多余的部分。

4 组装零件进行制作。要以形似小喇叭的弱音器作为参考。

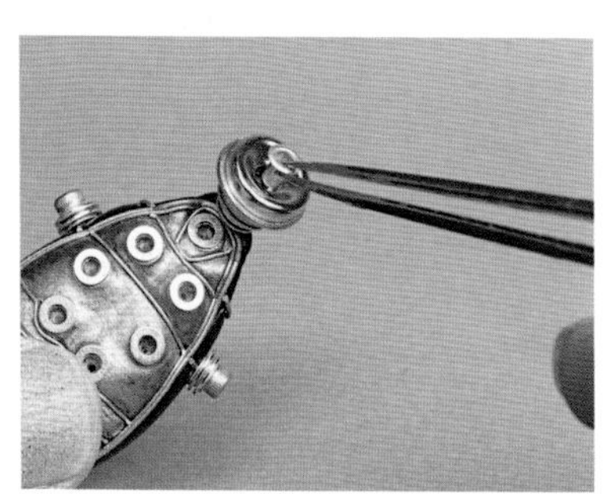

5 用金属扣眼固定前端的铜线。

6 俯视视角下的弱音器。

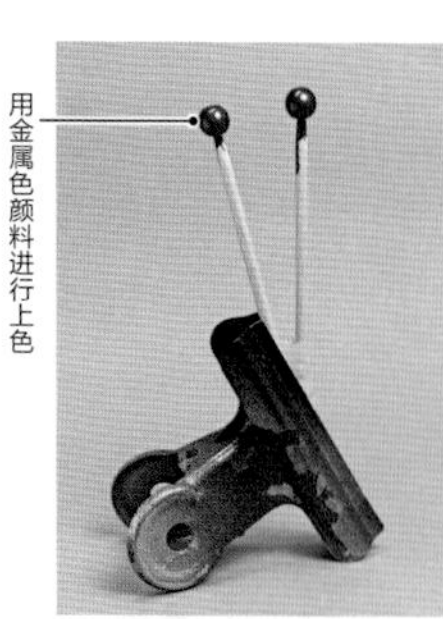

7 用树脂做出眼睛。

8 给主体装上眼睛，并缠上焊锡线。

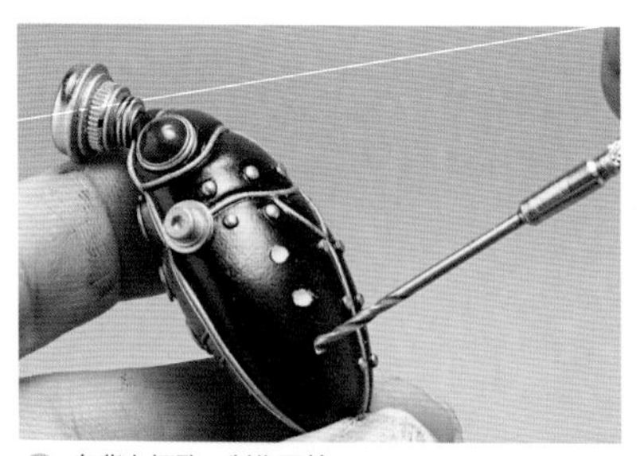

9 在背上打孔，制作配管。

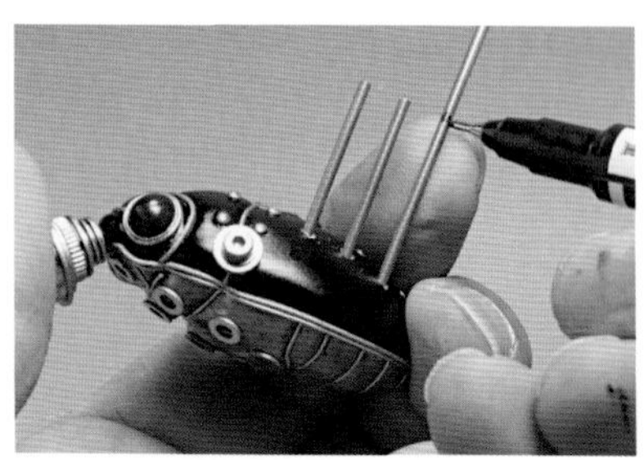

10 认真考虑如何体现小号的样子。在打好的孔洞里插入黄铜管，并确定好长度。

11 查看整体的协调性，估计好长度就进行裁剪。

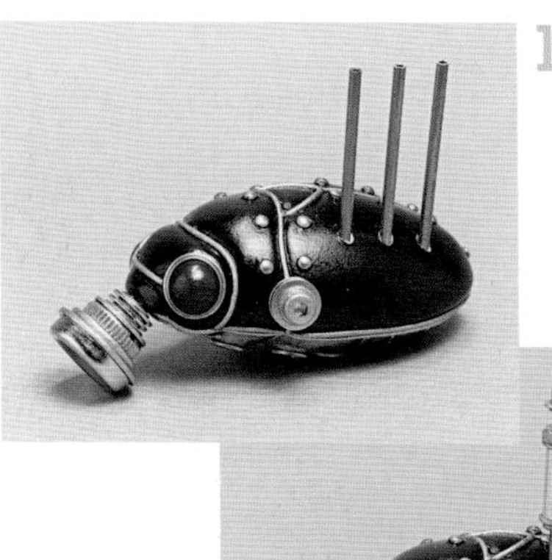

12 制作小号上的活塞键。用螺帽、金属扣眼和弹簧等零件组合制作成近似活塞键的样子。

由上方观察的样子

由侧方观察的样子

13 配管部分用黄铜管制作。黄铜管的固定部分和连接部分，可以用我们一直在用的螺帽、金属扣眼、电子元件、串珠、弹簧、焊锡线等零件来制作。

制作各部位零件并进行细节处理

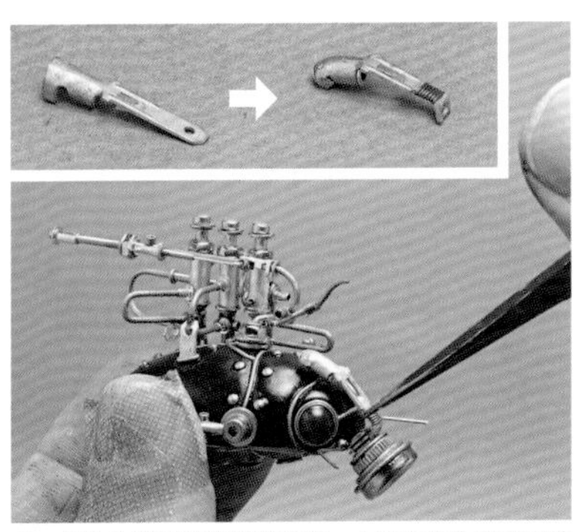

1 制作头部用的零件并安装。上图左边为电子元件本来的样子，右边为加工好后的样子。

2 用螺帽、垫圈和串珠组合在一起进行细节处理。拿近一点看，拿远一点看，将整个作品转着看，以保证整体的协调性。

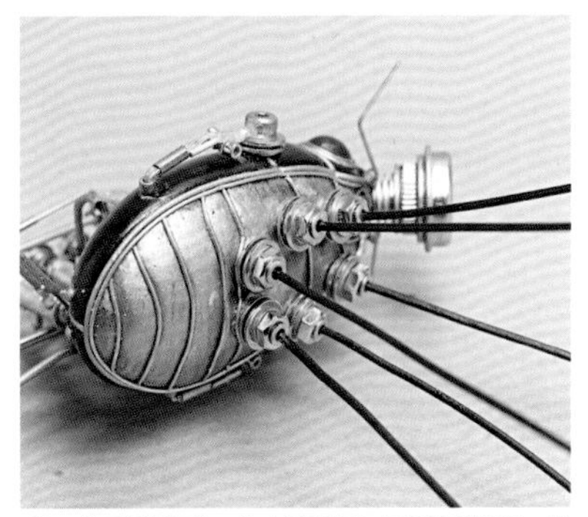

3 对于脚的部分，将金属线插入打好的孔洞里，并用快干胶水进行固定。6 支脚都装好以后，在根部用金属、垫圈和螺帽来进行修饰。

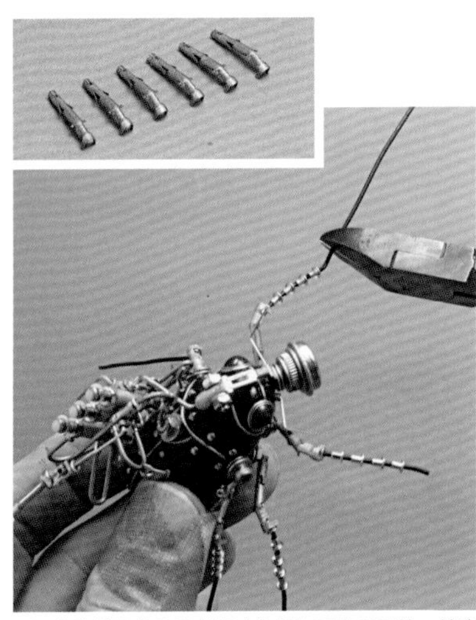

4 在脚的腿节和胫节相应位置加工电子元件，并涂上清漆。将加工好的电子元件插入金属线，并调整脚的形状。附节用金属扣眼来表现，并用快干胶水固定。

◀用按扣的一部分和电子元件做成爪子。

5 调整脚的形状。前端预留出爪尖的位置后就裁剪掉多余的金属线，然后装上爪尖。

6 口器用垫圈、螺帽和金属扣眼进行组装后，再用电子元件做进一步的细节处理。

7 触角前端的隆起部分用环氧树脂进行制作，然后用清漆给爪尖和触角前端涂上颜色。

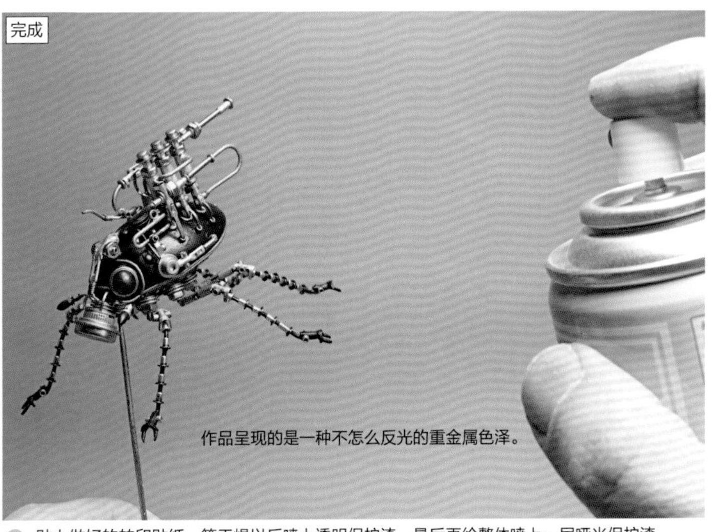

完成

作品呈现的是一种不怎么反光的重金属色泽。

8 贴上做好的转印贴纸，等干燥以后喷上透明保护漆，最后再给整体喷上一层哑光保护漆。

制作甲虫

达摩甲虫

达摩甲虫设计是以民间艺术品为雏形的。现实生活中也有同名的甲虫存在，但这里是将吉祥物和机械合为一体，建立在假想之上的变异甲虫。这次将最大限度地按照自己的想象去创作，连脚的长度也由自己决定，作品也会给人一种“即使摔倒了也能再站起来”的乐观向上的精神。

由上方观察的样子

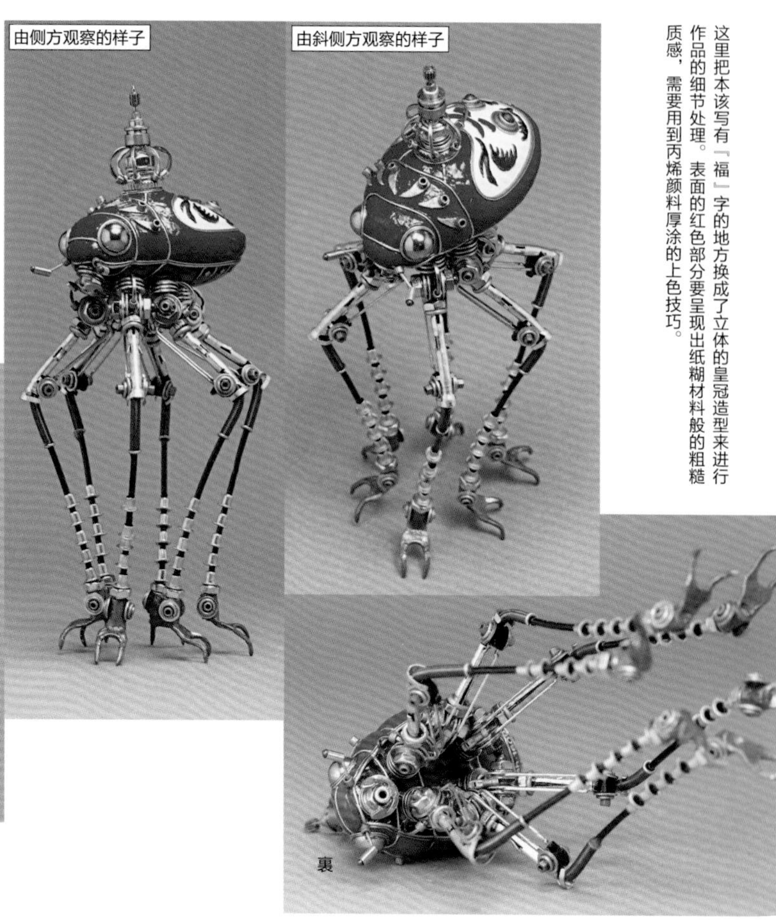
由侧方观察的样子

由斜侧方观察的样子

裏

这里把本该写有「福」字的地方换成了立体的皇冠造型来进行作品的细节处理。表面的红色部分要呈现出纸糊材料般的粗糙质感，需要用到丙烯颜料厚涂的上色技巧。

制作流程

主体成型，打底上色

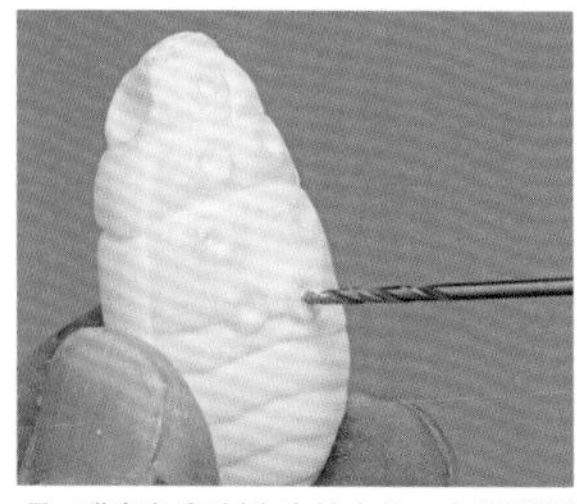
1 准备好复制出来的主体。在腹部要装脚的地方用手钻打洞。

2 在上翅将要成为达摩脸的部分画出标示。描绘出大致的线条即可。

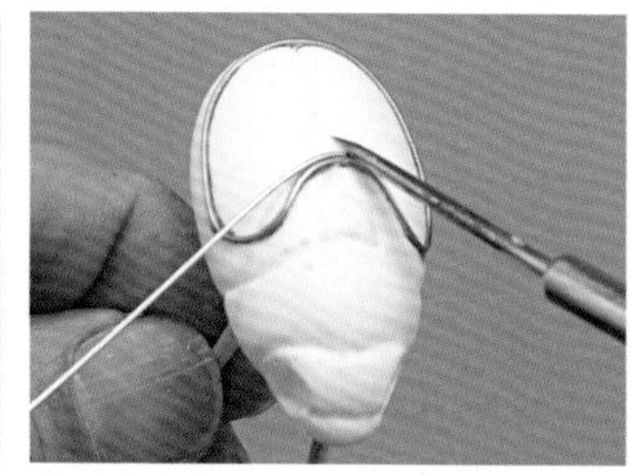
3 以线条为参考，贴上焊锡线。

4 以贴上的焊锡线为界限，在周围用环氧树脂辅土垫高。这样焊锡线围起来的部分就显得凹下去了。

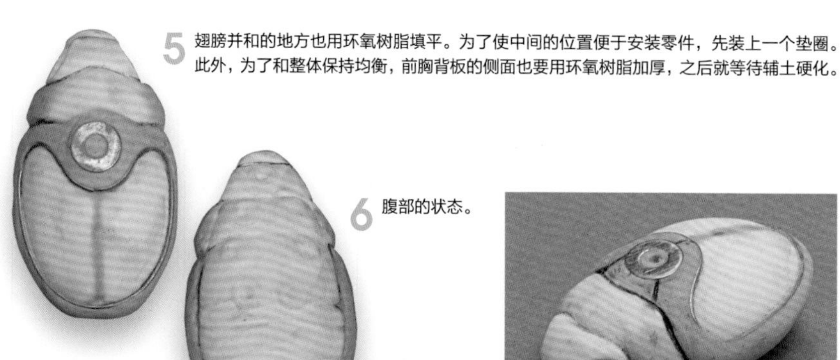
5 翅膀并和的地方也用环氧树脂填平。为了使中间的位置便于安装零件，先装上一个垫圈。此外，为了和整体保持均衡，前胸背板的侧面也要用环氧树脂加厚，之后就等待辅土硬化。

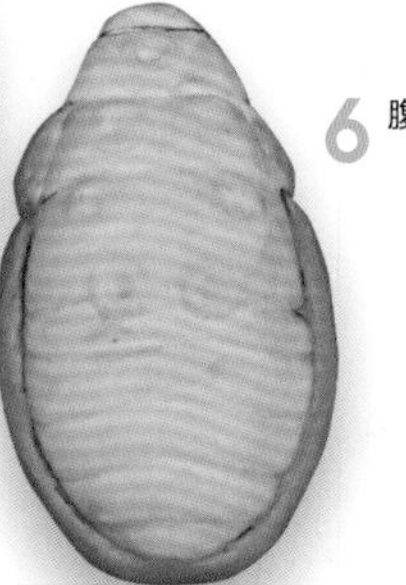
6 腹部的状态。

7 辅土硬化之后，用砂纸进行打磨。

8 涂上表面涂剂。干燥后用 320~400 号的砂纸进行打磨。

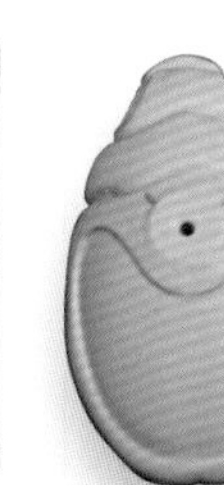

9 喷上白色的表面涂剂，再涂上白色的清漆颜料。

10 将腹部涂成铜色。

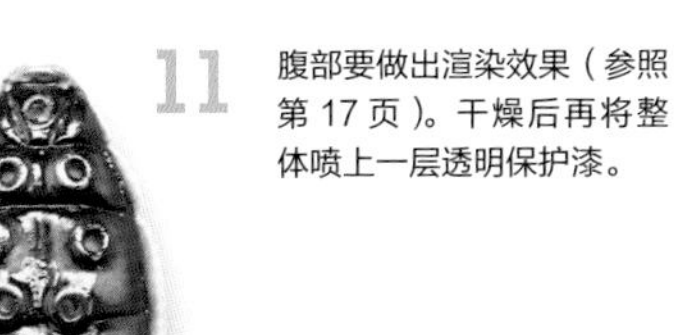

11 腹部要做出渲染效果（参照第 17 页）。干燥后再将整体喷上一层透明保护漆。

！用稍微深一点的颜色涂抹分界线，以强调出立体感。

12 用画笔涂上红色颜料。

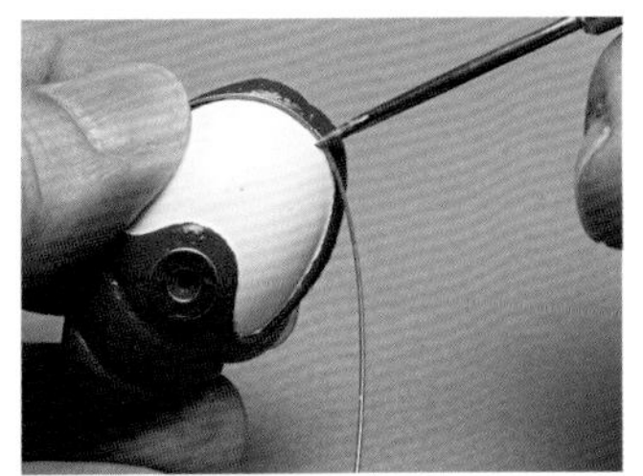

13 沿着分界线贴上焊锡线。

14 干燥后喷上透明保护漆。眼睛用不锈钢珠来制作。

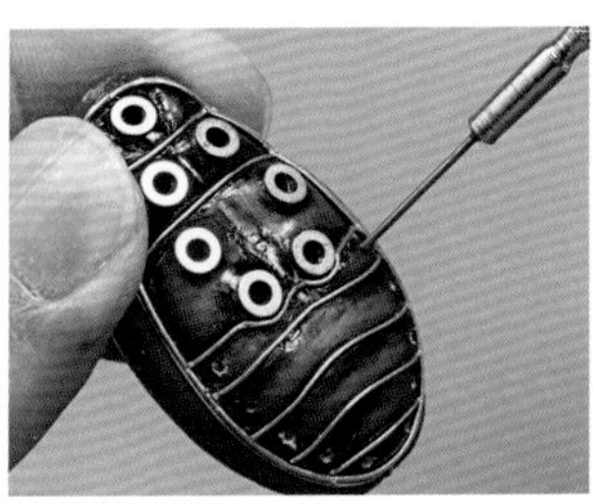

15 腹部也贴上焊锡线进行装饰，并在连接脚的位置贴上垫圈。

16 在腹部贴上大头针的头，就像打了铆钉一样。

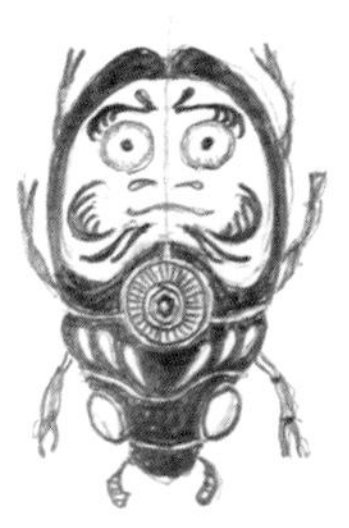

17 背上（上翅部分）要画上达摩的脸。先在纸上画出主体大小的图形，把脸画好以后，再寻找合适的零件。用垫圈及制作过程中的一些废弃金属材料，来制作达摩的五官。

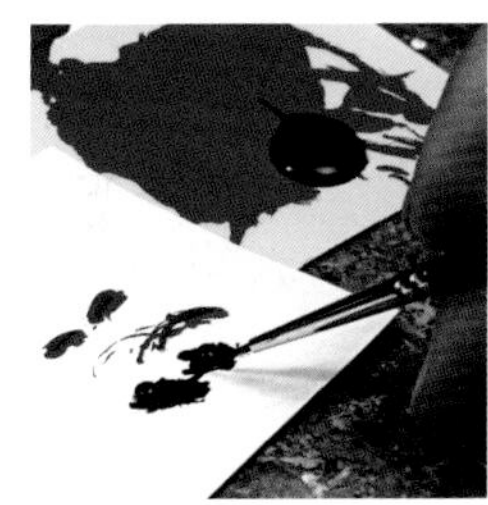

18 用丙烯颜料上色。

处理细节

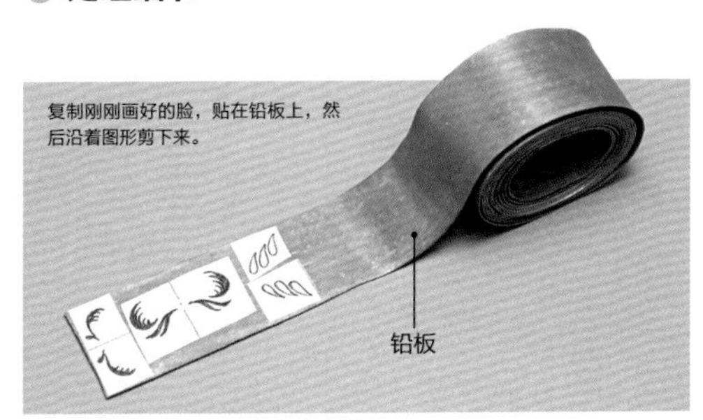

1 达摩眉毛和胡子用铅板来制作。

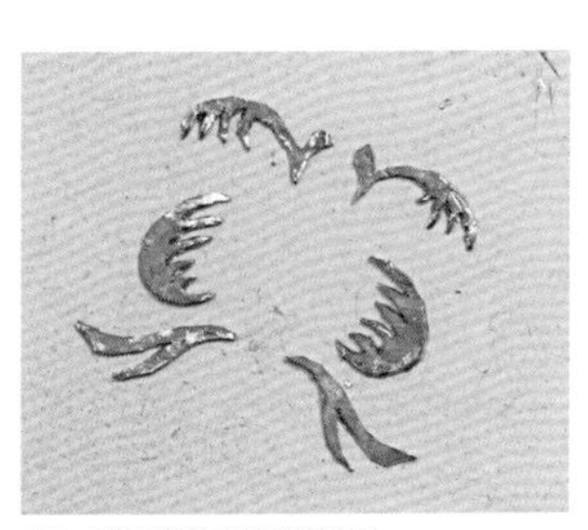

2 剪下来的眉毛和胡子。

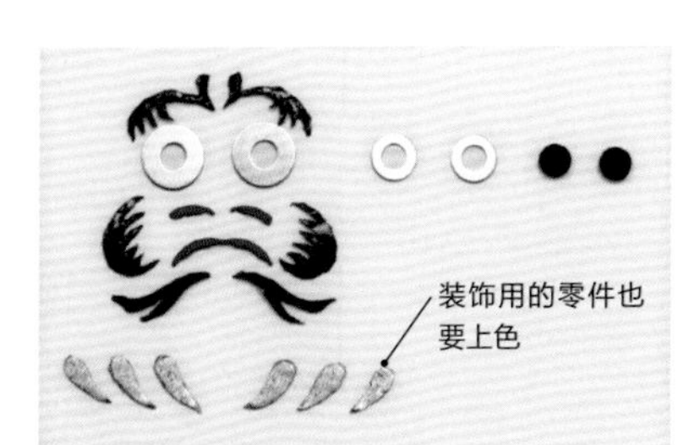

3 给用铅板做成的眉毛和胡子上色。上图是上完色之后的脸部零件。

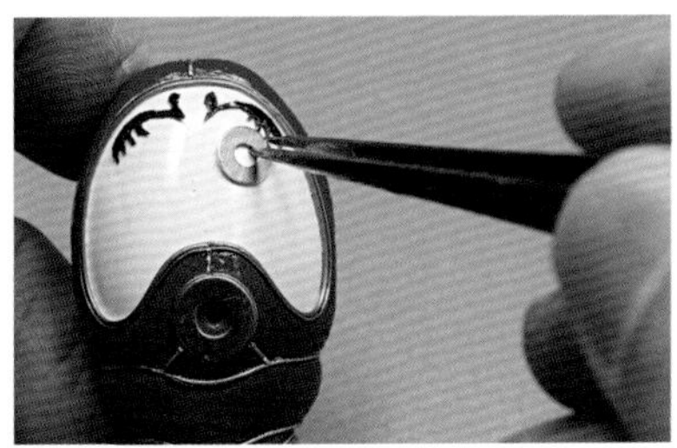

4 用快干胶水把脸部零件贴上去。

5 达摩的脸就做好了。刚开始做好的眼睛零件太大了，就调整大小重新做了一个。

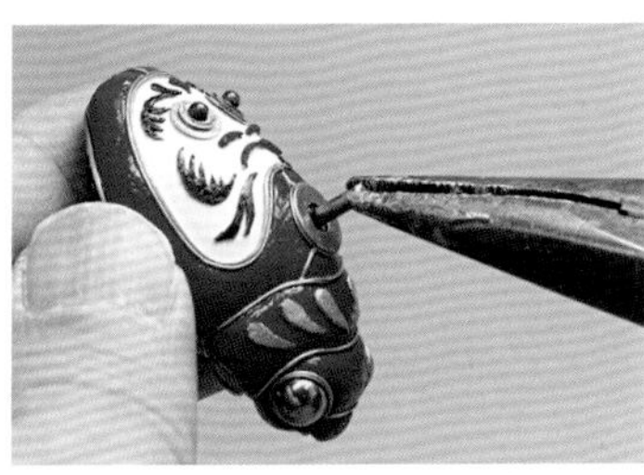

6 背部要插入一根用于固定零件的金属棒，所以要先打洞，再塞入铜线并用快干胶水固定。

继续处理细节

7 准备好制作背部皇冠需要用到的材料。

8 以铜线为轴进行组装。

9 皇冠做好了。

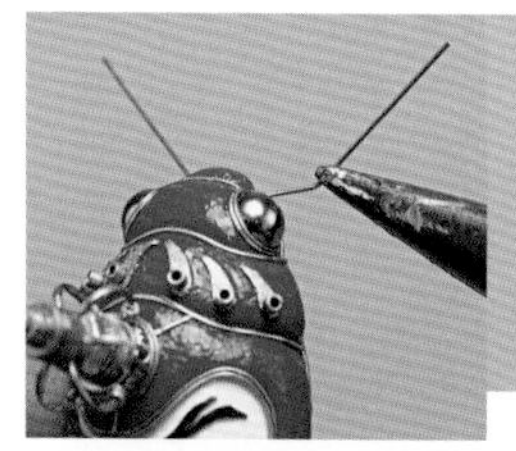

10 制作触角。前端是装饰用的弹簧和金属球。

11 用垫圈、螺帽还有 E 型环等零件做成口器。

制作各部位的零件并完成组装

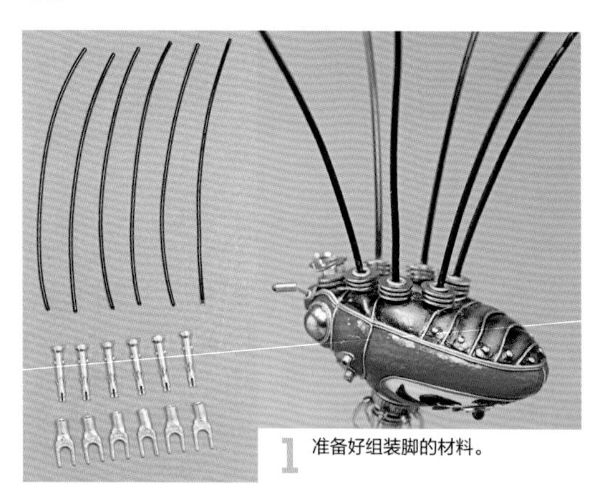

1 准备好组装脚的材料。

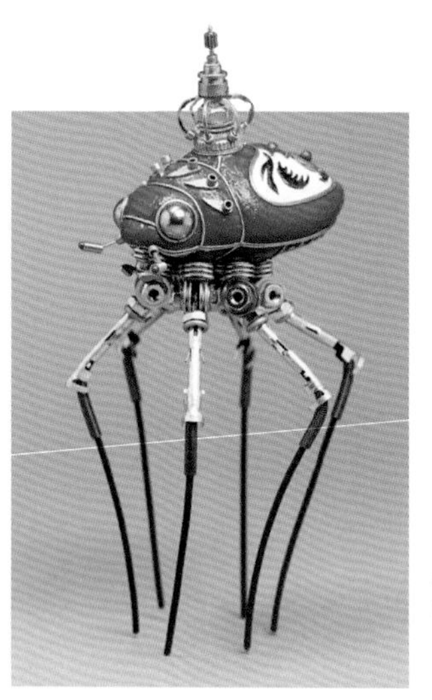

2 将用垫圈和螺帽组装成的零件装设在关节的位置。用电子元件表示腿节，用弹簧表示胫节。把脚收起来，这样从上往下看时就看不到脚了。

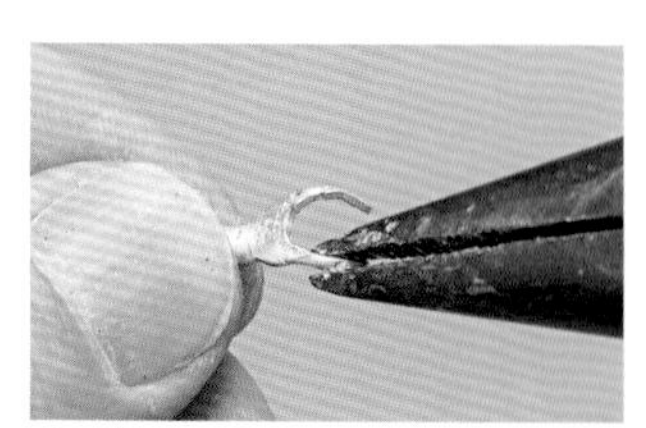

3 使用加工好的 Y 形金属接头来制作爪子。

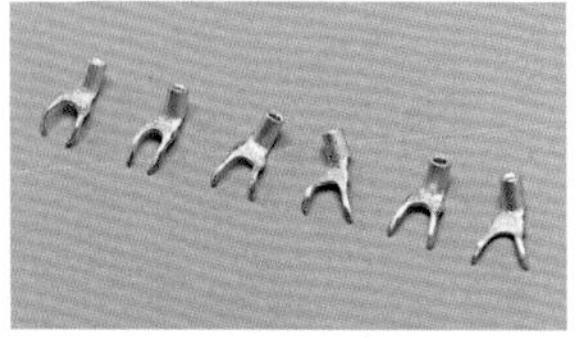

4 用钳子将爪子进一步弯曲和变形，再用电钻打磨前端，使其变得更尖。

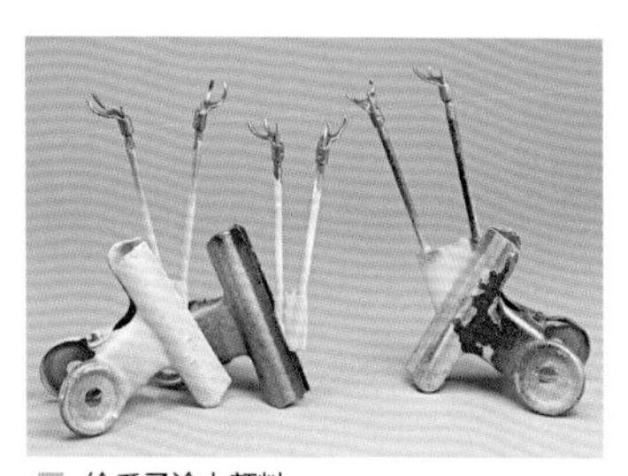

5 给爪子涂上颜料。

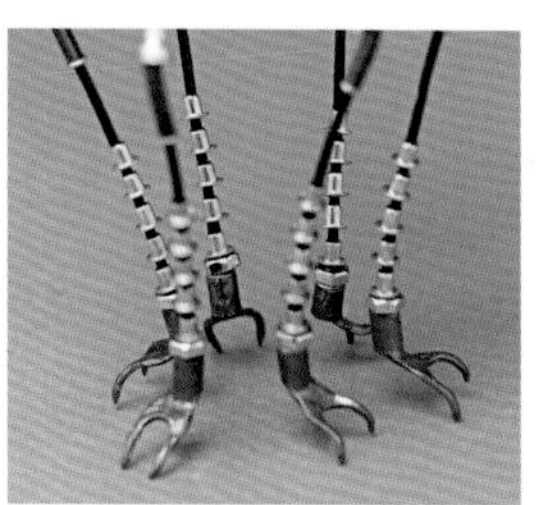

关节处的细节处理

6 使用金属扣眼来制作跗节，然后用快干胶水固定爪子。

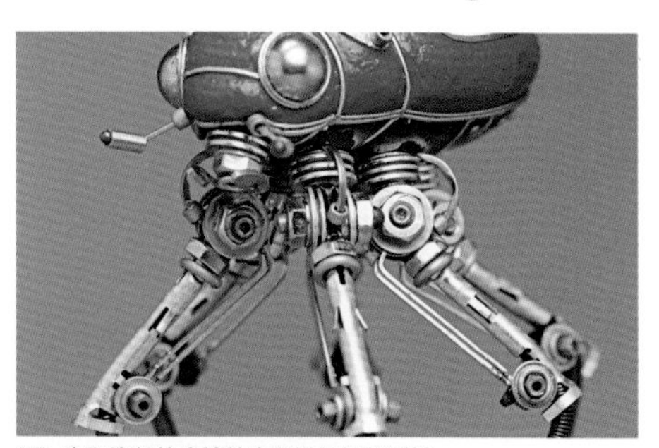

7 脚和腹部的连接处也要进行细节处理。

8 贴上作品号就完工了。

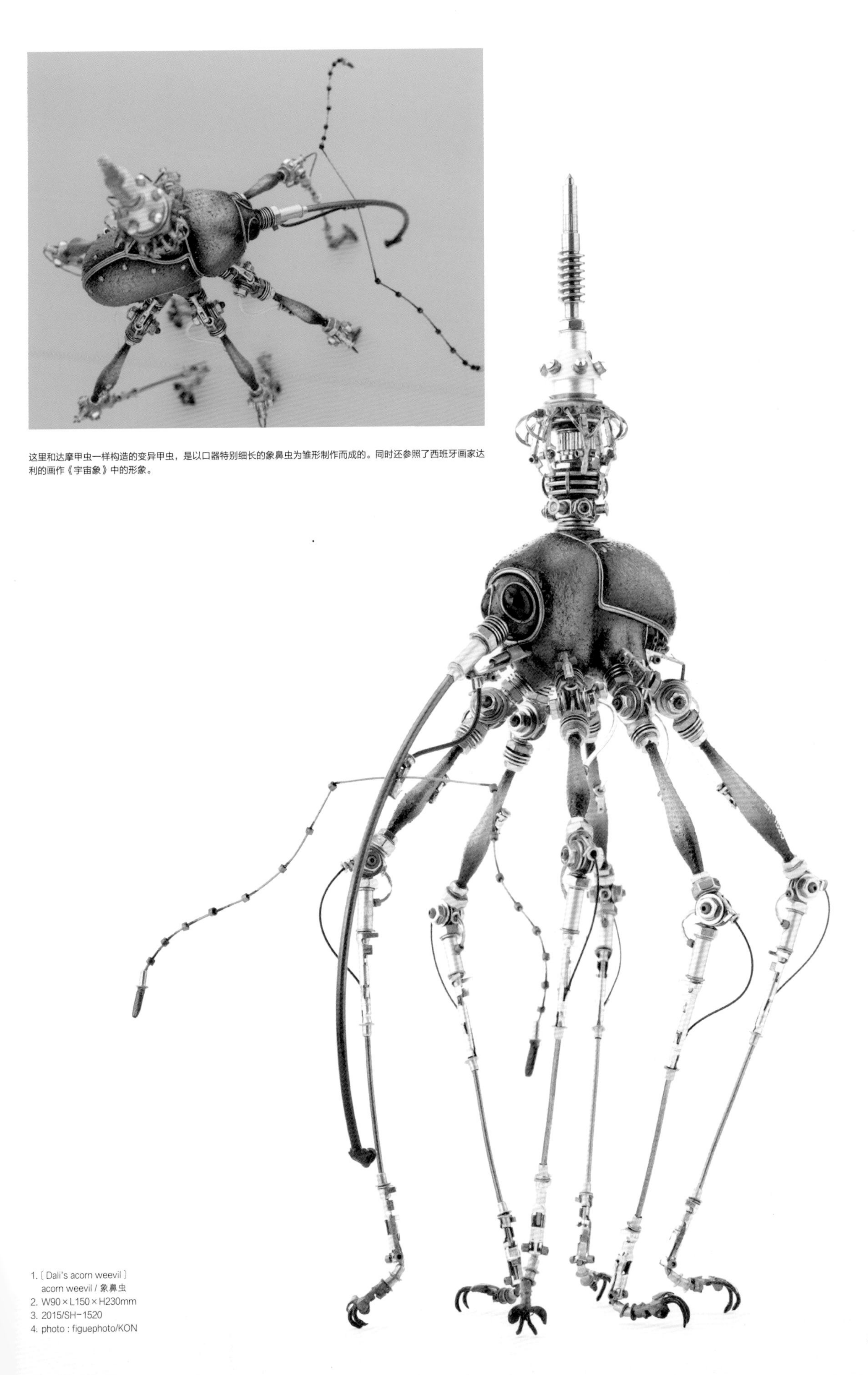

这里和达摩甲虫一样构造的变异甲虫，是以口器特别细长的象鼻虫为雏形制作而成的。同时还参照了西班牙画家达利的画作《宇宙象》中的形象。

1.〔Dali's acorn weevil〕
acorn weevil / 象鼻虫
2. W90×L150×H230mm
3. 2015/SH-1520
4. photo : figuephoto/KON

制作甲虫

龟仔甲虫

这个作品的灵感来源于羽蚁幼虫在蜕皮后其壳还留在尾部的样子。标题中的修饰语“龟仔”，这个字眼很容易让人联想到一句歌词“龟妈妈让龟宝宝爬到自己的背上”。因此想把这个点子用在甲虫的造型上。

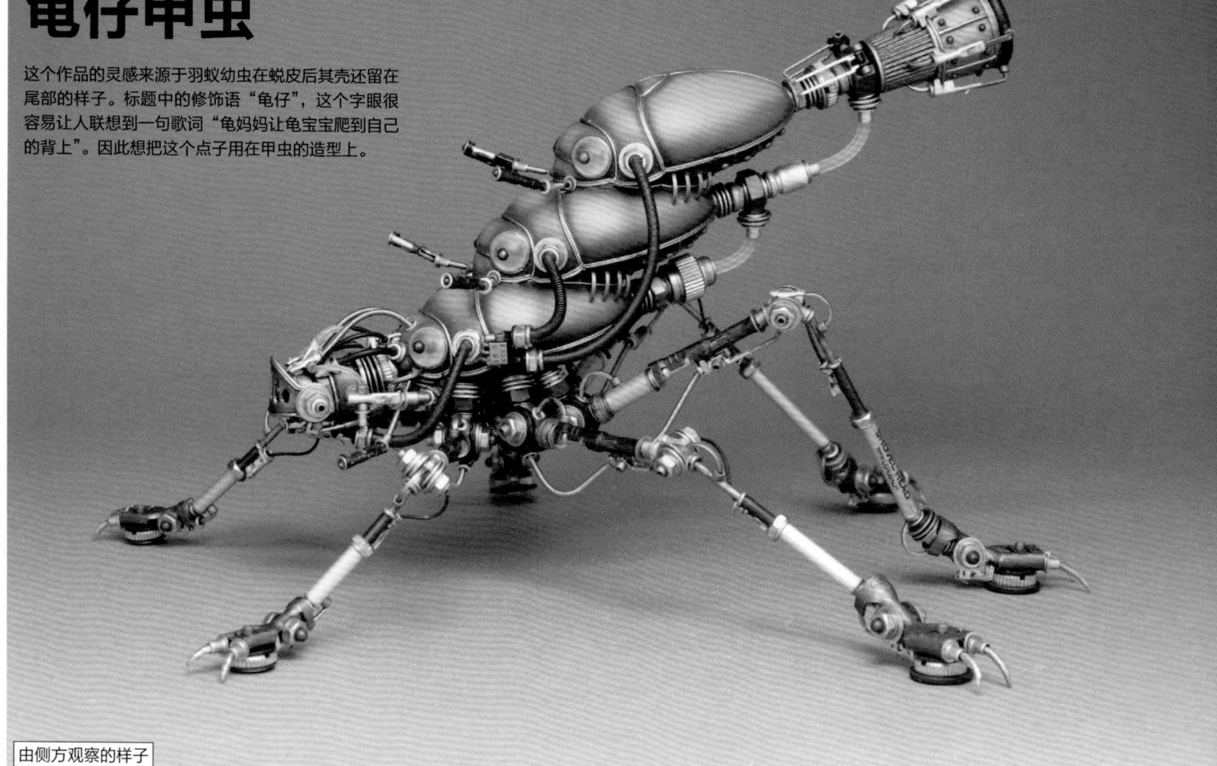

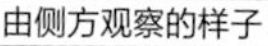

由侧方观察的样子

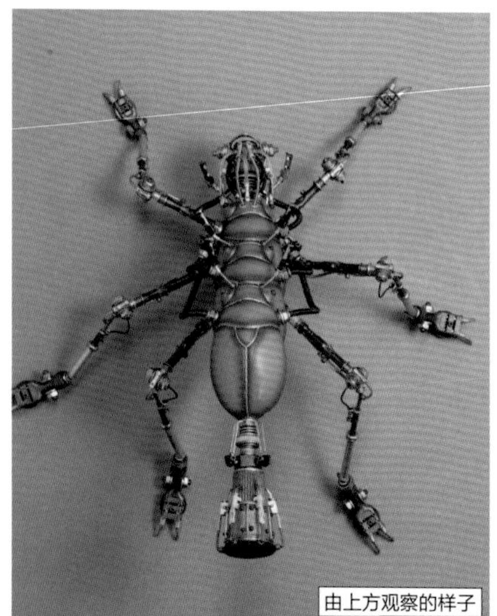

由上方观察的样子

由前方观察的样子

底面

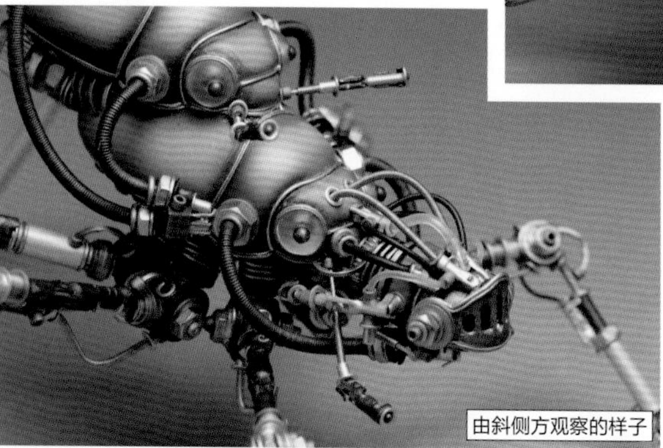

由斜侧方观察的样子

制作流程

主体成型

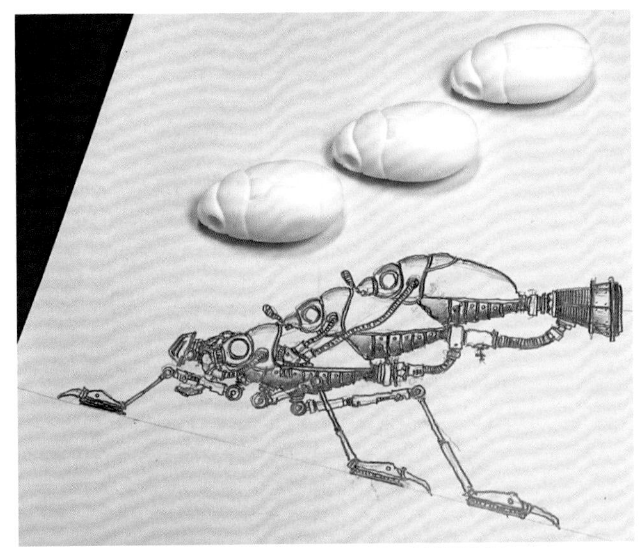

1 为了使想法更加直观就先画了个草图。这里需要三个树脂复制品。

2 用电钻削去叠放在上面的甲虫的一部分腹部。

! 因用电钻切削树脂时很容易产生粉末，所以需要戴好防尘面具。在切削的过程中最好开着吸尘器。

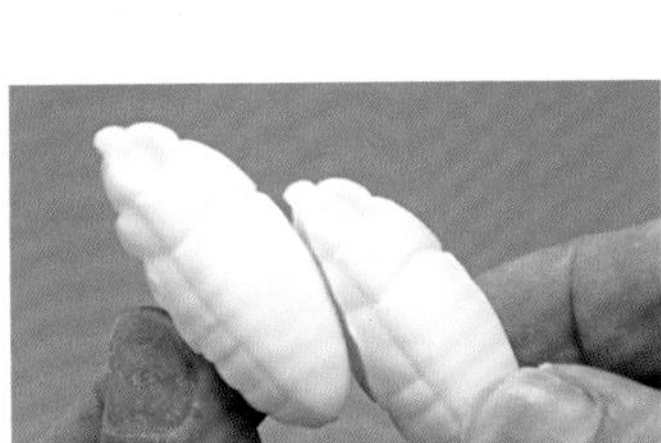

3 为了能够与下面的甲虫叠在一起，所以需要不断地调整。

4 为了便于用铜线连接各个主体，需要提前打孔。

5 在孔洞里插入铜线，并用快干胶水固定。

6 背部也要提前打好用来插铜线的孔洞。

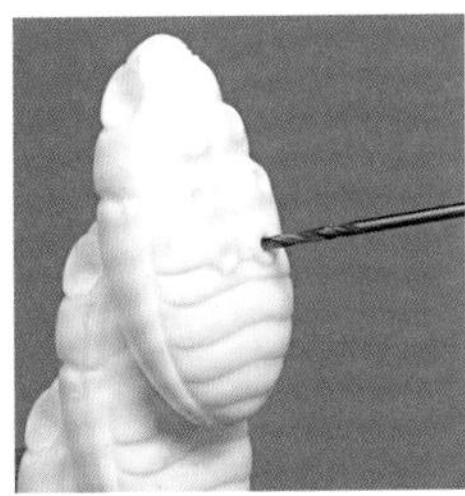

7 将三个主体叠在一起，然后在腹部上打孔，便于后期与脚连接。

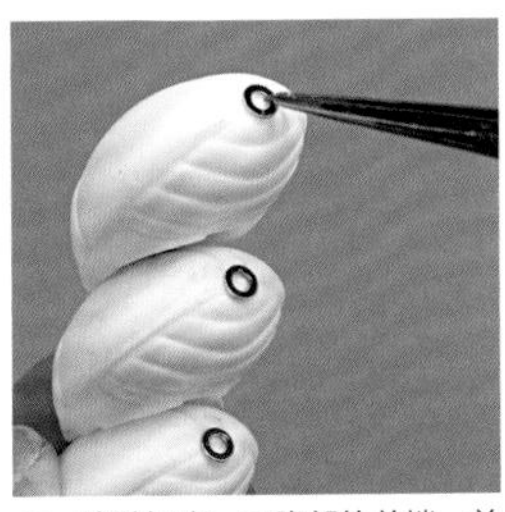

8 稍微打磨一下腹部的前端，并贴上垫圈。

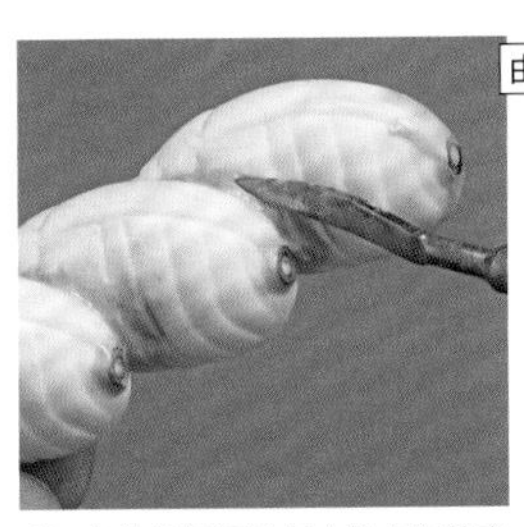

9 在垫圈周围及各主体之间填充环氧树脂，并用刮勺调整形状。

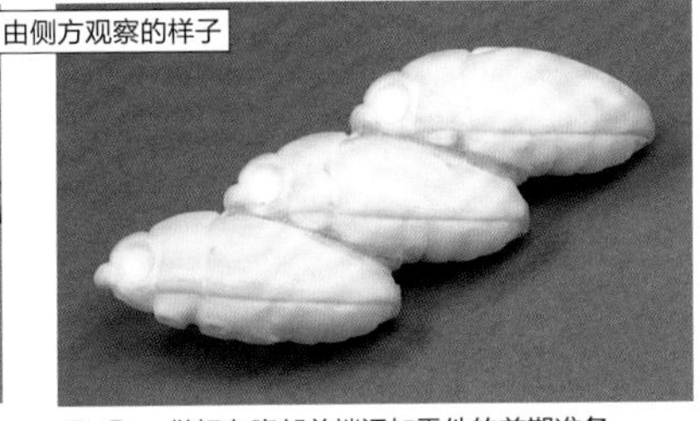

10 做好在腹部前端添加零件的前期准备。

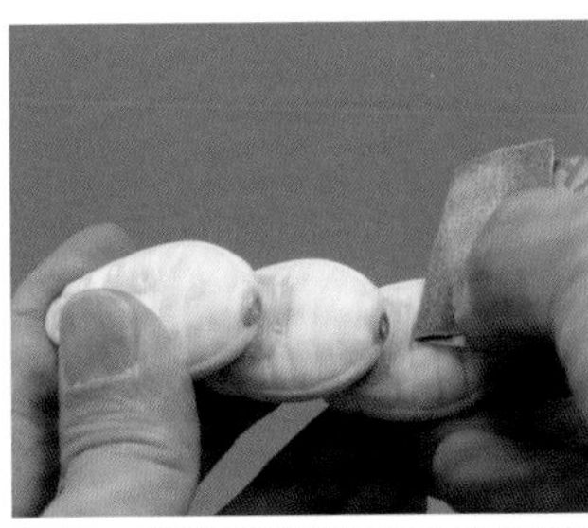

11 将环氧树脂硬化后用美工刀和砂纸处理表面。

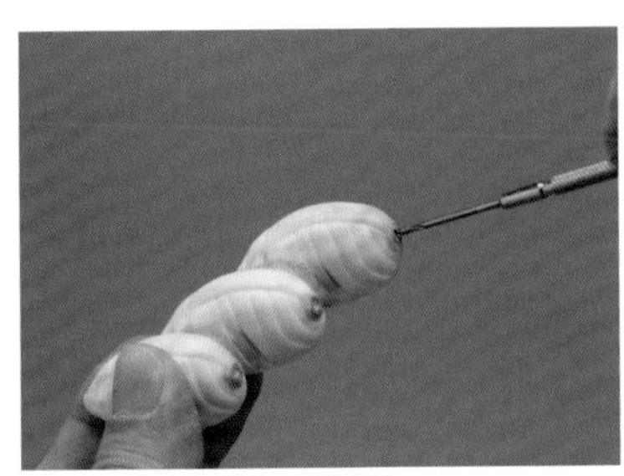

12 在腹部前端用手钻打孔。

13 因为虫身看起来有点瘦弱，所以需要在侧面进行加厚处理以增加横向的分量。给前胸背板的侧面堆上环氧树脂塑形。

打底处理并上色

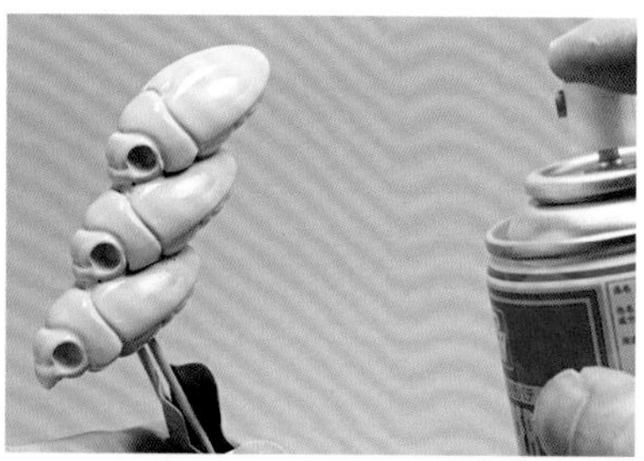

1 在表面涂剂干了以后，用 320~400 号的砂纸打磨表面。

2 在主体侧面加工制作插管的地方。先贴上垫圈，然后在其中心位置打孔。

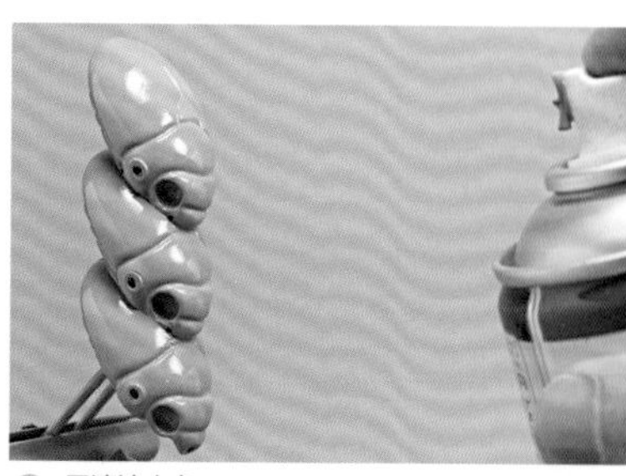

3 用清漆上色。

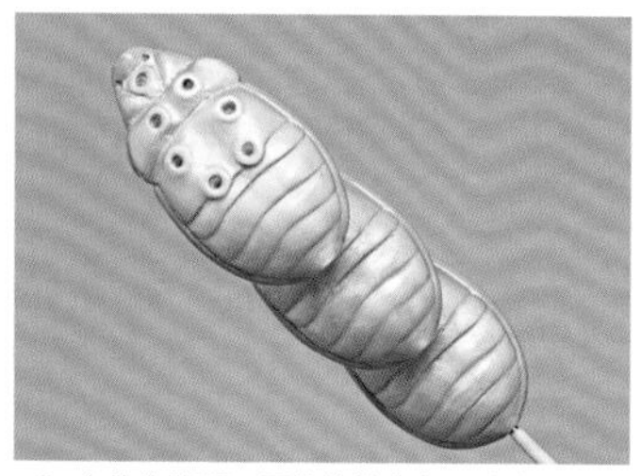

4 主体的腹部，用笔涂抹上色，注意不要画出边界。

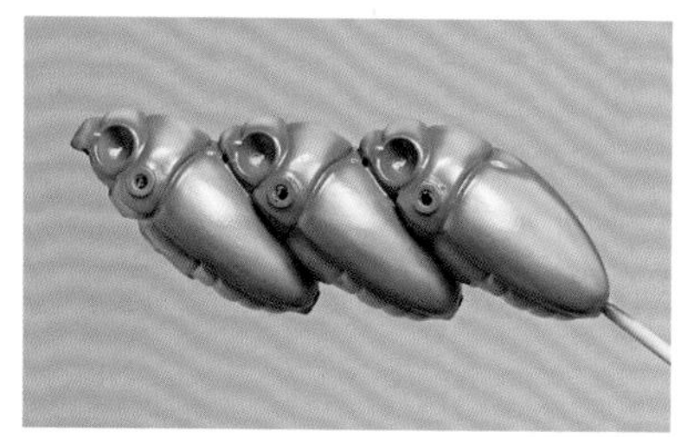

5 和达摩甲虫一样，用喷枪喷出阴影层次的渲染效果。

6 腹部也同样要喷出渲染效果。待干燥后，给整体表现涂上一层透明保护漆。

给主体造型

1 在主体侧面的洞上（见上图）和腹部连接脚的地方（见下图）贴上垫圈。

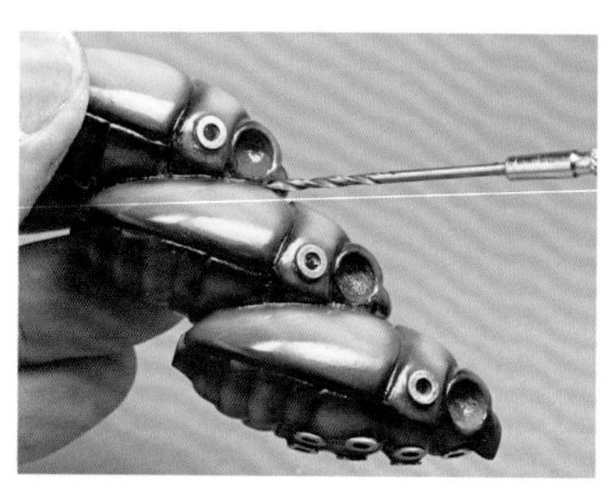

2 在接触角的位置钻孔。

3 制作眼睛用的是树脂球和偏光胶片。

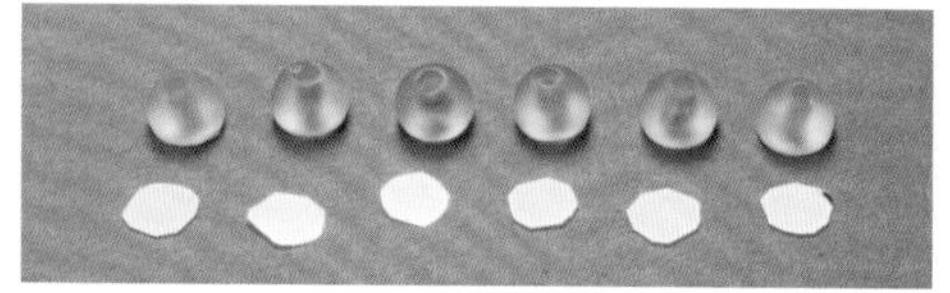

4 先将树脂球的底面磨平，然后将偏光胶片剪成与其相等的面积。

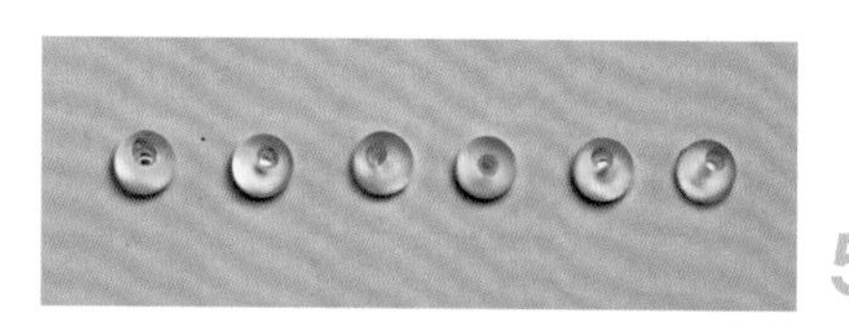

5 将偏光胶片贴在磨好的树脂球的底面。

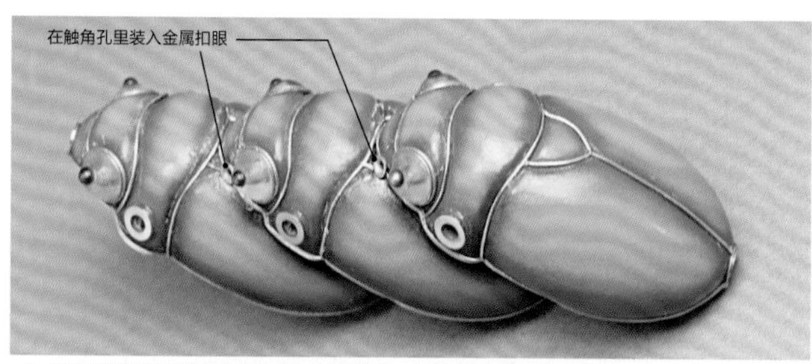

6 装上眼睛之后并在其周围缠上焊锡线。在背部和腹部的分界线、腹节等处也贴上焊锡线。

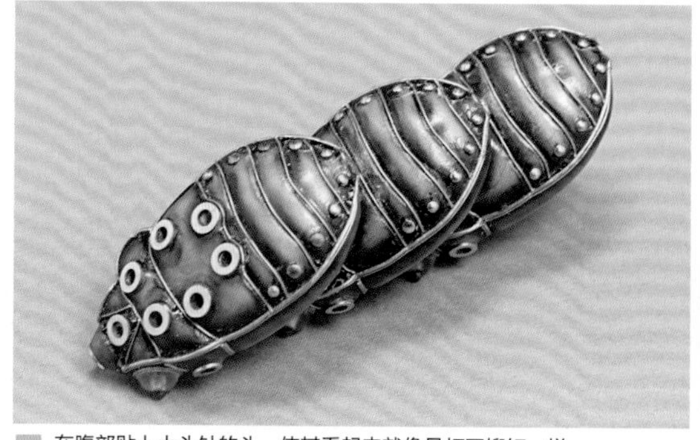

7 在腹部贴上大头针的头，使其看起来就像是打了铆钉一样。

处理细节

制作面罩

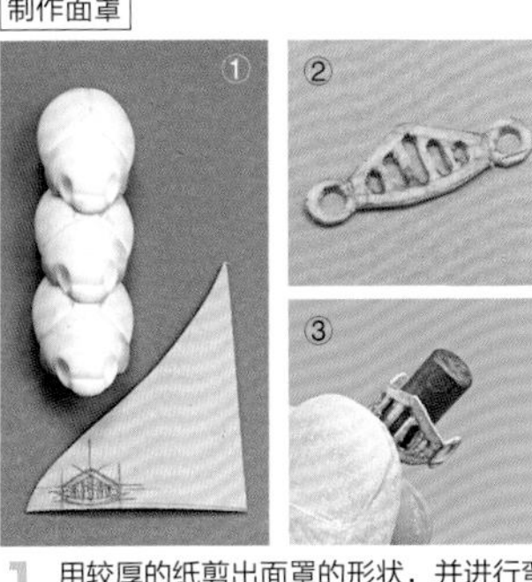

1 用较厚的纸剪出面罩的形状，并进行弯曲处理。

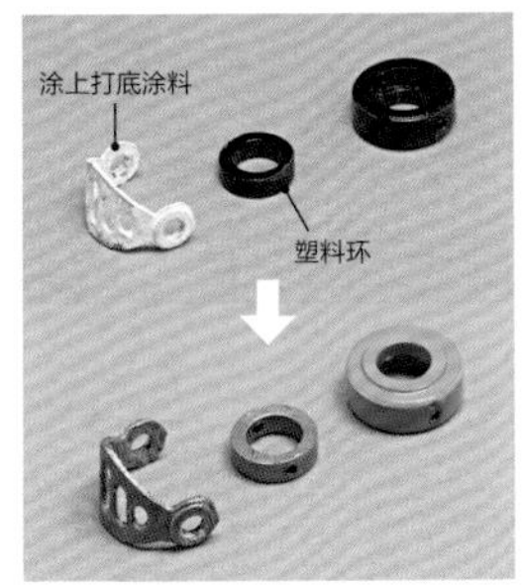

2 对面罩进行打底处理并上色。塑料环也要上色。

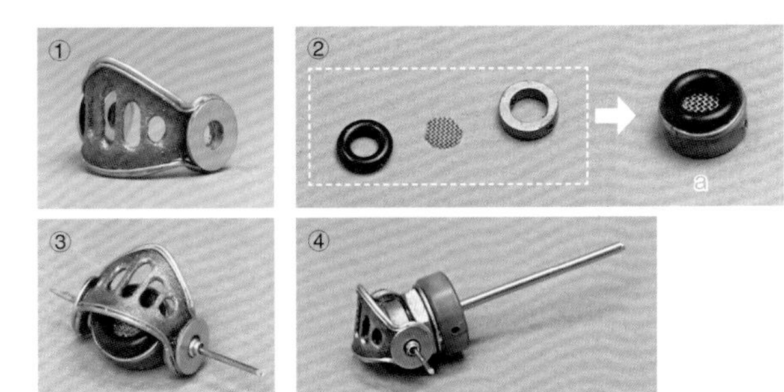

3 给面罩贴上焊锡线，然后和面罩的内部零件 a 组装在一起，并套上塑料环。

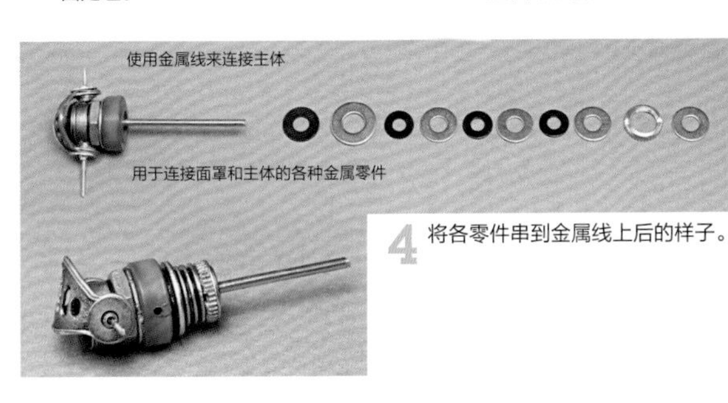

4 将各零件串到金属线上后的样子。

5 将组装好的面罩装到主体上。

面罩周围

1 做好面罩下端连接软管的配件。

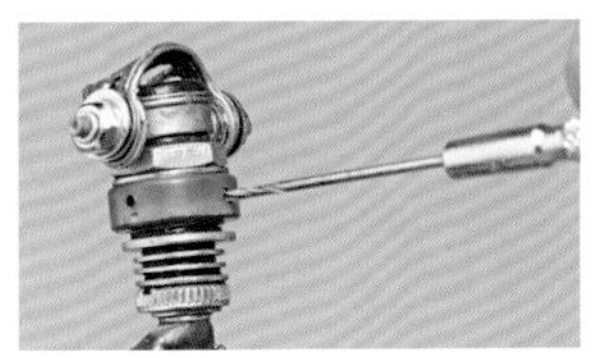

2 在面罩上钻出用于组装配件 b 的孔。

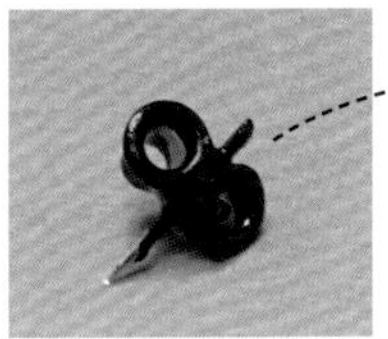

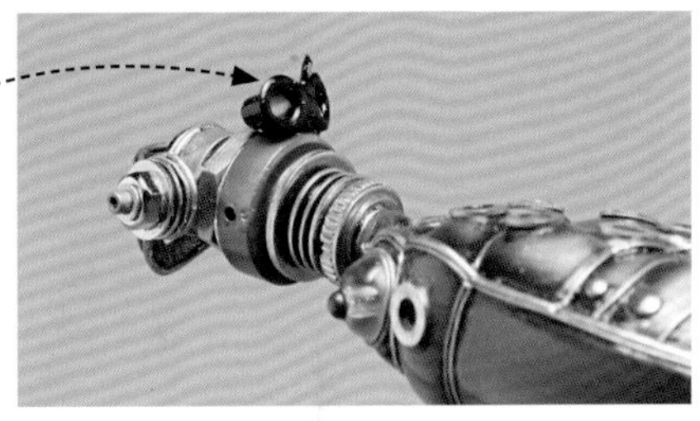

3 将配件上完色后安装在面罩上。

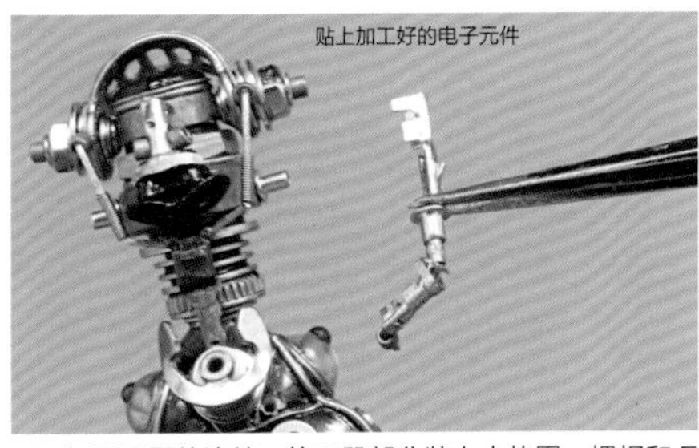

4 加固面罩的连接。给口器部分装上由垫圈、螺帽和 E 型环组装在一起的电子元件。

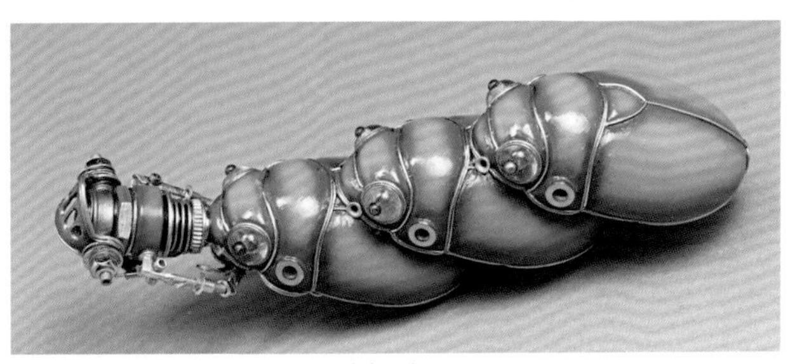

5 用电子元件和配件做进一步的细节加工处理。

6 确定连接在面罩上的软管的长度。

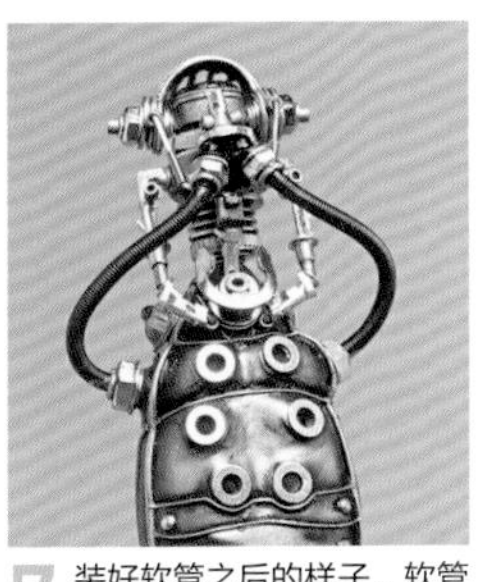

7 装好软管之后的样子。软管的实际材料是弹簧。

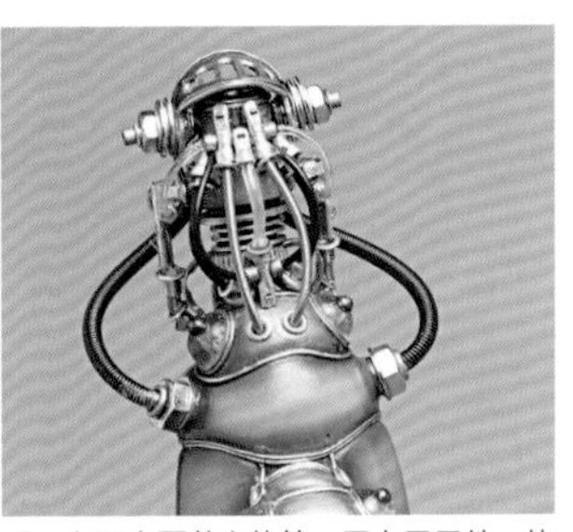

8 上面也要装上软管，用电子元件、垫圈和串珠装饰管路连接口。

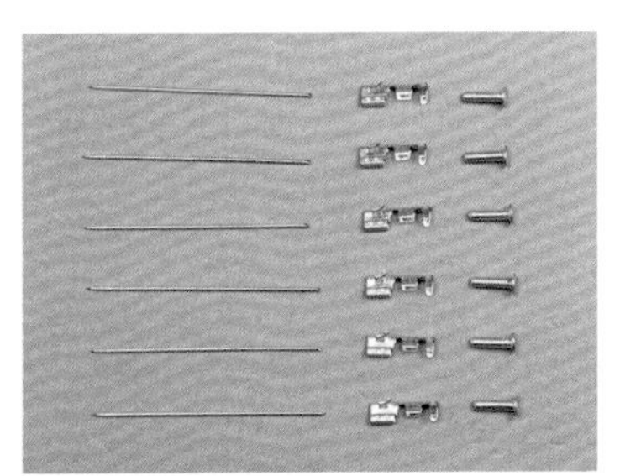

9 准备制作触角需要用到的金属线、电子元件和金属扣眼。

继续处理细节

组装触角和内部管道

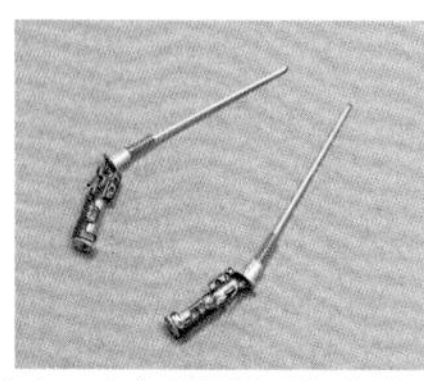

10 给电子元件上色。弯曲金属线后将其装设在触角的前端，然后和金属扣眼及串珠一起穿到底部。

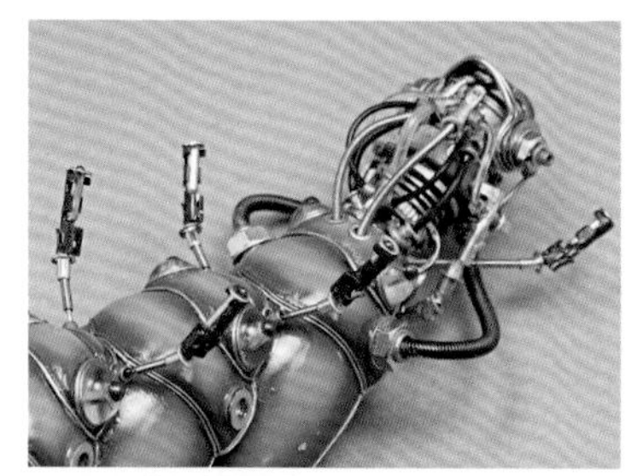

11 将触角固定在主体上。

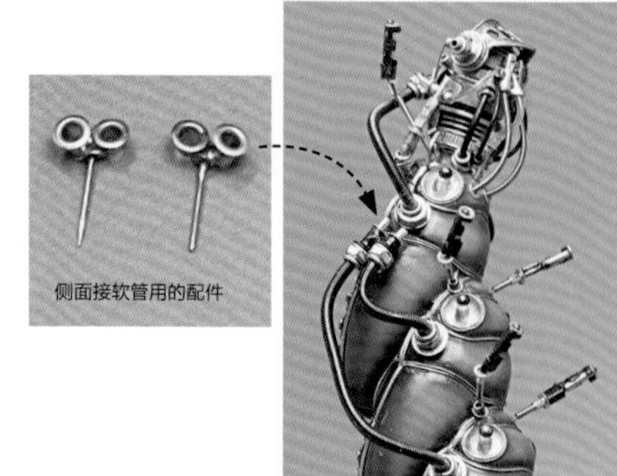

12 上色以后固定在主体上，然后再装上弹簧。如果先在里面穿根铝线的话会更容易定型。

制作排气口 将颜料的盖子加工成排气口，并装上一根中轴线。

1 用环氧树脂加厚颜料盖。上色并稍微装饰一下内部之后，再贴上 O 形环。

2 将用于与主体连接的各种金属零件穿到中轴线上。

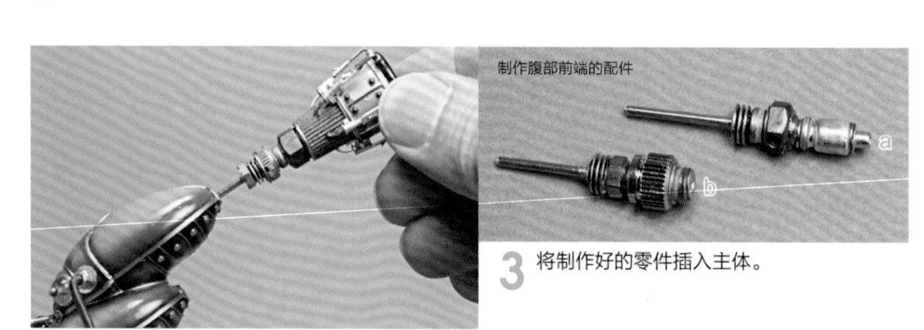

3 将制作好的零件插入主体。

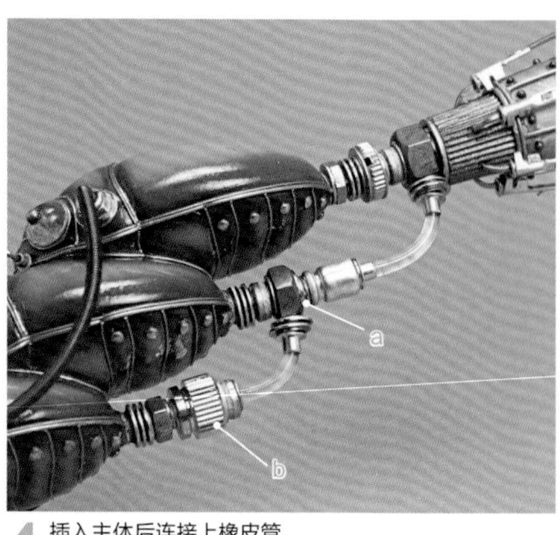

4 插入主体后连接上橡皮管。

制作各部位的零件

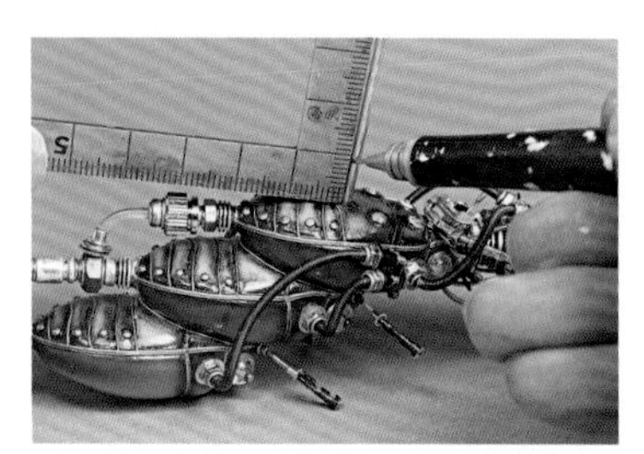

1 脚的芯材使用的是铜线。先将铝管插入足根部，并确定适宜的长度。

2 先拿出铝管，在根部滴上快干胶水后再将其插入固定。

3 在根部装上垫圈、螺帽和金属扣眼之类的金属零件。

4 裁剪出 6 根铜线，将其插入根部后用快干胶水固定。

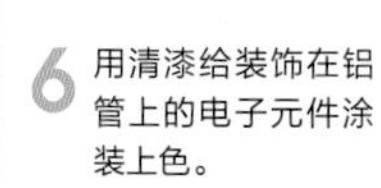

5 制作腿节部分，裁剪长度适宜的用来穿到铜线上的铝管。

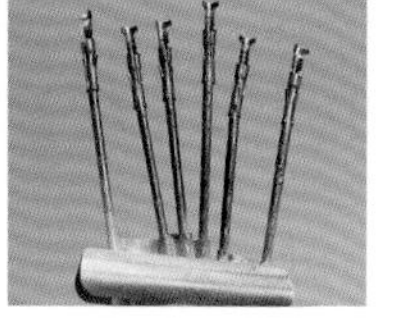

6 用清漆给装饰在铝管上的电子元件涂装上色。

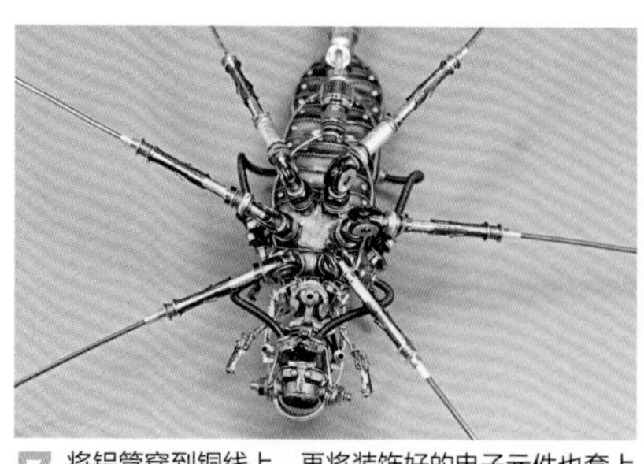

7 将铝管穿到铜线上，再将装饰好的电子元件也套上去。调整垫圈、弹簧和螺帽等金属零件，使铝管能够被看到。

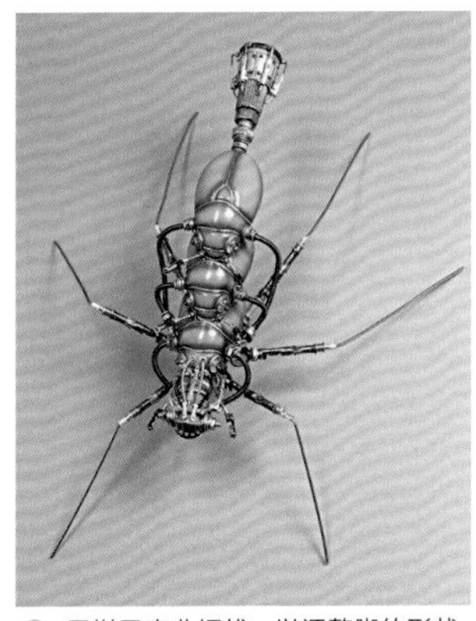

8 用钳子弯曲铜线，以调整脚的形状，并根据整体的协调性来确定其角度。

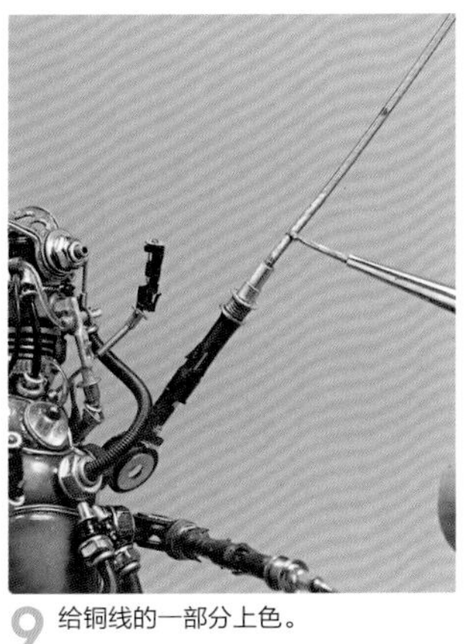

9 给铜线的一部分上色。

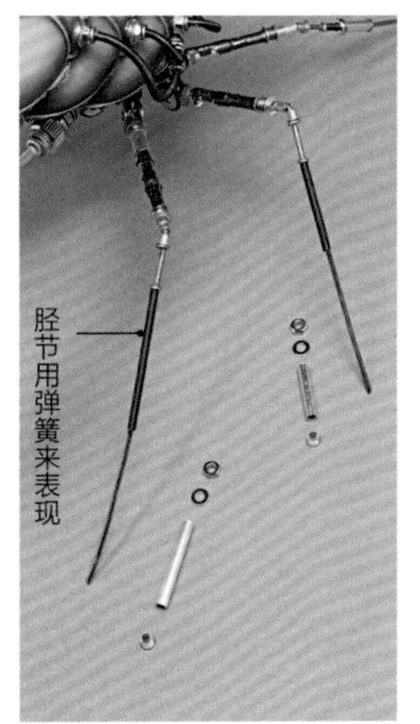

▲组装好后的样子。

10 跗节用铝管、螺帽、垫圈和金属扣眼来体现。

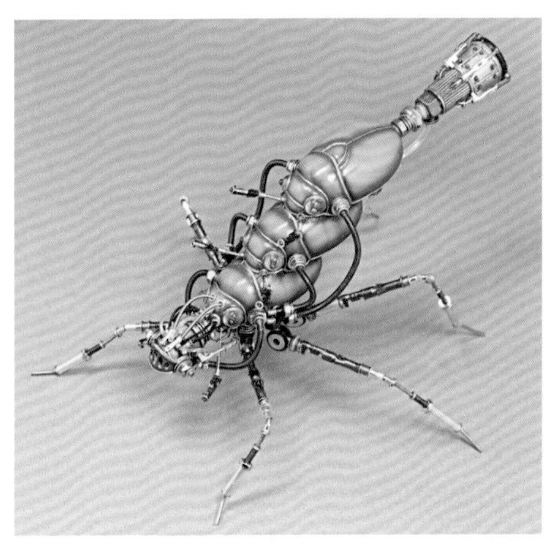

11 调整脚的形状，留出装爪子的部分之后裁剪掉多余的铜线。

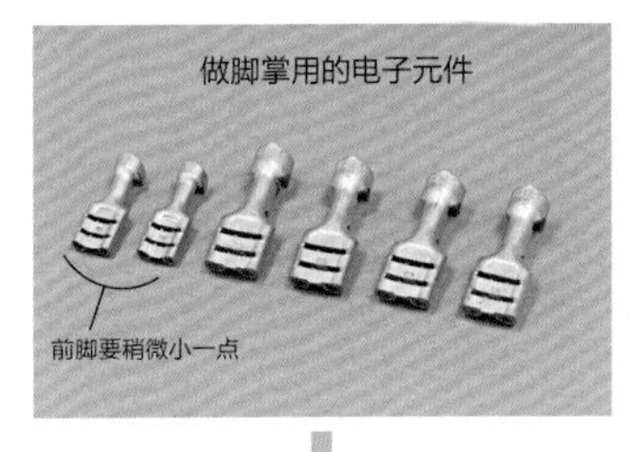

焊接金属扣眼

前脚要稍微小一点

12 在关节处的位置进行弯曲，并喷上清漆颜料。

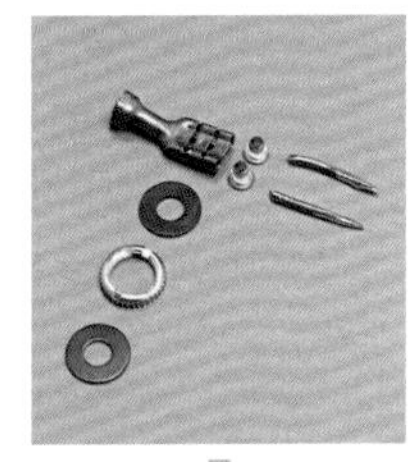

◀给脚掌装上爪子。先装上垫圈和金属扣眼，然后用铜线做出爪子。

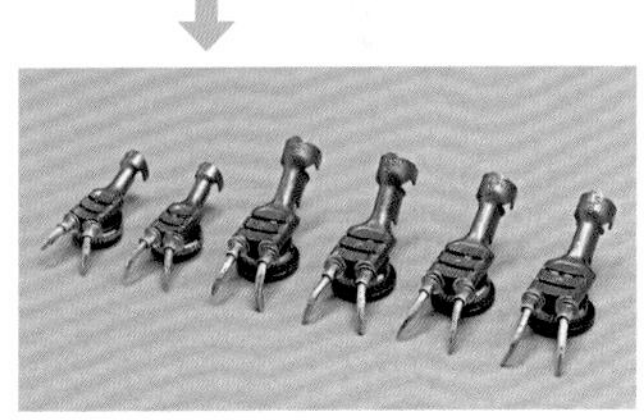

13 弯曲爪子，加工后组装起来。

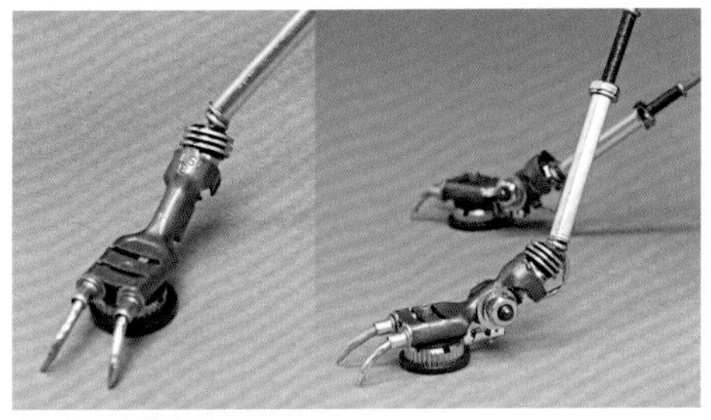

14 安装脚爪。

15 在连接脚的地方做进一步的细节处理。

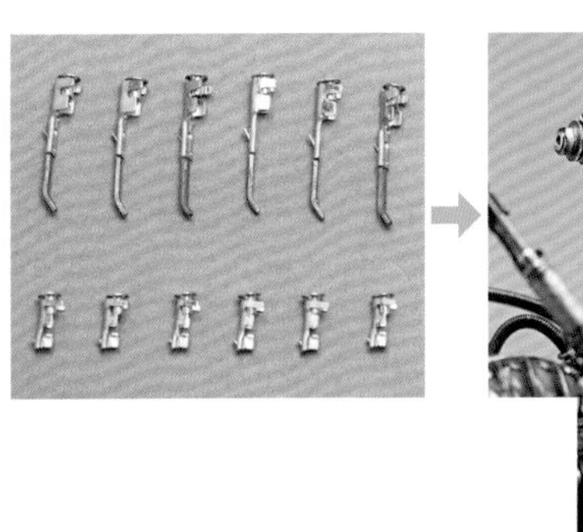

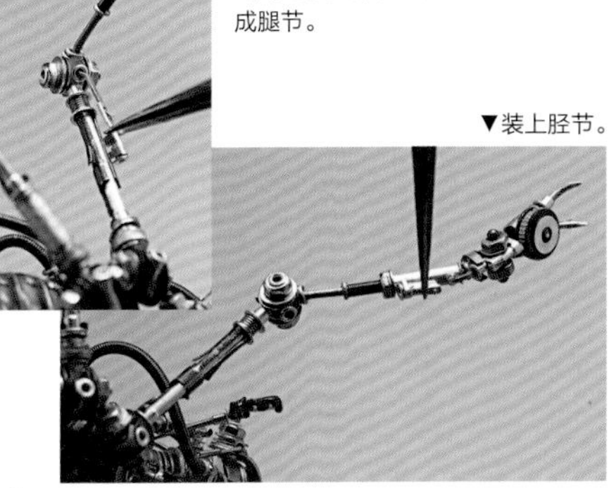

◀用电子元件和金属扣眼组装成腿节。

▼装上胫节。

完成

▲在关节周围连上软管。

16 完成细节的处理之后，喷上哑光保护漆。

7 种不同甲虫的作品合集

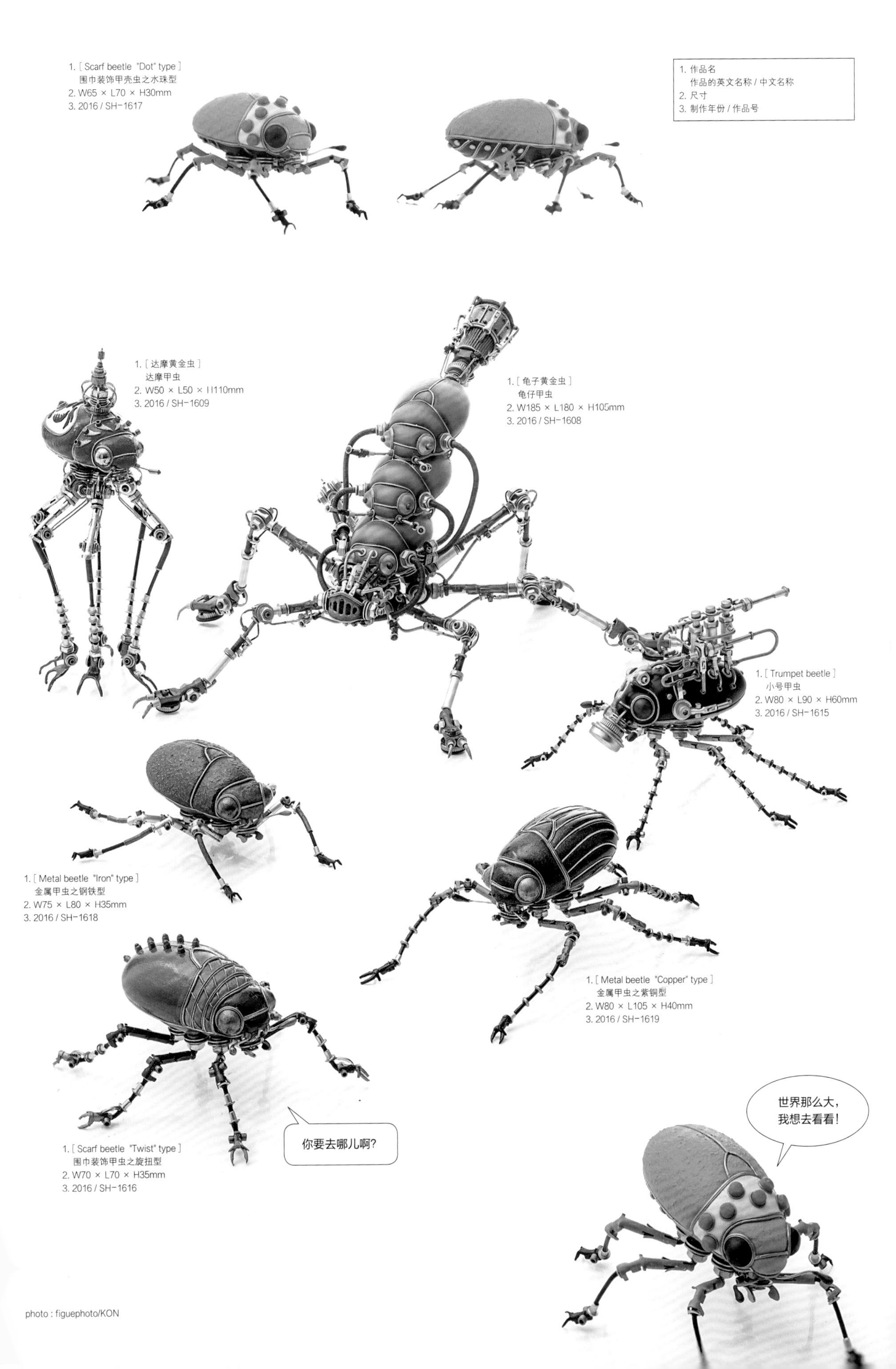

1. 作品名
   作品的英文名称 / 中文名称
2. 尺寸
3. 制作年份 / 作品号

1. [Scarf beetle "Dot" type]
   围巾装饰甲壳虫之水珠型
2. W65 × L70 × H30mm
3. 2016 / SH-1617

1. [达摩黄金虫]
   达摩甲虫
2. W50 × L50 × H110mm
3. 2016 / SH-1609

1. [龟子黄金虫]
   龟仔甲虫
2. W185 × L180 × H105mm
3. 2016 / SH-1608

1. [Trumpet beetle]
   小号甲虫
2. W80 × L90 × H60mm
3. 2016 / SH-1615

1. [Metal beetle "Iron" type]
   金属甲虫之钢铁型
2. W75 × L80 × H35mm
3. 2016 / SH-1618

1. [Metal beetle "Copper" type]
   金属甲虫之紫铜型
2. W80 × L105 × H40mm
3. 2016 / SH-1619

1. [Scarf beetle "Twist" type]
   围巾装饰甲虫之旋扭型
2. W70 × L70 × H35mm
3. 2016 / SH-1616

photo : figuephoto/KON

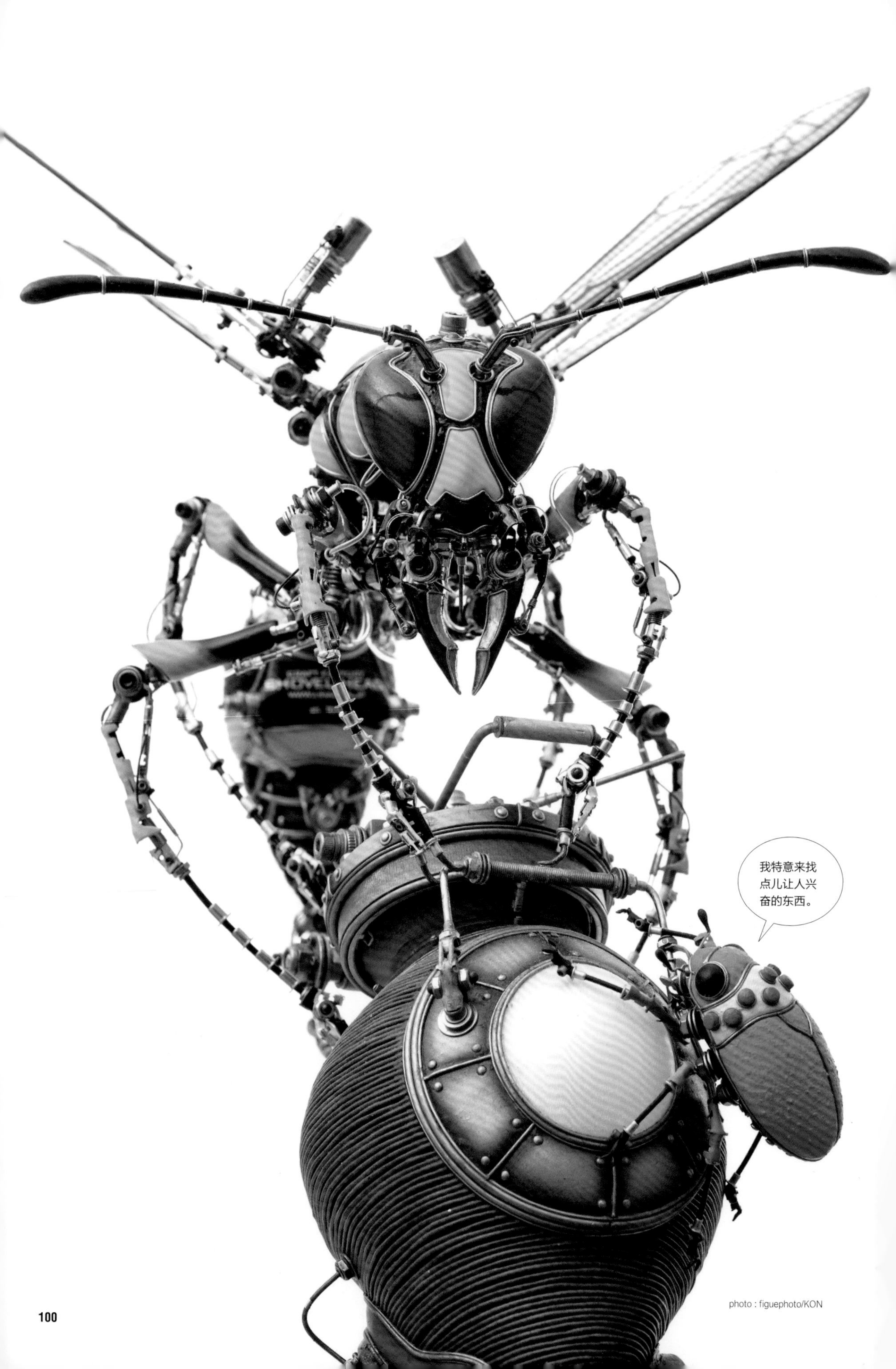

photo : figuephoto/KON

第 3 章

将各种不同素材组合而成的原创作品

展示用底座的制作方法（支撑作品的底座的制作流程）

为了展示第 1 章做好的陶工蜂，我们要做一个带巢的底座，还要制作捕食的陶工蜂在蜂巢里塞满的喂给幼蜂吃的尺蛾幼虫。实际生活中的陶工蜂会用泥土筑一个外形看起来像陶罐的蜂巢，在这里我们还是用和制作陶工蜂主体时一样的纸黏土来进行制作。蜂巢要营造出就像是用 3D 打印机打印出来一样的层次感，还要缠上焊锡线，并涂上特殊的颜料，使其看上去就像生锈了一样。在本章中还会讲解仿古和做旧的方法。将金属板、木材和天然树枝，在相关技术的作用下变身为独立的展示底座，这是本章的最大亮点，同时，本章还会紧密结合造型基础来进行说明。

制作底座

蜂巢的主体塑形

制作流程和陶工蜂主体的制作流程差不多，还是纸黏土→干燥→塑形→打磨的反复过程。

▲在陶工蜂的主体上色完成，开始确定翅膀和足的尺寸时就要开始蜂巢的制作了。

1 用纸黏土开始制作

将蜂巢做成陶罐的形状

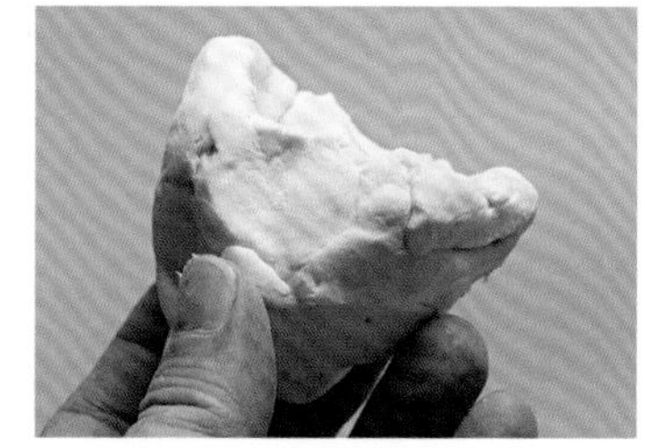

1 从蜂巢的底部开始制作。

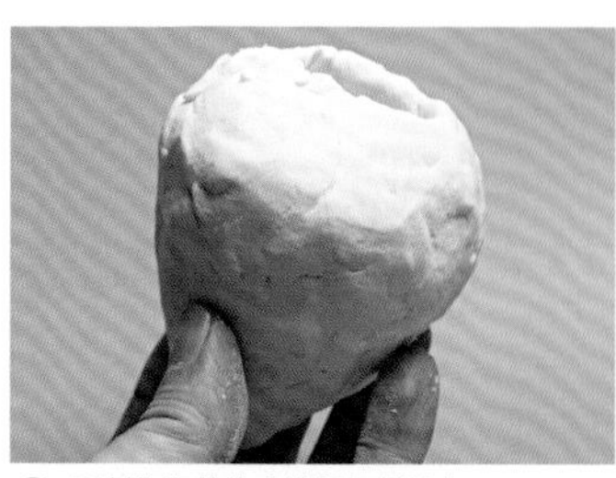

2 用制作陶艺的方法添加纸黏土。

3 从里向外挤压，使其膨胀。

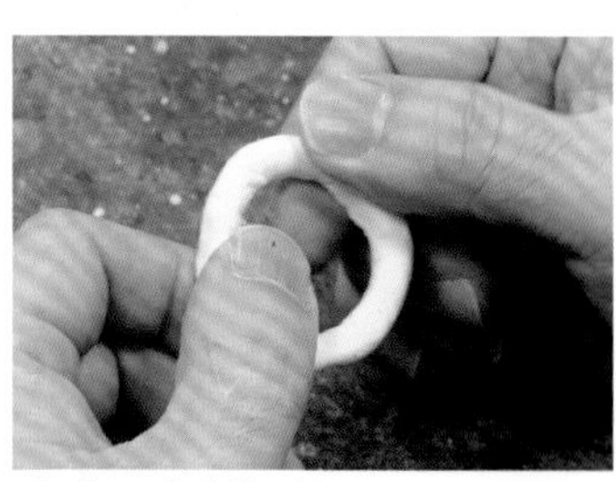

4 给开口部分做一个圆环。

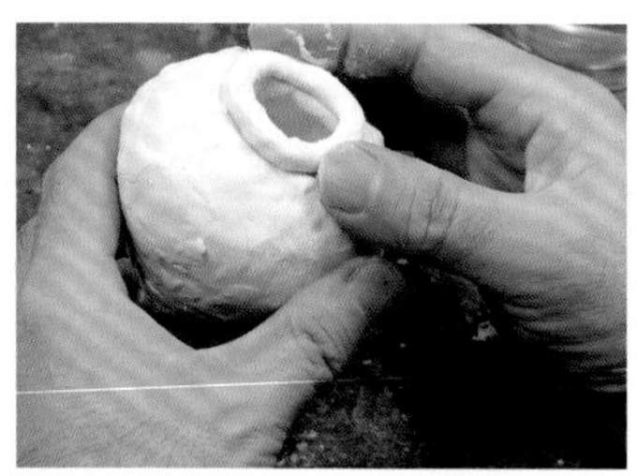

5 给做好的蜂巢装上开口部分的圆环。

6 用手指按压，将开口部分的圆环和蜂巢合为一体。

7 为了加快干燥的速度和方便后续添加纸黏土，用锥子在做好的蜂巢上打洞。

堆塑和切削纸黏土

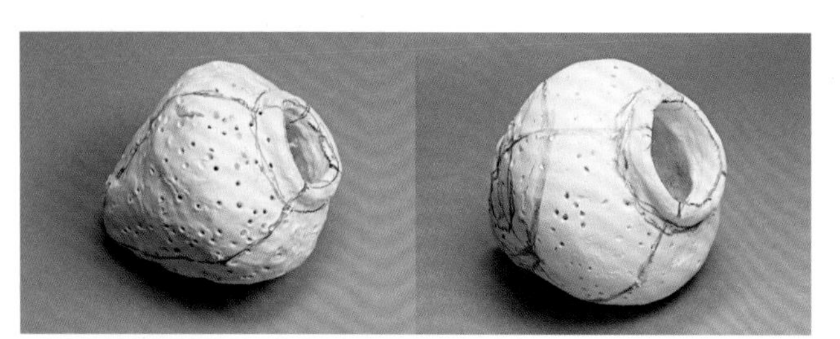

▲在要出形的地方画好线，并进一步添加纸黏土。

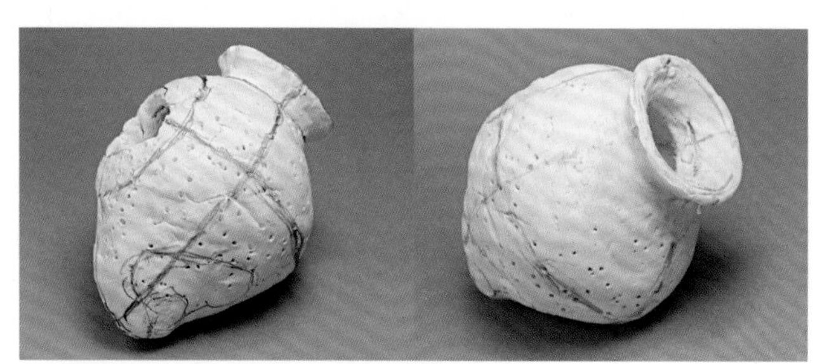

▲确定陶罐形蜂巢要开口的地方及要装上机械零件的区域。

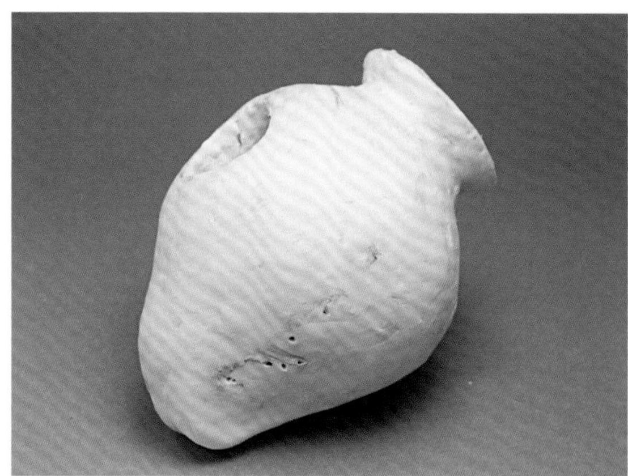

▲再次进行纸黏土的堆塑和切削工作。

将蜂巢和树枝临时组装在一起查看效果

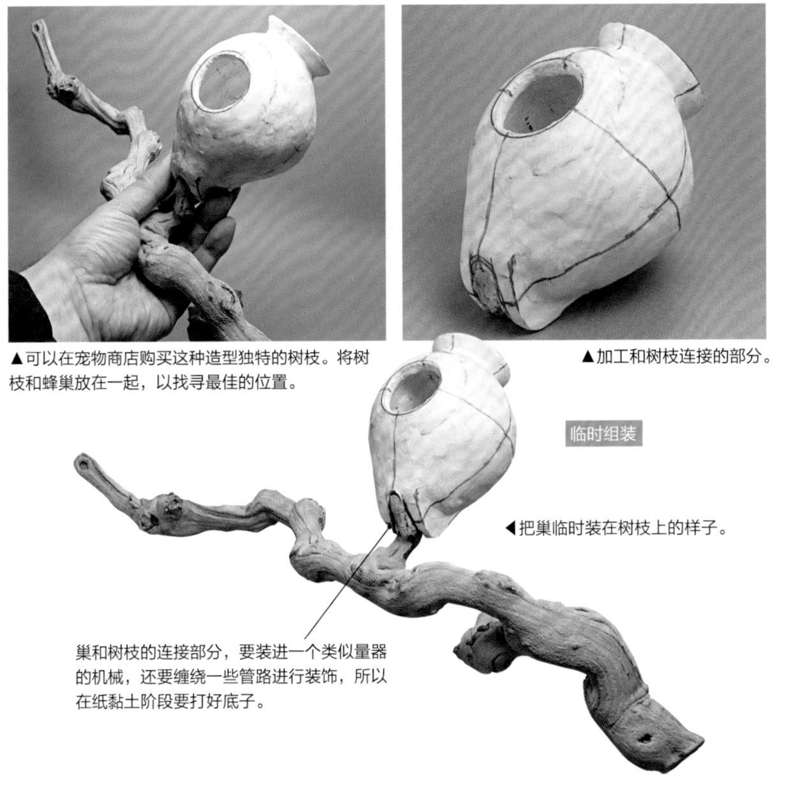

▲可以在宠物商店购买这种造型独特的树枝。将树枝和蜂巢放在一起，以找寻最佳的位置。

▲加工和树枝连接的部分。

◀把巢临时装在树枝上的样子。

巢和树枝的连接部分，要装进一个类似量器的机械，还要缠绕一些管路进行装饰，所以在纸黏土阶段要打好底子。

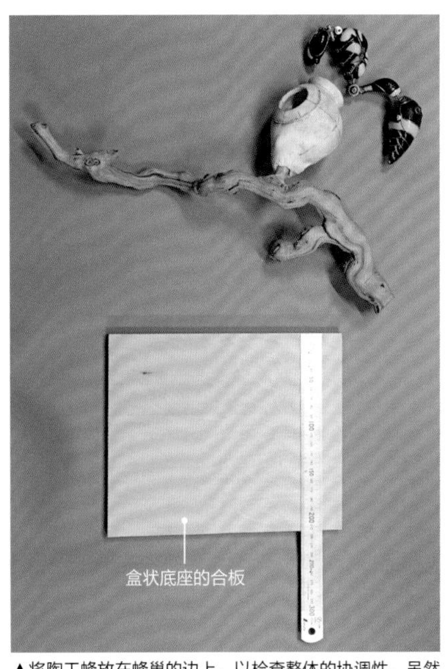

▲将陶工蜂放在蜂巢的边上，以检查整体的协调性。虽然之前画过一个整体的草图，但在这里不必过分局限于之前的草图。务必在这个时候确定好树枝的固定点、底座的大小及形状。

2 连接处的前期处理和内部构造的组装

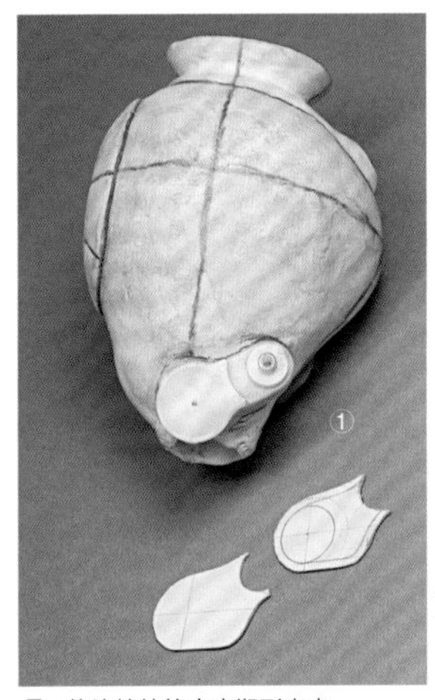

1 将连接处的底座塑形出来。

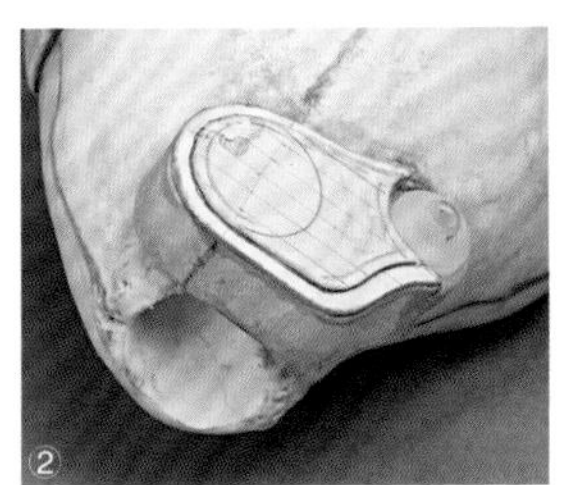

▲这个外观如同曲轴箱一样的零件，是由废弃的塑料和纸张组合制作而成的。

*曲轴箱：属于引擎的一部分的盒状零件。

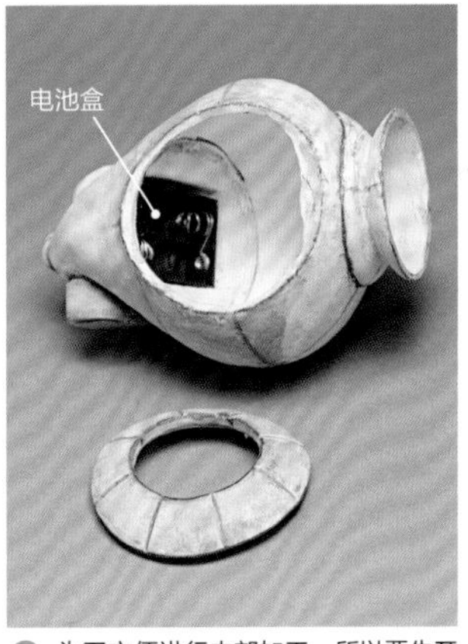

2 为了方便进行内部加工，所以要先开一个口子。

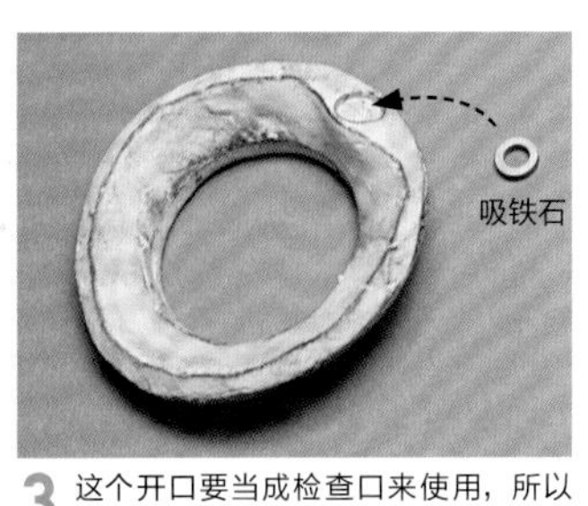

3 这个开口要当成检查口来使用，所以装一个吸铁石以方便开关。

◀因为要在内部装设 LED 灯，所以需要保证有安装电池盒（5 号 ×2 节）的空间。

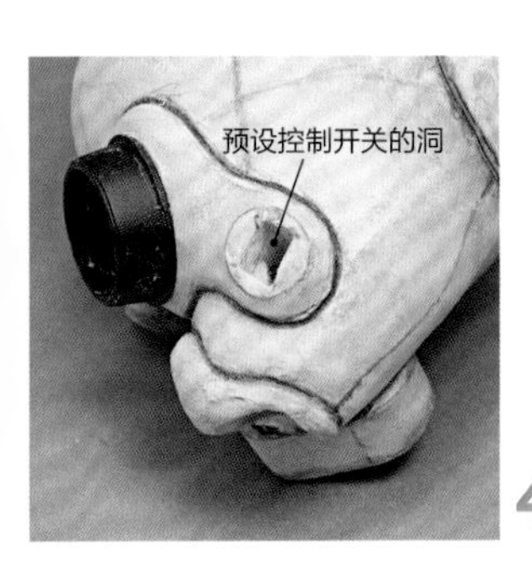

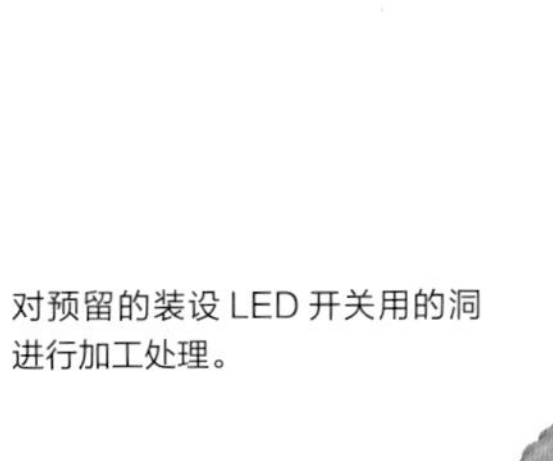

4 对预留的装设 LED 开关用的洞进行加工处理。

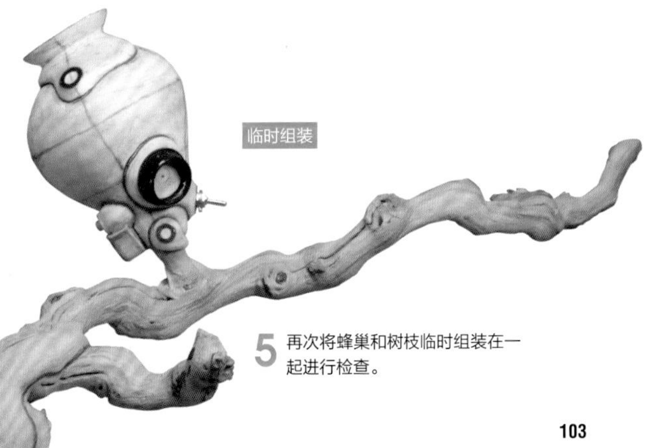

5 再次将蜂巢和树枝临时组装在一起进行检查。

制作底座

蜂巢的打底处理

①成型之后，涂上打底颜料。上色→打磨这一过程需要操作两次。②为了使后期涂金属色的地方变得更平滑一点，所以再次涂上表面涂剂，并用更细一点的砂纸进行仔细打磨。③作为表面加工的前期工作，先把相应部分涂成黑色。

①涂上打底颜料并打磨（两次）

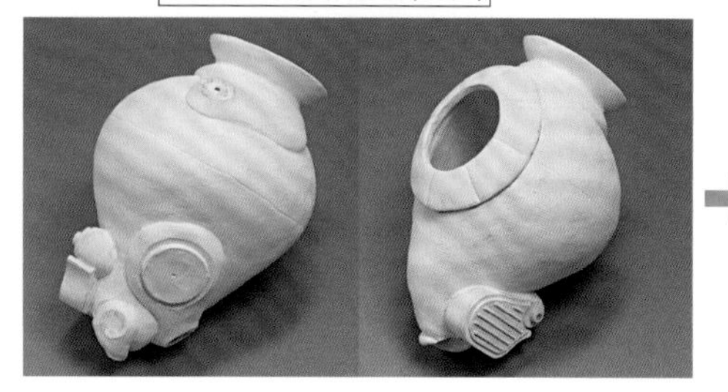

②用笔涂上表面涂剂，然后打磨

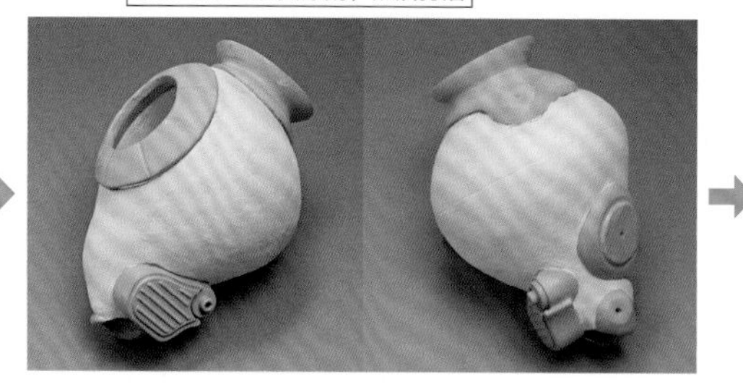

③涂上黑色的打底颜料

④贴上作为基准线的焊锡线

⑤由基准线向上开始缠绕

用焊锡线来营造出蜂巢层层堆叠的质感。为了方便操作，可先在蜂巢中间贴上焊锡线，作为基准线。

⑥贴上半部分

⑦全部贴完

⑧贴上检查口之后的样子

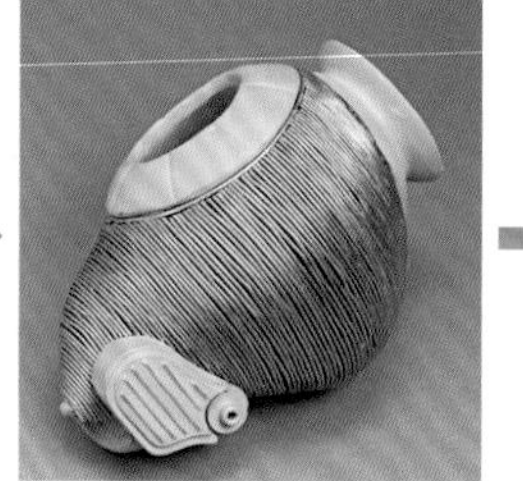

⑨从 LED 开关处看到的样子

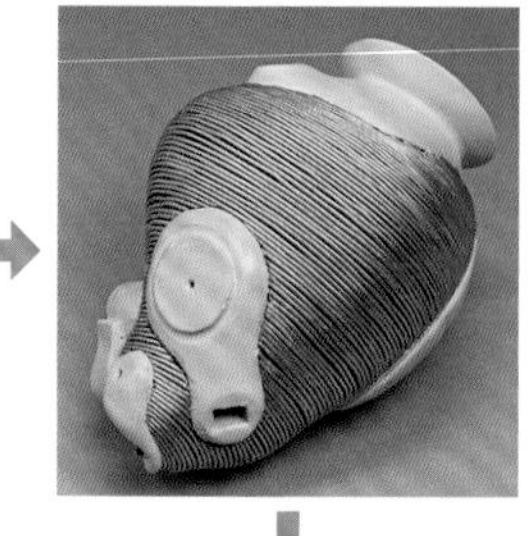

贴的时候不要让焊锡线完全平行，而是刻意要粘贴成稍微不规则的波浪形。

⑩将蜂巢和树枝临时组装在一起

制作底座

底座与支柱的塑形

▲根据第 103 页确定的整体效果来决定底座的形状和尺寸。

1 制作盒状底座

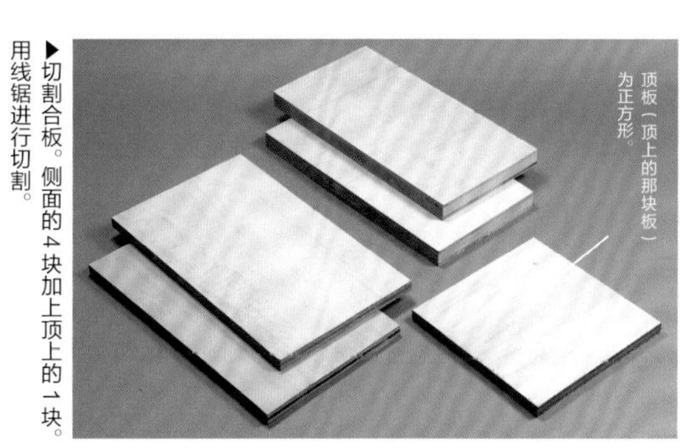

▶切割合板。侧面的 4 块加上顶上的 1 块。用线锯进行切割。

▲用木工专用的胶水进行粘贴，并用夹钳进行固定后做成箱子。

▲盒状底座就做好了。

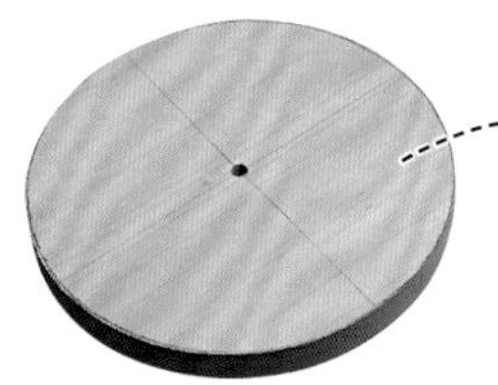

▲在顶板上再加上一块圆形的板，既是为了增加设计感也是为了加强承重。

▲在顶板中心用于装支柱的地方打一个洞。

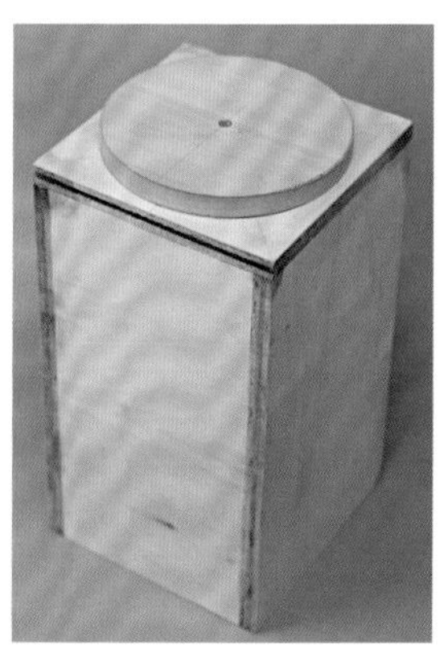

▲将圆板暂时放到顶板上。

2 制作支柱

剪切铝板

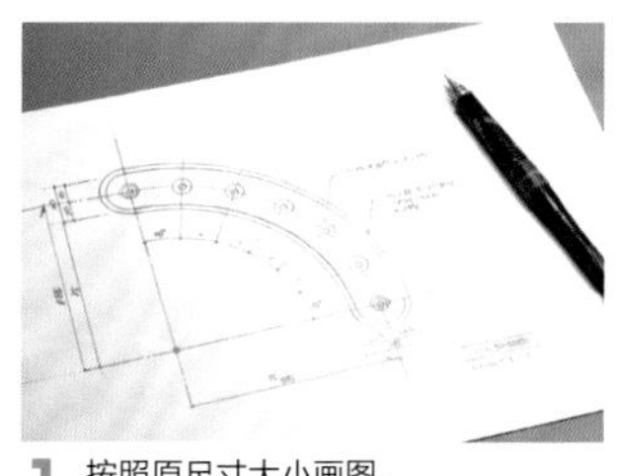

1 按照原尺寸大小画图。

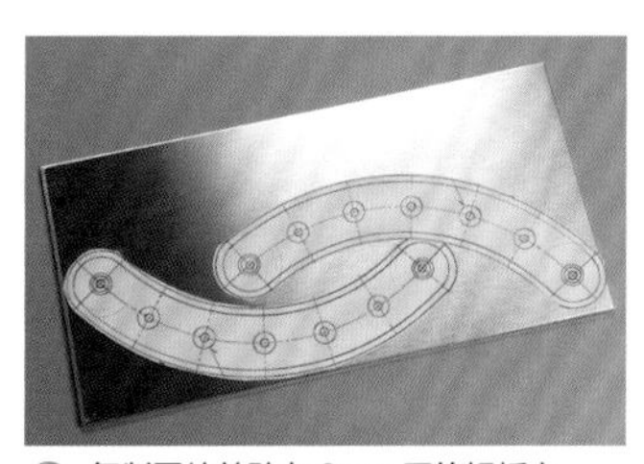

2 复制图片并贴在 2mm 厚的铝板上。

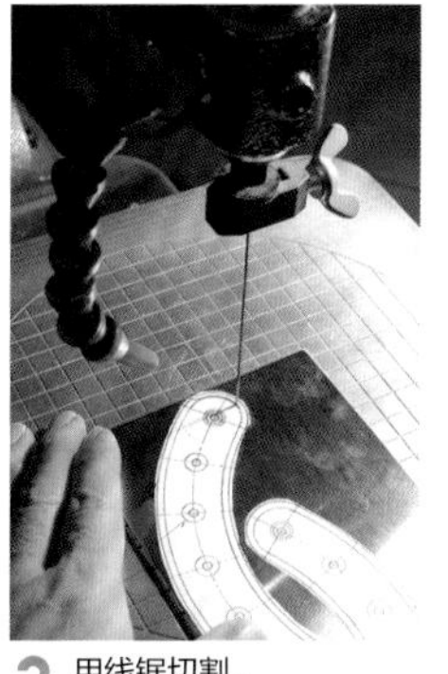

3 用线锯切割。

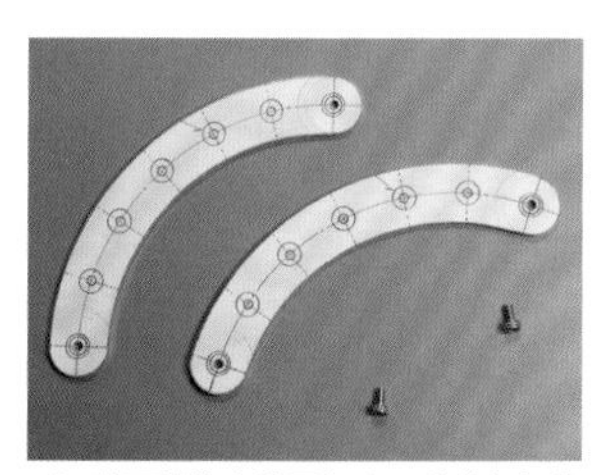

4 给两端指定位置打孔，并准备好临时固定用的螺栓。

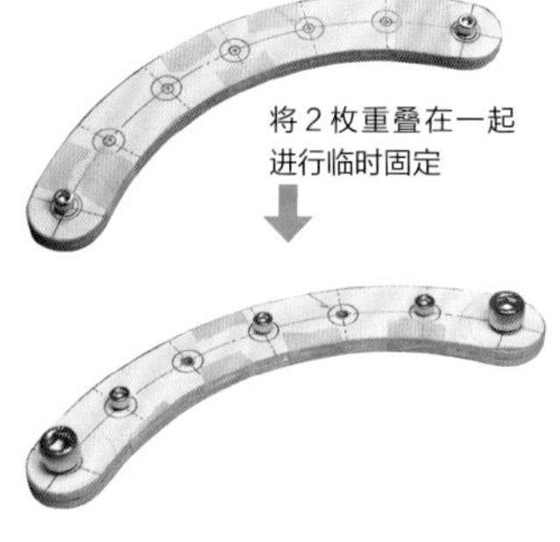

5 按指定位置打好所有孔。两端的是 Φ6mm，其余的是 Φ3mm。

6 使用台式砂轮进行打磨。

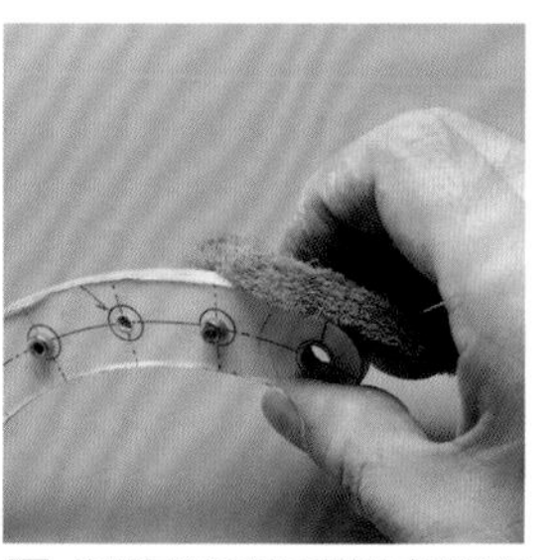

7 使用海绵打磨块对整体表面进行加工。

＊细线加工：画上朝着同一个方向的像头发一样的细线。

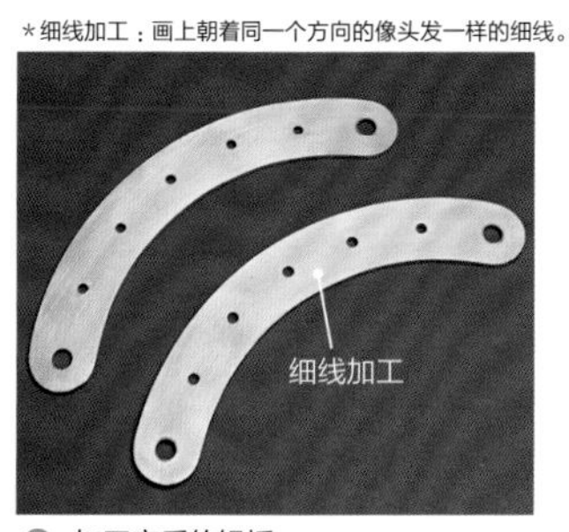

8 加工完后的铝板。

制作连接用的金属零件

1 将两个 M8 型号的黄铜螺帽焊接在一起，并在侧面钻洞。

下方的金属配件

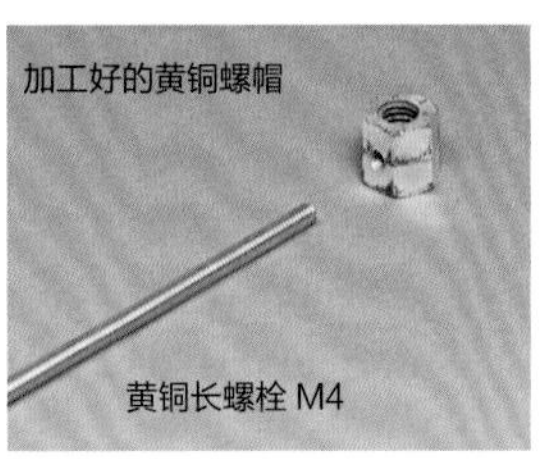

2 把长螺栓插入加工好的螺帽里，并焊接在一起。

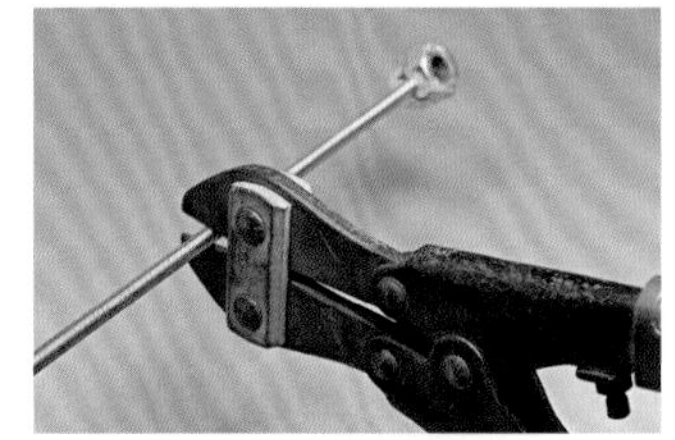

3 留出所需的长度后进行剪切。

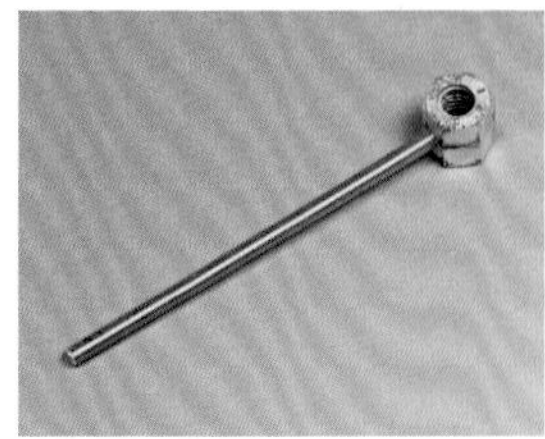

4 打磨好剪切口后，下方的金属配件就做好了。

上方的金属配件

5 将 Φ6mm 的黄铜管用专门的切管工具切出所需的长度。

6 将切好的黄铜管和两个 M8 型号的黄铜螺帽钎焊在一起。

＊钎焊：焊接金属的一种方法。在金属之间注入比母材熔点低的金属材料作为钎料进行固定。比起焊接，其接触面更加牢固。

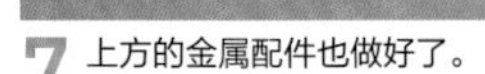

7 上方的金属配件也做好了。

临时组装

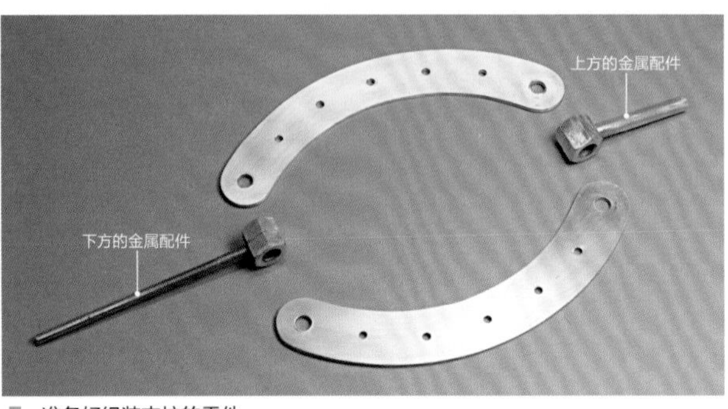

1 准备好组装支柱的零件。

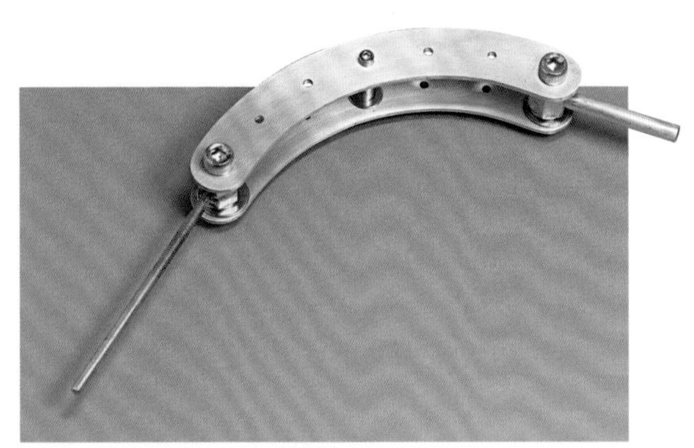

2 为了确定合不合适，先临时组装在一起。

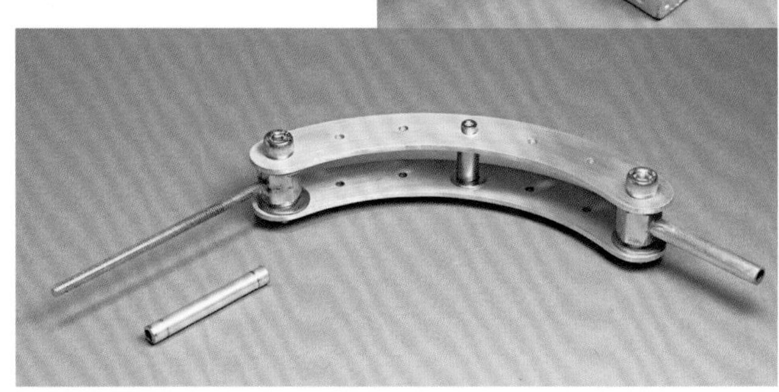

3 还要事先切割好用于插入下方金属配件的铝管。

临时组装盒状底座与支柱以确认整体外观

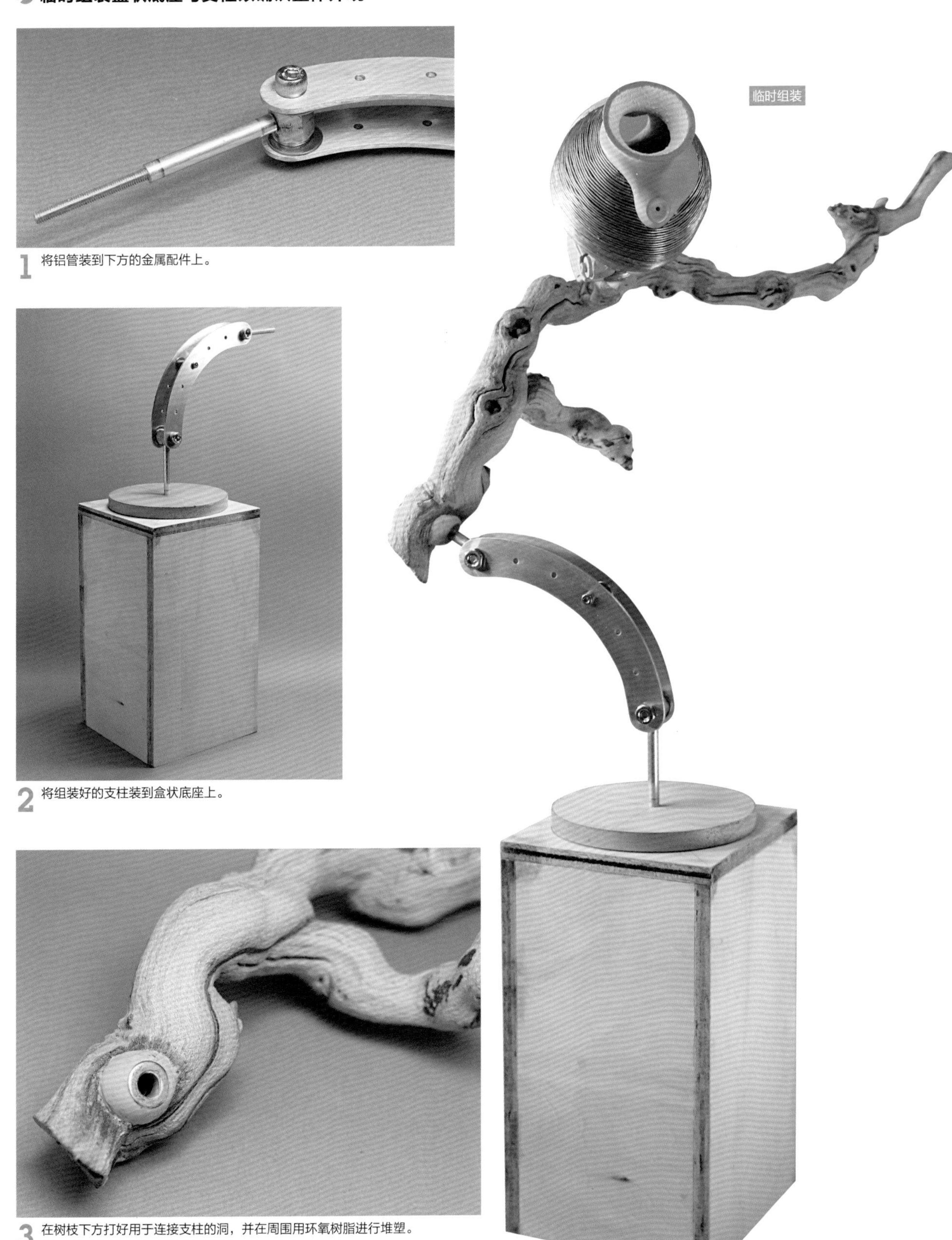

1 将铝管装到下方的金属配件上。

2 将组装好的支柱装到盒状底座上。

3 在树枝下方打好用于连接支柱的洞，并在周围用环氧树脂进行堆塑。

4 将所有东西临时组装在一起，查看整体效果。

盒状底座与支柱的组装

〈1〉定位底座的位置并制作底层

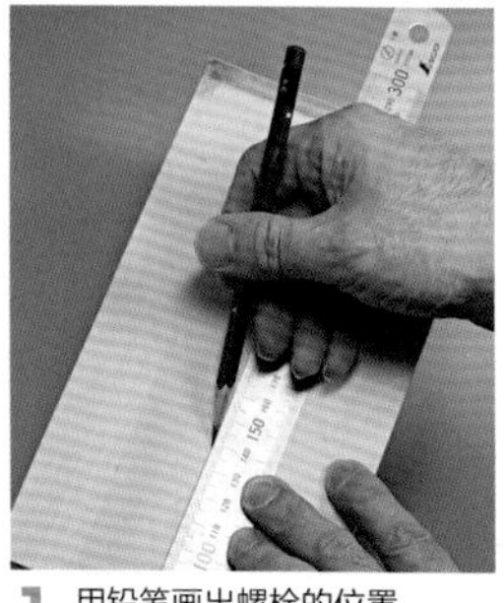

1 用铅笔画出螺栓的位置。

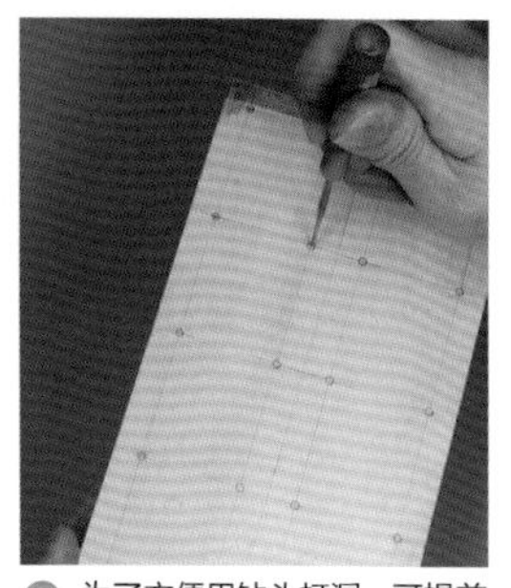

2 为了方便用钻头打洞，可提前刻出痕迹。

要使底座能够安上镶板

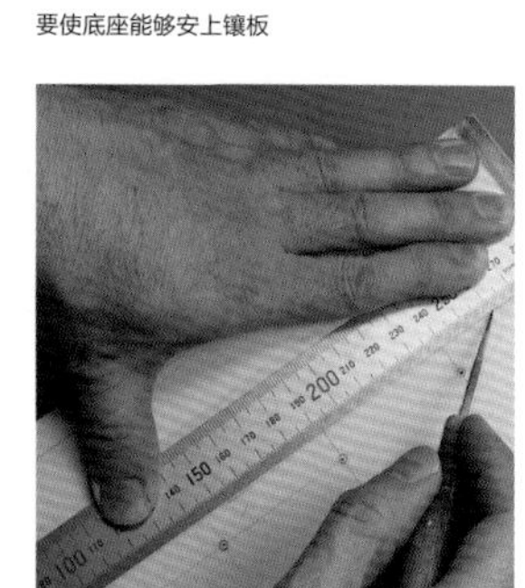

3 划出要贴焊锡线的痕迹。

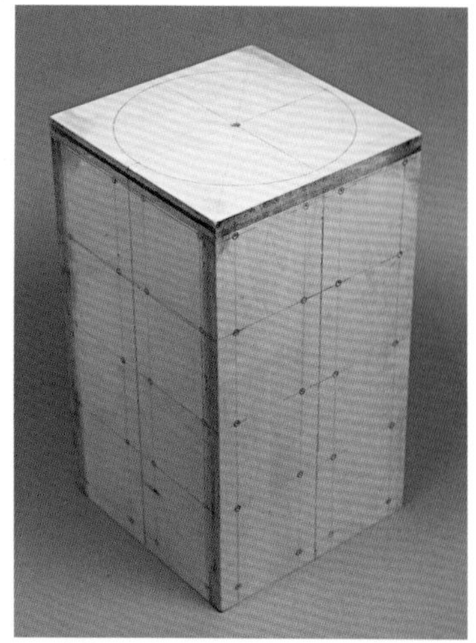

4 底座上面画的就是要贴焊锡线和打螺栓的地方。

5 将底座放在钻床上打洞。

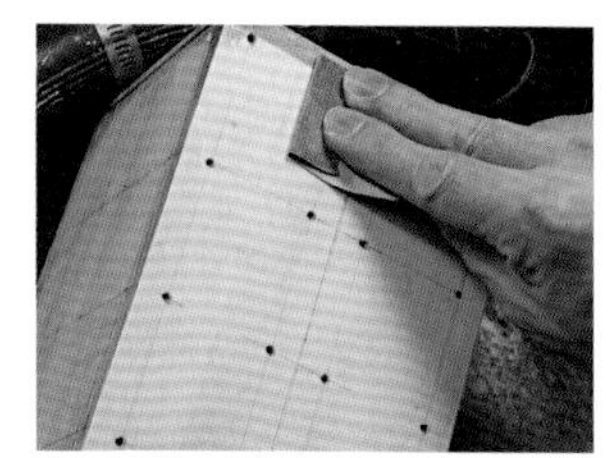

6 用砂纸打磨表面。

7 以敲击的方式，用画笔涂抹出粗糙的表面效果（参照第13页）。

▲在顶板上插入螺栓，作为把手。

〈2〉对底座进行上色并装设金属零件

上色

▲喷涂金属色的清漆。将银色和铜色两种颜料混合使用。

▲内部要用丙烯颜料涂成黑色。

◀表面凹陷的地方会堆积深色的颜料，凹凸的粗糙质感就能得到更好的呈现。然后，沿着螺栓和焊锡线的位置喷出阴影。

贴上焊锡线并装上螺栓

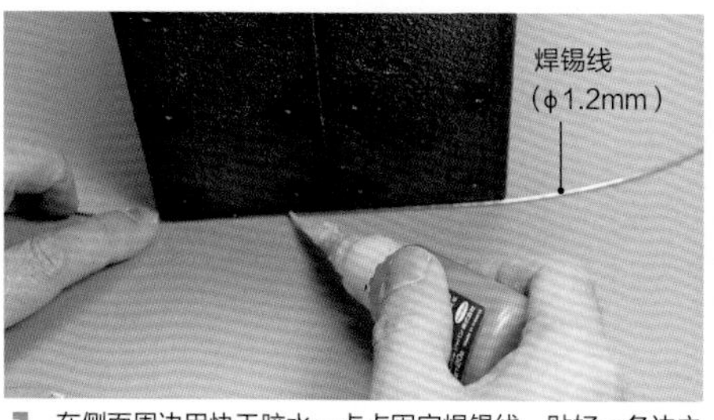

1 在侧面周边用快干胶水一点点固定焊锡线。贴好一条边之后，再用快干胶水固定一下。

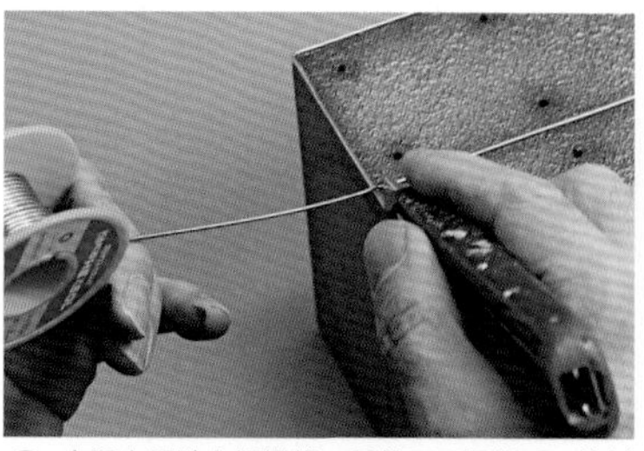

2 中间也要贴上焊锡线，用美工刀切断后，将其压入相交的另一条焊锡线。

3 在贴好的焊锡线内侧，再贴上细一点（Φ0.6mm）的焊锡线。

4 底面和侧面贴完焊锡线以后的样子。

5 要用到的六角螺栓和各种垫圈。因为一个面就要用 20 个，所以要准备好 80 个。

6 用螺丝刀给底座安装上述零件。之前打好的洞是Φ3mm，因打底处理涂上的颜料可能会有所渗入，导致洞的直径变小，所以拧螺栓的时候会有点难拧。

7 拧完螺栓后的样子。

8 底部的四个角也要拧上六角螺栓。

▲起到放在地上时的保护作用。如果感觉高低不平的话，可调整螺栓拧进的长度。

3 组装底座顶板上的圆板

准备材料

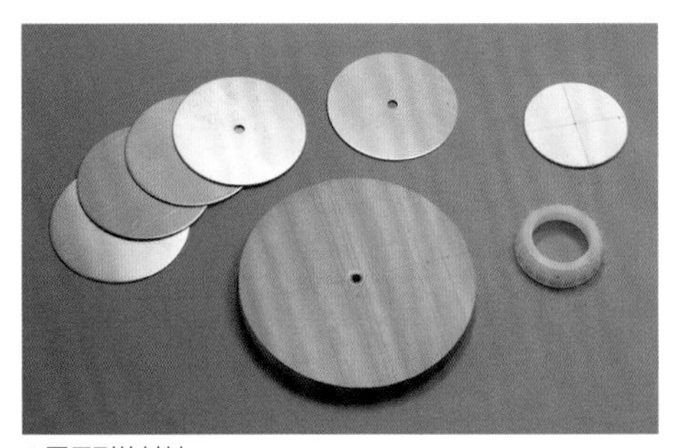

▲要用到的材料
铝板 ×5 块、厚纸板、塑料容器的盖子、第 105 页的圆板。

▲先暂时摆放，查看整体效果。

铝板可以用之前切割失败的库存废料，厚纸板可以用装糕点的盒子，盖子则可用塑料容器的盖子。如果是使用频率较高的材料，可以尽量保留下各种不同形状的废材。

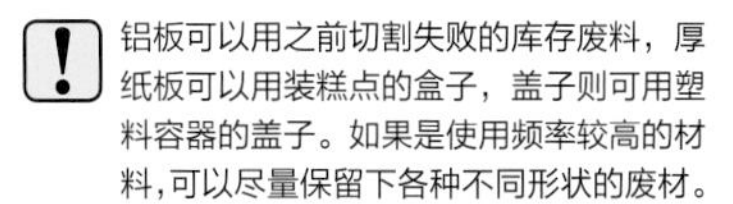

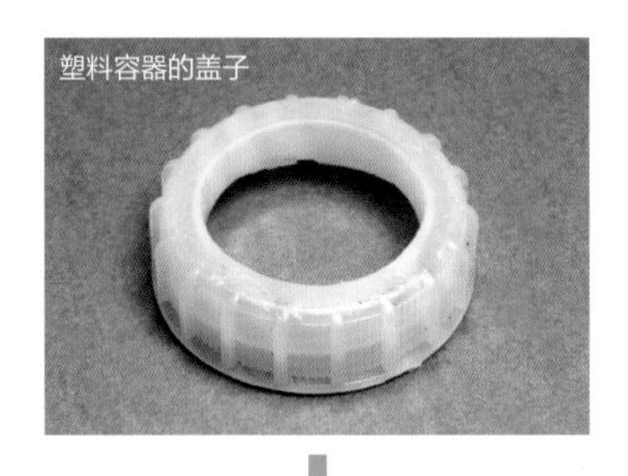

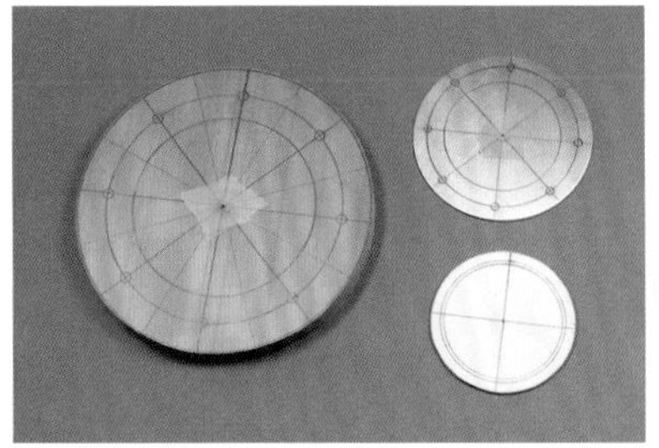

▲用螺栓固定零件，并确定好要打洞的位置。将 5 块铝板叠在一起进行固定。

用钻床打洞

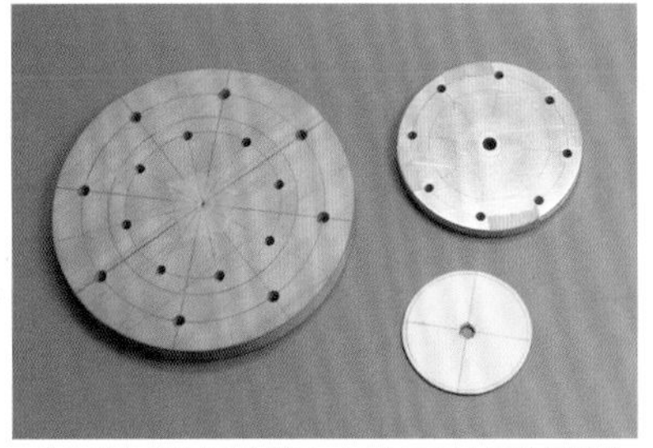

▲各零件打完洞后的样子。因为圆板上要贴焊锡线，所以先用锥子沿着线划一遍。

▲使用金属色颜料银色和铜色混合后进行上色。

继续准备材料

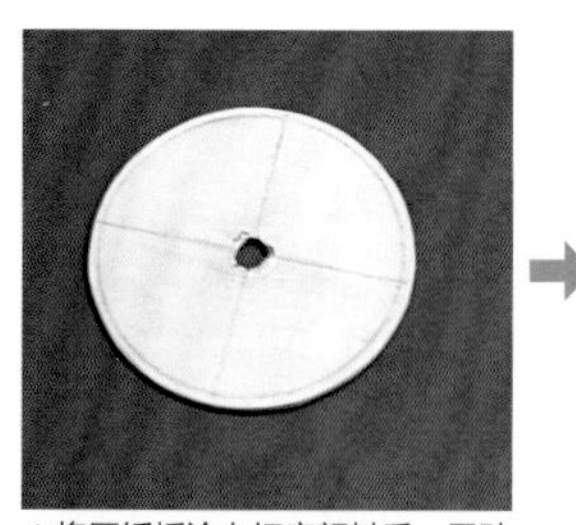

▲将厚纸板涂上打底颜料后，用砂纸打磨处理表面。

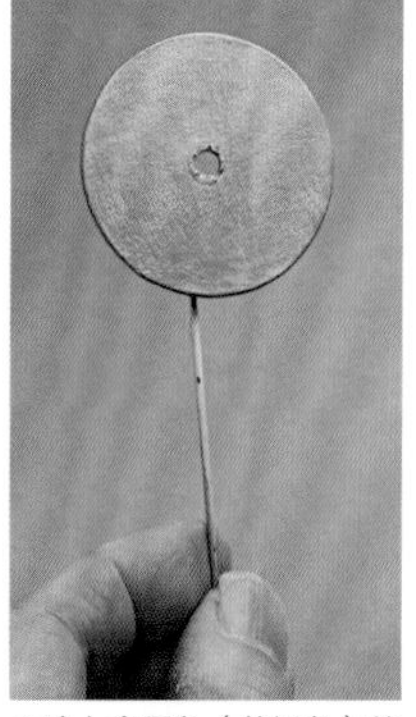

▲喷上金属色（黄铜色）的清漆。

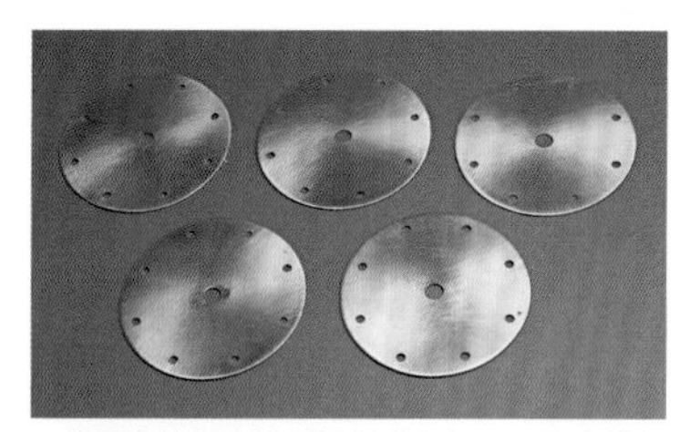

▲使用海绵打磨块对铝板进行加工，擦出线状条纹。

▲ 使用油性木器着色剂给圆板上色。

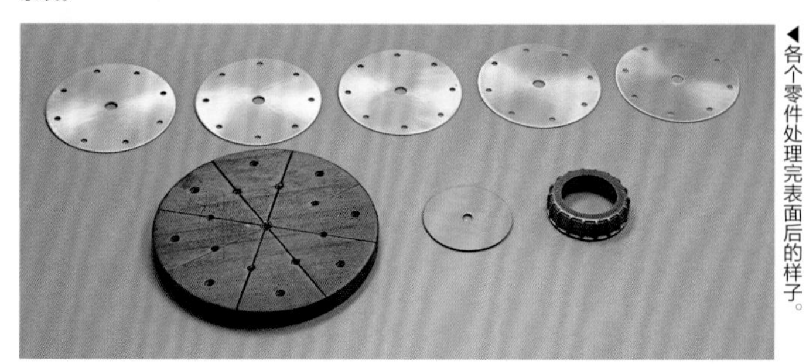

◀各个零件处理完表面后的样子。

安装处理好的圆板

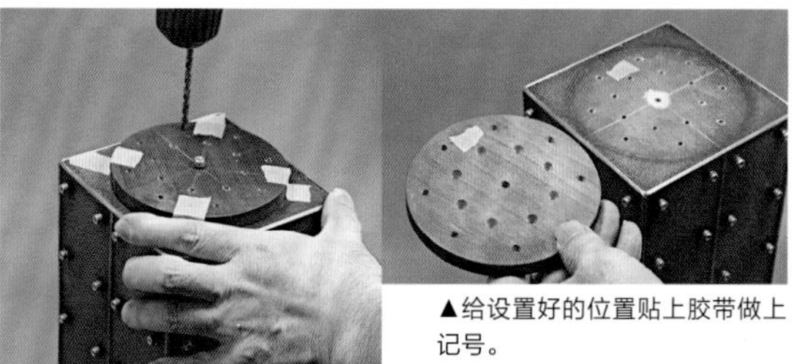

▲给设置好的位置贴上胶带做上记号。

1 将圆板暂时固定在底座的顶板上，并打出用于拧螺栓的洞。

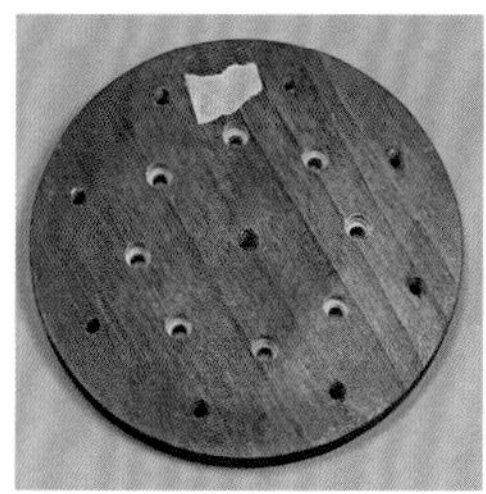

2 圆板的背面。因为固定铝板用的螺栓，要从圆板的背面拧上螺帽，所以背面洞的直径要稍微大一点。

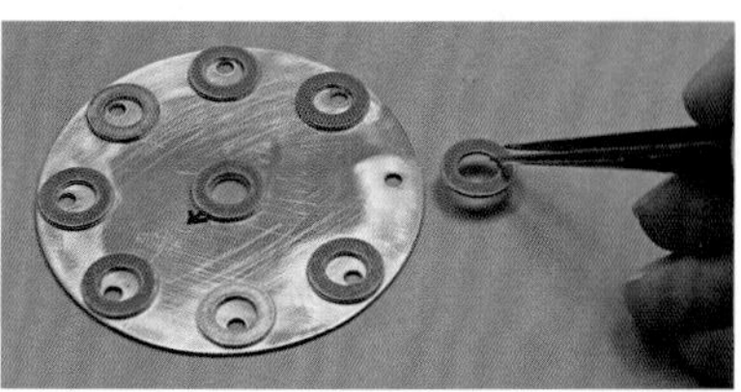

3 为了让重叠在一起的铝板间留有一定的空隙，在铝板背面用快干胶水贴上大的垫圈。

4 5 张铝板处理完后的样子。

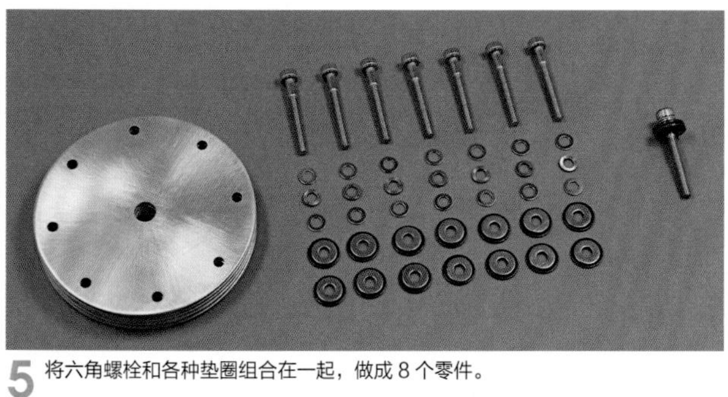

5 将六角螺栓和各种垫圈组合在一起，做成 8 个零件。

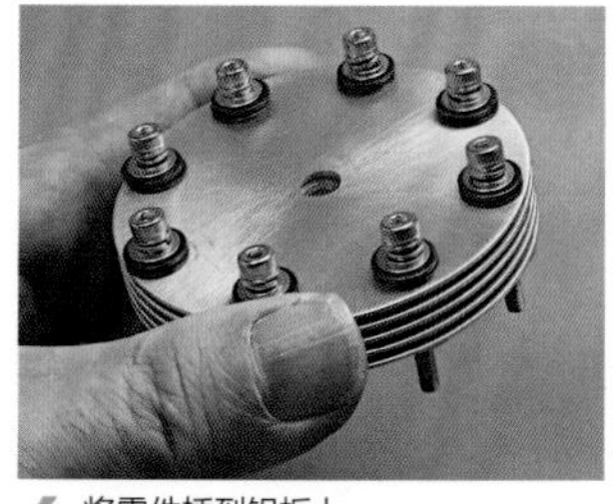

6 将零件插到铝板上。

7 装到圆板上。

8 在圆板的背面装上螺帽。

9 用螺丝刀拧紧。

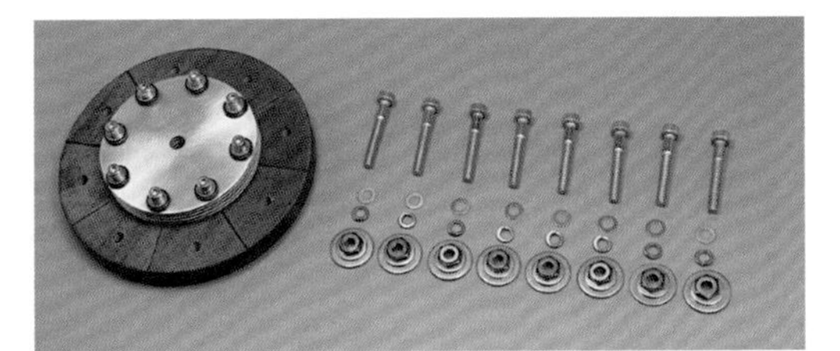

10 将组装好的圆板装到底座的顶板上。

11 用六角螺栓和各种垫圈做成 8 个零件。

12 用螺丝刀把螺栓拧紧。

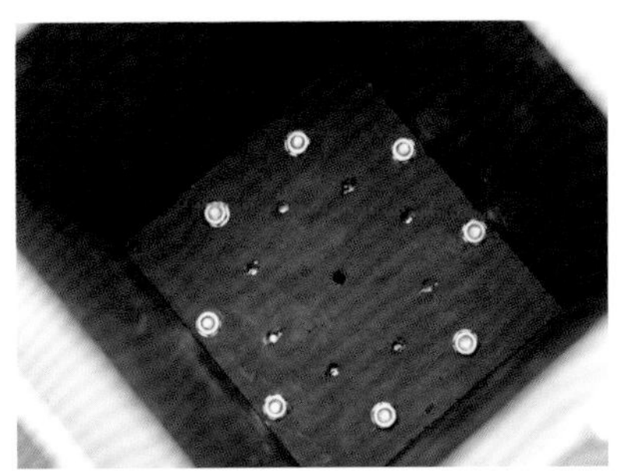

13 背面的螺帽。

14 将组装好的圆板装到顶板上后，底座就给人一种厚重的感觉。

〈4〉给支柱装上各种零件

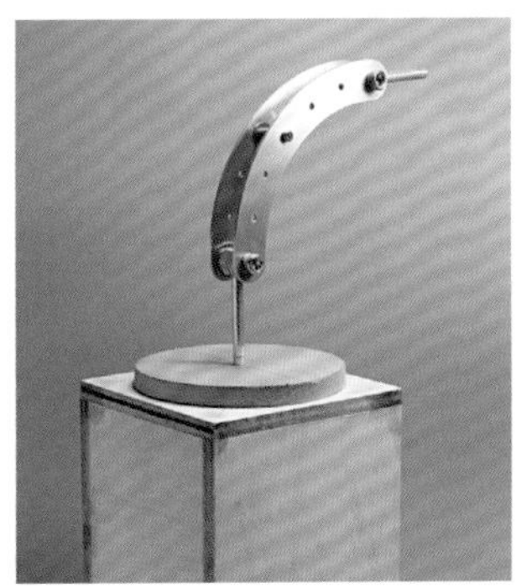

▲把第 107 页临时组装好的支柱拆开，再重新组装。

准备材料

要用到的材料
第 106 页做好的铝板和金属零件、各种螺帽和垫圈。

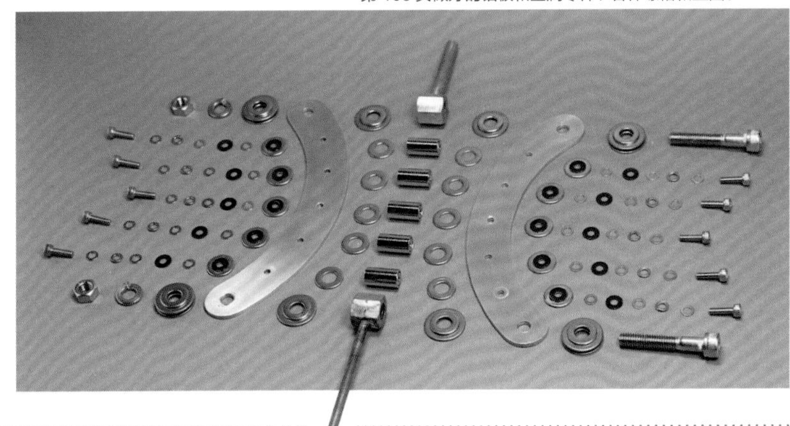

组装支柱

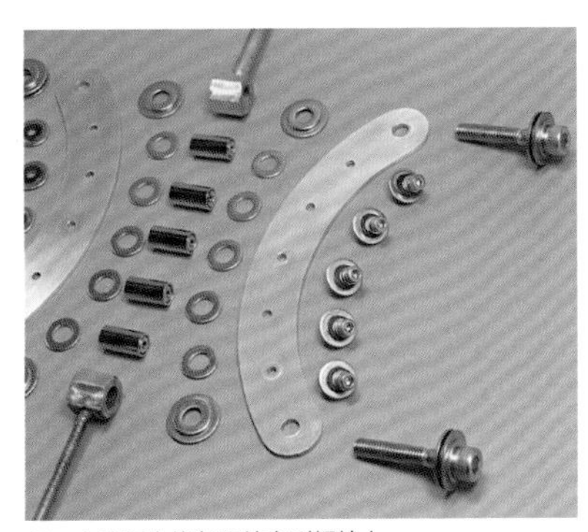

1 由外而内将各零件套到螺栓上。

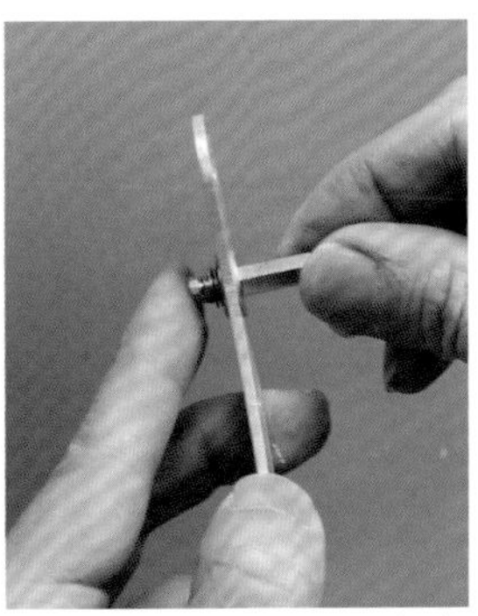

2 将各零件插入铝板，另一头用长螺帽固定。

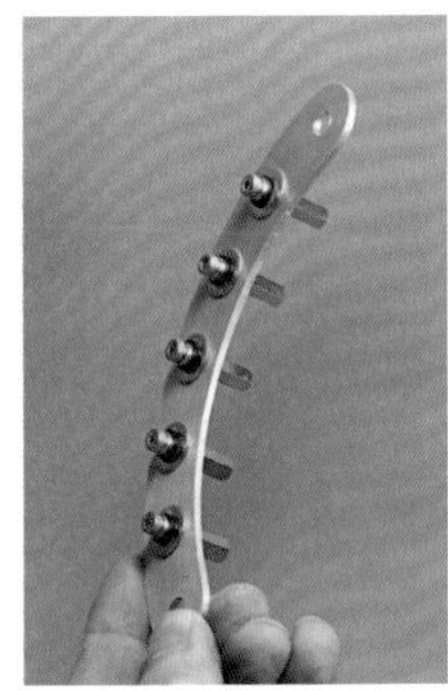

3 将五个位置固定好后的样子。

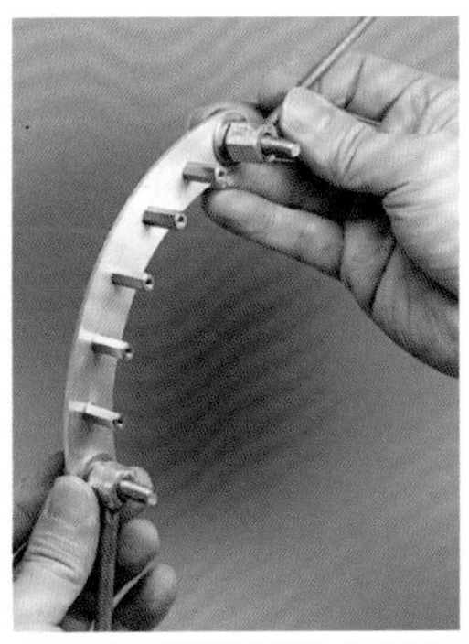

4 暂时在两端分别装上上方金属配件和下方金属配件。

继续组装支柱

5 将组装中的支柱放到平面上，给长螺帽套上垫圈和套管。

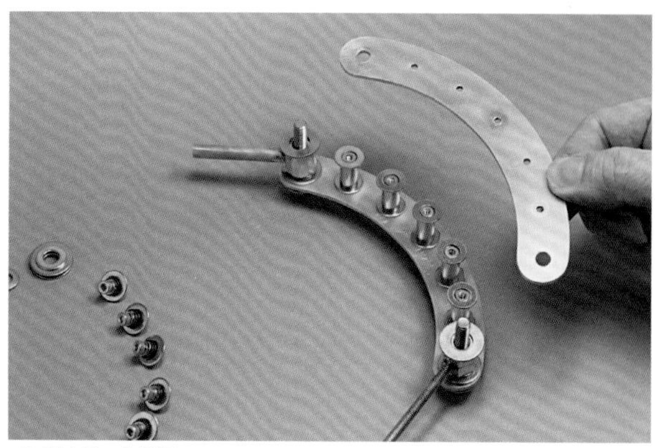

6 装上另一个铝板。

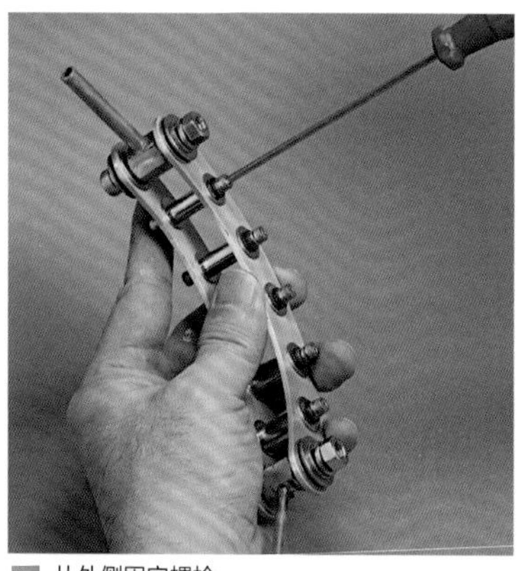

7 从外侧固定螺栓。

8 上方和下方的金属配件也要固定好。

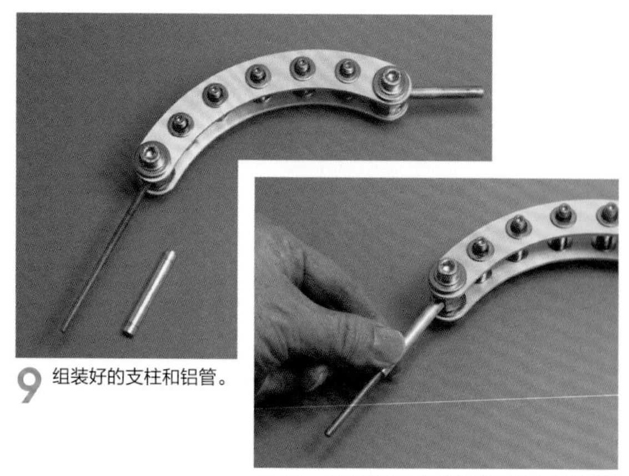

9 组装好的支柱和铝管。

10 将铝管插入下方的金属配件（参照第106页）。

5 将支柱装到底座上

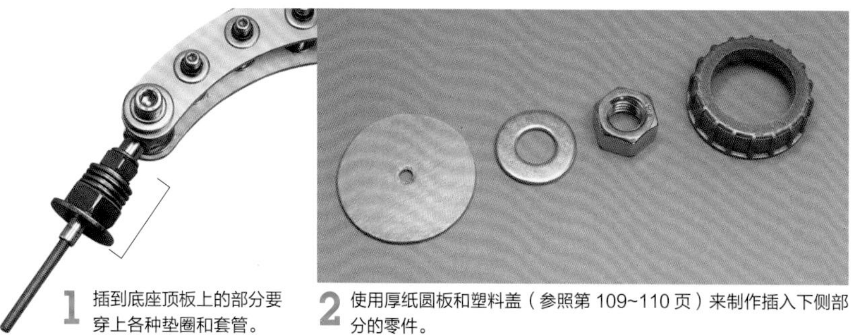

1 插到底座顶板上的部分要穿上各种垫圈和套管。

2 使用厚纸圆板和塑料盖（参照第109~110页）来制作插入下侧部分的零件。

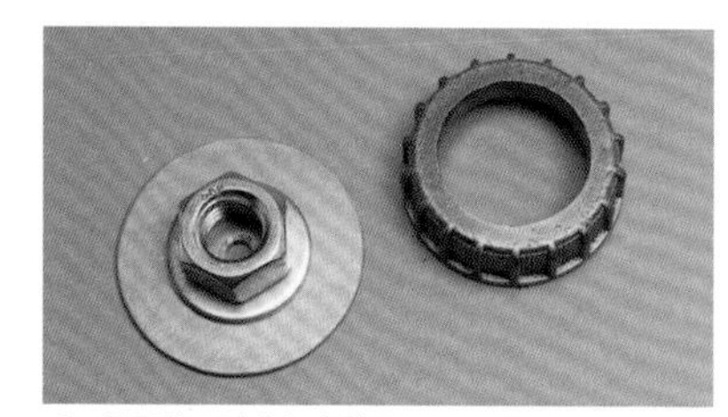

3 使用快干胶水把大垫圈M12和螺帽固定在厚纸圆板上。

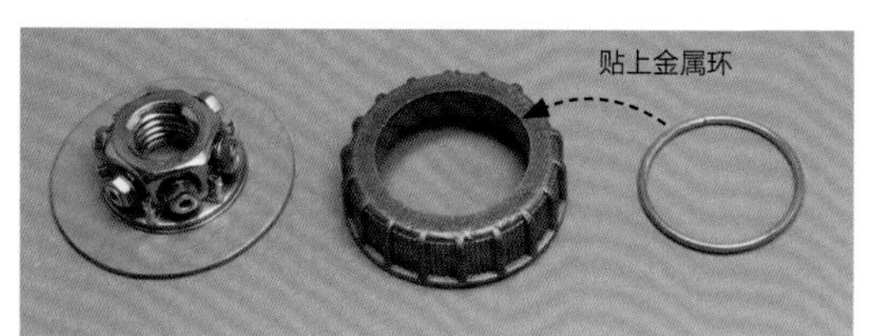

4 给螺帽贴上电子零件和小螺帽进行装饰。套上塑料盖，再贴上焊锡线做的圆环。

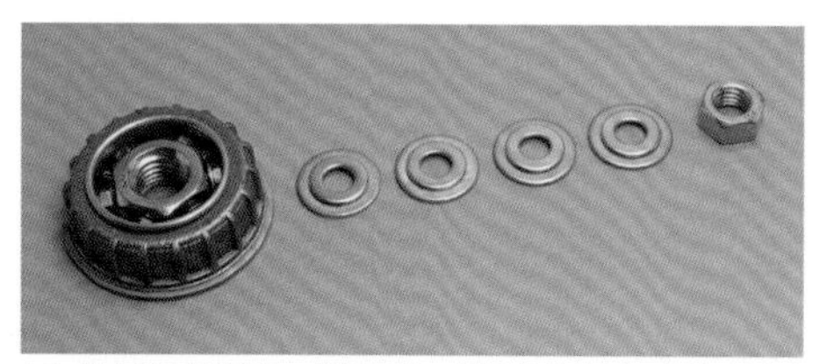

5 装上临时组装在一起的零件，看起来就像是一个汽车轮胎一样。

6 用快干胶水固定。

7 因为零件很容易松脱，所以要用环氧树脂填充。

8 尽可能多地往里面塞进环氧树脂。

9 待其硬化后，用钻床在中间打出一个可以塞进铝管的洞。

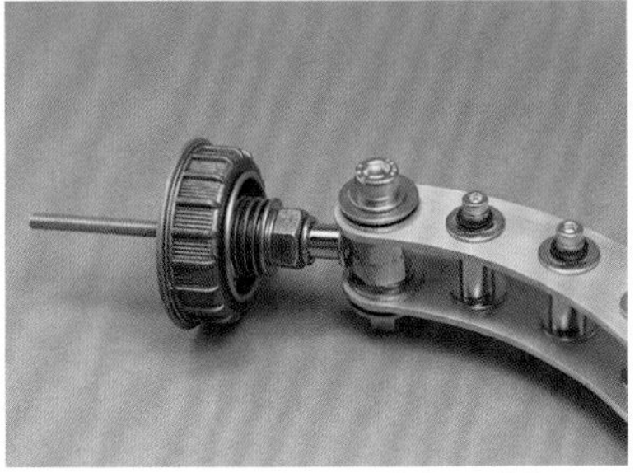

10 将做好的零件插入下方的金属配件上。

11 将支柱临时组装到底座上。

临时组装

12 盒状底座装上支柱后的样子。

▲第 104 页做好的涂抹颜料前的样子。

制作底座

蜂巢的涂装与各部位制作

1 用茶色系和银色打底

◀将要涂成金属色的地方遮蔽起来。

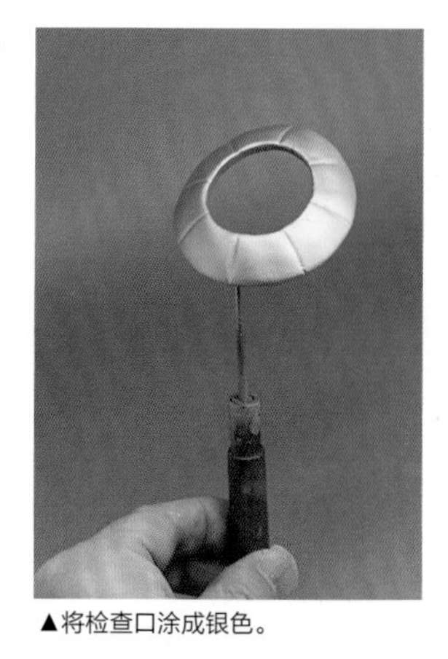

▲将检查口涂成银色。

①将茶色系的四种颜色混合后喷涂。

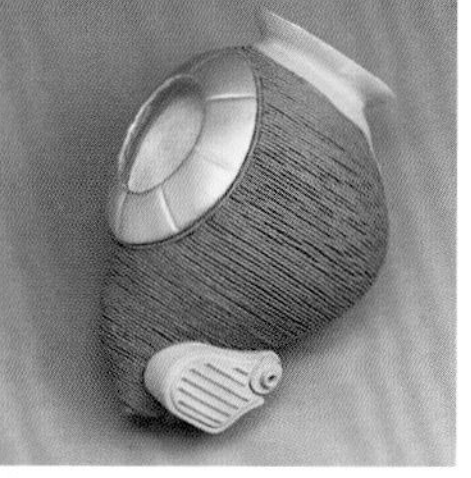

②待干燥后，撕下遮蔽纸。

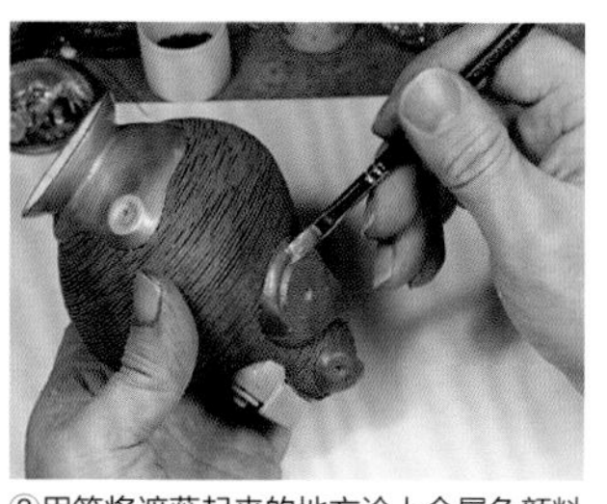

③用笔将遮蔽起来的地方涂上金属色颜料（银色）。

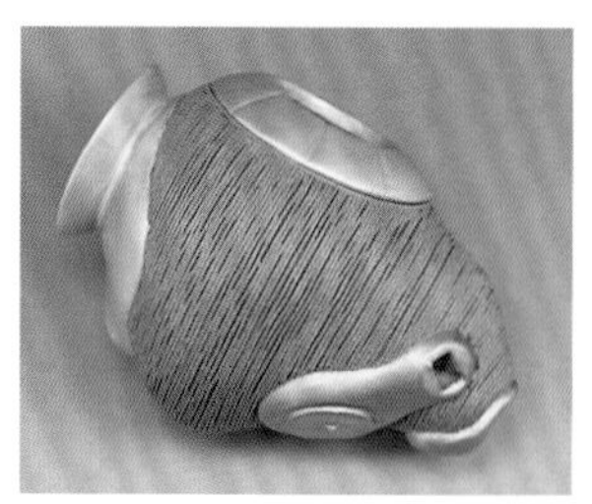

④打底完成。

2 上色，渲染打影

▲在金属色的凹陷部分和颜色分界处，打上阴影。

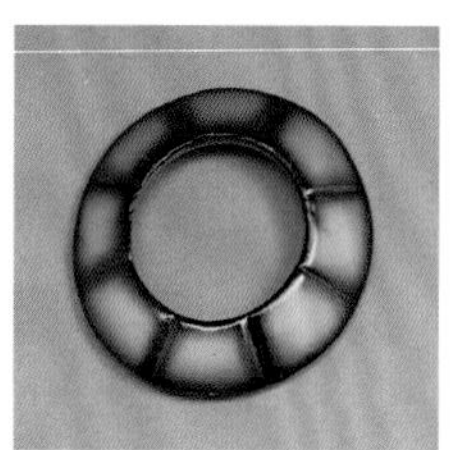

▲检查口也喷出阴影效果。

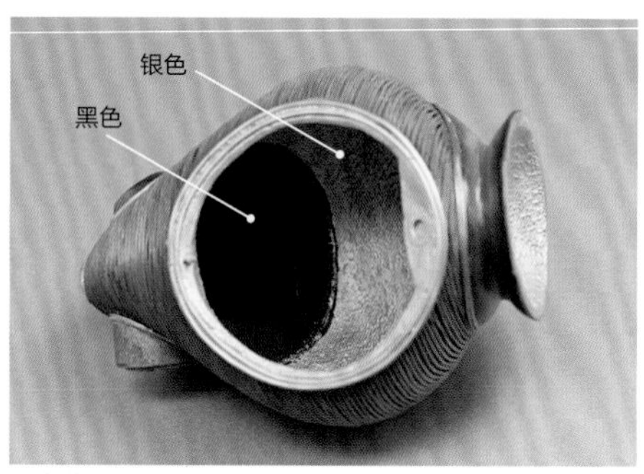

▲蜂巢的内部也要上色。

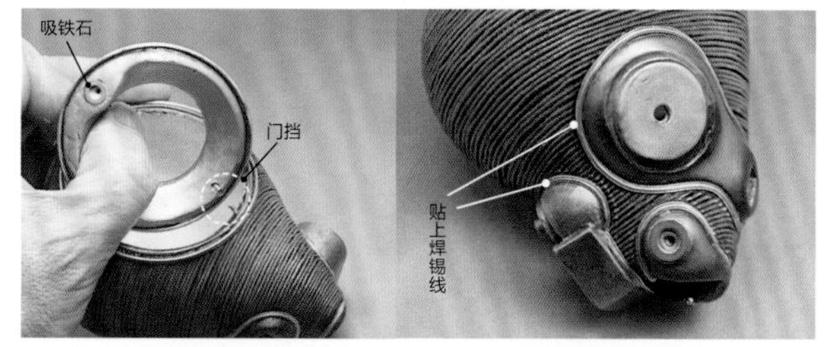

▲在检查口的背面下方，装上金属扣眼和不锈钢板做成的门挡，并进一步加工防止检查口滑下来。

◀隐藏电池盒的板可以作为蜂巢内部的底座。作为食物的尺蛾幼虫就可以放在这里。给厚纸板涂上打底颜料，打磨后再喷上清漆。

3 组装检查口

▲在检查口的外围贴上焊锡线。然后在其外侧的蜂巢的表面上再贴上一圈焊锡线。

制作检查口的窗户

给检查口的中间装上一个半球形的窗户。可以利用包装糕点用的氯乙烯板来进行制作。如果尺寸不合适，也可以到市场上去买。

＊氯乙烯：可用做聚氯乙烯等合成树脂的原料。

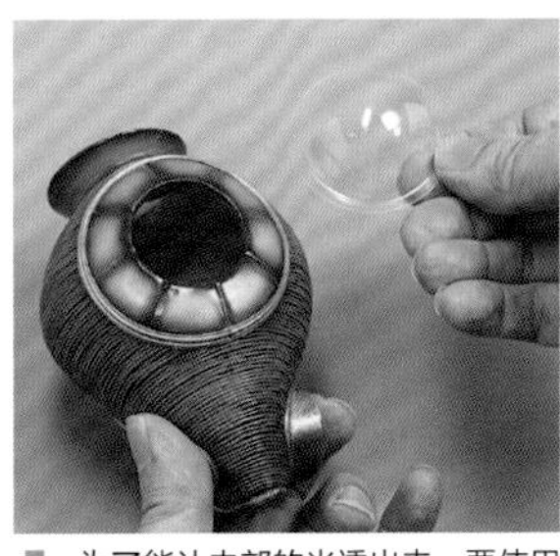

1 为了能让内部的光透出来，要使用透明的材料。

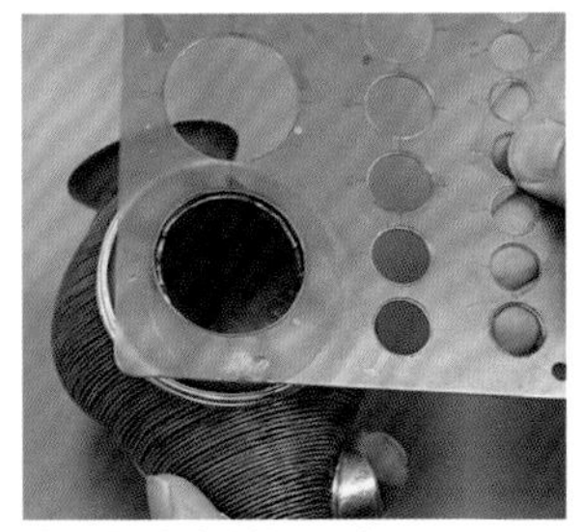

2 测量窗户的外围尺寸。

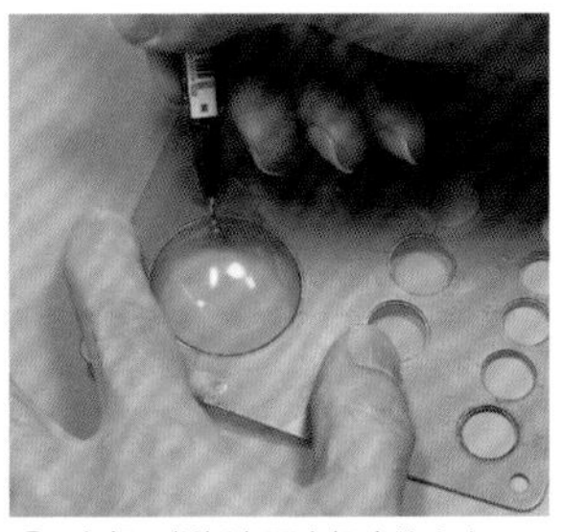

3 在氯乙烯板上画出相应的大小。

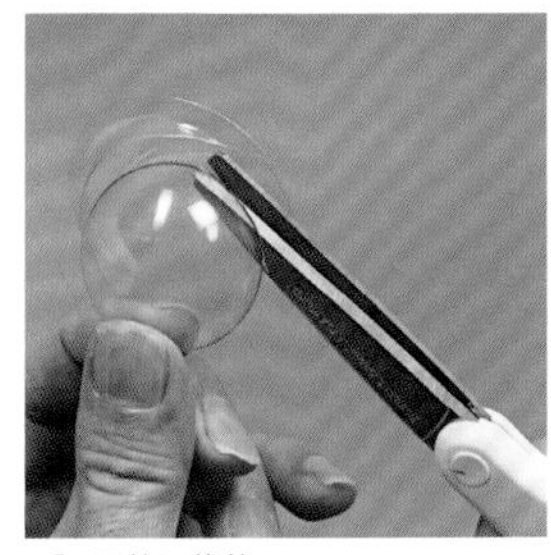

4 用剪刀裁剪。

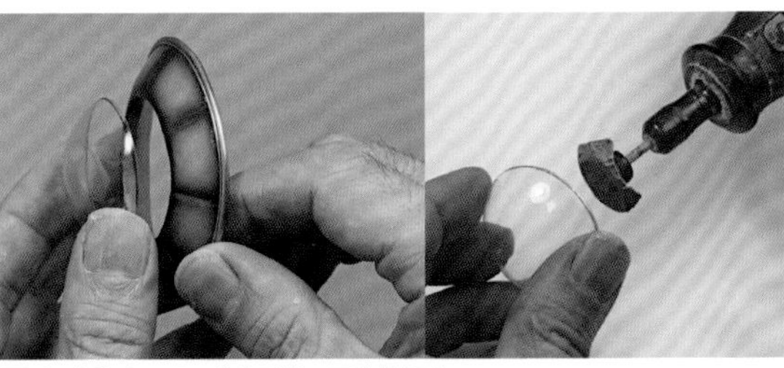

5 切合检查口开口处的形状，用电钻打磨。

6 在内侧喷上清漆。

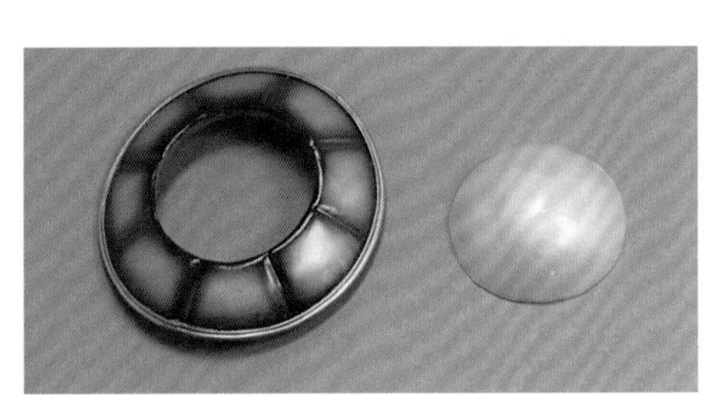

7 为了使内部的光能够透出，所以使用白色清漆。

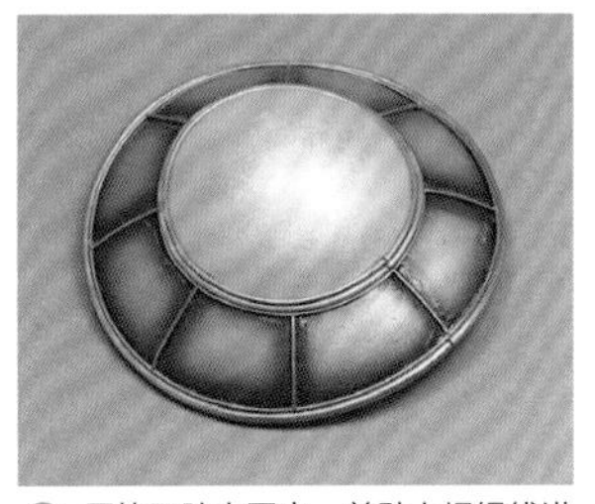

8 用快干胶水固定，并贴上焊锡线进行装饰。

9 将检查口装到蜂巢上。

4 组装蜂巢的入口

准备材料

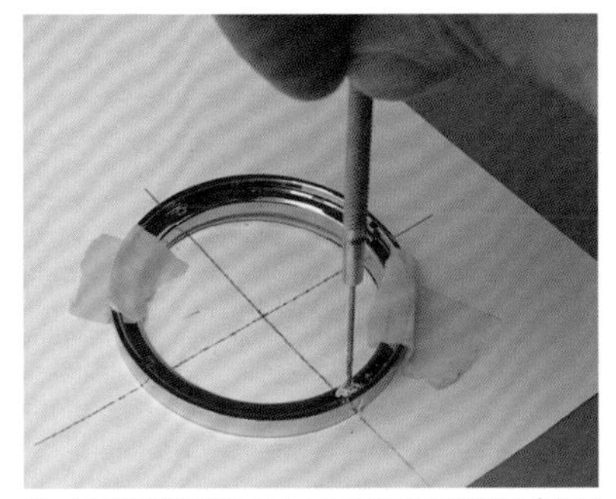

1 寻找和蜂巢的入口大小相当的废弃塑料品（双层环），这样既能加固入口部分，还能作为盖子安装的基础。为了将其装到蜂巢上，要先用手钻在相应位置打出两个洞。

2 将圆环安装到入口上，并用大头针固定。

3 为了使圆环的大小合适，用焊锡线和厚纸板分别做成圆环，然后套叠在一起。

制作蜂巢入口的盖子

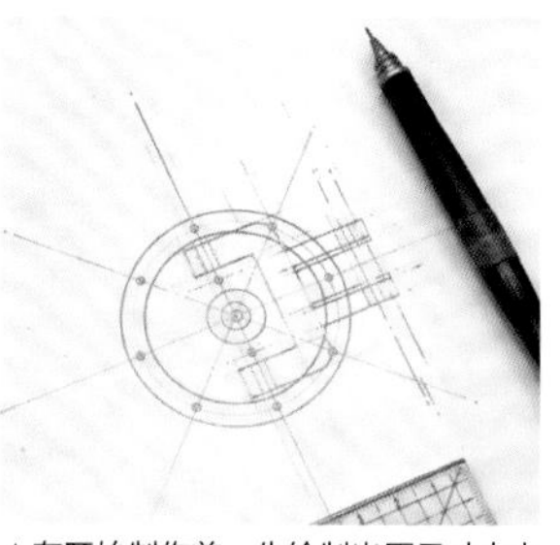

▲在开始制作前，先绘制出原尺寸大小的草图。为了使其看起来像是一个坚不可摧的盖子，可以参考银行金库门的设计。

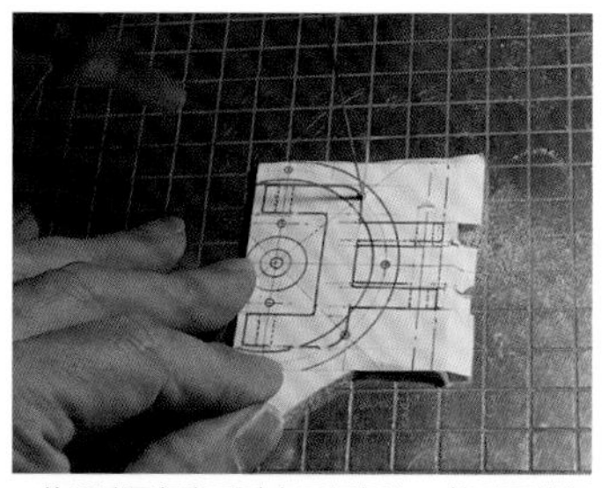

▲将设计图复印后贴在厚纸板上，然后用线锯切割。

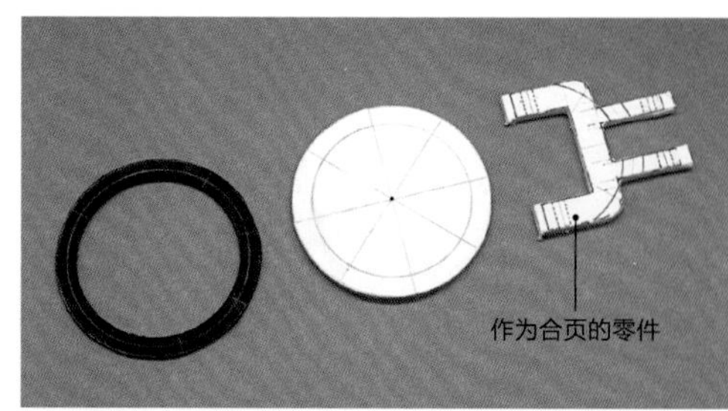

▲切好的零件。由于厚度的不同，纸的颜色也会不一样，反正后期还要上色，所以不用太在意。

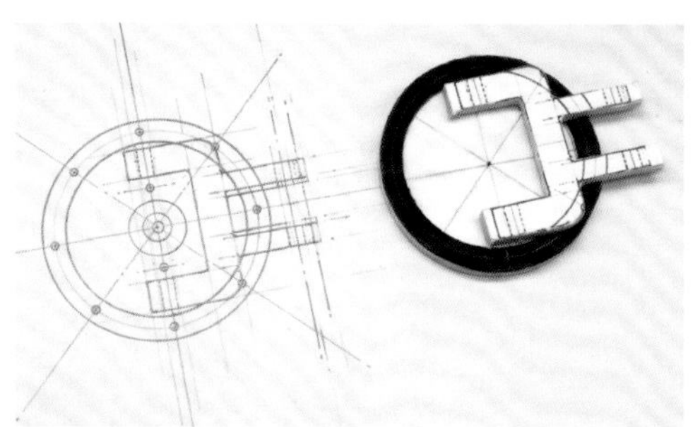

▲设计图和临时组装在一起的纸零件。

▲作为盖子一侧的合页零件需要有一定的强度。仅仅使用厚纸是不够的，要往里添加黄铜材料。为了隐藏黄铜材料，还需要加上环氧树脂。

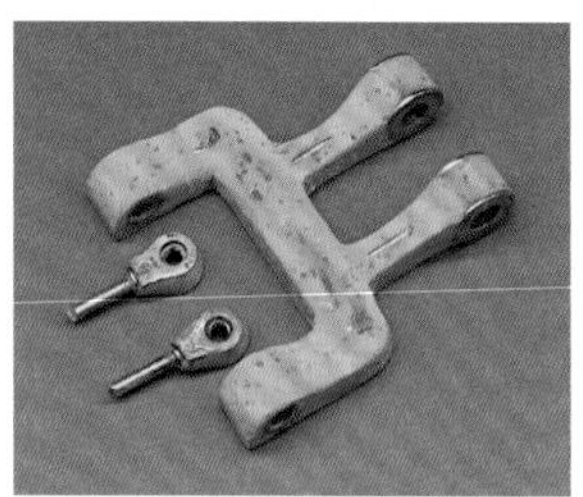

▲待环氧树脂硬化后，用砂纸打磨成合页的样子。

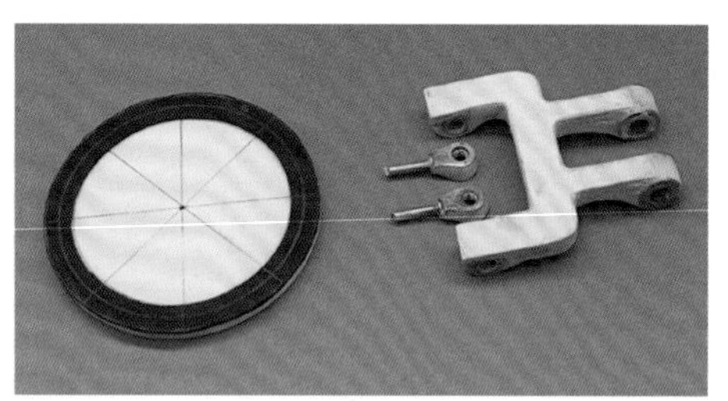

▲将零件临时组装在一起。

▲将其装到蜂巢上查看形状。

盖子的打底处理～准备涂装

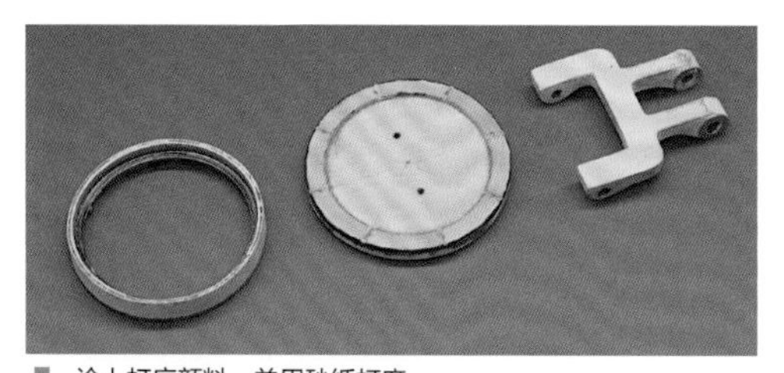

1 涂上打底颜料，并用砂纸打磨。

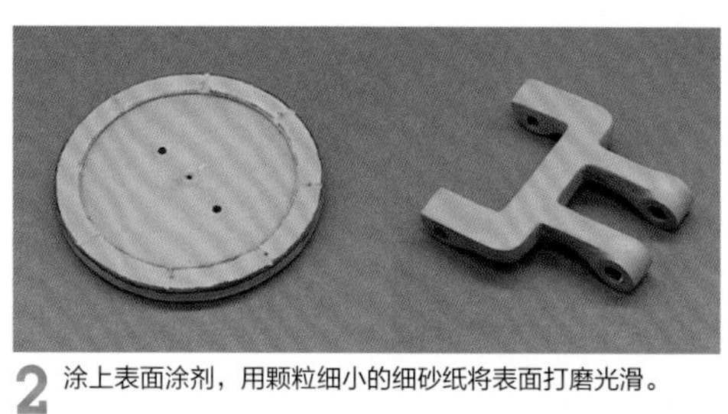

2 涂上表面涂剂，用颗粒细小的细砂纸将表面打磨光滑。

3 直接给金属零件喷涂上清漆。

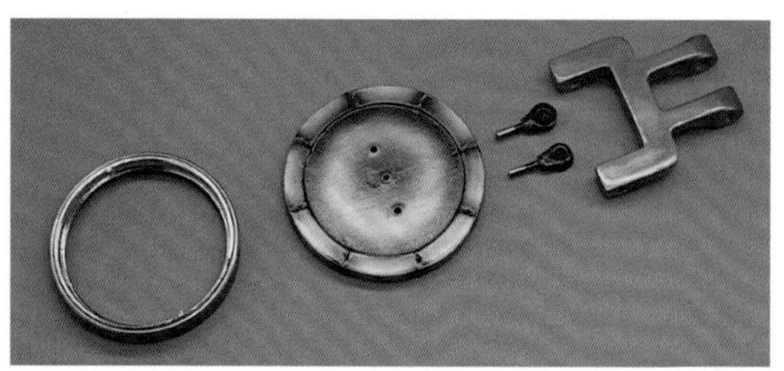

4 各个零件喷好清漆以后的样子。

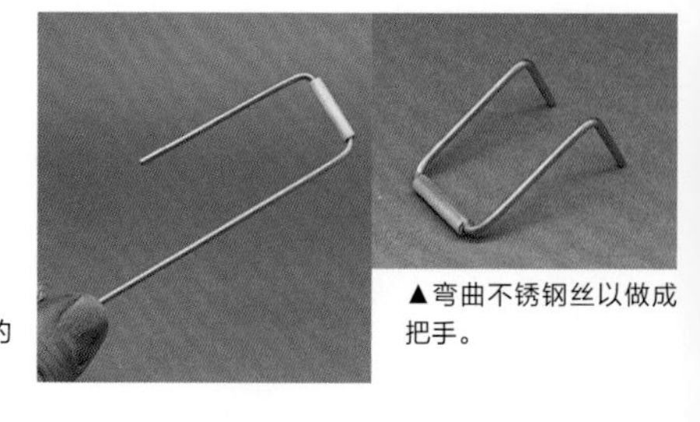

▲弯曲不锈钢丝以做成把手。

装上盖子

▶盖子和合页都用焊锡线、各种垫圈和螺帽进行组装，并用快干胶水固定。

1 在蜂巢上打出可以拧入长螺帽的洞。

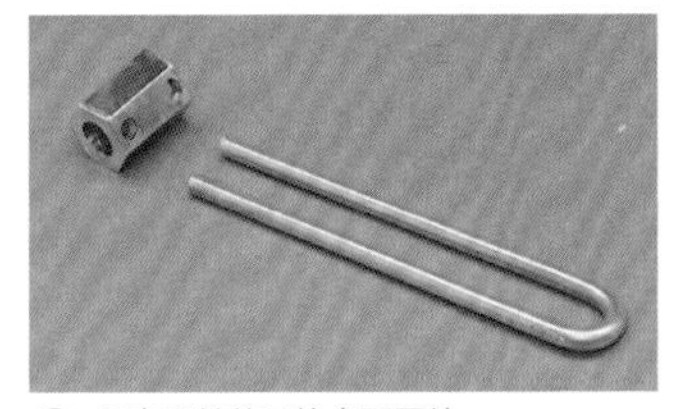

2 用来开关盖子的合页零件。

3 通过焊接进行固定。

4 弯曲零件，临时组装在一起确定其长度。

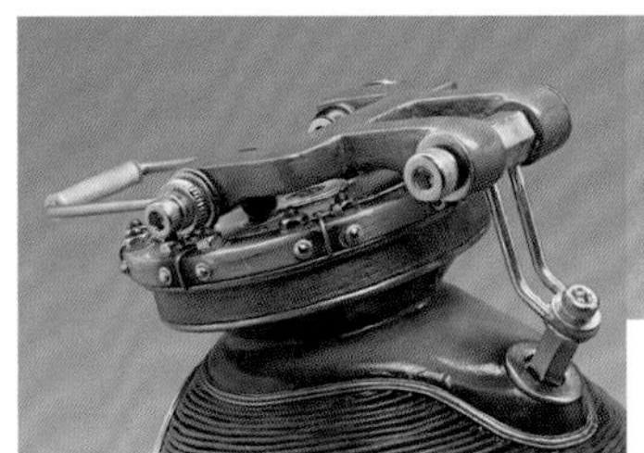

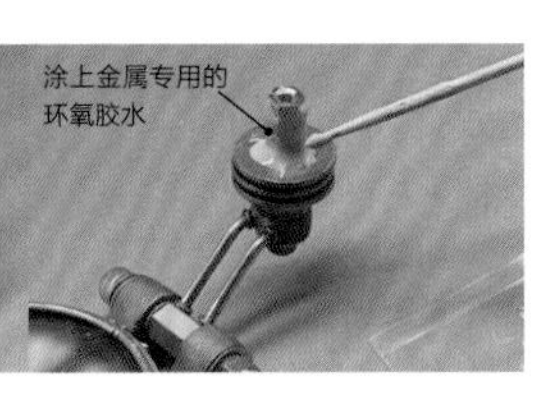

5 调整蜂巢的长螺帽拧入的程度，然后和合页零件、盖子组装在一起。

6 用金属专用的环氧胶水将合页零件固定在蜂巢上。

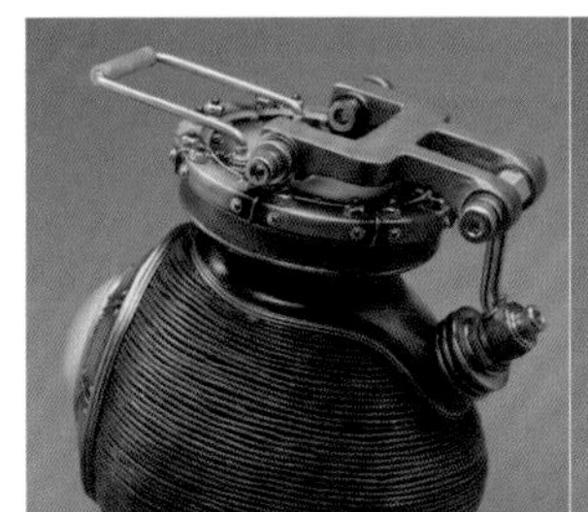

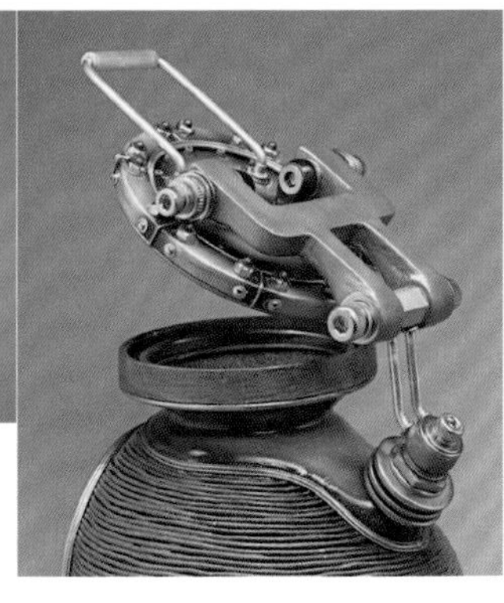

7 确认盖子可以开关。

加工细节使其像金库的门一样

▲使用滚花螺帽和不锈钢丝。给螺帽打洞，并用剪线器剪好不锈钢丝。

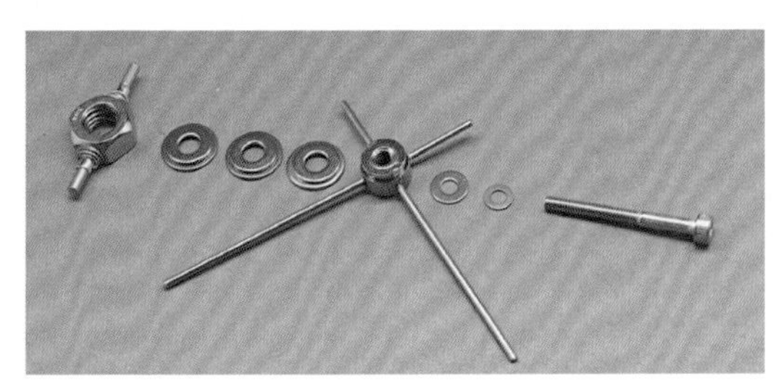

◀将不锈钢丝穿入螺帽上打好的洞里并固定，然后装上其他零件。

▲用胶水组装，然后装饰上各种螺栓、螺帽和垫圈，之后再安装到盖子上。

5 安装照明及制作蜂卵

制作照明装置

要让陶工蜂产下的卵刚好能够被里面透出来的光照到，所以要确定好位置，开始进行下面的操作。

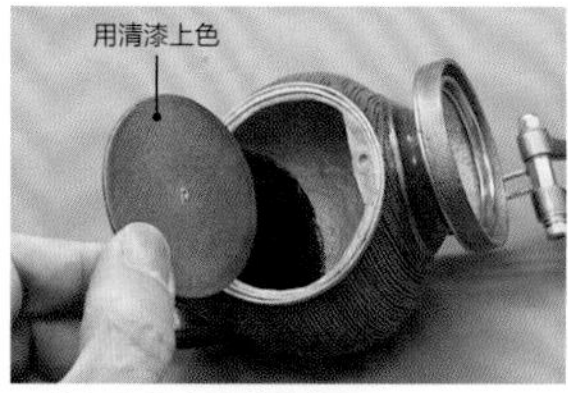

▲装上隐藏电池盒的挡板。

▲决定好 LED 的位置。

▲用电钻削磨内壁，在电池盒和装设 LED 的位置之间，挖出一条隐藏电线的沟槽。

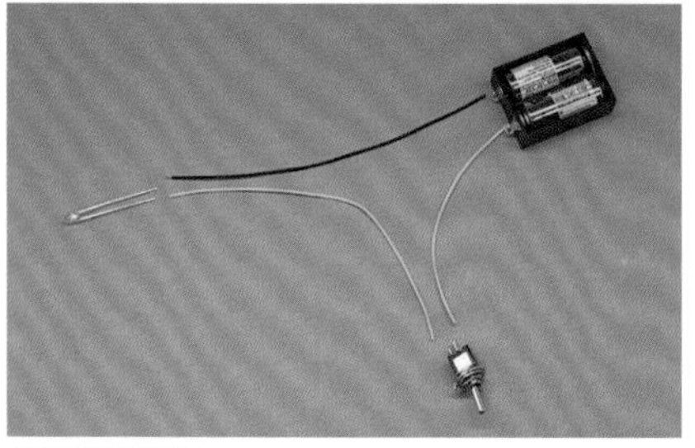
▲要用到的材料
LED（Φ3mm、3.0v、灯泡色）、电线、电源开关、电池盒、5 号电池 ×2 节。

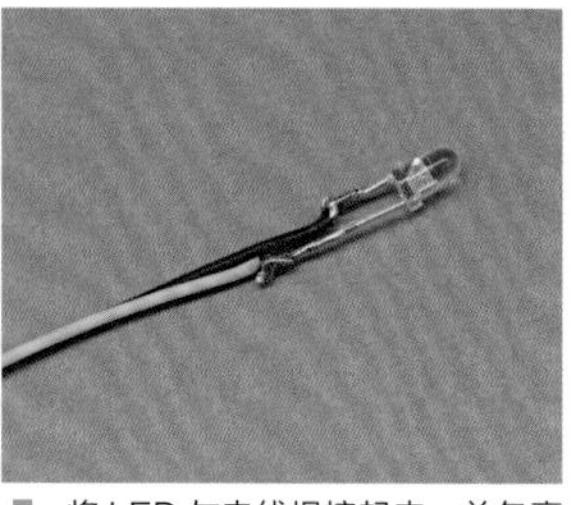
1 将 LED 与电线焊接起来，并包裹一个保护热收缩的软管。

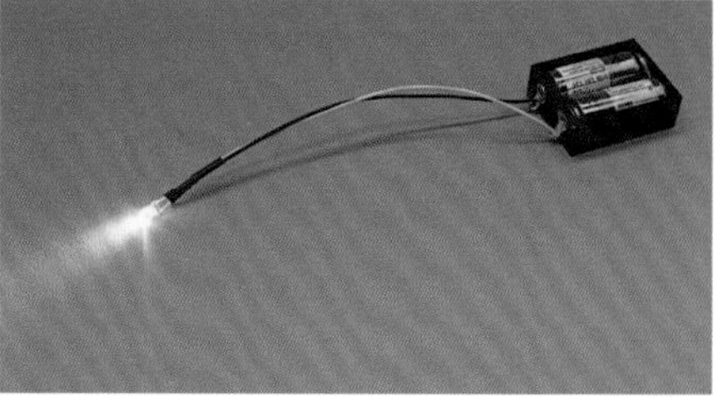
2 接上电池确定能够发光。

3 安装 LED，并确认光的方向。

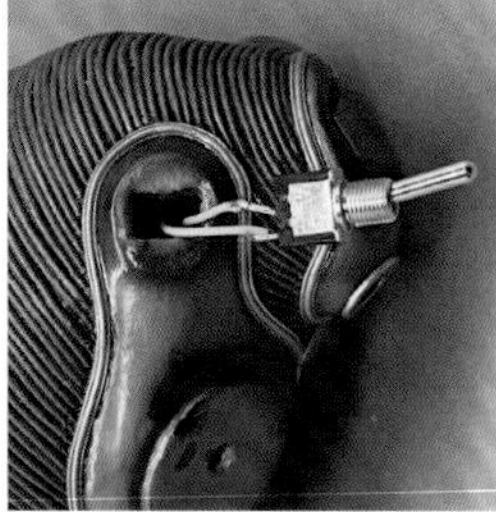
4 焊接线路与电源开关。

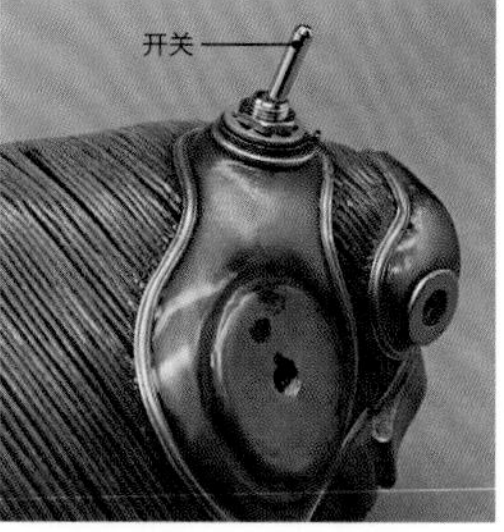

5 将电灯开关插入安装用的洞里并固定。

6 最后将线路和电池盒焊接在一起。

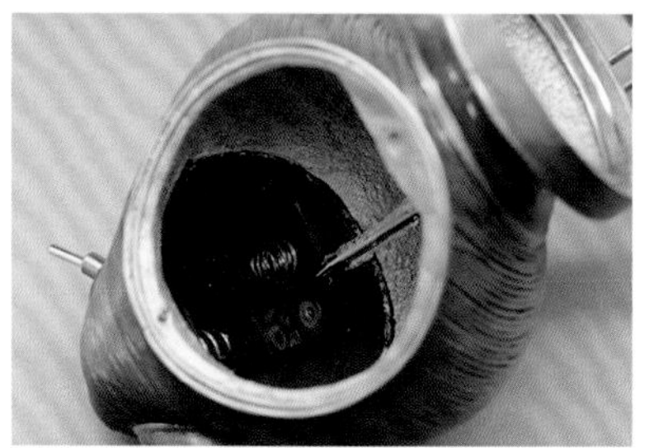
▲电池盒安装在蜂巢里的样子。

▲装入电池后，确认开关的调制位置和灯亮灯灭的对应情况。

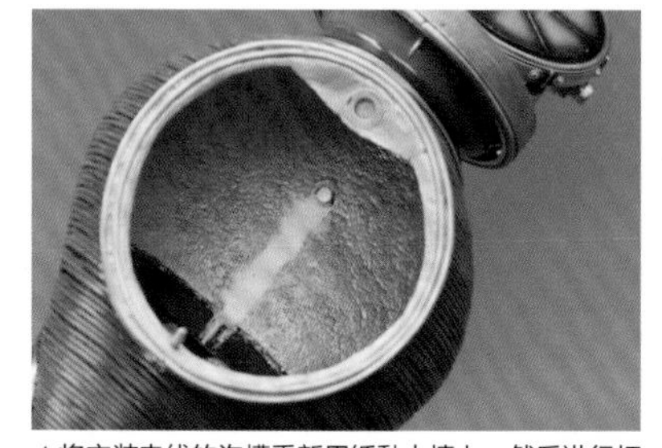
▲将安装电线的沟槽重新用纸黏土填上。然后进行打底处理，并喷上清漆，使其和周围颜色保持一致。

制作蜂卵

▲因为要使蜂卵透光，所以要使用透明黏土。

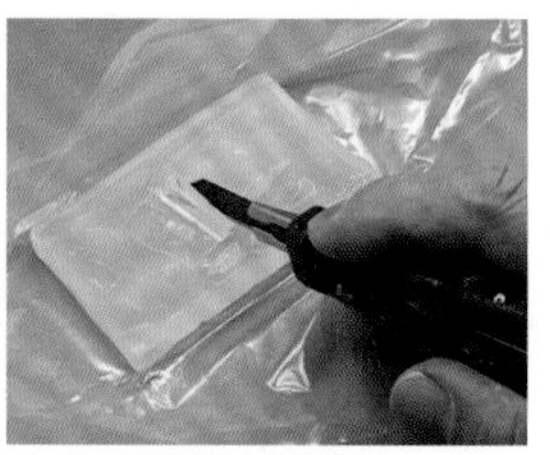
1 切出适量的主剂材料。

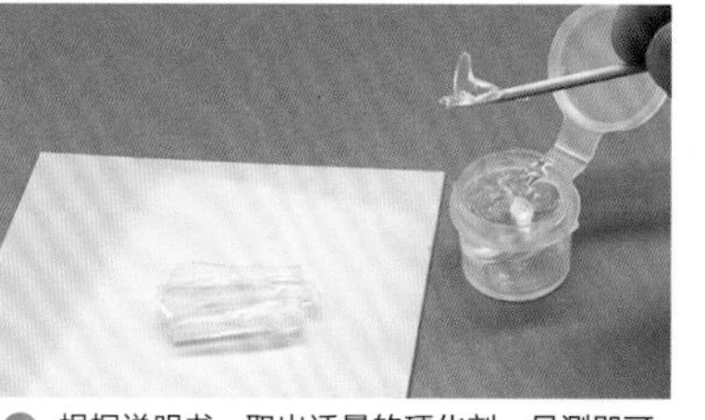
2 根据说明书，取出适量的硬化剂。目测即可。因为黏土容易被弄脏，所以最好不要直接用手进行操作。

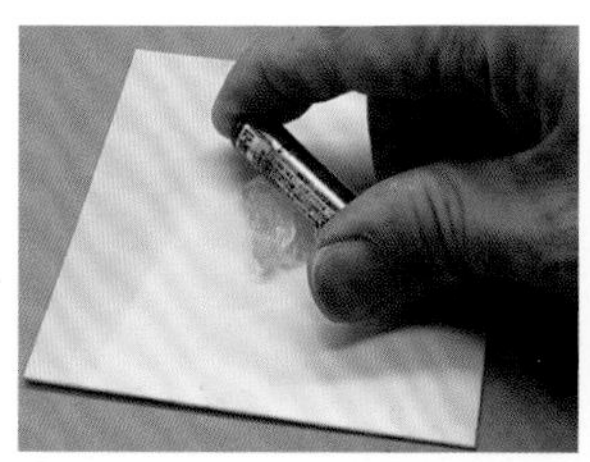
3 用干电池或钢笔之类的圆柱体操作起来更容易。

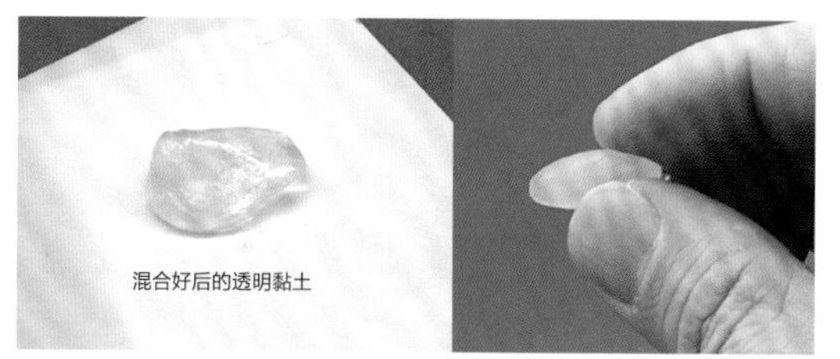

4 将黏土塑形，等待硬化。

5 硬化后，将其放到 LED 前确认光线的穿透情况。接着缠上粗细不同的焊锡线来体现蜂卵的纹路。

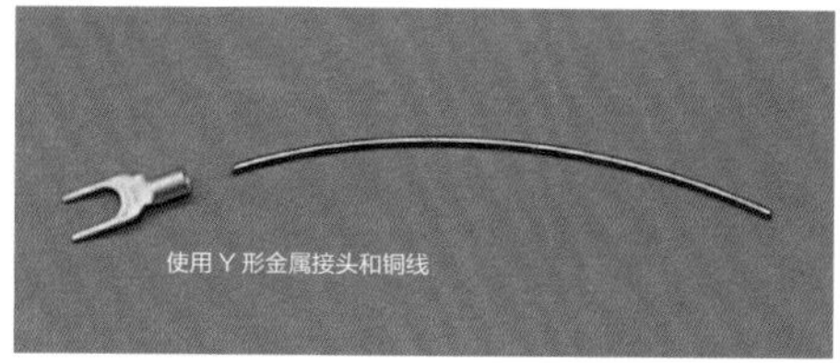

6 制作支撑蜂卵的零件。

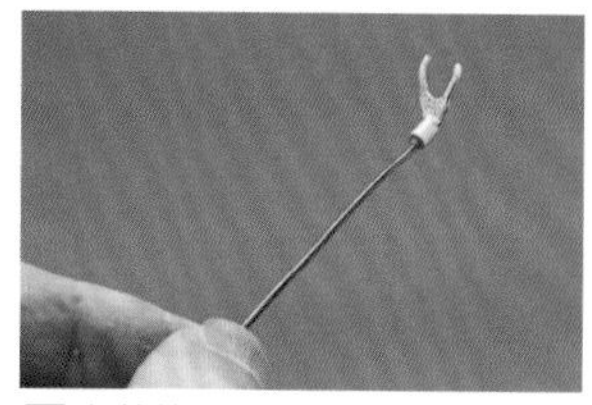

7 焊接并用钳子弯曲，调整形状。

8 装上各种垫圈。

装上蜂卵

1 将蜂卵和支架临时组装在一起，并确定其位置。

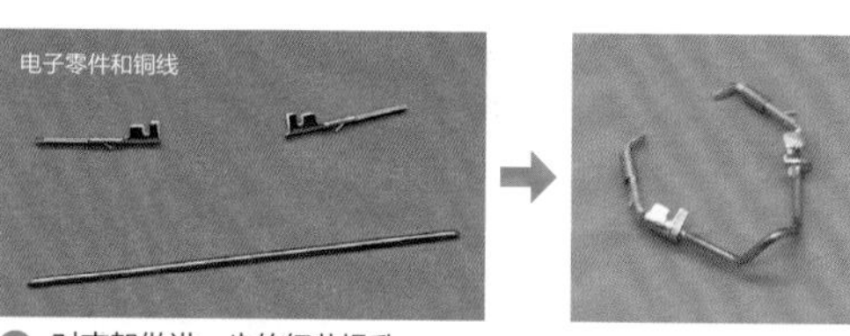

2 对支架做进一步的细节提升。

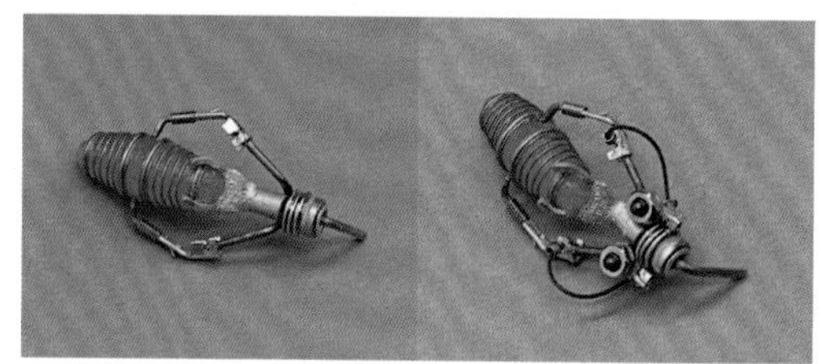

3 将蜂卵和支架组装在一起。

4 将蜂卵和支架安装到蜂巢里，并打开 LED 灯。

▲从蜂巢的入口处看到的蜂巢里的样子。蜂卵被点亮的感觉。

制作底座

蜂巢的细节处理与安装

〈1〉处理细节

给蜂巢安装上其他零件，然后装到树枝上。

制作连接部分

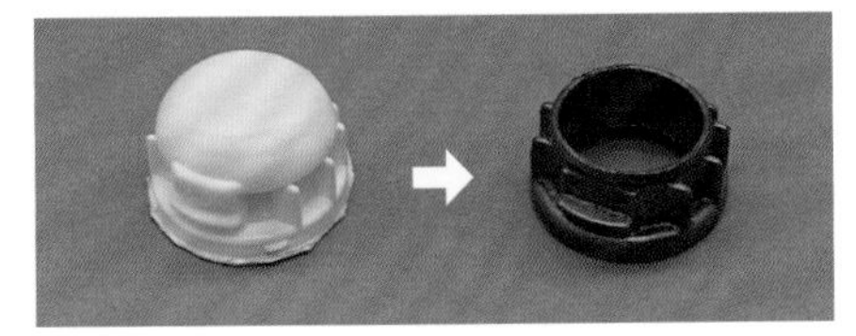

1 将豆奶瓶的盖子剪下后上色。

2 将其安装到蜂巢上并用焊锡线进行造型。将在这里安装上连接蜂巢和树枝的管状物。

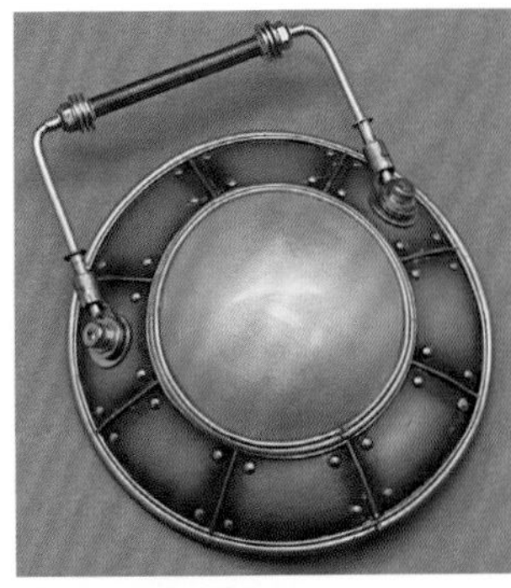

3 装上检查口的把手。

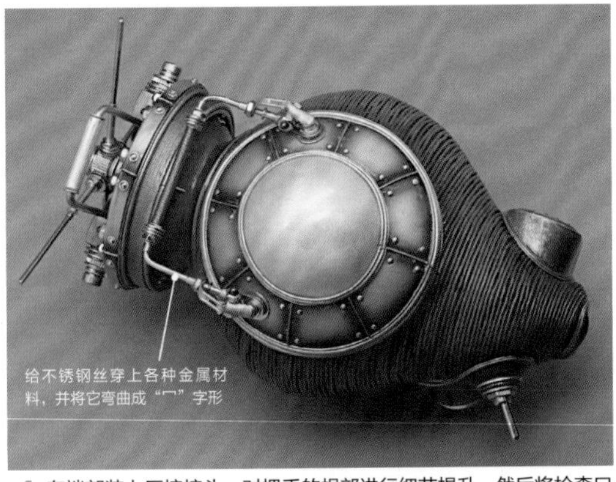

4 在端部装上压接接头，对把手的根部进行细节提升。然后将检查口安装到蜂巢上。

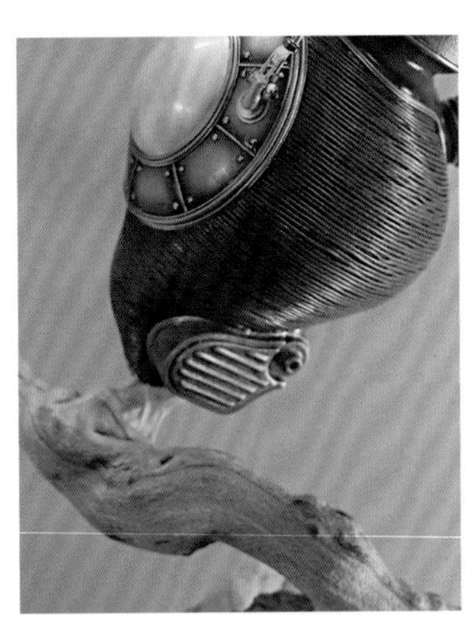

▲试着将蜂巢和树枝临时组装在一起。

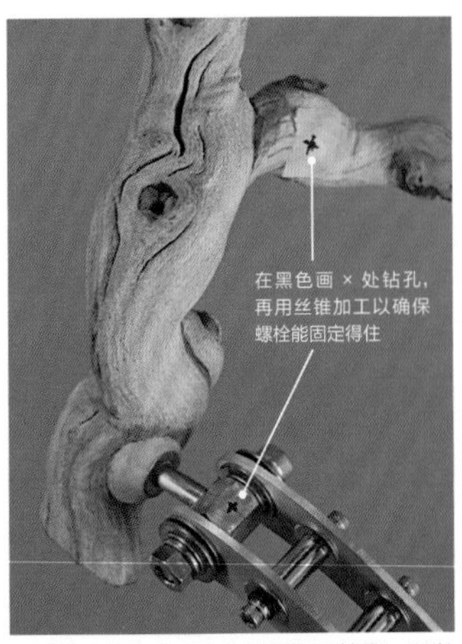

▲树枝可能会由于自身的重量而转圈，所以要准备好防止其转圈的零件。

制作防止树枝转动的零件

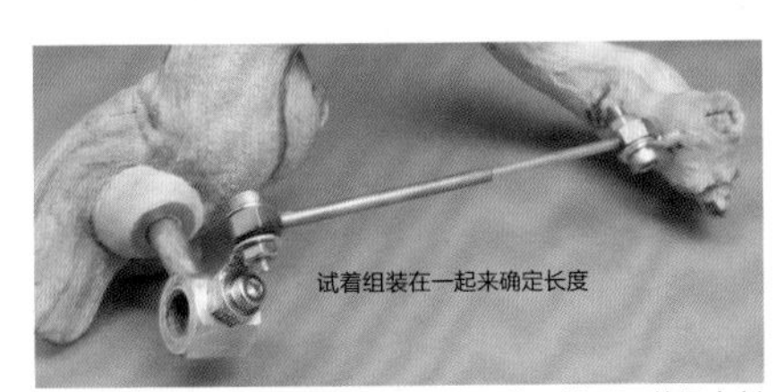

1 拆分支柱，取出插在树枝上的零件，然后用黄铜来制作防止树枝转圈的零件。

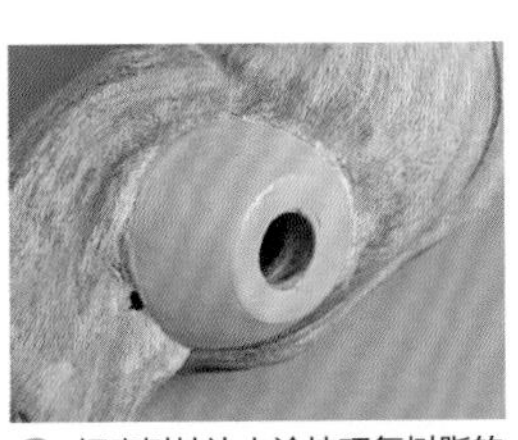

2 打磨树枝边上涂抹环氧树脂的部分，并涂上表面涂剂。

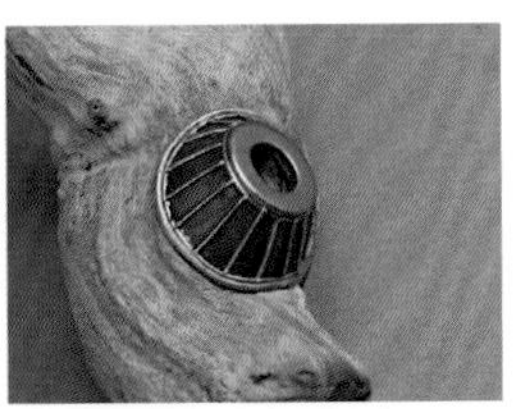

3 涂上清漆，并装饰上垫圈和焊锡线。

4 将插在树枝里的零件装上。

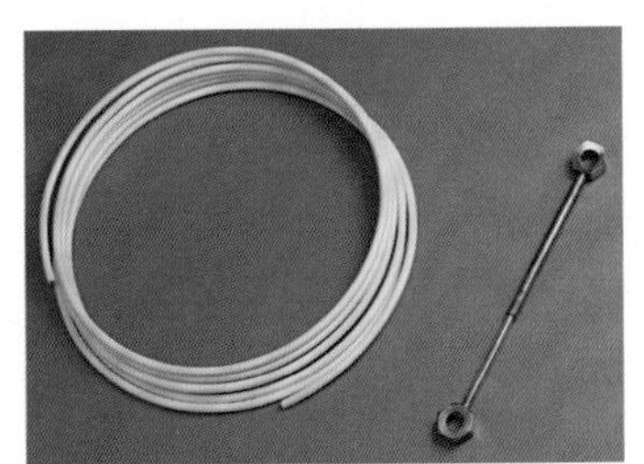

5 制作弹簧状的零件，使其看起来就像是悬挂系统一样。可以使用“自游自在”牌的有塑胶皮包裹的金属线。

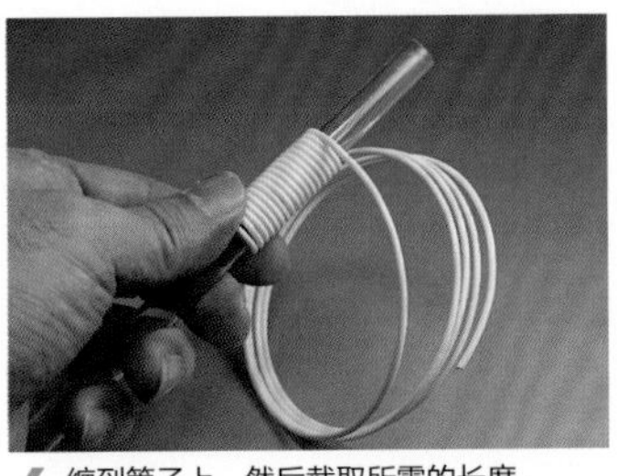

6 缠到管子上，然后截取所需的长度。

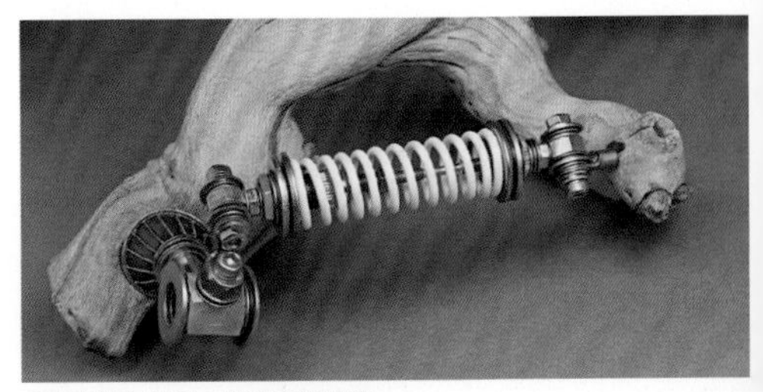

7 安装上以后，做适度的调整。

＊悬挂系统：汽车上用于连接车轮和车体的装置，可吸收来自路面的振动的稳定装置。

②将蜂巢固定在树枝上

确定安装位置和角度后开始操作。

用环氧树脂胶水进行连接

1 使用 2 液式环氧树脂胶水（5 分钟硬化型）。要充分搅拌两种液体。

2 在树枝和蜂巢的接口处要涂上足量的环氧树脂胶水。

3 将蜂巢安装到树枝上，并确保其不会滑落，做好支撑固定，直到环氧树脂胶水硬化为止。溢出来的环氧树脂胶水要立马清理掉。

细节提升

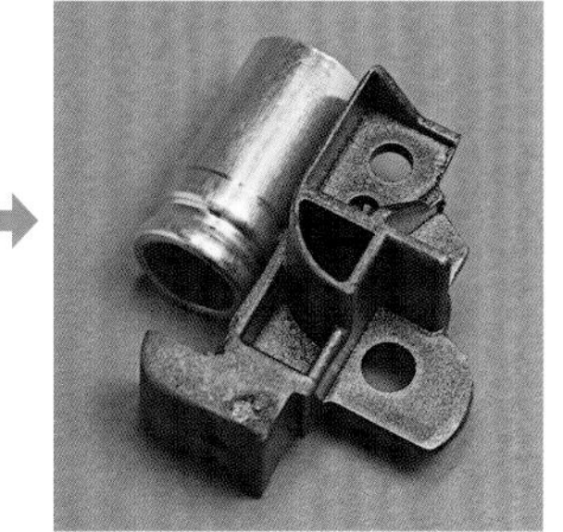

▲在废品收集箱中找到适合提升细节的零件。选择合适的废弃塑料，剪切出需要的部分后涂抹上色。然后和别的零件（电容器）组装在一起，再套上各种垫圈、螺帽和金属扣眼后，将其装到树枝上。

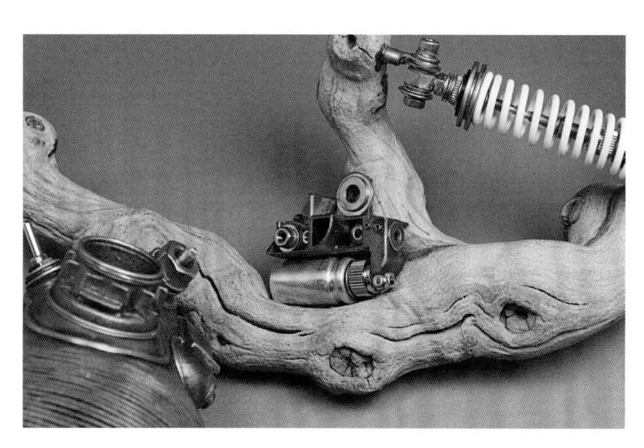

1 用电钻打出一个从蜂巢到树枝的洞。

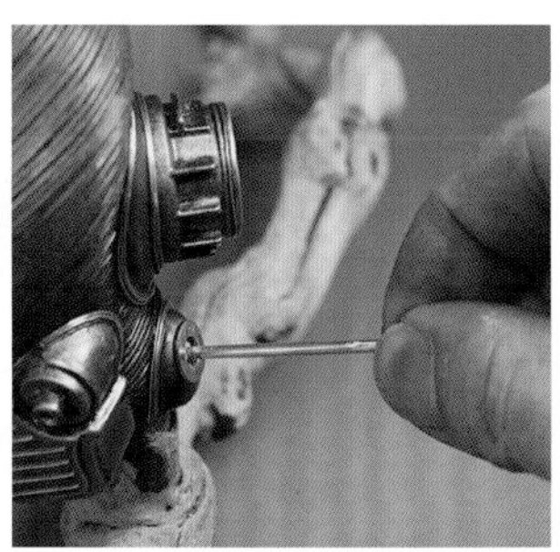

2 插入黄铜棒并用胶水固定。

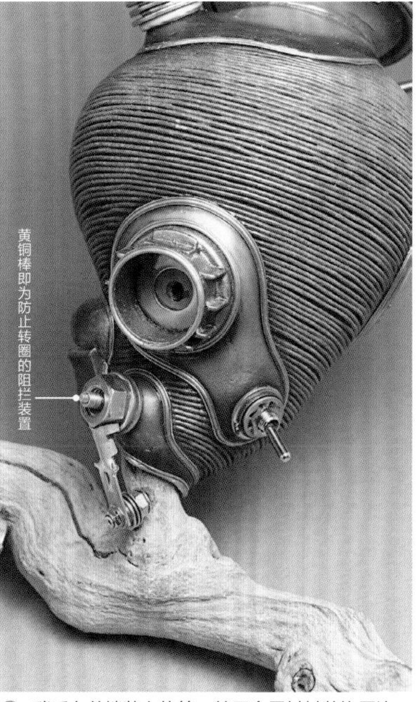

3 稍后在前端装上软管，并用金属材料装饰周边。

4 底座整体组合完成的样子。

3 给蜂巢和树枝配管

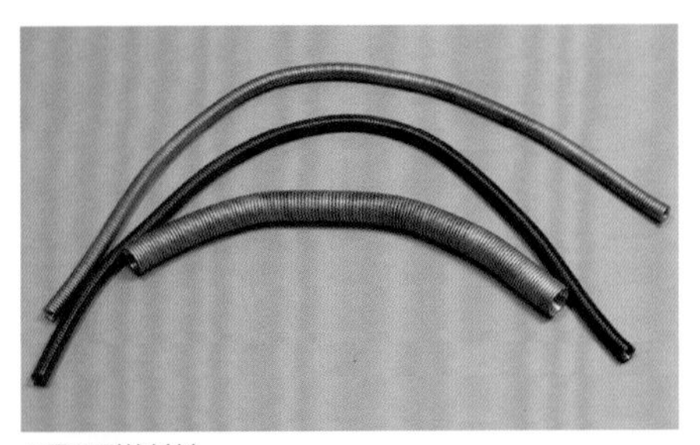

▲要用到的材料
塑料材质外观如线圈状的软管
准备好粗细不同的两种软管，用于连接蜂巢和树枝。剪下一段比所需的长度再长一点的软管，并喷上银色系的金属色。三根颜色近似的软管就处理好了。

配管只要在长度上稍有差异，就会影响到弯曲弧度和视觉效果，所以为了能做出想要的形状，要以毫米为单位来进行调整。

▲安装用的零件。

▲安装到蜂巢上的样子。

▲树枝上安装用的零件。

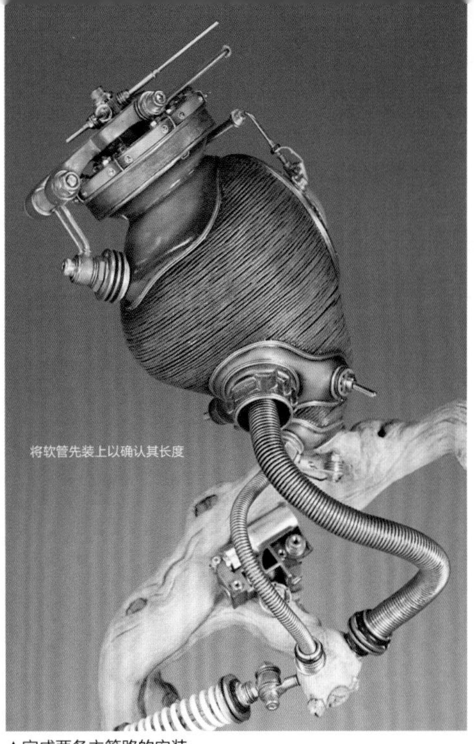

▲完成两条主管路的安装。

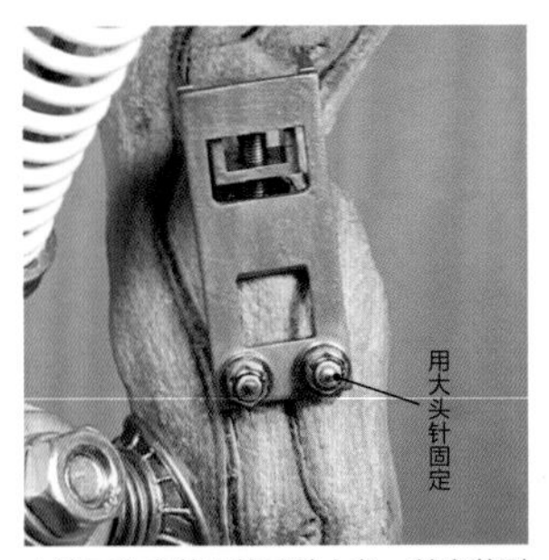

▲给三个安装用的零件上色，并安装到树枝上。

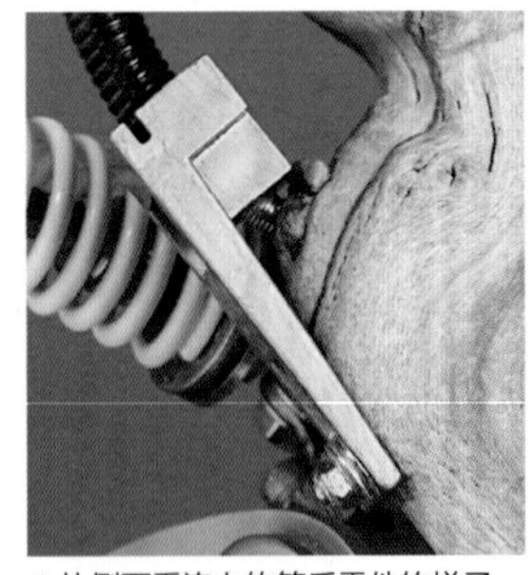

▲从侧面看连上软管后零件的样子。

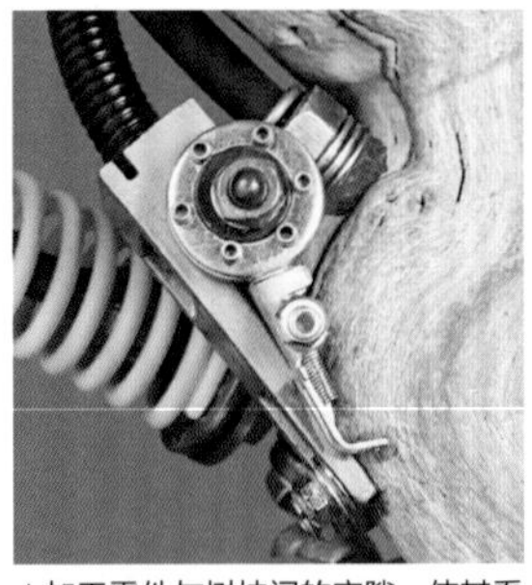

▲加工零件与树枝间的空隙，使其看起来更加和谐。

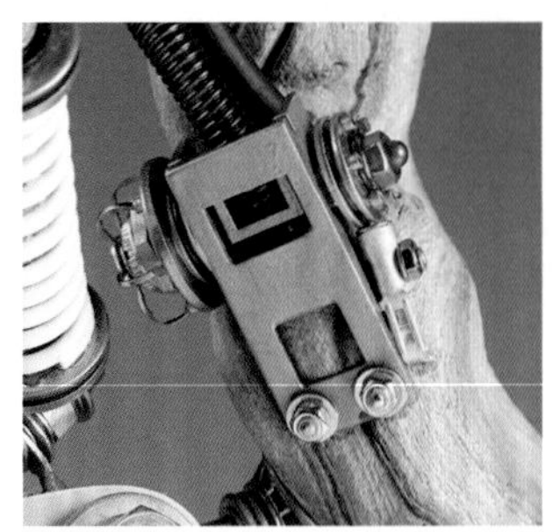

▲使用常用的电子零件进行细节的提升。

▲将废弃材料用垫圈和焊锡线进行组装。

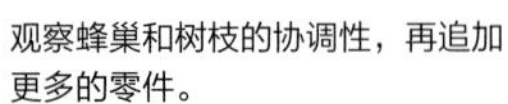

观察蜂巢和树枝的协调性，再追加更多的零件。

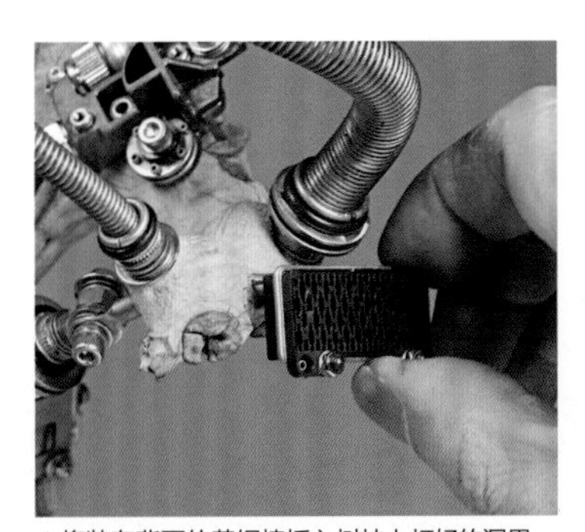

▲将装在背面的黄铜棒插入树枝上打好的洞里。

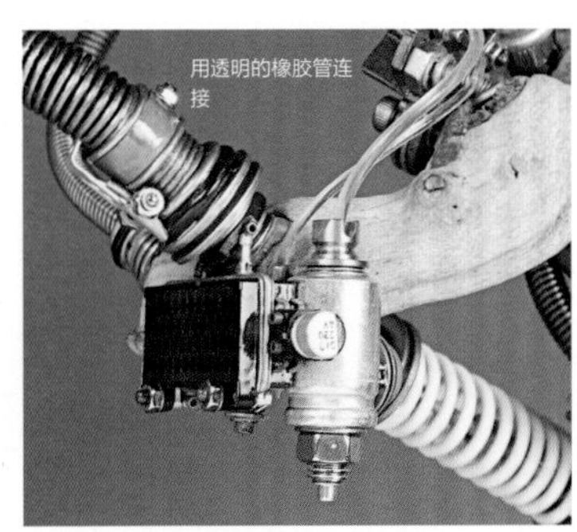

▲空隙可以用电容器来填补，以呈现出复杂的机械风。可以将其想象成冷却液的设备。

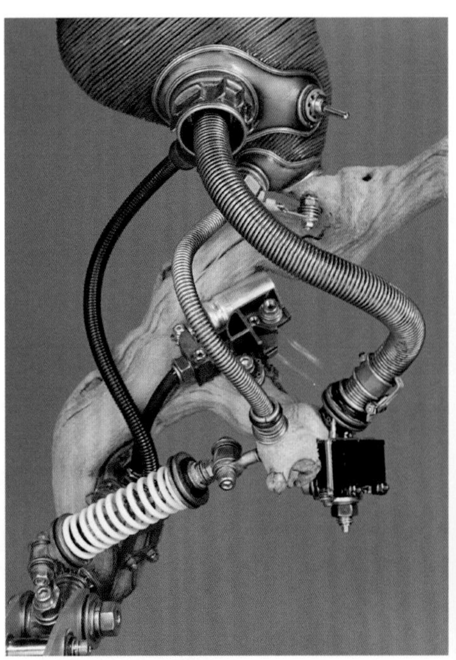

▲外观呈现出一定的分量感。

进一步提升细节

因为蜂巢和树枝的整体大小已经定型了，所以接下来主要是围绕内侧进行细节的提升。

▲和之前一样，使用废弃的塑料品来进行制作。

▲装到蜂巢一侧后的样子。

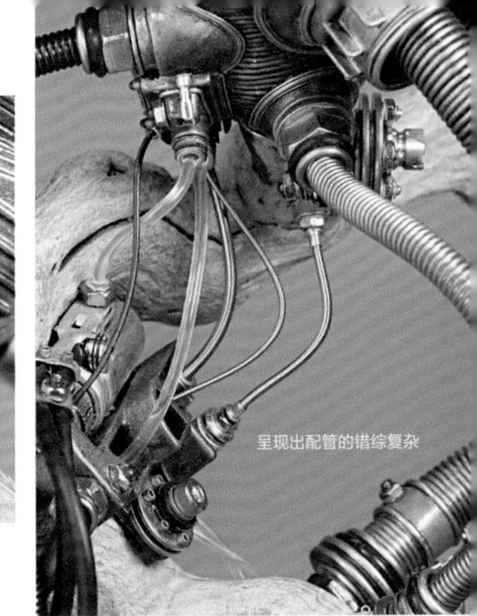

▲为了填补中央的空隙，使用软管、弹簧管和橡胶管进行装饰。

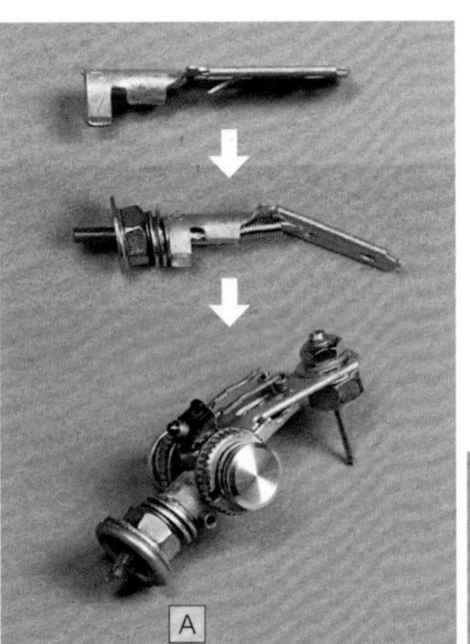

在如图所示的部位加上零件（A）。

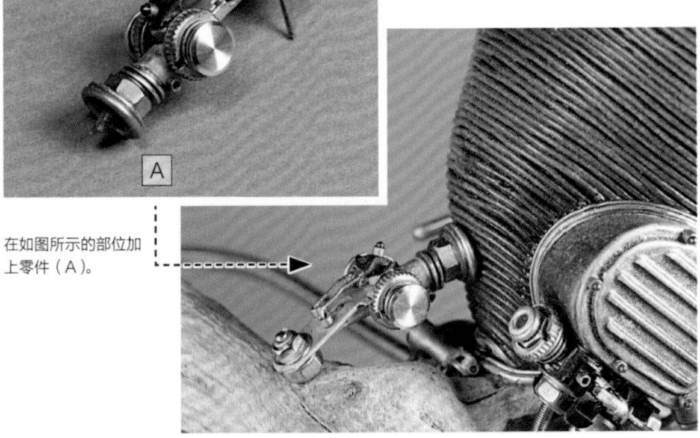

▲连接蜂巢和树枝并进行固定。

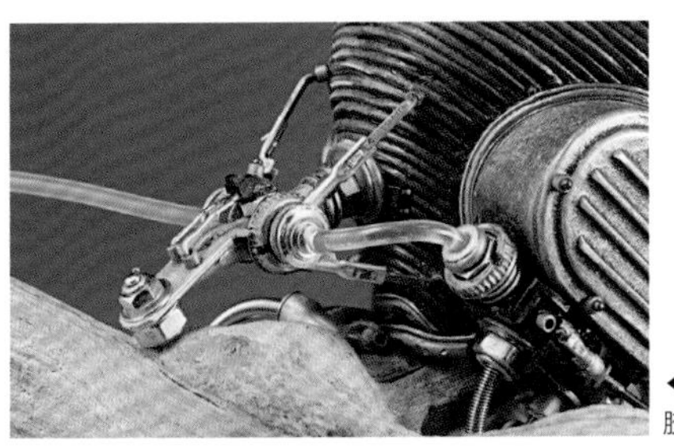

◀在周围的树枝上装上橡胶管和弹簧。

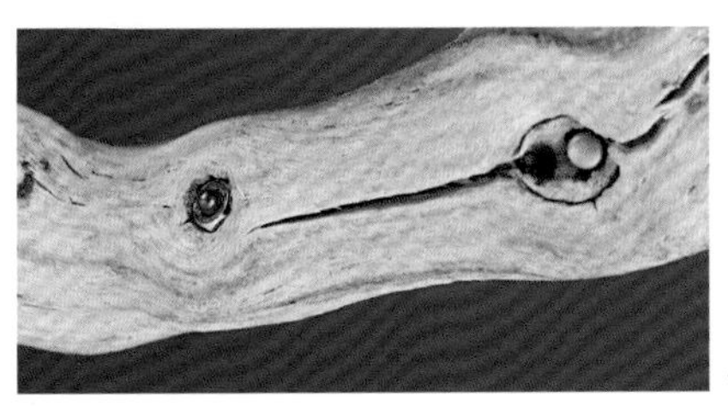

◀在树枝洞里也填上零件。

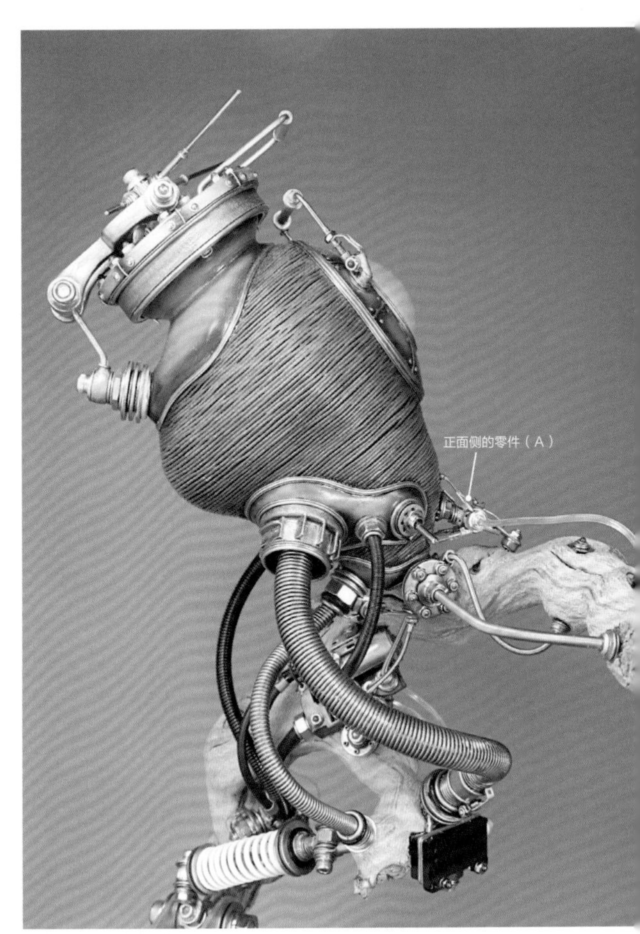

▲进行中的细节提升过程。

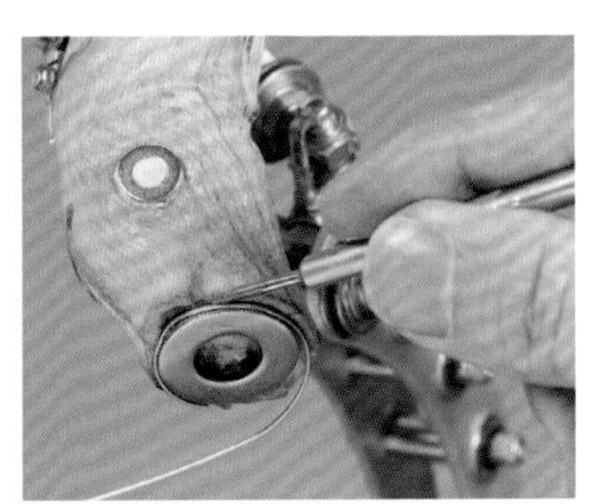

▲①在树枝切面用环氧树脂贴上垫圈，并在周围贴上焊锡线。

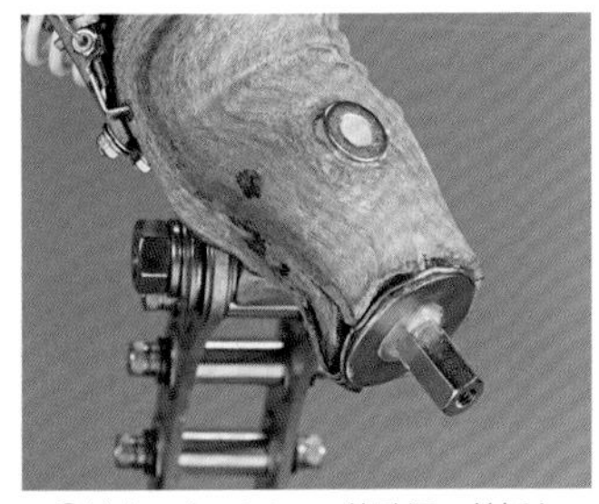

▲②钻出一个Φ6.0mm 的孔洞，并插入一个长螺帽。

▲③装上各种由垫圈和螺帽做成的零件。

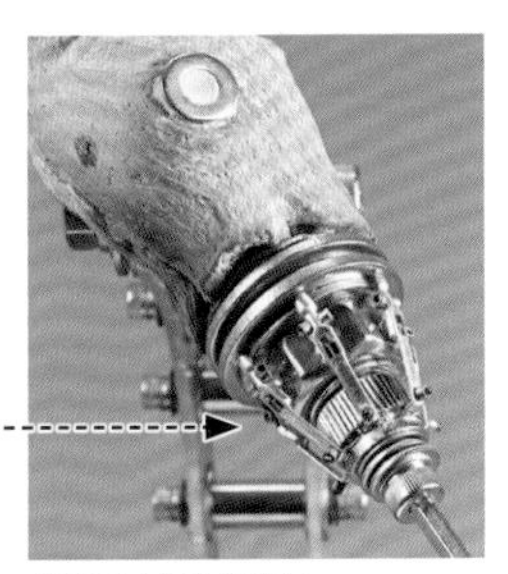

▲④用六角扳手拧上。

〈4〉蜂巢的修饰和做旧处理

进一步加固

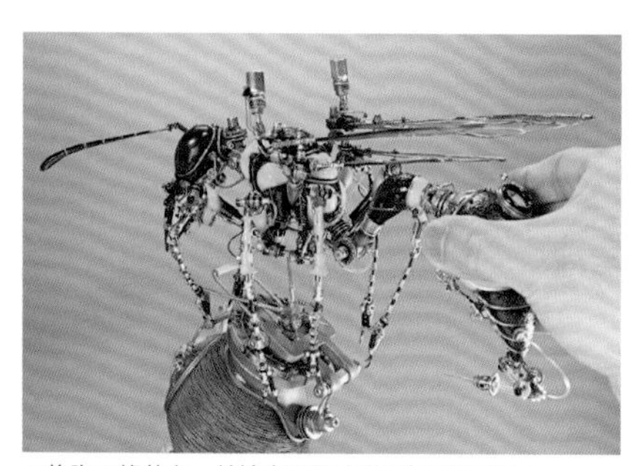
▲将陶工蜂装上，并检查需要改进和加固的地方 。

为了能将陶工蜂固定在上面，需要对盖子做进一步加固。

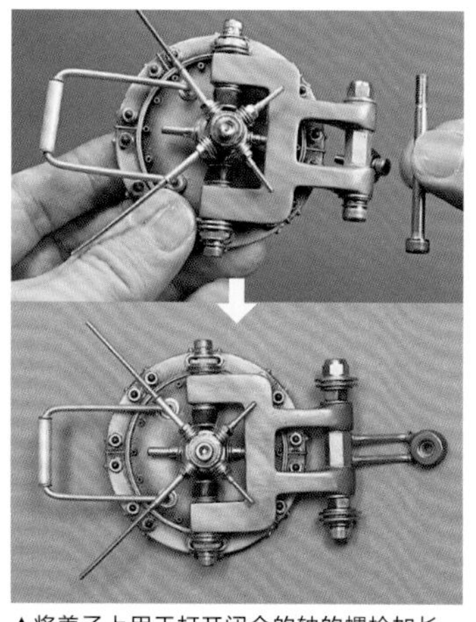
▲将盖子上用于打开闭合的轴的螺栓加长一点，这样更容易和用于固定的零件扣上。

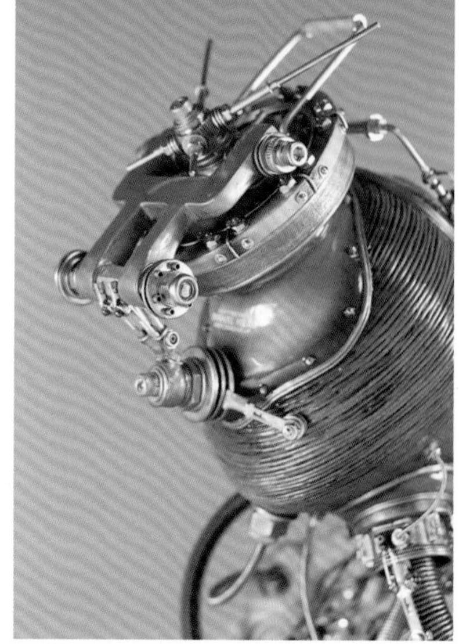
▲对各部分进行细节处理，然后再重新装上盖子。

做出油渍污损的陈旧感

▲用稀释剂稀释黑色和黑铁色的清漆颜料后，用笔涂在表面，使其呈现出布满油污的效果。

▲描绘成长条状，看起来就像是油污被雨水冲刷过一样。

为了和有光泽的陶工蜂形成鲜明的对比，底座全部都做哑光处理，去除光泽，使蜂巢呈现出饱经风吹雨打的陈旧感。

▲将底座和支撑部分用餐巾纸包好，然后再开始上色。

铁锈的表现

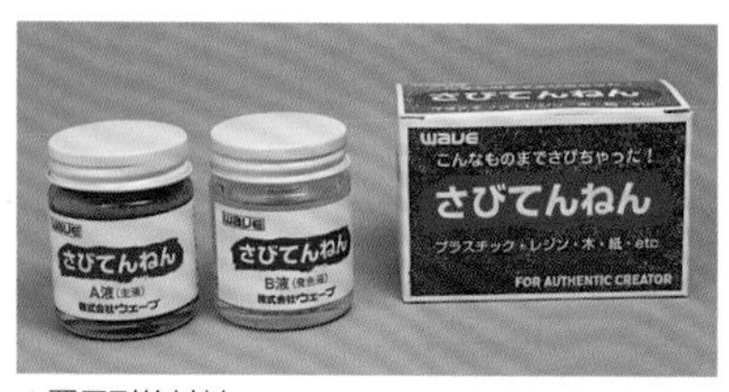

▲要用到的材料

“铁锈颜料”主要是把 A 液（主剂）和 B 液（发色剂）混合，使其发生化学反应从而产生红色铁锈的颜料。

▲首先用笔涂上 A 液。就像是把铁粉溶到水里一样，因此要在瓶内充分搅拌 A 液后再使用。

这种涂料即使是涂在非金属的物体上也能形成真正的锈斑，所以在上色过程中对颜料的掌控十分重要。可以采用分批次上色等办法来进行控制。A 液和 B 液的涂抹分别用不同的画笔进行。

▲①涂好A液后的样子。

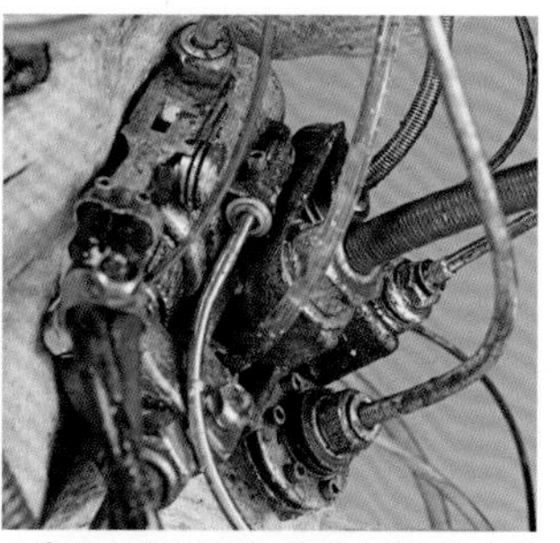
▲②待 A 液干燥后，再从上往下涂上 B 液（第一次）。大概半小时到一个小时的时间，颜色就会从黑铁色变为红锈色。

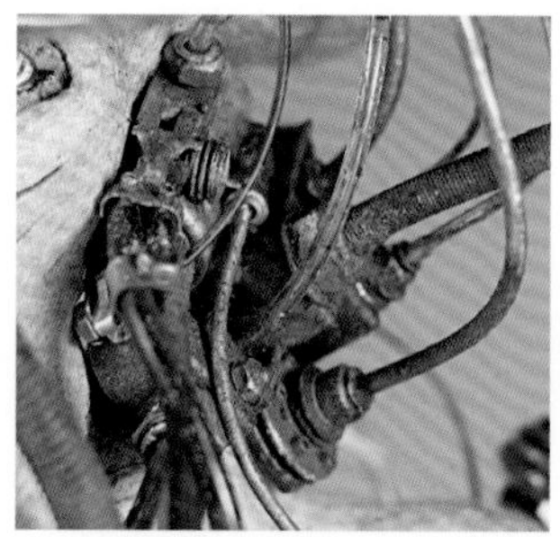
▲③半天以后，再从上往下涂上 B 液（第二次），就差不多达到预期的效果了。

进一步涂装，呈现沧桑感

不同的部位不可能呈现出一致的铁锈色，因此要做进一步完善，使呈现出的效果更加自然真实。

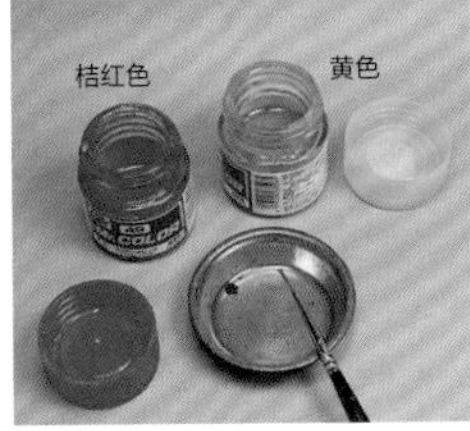

▲用稀释剂稀释透明颜料。

▲涂在透明的软管上，使其看起来有老化的感觉。

▲使用彩色粉笔来表现灰尘的质感。用砂纸打磨，并溶入珐琅漆稀释剂中，颗粒物就会随着颜料的涂抹留在相应的位置。

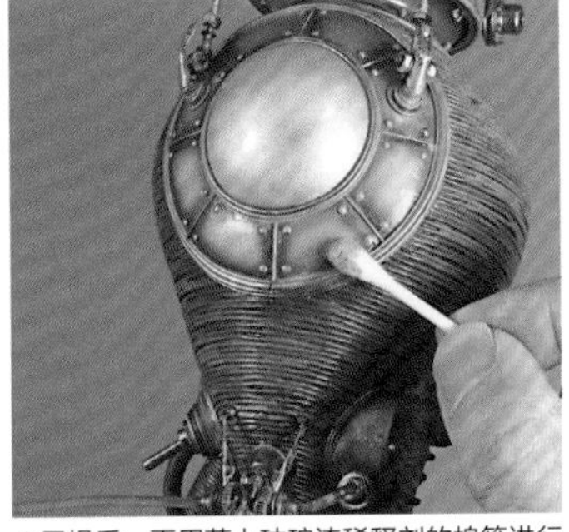
▲干燥后，再用蘸上珐琅漆稀释剂的棉签进行擦拭来调整色调。

▲根据生锈的程度进一步涂抹。混合 2~3 种茶色系颜料，涂好以后就能呈现出铁锈的深化过程了。

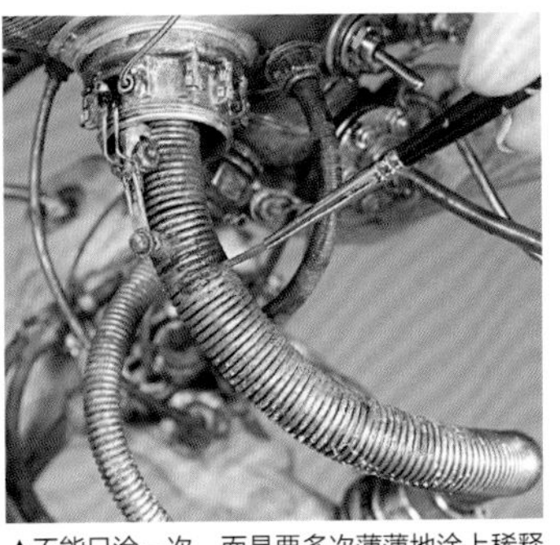
▲不能只涂一次，而是要多次薄薄地涂上稀释好的颜料。

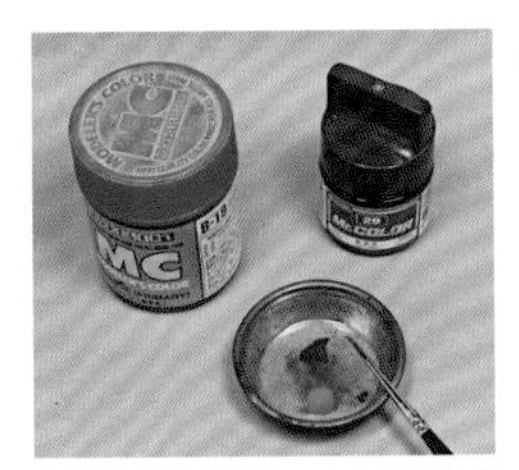
▲铁锈变深了以后，可以用比茶色更为醒目的桔红色颜料。在个别地方涂上桔红色颜料后，铁锈的层次感就更明显了。

▲用笔涂完后，再用棉签进行处理。自己创作出独特的做旧方法也是一件很快乐的事。

▶在表面喷上哑光保护漆，去除表面的光泽度。

▲将蜂巢的周围做旧后的样子。

制作底座

从尺蛾幼虫的成型到组装

① 纸黏土塑形和打底处理

我们要制作出“被陶工蜂捕捉的前后”和“储藏在蜂巢里”这两种类型，一共 5 条虫子。制作流程和陶工蜂相似。

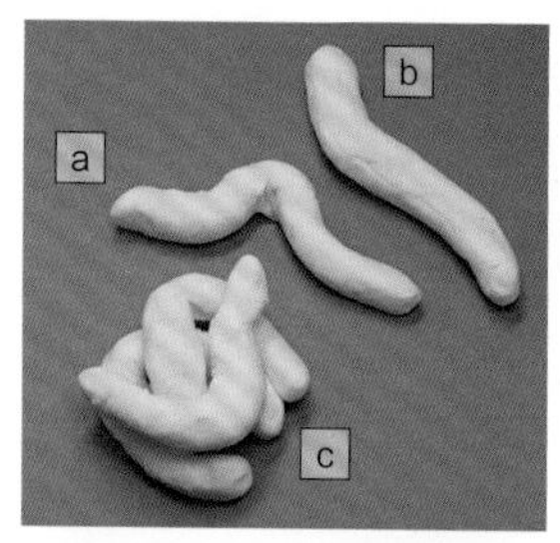

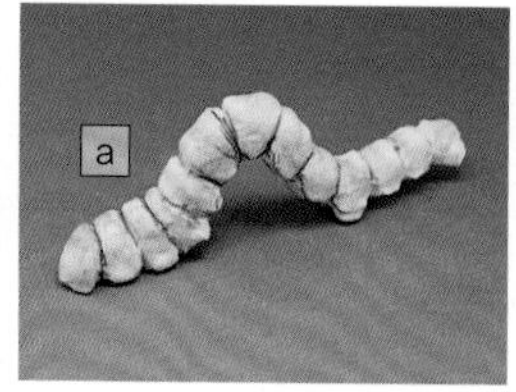

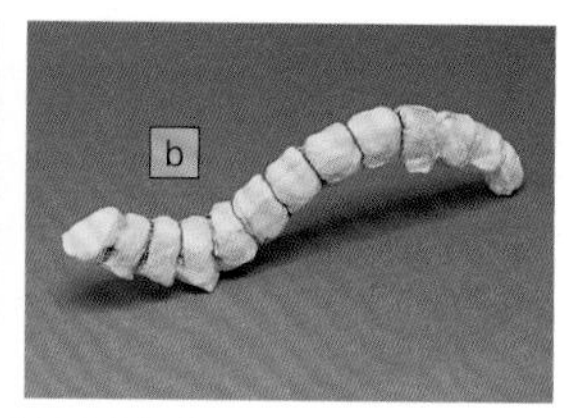

1 用纸黏土做出幼虫的雏形。分别有平时（a）、被陶工蜂捕捉到时（b）和放在蜂巢里（c）三种状态。

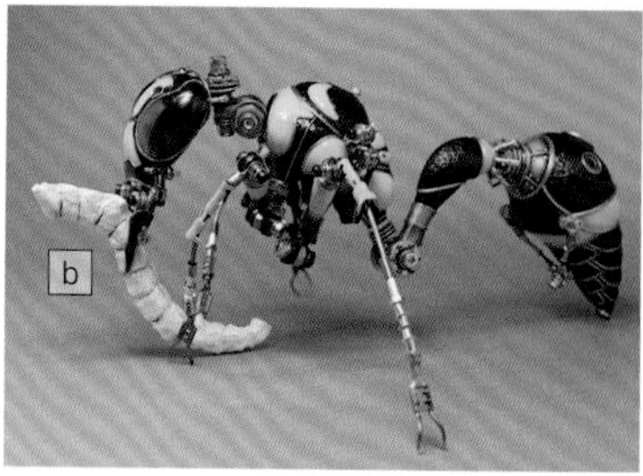

2 将陶工蜂和幼虫临时组装在一起的样子。

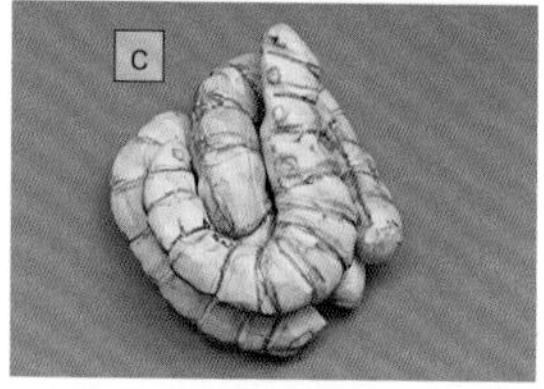

▲制作放在蜂巢里的幼虫。

▲将三条虫的形状做成可以蜷成一团的样子。

▲试着放入蜂巢里以确认大小尺寸。

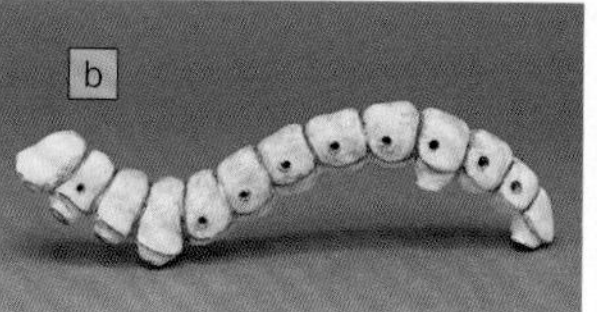

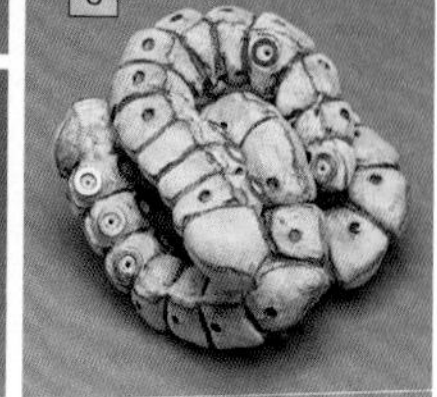

3 塑形进程中的样子。纸黏土→画出位置→打磨，反复操作这一过程。

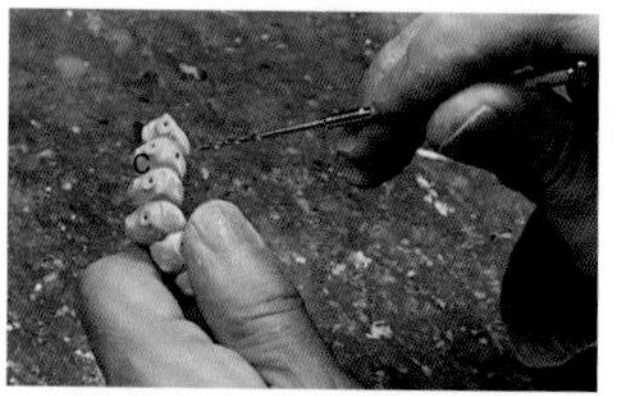

4 涂上打底颜料后，喷上表面涂剂，然后打出气孔。

*气孔：昆虫用来呼吸的开口部位。

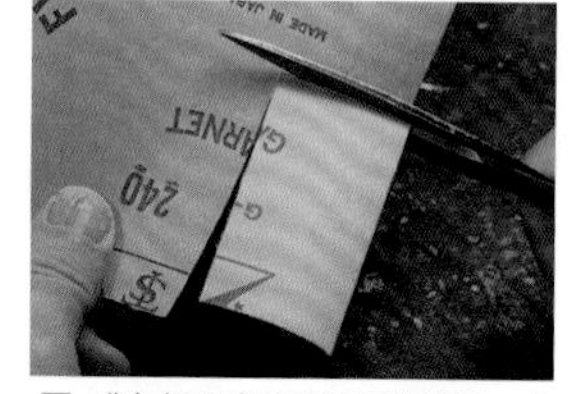

5 准备好用来裁剪砂纸的剪刀，方便操作。

6 折好砂纸，使用重叠的部分。

7 按照 240 号→ 320 号→ 400 号的顺序逐一使用砂纸打磨。

② 上色

▲使用清漆涂抹底层。为了能更好地上色，先将整体涂成白色。将 a、b 两条涂成绿色。而放在蜂巢里的尺蛾幼虫是给孵化出来的陶工蜂幼虫当食物的，且已被陶工蜂麻痹并呈现半僵死状态，因此要给其涂上不一样的色调。

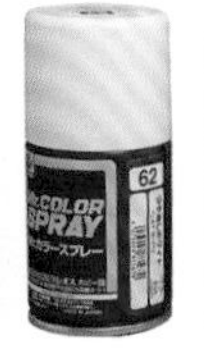

▲涂上白色哑光颜料打底，然后再用两种绿色颜料来上色。

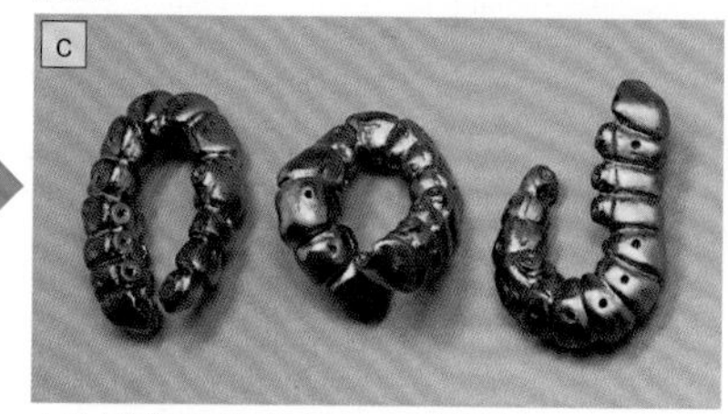

▲喷上黑色和金属色混合而成的颜料。

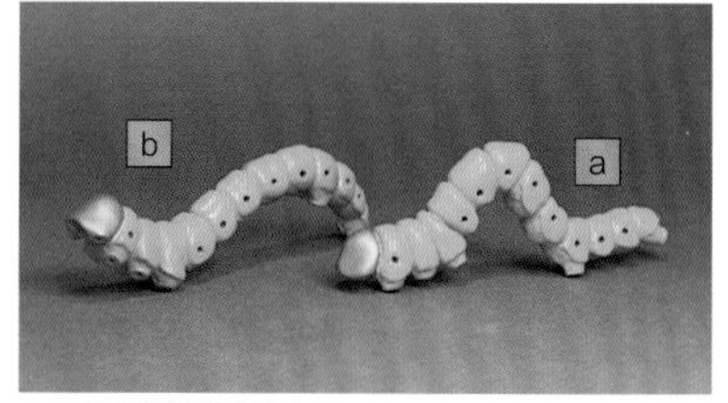

▲将头部用笔涂上银色。

▲在节和节之间的凹陷部分喷绘出阴影效果。明亮部分是用细笔以雨水滴落般的手法涂抹白色和黄色。

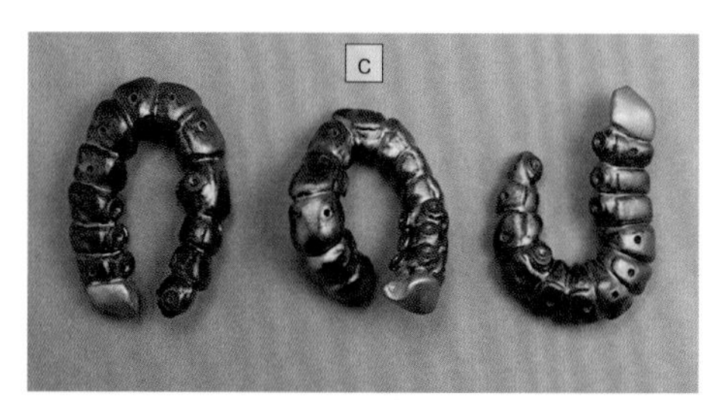

▲将放在蜂巢里的幼出头部也涂成银色。

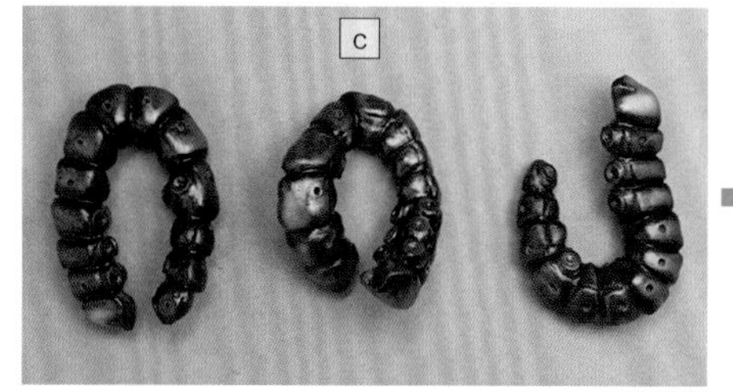

▲用喷枪喷涂出阴影。

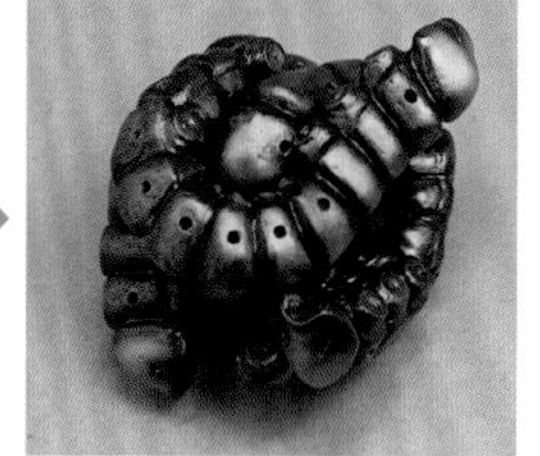

▲将涂好的幼虫拼合在一起。

3 用金属材料装饰绿色的幼虫

贴上金属材料

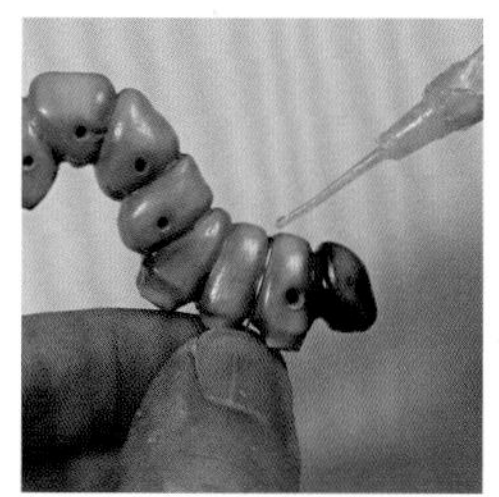

1 在节和节之间凹陷的地方滴上快干胶水，并贴上焊锡线。

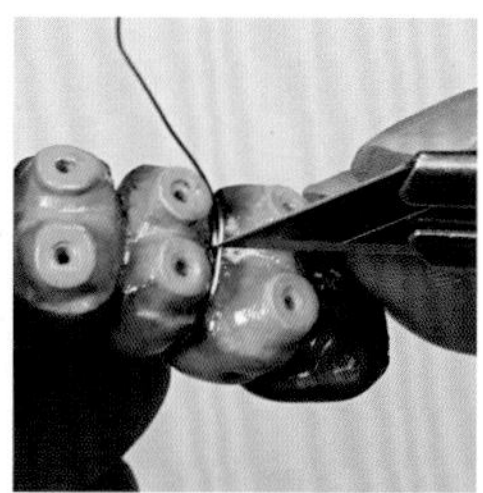

2 用美工刀切割腹部重叠的焊锡线。

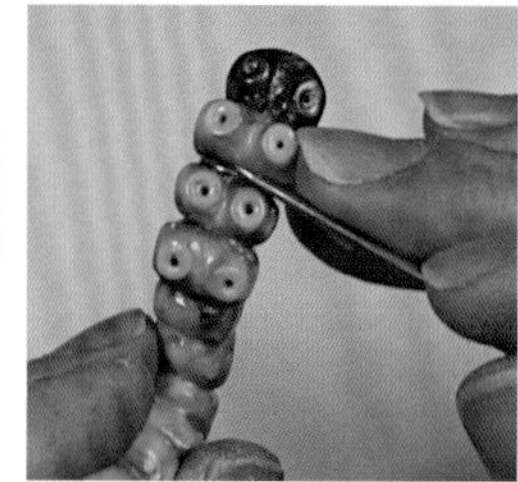

3 用锥子按实焊锡线的连接处。

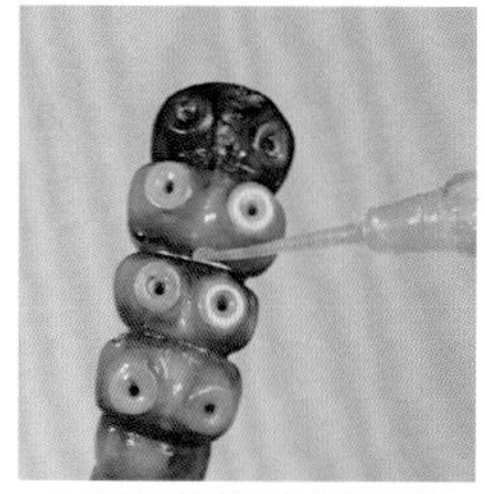

4 在焊锡线的连接处滴上快干胶水。

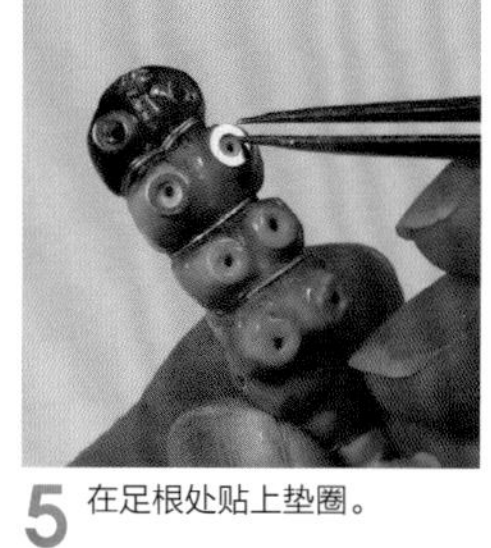

5 在足根处贴上垫圈。

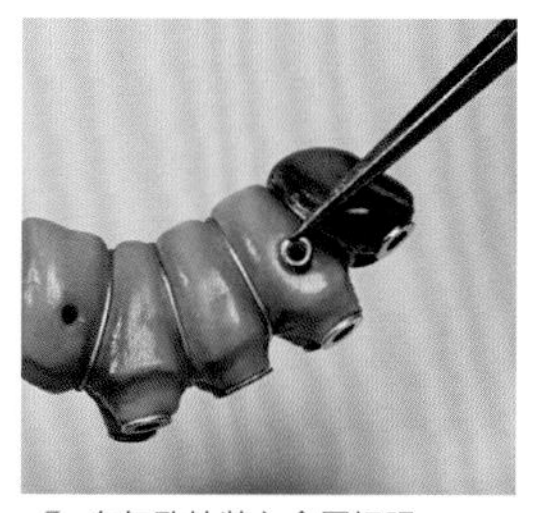

6 在气孔处装入金属扣眼。

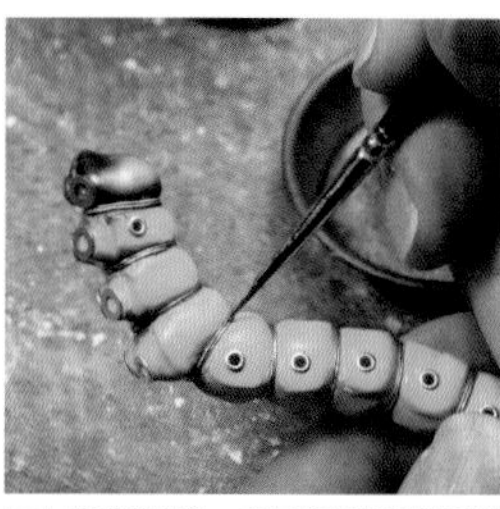

7 在焊锡线、金属扣眼和垫圈周围描绘黑线。

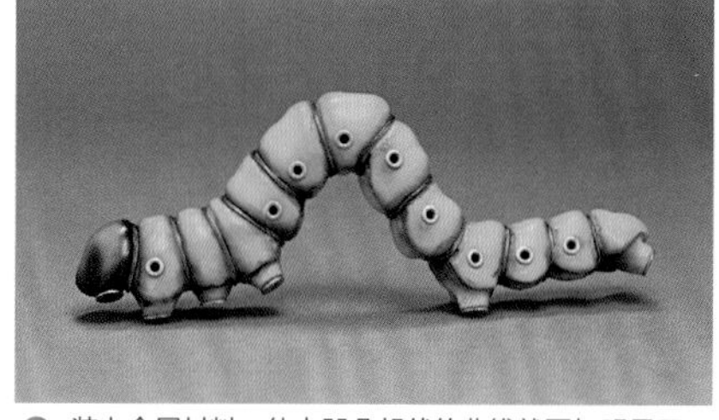

8 装上金属材料，幼虫凹凸起伏的曲线就更加明显了。

制作步足

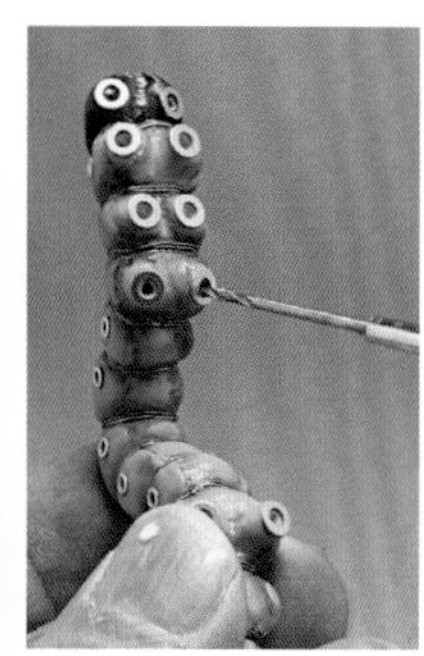

1 在腹部的步足位置上打孔。

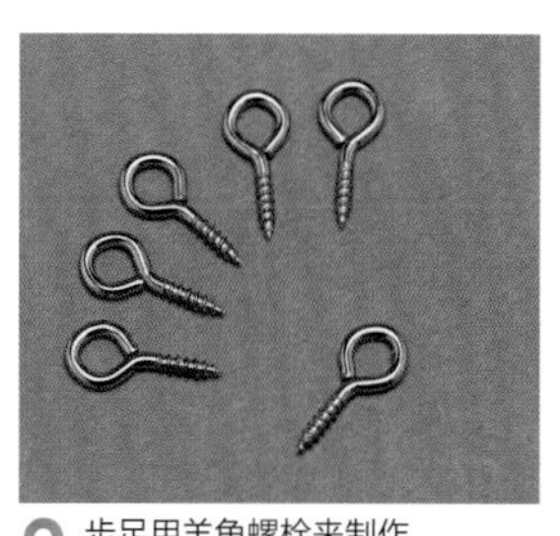

2 步足用羊角螺栓来制作。

＊步足：生长在幼虫的胸部，附肢中用来步行的三对足。

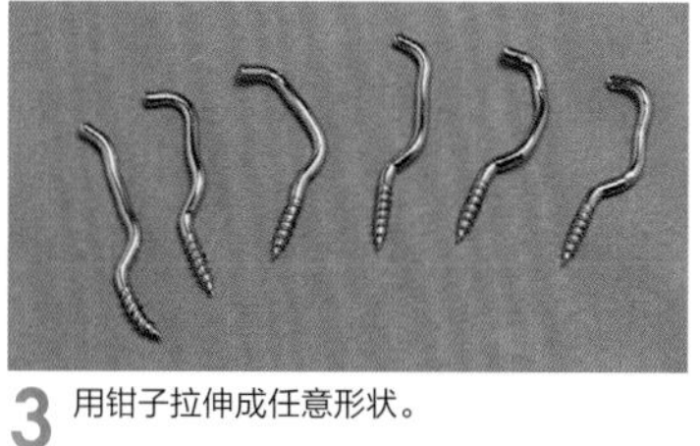

3 用钳子拉伸成任意形状。

4 用剪线器剪断。

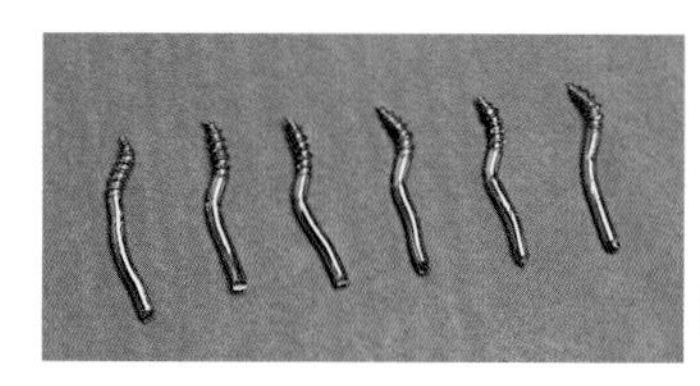

5 做出形状和长度都很适宜的步足。

继续制作步足

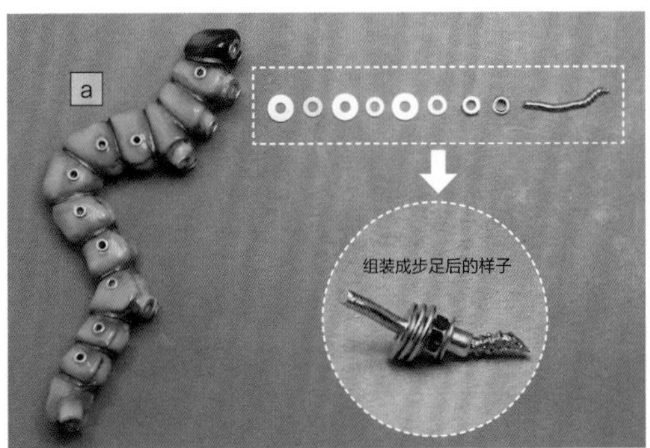

6 用垫圈、螺帽、金属扣眼组装成步足。

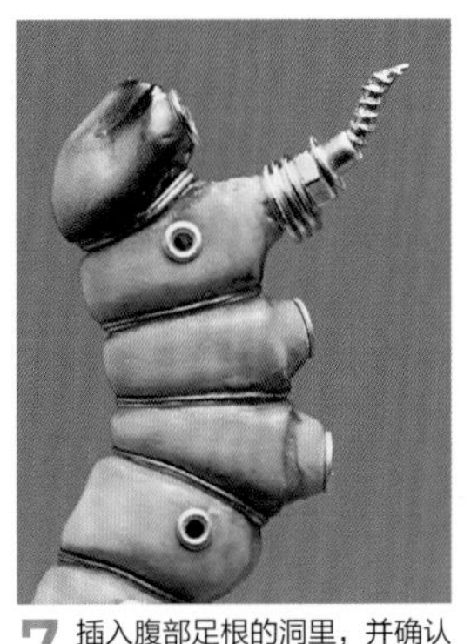

7 插入腹部足根的洞里，并确认长度和朝向的均衡感。

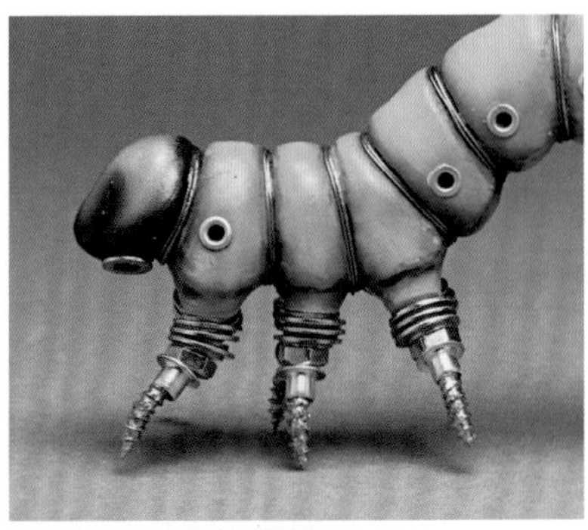

8 给幼虫装上步足后的样子。

制作口器

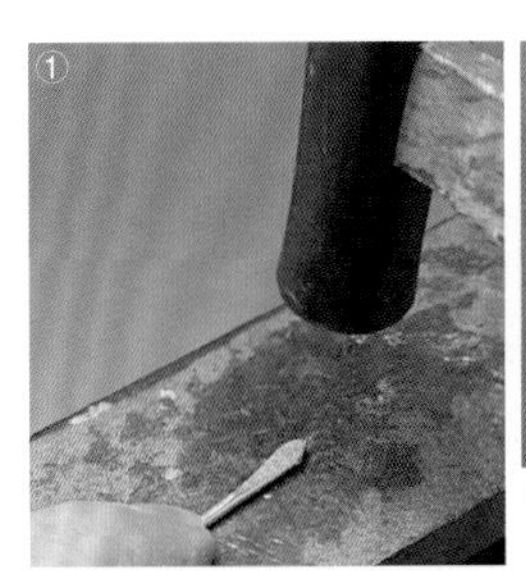

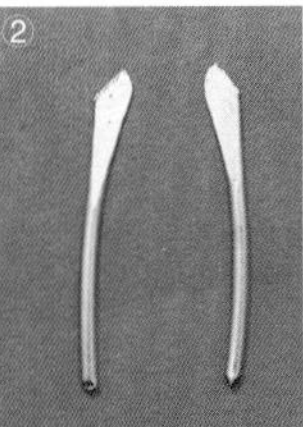

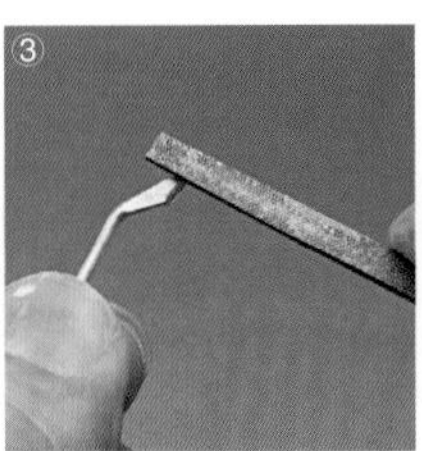

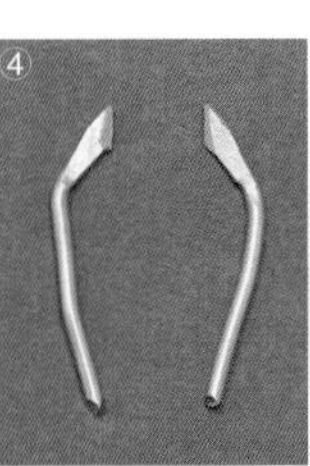

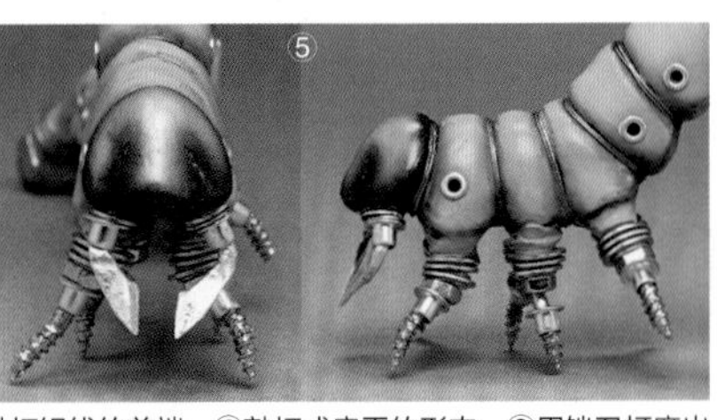

1 为了使幼虫看上去更加凶狠，就要给它加上一个霸气的口器。①用锤子敲打铝线的前端。②敲打成扁平的形态。③用锉刀打磨出锐利的角度。④完成塑形。⑤安装到主体后的样子。

2 对口器做进一步细节处理。

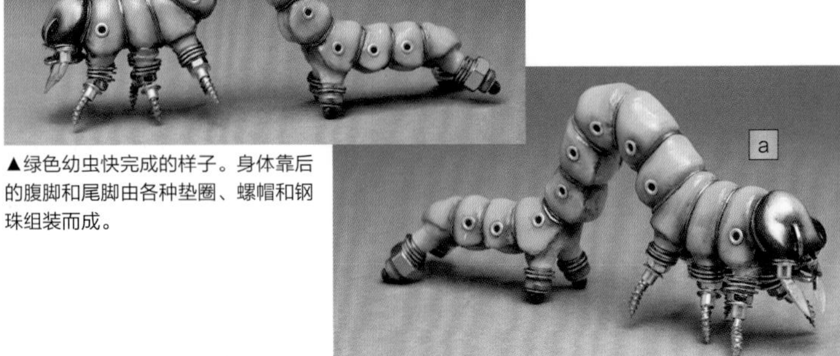

▲绿色幼虫快完成的样子。身体靠后的腹脚和尾脚由各种垫圈、螺帽和钢珠组装而成。

▲装上口器和脚之后外观就更像幼虫了。查看整体的协调性，并进行局部的调整。

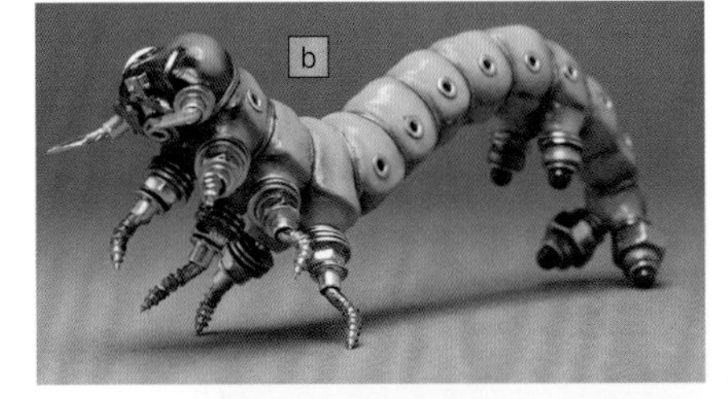

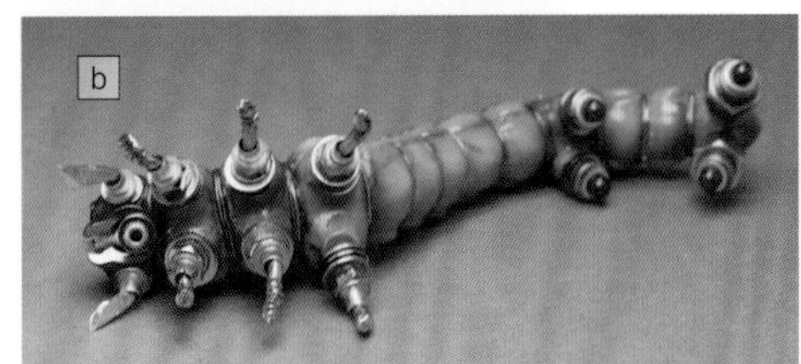

▼和陶工蜂临时组装在一起的样子。被陶工蜂的毒针刺中后动弹不得的幼虫（b）。

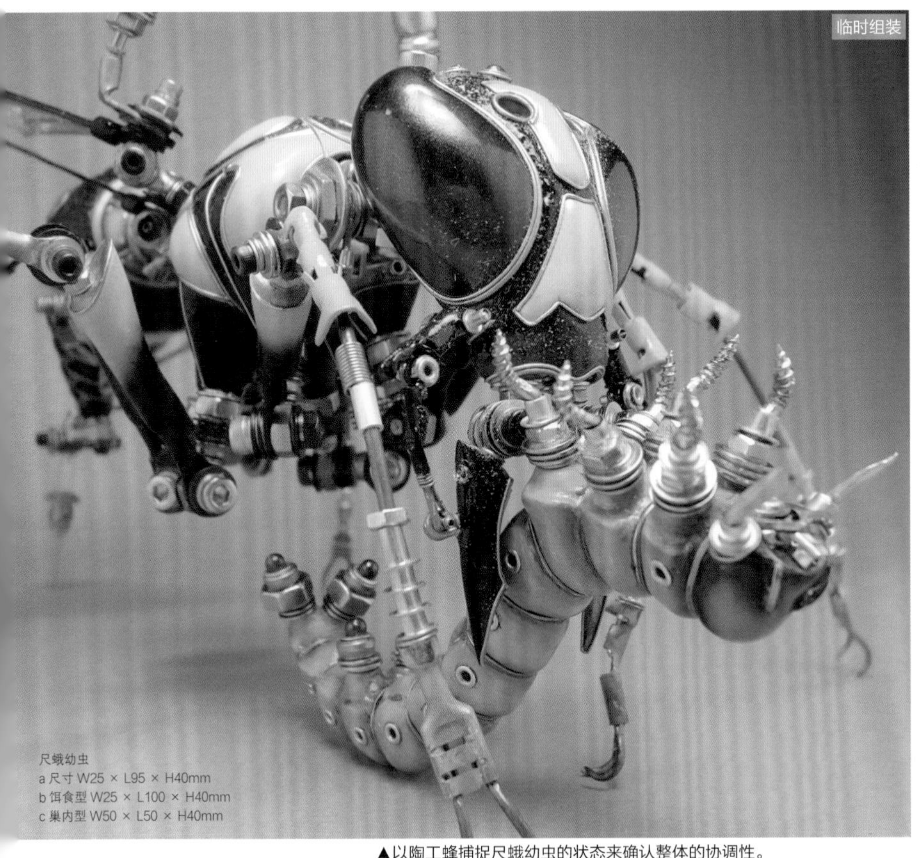

▲以陶工蜂捕捉尺蛾幼虫的状态来确认整体的协调性。

▲ 以脚部为中心进行做旧处理。

▲处理完以后喷上哑光保护漆，使幼虫看起来更加柔和。

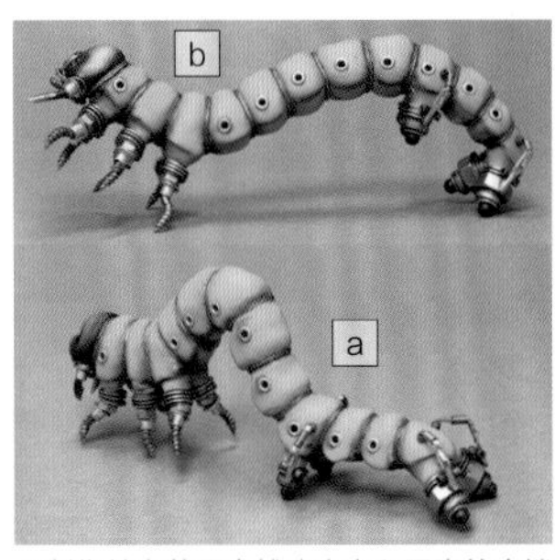

▲制作并安装用来辅助腹脚和尾脚的支撑臂后就完成了。

4 用金属材料装饰铜色幼虫

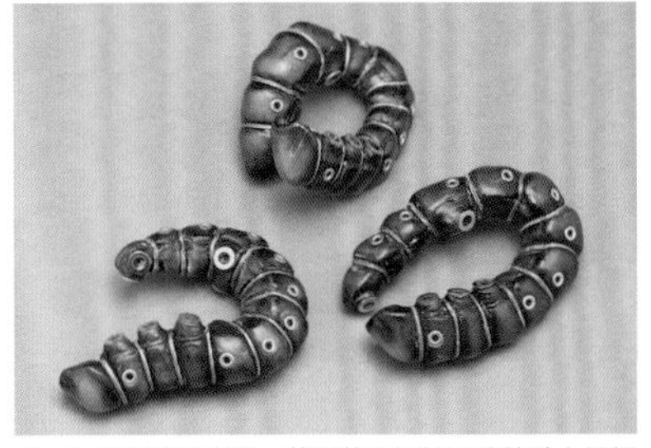

1 在头部的分界线、节和节之间的凹陷处贴上焊锡线，在足根上贴上垫圈，在气孔上贴上金属扣眼。

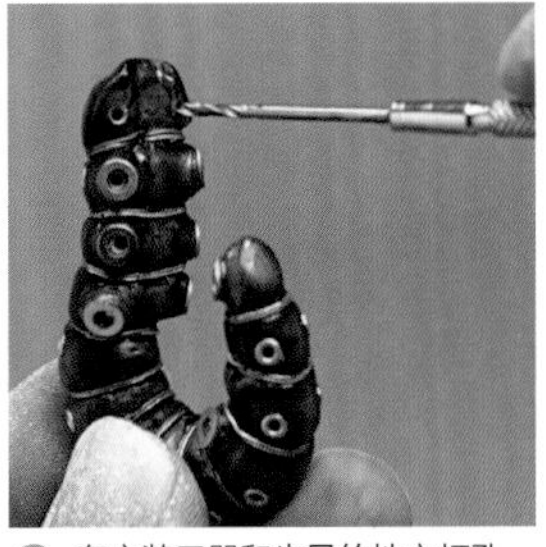

2 在安装口器和步足的地方打孔。

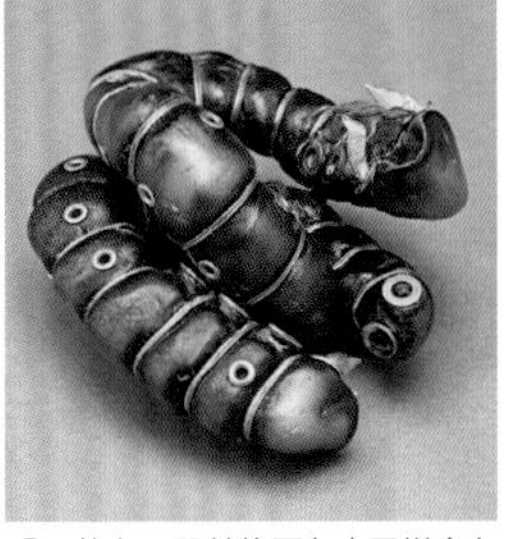

3 装上口器并将两条虫子拼合在一起。

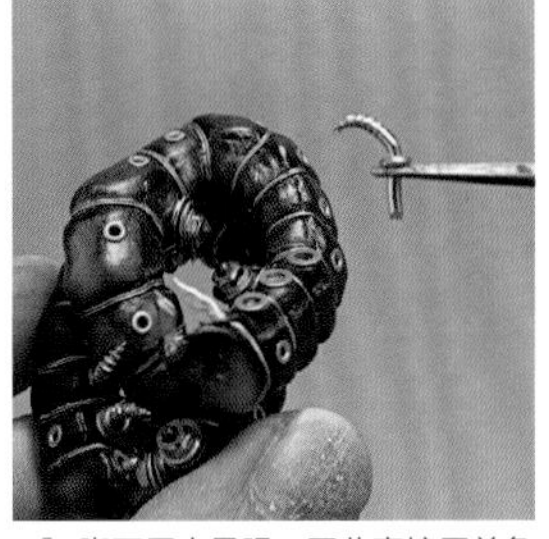

4 脚不用太显眼，因此直接用羊角螺栓和焊锡线组装就可以了。

5 安装脚时要做出幼虫们缠在一起的感觉。

6 加上第三条幼虫，并装上腹脚和尾脚。

7 放入蜂巢内，并确认整体效果。

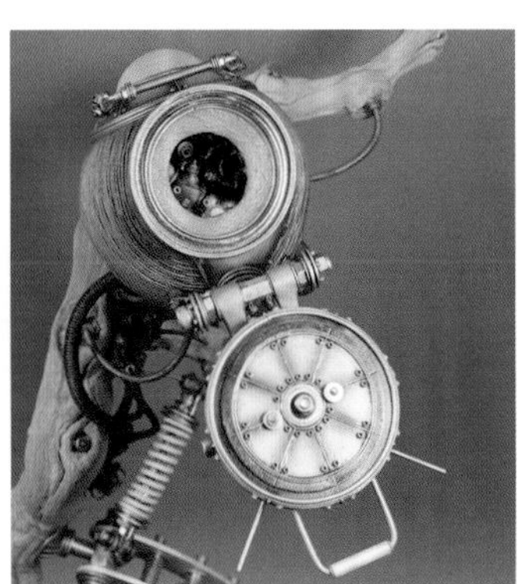

8 打开蜂巢入口的盖子，从上俯视的效果。和制作绿色的幼虫一样，最后要喷上哑光保护漆作为完工前的修饰。

完成底座

装上陶工蜂

因为底座已经做好了，所以可以将第 1 章做好的主角陶工蜂安装到蜂巢上了。可以尝试摆出各种各样的动作来呈现场景的氛围。

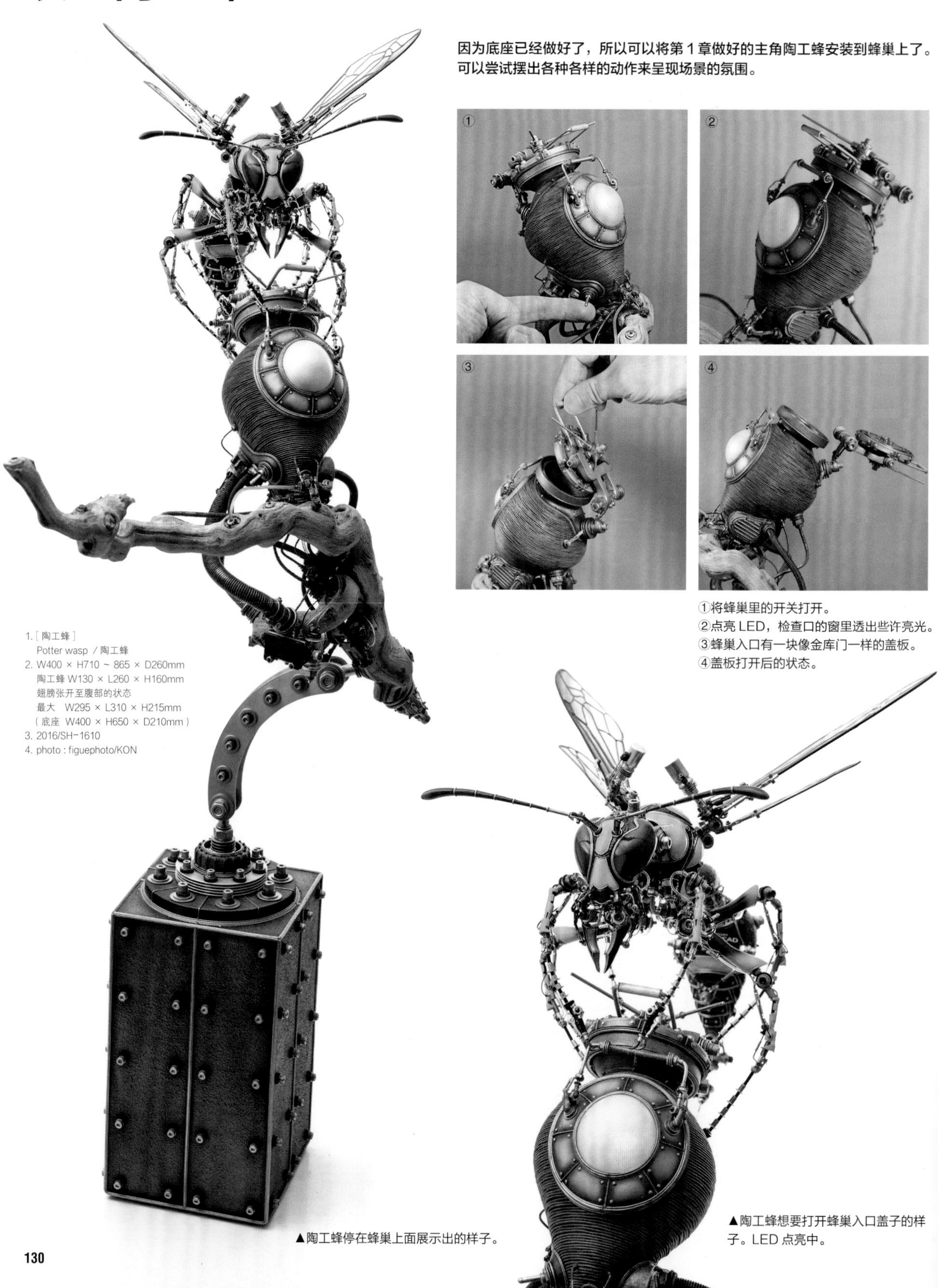

①将蜂巢里的开关打开。
②点亮 LED，检查口的窗里透出些许亮光。
③蜂巢入口有一块像金库门一样的盖板。
④盖板打开后的状态。

1. [陶工蜂]
   Potter wasp / 陶工蜂
2. W400 × H710 ~ 865 × D260mm
   陶工蜂 W130 × L260 × H160mm
   翅膀张开至腹部的状态
   最大 W295 × L310 × H215mm
   (底座 W400 × H650 × D210mm)
3. 2016/SH-1610
4. photo : figuephoto/KON

▲陶工蜂停在蜂巢上面展示出的样子。

▲陶工蜂想要打开蜂巢入口盖子的样子。LED 点亮中。

产卵

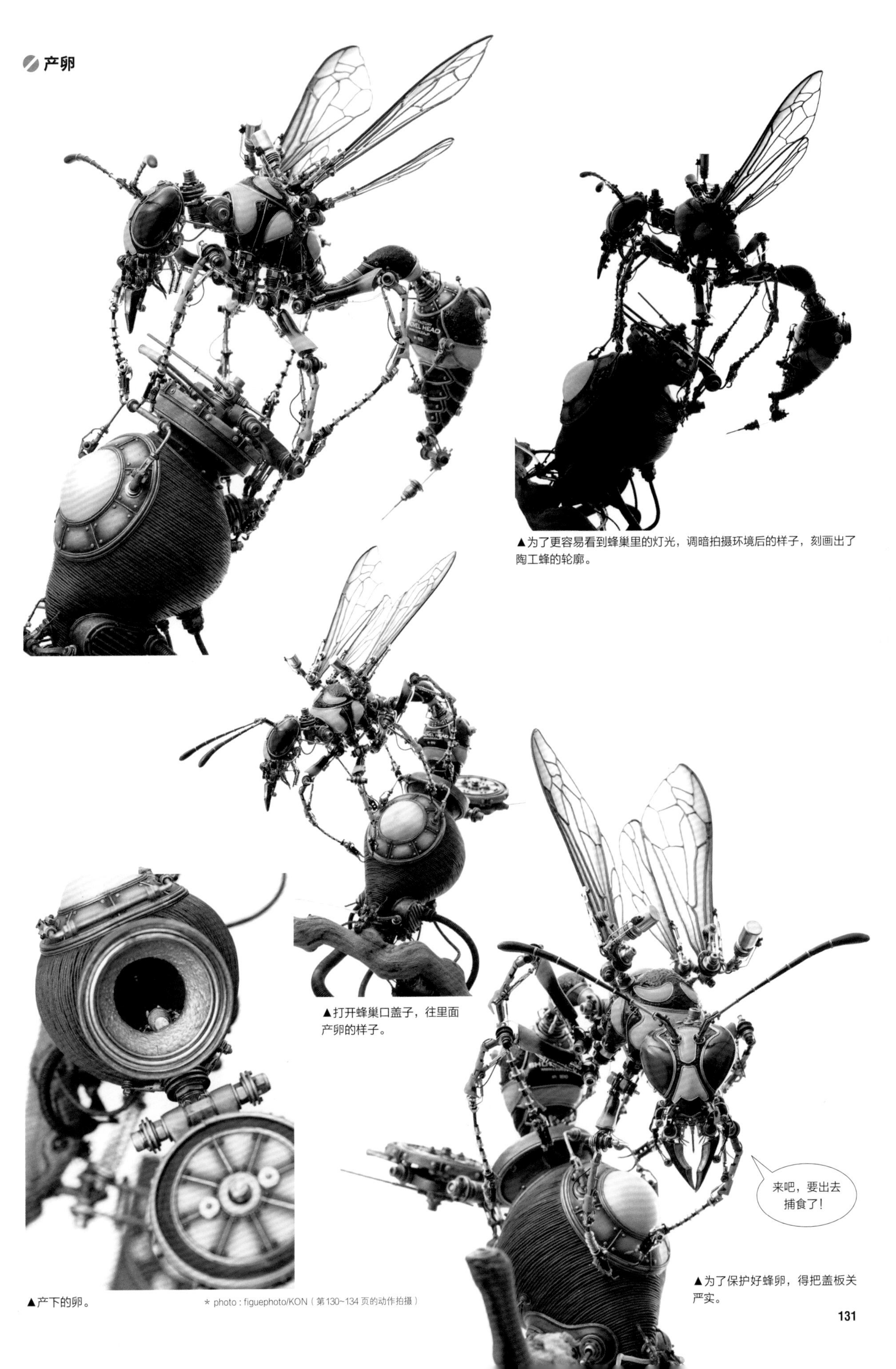

▲为了更容易看到蜂巢里的灯光，调暗拍摄环境后的样子，刻画出了陶工蜂的轮廓。

▲打开蜂巢口盖子，往里面产卵的样子。

▲产下的卵。

▲为了保护好蜂卵，得把盖板关严实。

＊ photo : figuephoto/KON（第130~134页的动作拍摄）

捕食

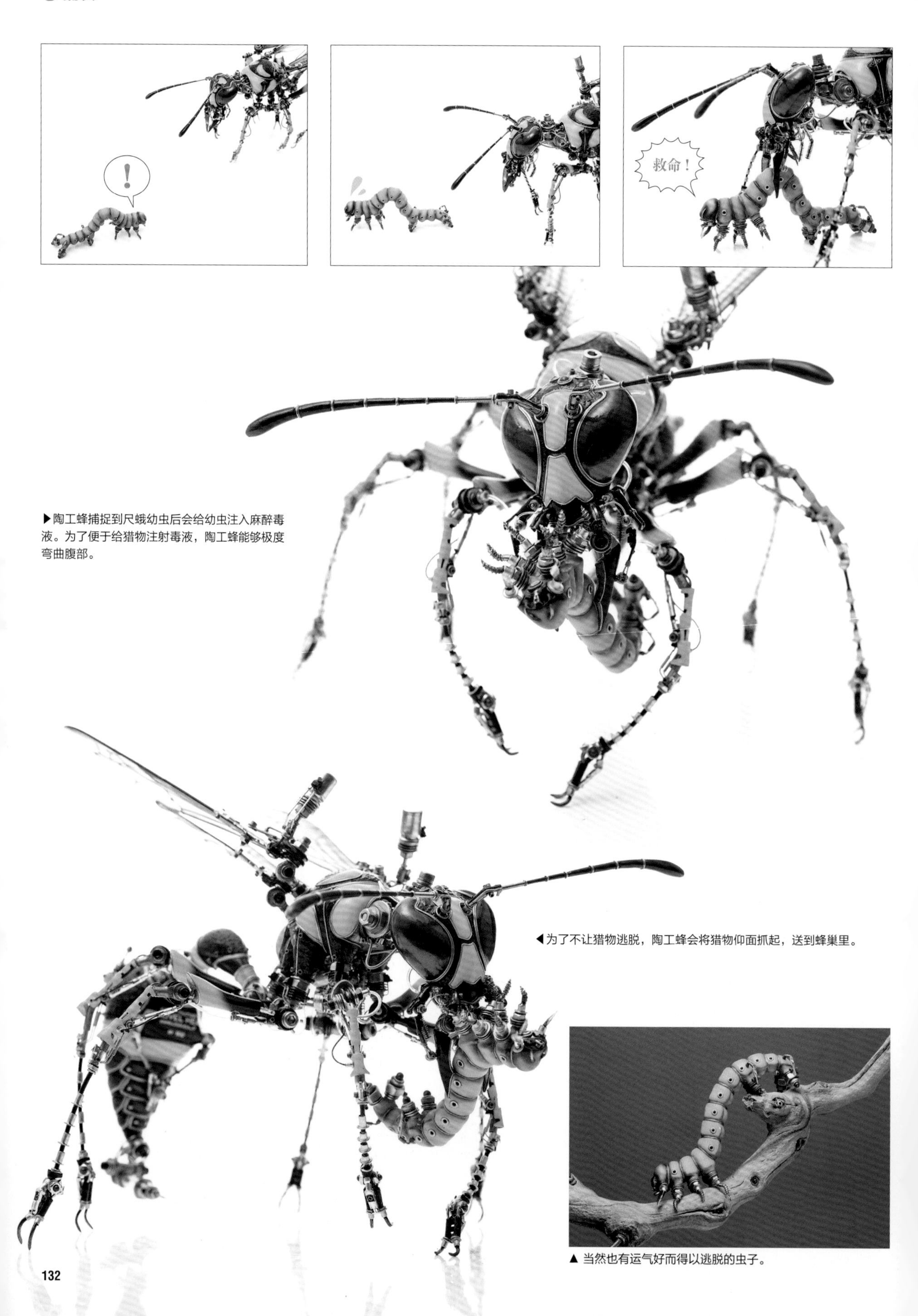

▶陶工蜂捕捉到尺蛾幼虫后会给幼虫注入麻醉毒液。为了便于给猎物注射毒液，陶工蜂能够极度弯曲腹部。

◀为了不让猎物逃脱，陶工蜂会将猎物仰面抓起，送到蜂巢里。

▲ 当然也有运气好而得以逃脱的虫子。

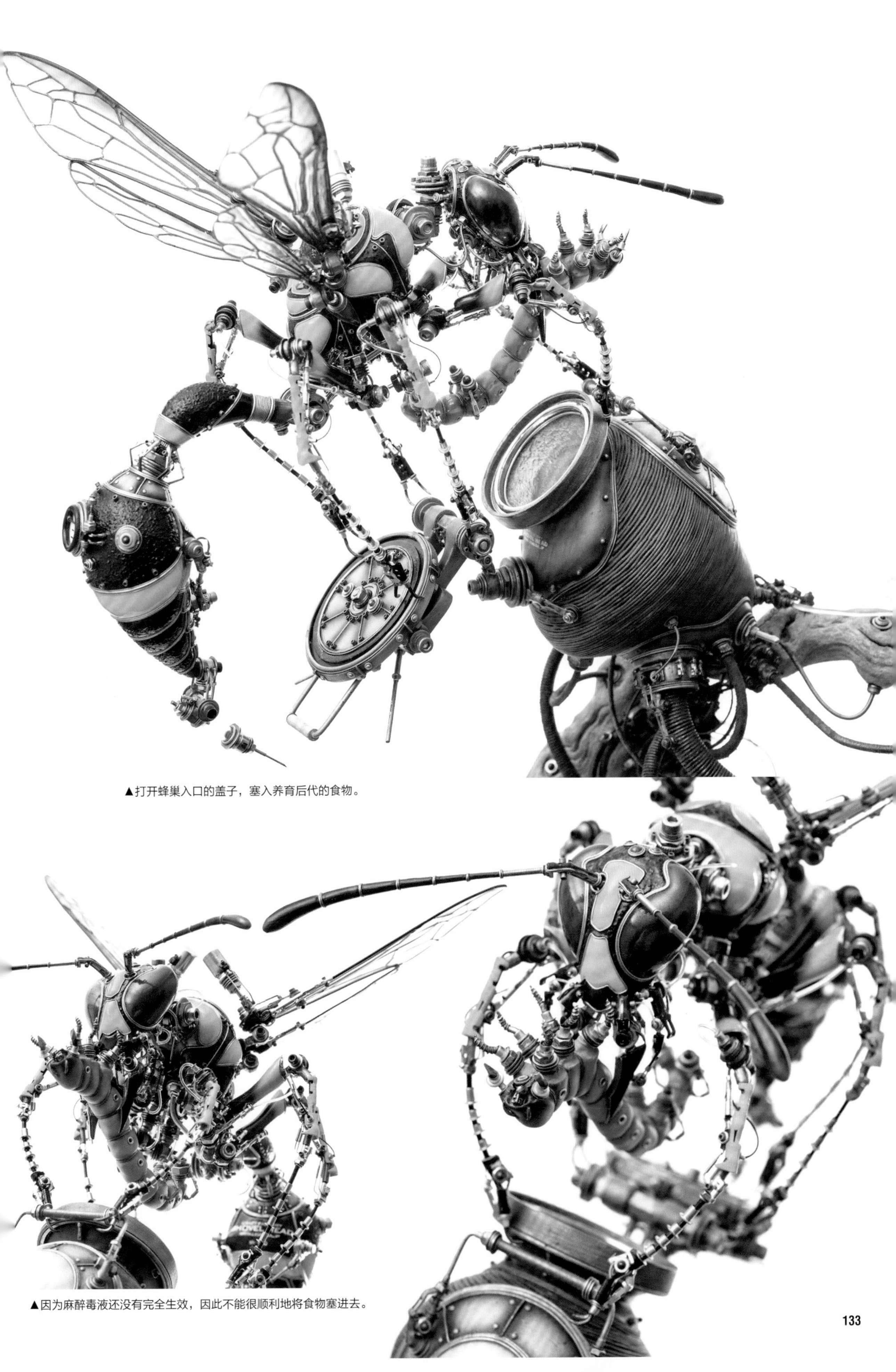

▲打开蜂巢入口的盖子，塞入养育后代的食物。

▲因为麻醉毒液还没有完全生效，因此不能很顺利地将食物塞进去。

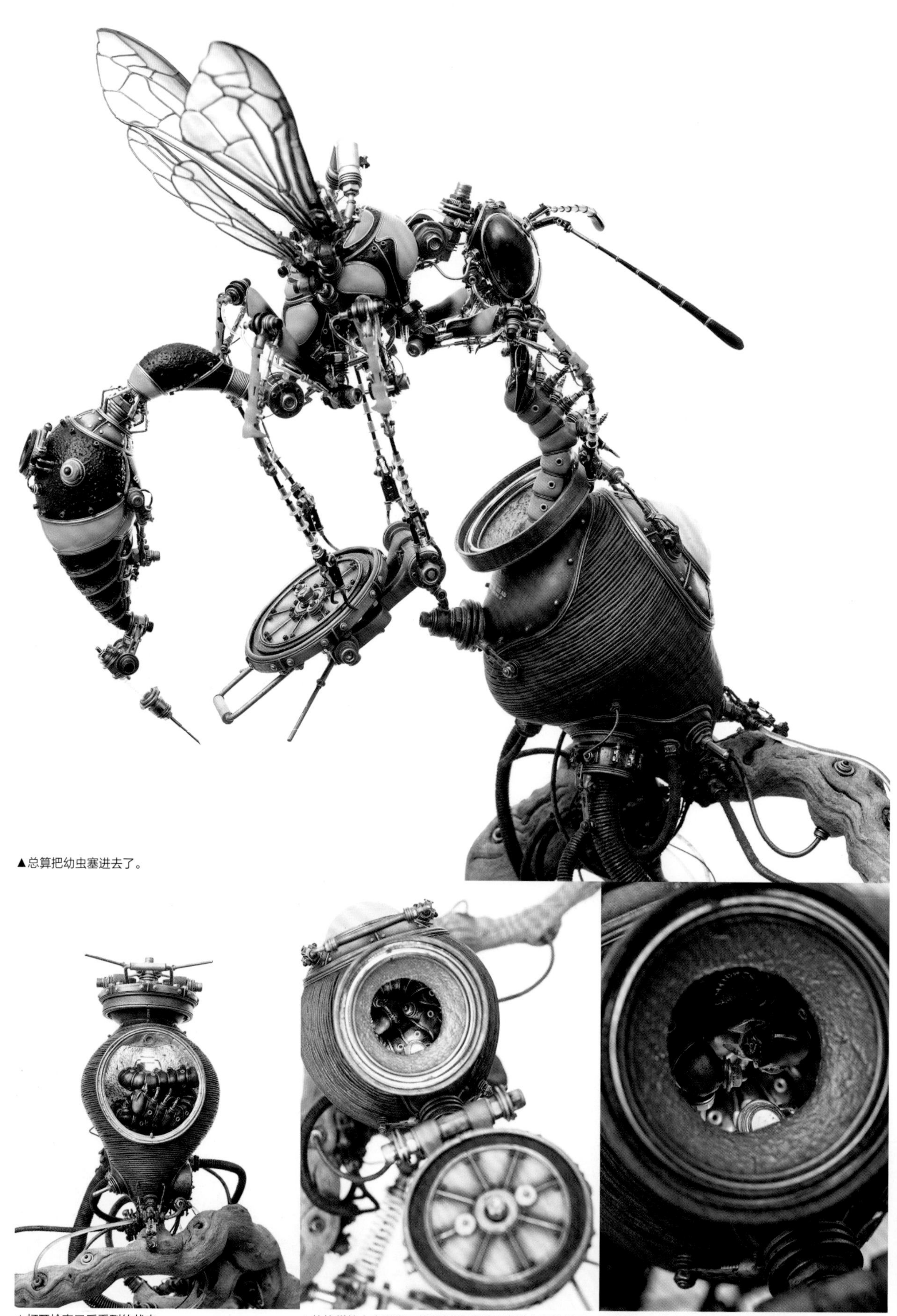

▲总算把幼虫塞进去了。

▲打开检查口后看到的状态。

▲从蜂巢的上方以陶工蜂的视角看到的蜂巢内部的样子。

▲蜂巢中存放着捕获来的尺蛾的幼虫。一切都是为了下一代。

第 4 章 从过去到现在的原创作品

………… 各种各样的机械昆虫们

这里的昆虫既有根据实物加以改造的作品，也有完全出于想象制作出来的作品。我把这些作品集合在一起统称为“机械变异生物”，并且还会继续不断地制作出新的作品。

本章中展示的这些昆虫不只限于狭义上的昆虫，还包括了节足动物等广义上的“昆虫”。本章将为各位介绍各种机械昆虫作品，主要内容有机械昆虫制作过程中珍贵的照片记录、制作诀窍，为了使读者多角度更好地鉴赏作品，将以整体和局部特写的方式呈现作品。

Antlion larva + Ant / 蚁狮幼虫 + 蚂蚁

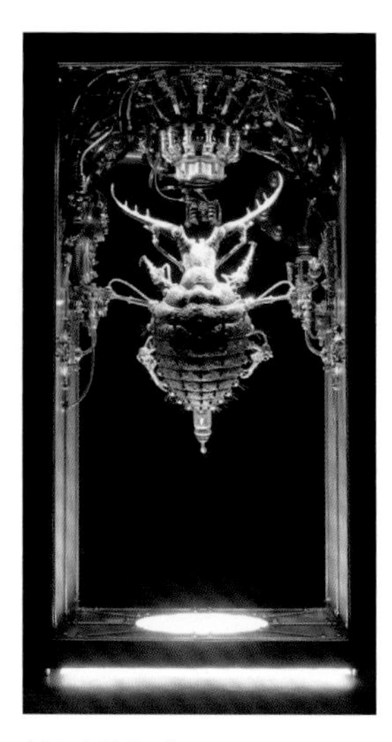

1. [Conic Pit Trap]
   Antlion larva + Ant /
   蚁狮幼虫 + 蚂蚁
2. W185 × H365 × D120 mm
3. 2015/SH-1501

* photo : figuephoto/KON（第 136~137 页的所有照片和细节特写）

▲顶上的 LED 直接照在昆虫上，下面附加的树脂板的开口处射出了底部的光线，使整个秘密基地更具神秘色彩。

▲蚁狮幼虫的巢穴内部要怎么设计呢？我小时候就想象过蚁狮幼虫可能在沙土里有一个秘密基地。底座的外框材料用的是胶合板，漏斗用的是厚纸板，漏斗的底部加上了相机的光圈作为机关，可以通过推动把手来开关入口。

▲看起来像是快要滑落下去的蚂蚁。

▲只要一失去平衡，巢穴的开口就会打开，落入陷阱的蚂蚁就会被捕食。

◀蚁狮就处在漏斗下方的机库中心位置，随时等待猎物上钩。中脚的前端用螺栓固定在底座上。

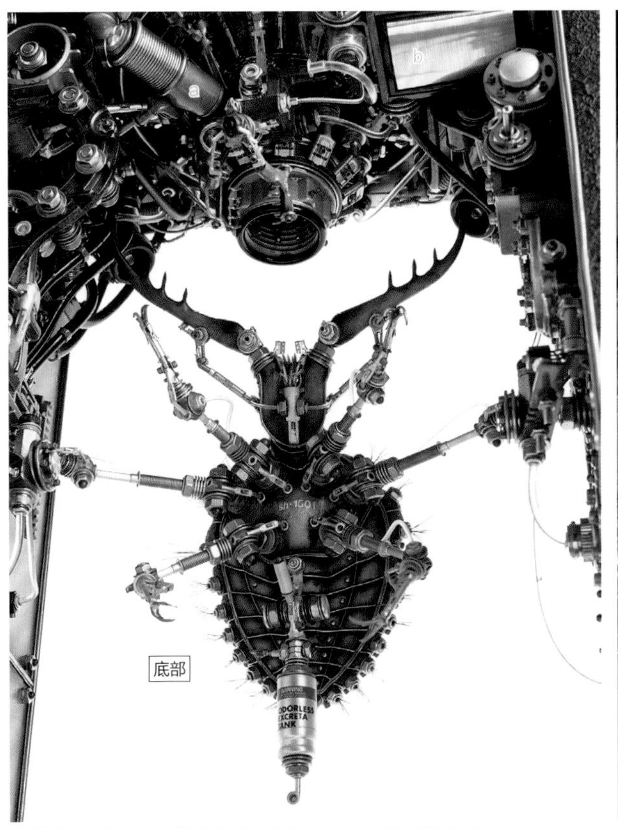

a 这里是一个把手，可以控制漏斗的开关。 b 是 LED 灯的电池盒。

▲将 LED 灯打开后的样子。

制作方法

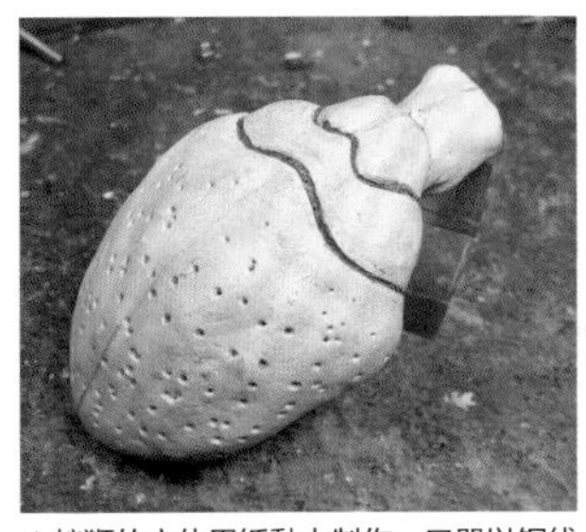

▲蚁狮的主体用纸黏土制作，口器以铜线为芯材加上环氧树脂 。

▲腹部涂上金属色，背面涂上明亮的茶褐色。

◀蚂蚁主体的纸黏土塑形阶段。

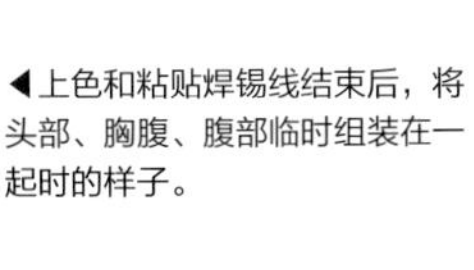

◀上色和粘贴焊锡线结束后，将头部、胸腹、腹部临时组装在一起时的样子。

▲底座边框使用的是胶合板（闪光构造），漏斗则使用厚纸板制作。

▲涂上金属色，然后在地面开口处装上树脂板。

＊闪光构造：用木头制作框架，表面贴上薄薄的化妆板。

Hump Earwig / 蠼螋

雌性蠼螋在产卵之后会有护卵的习性，而孵化出来的幼虫们会跟在母亲身边觅食。这也是本次作品的灵感来源。

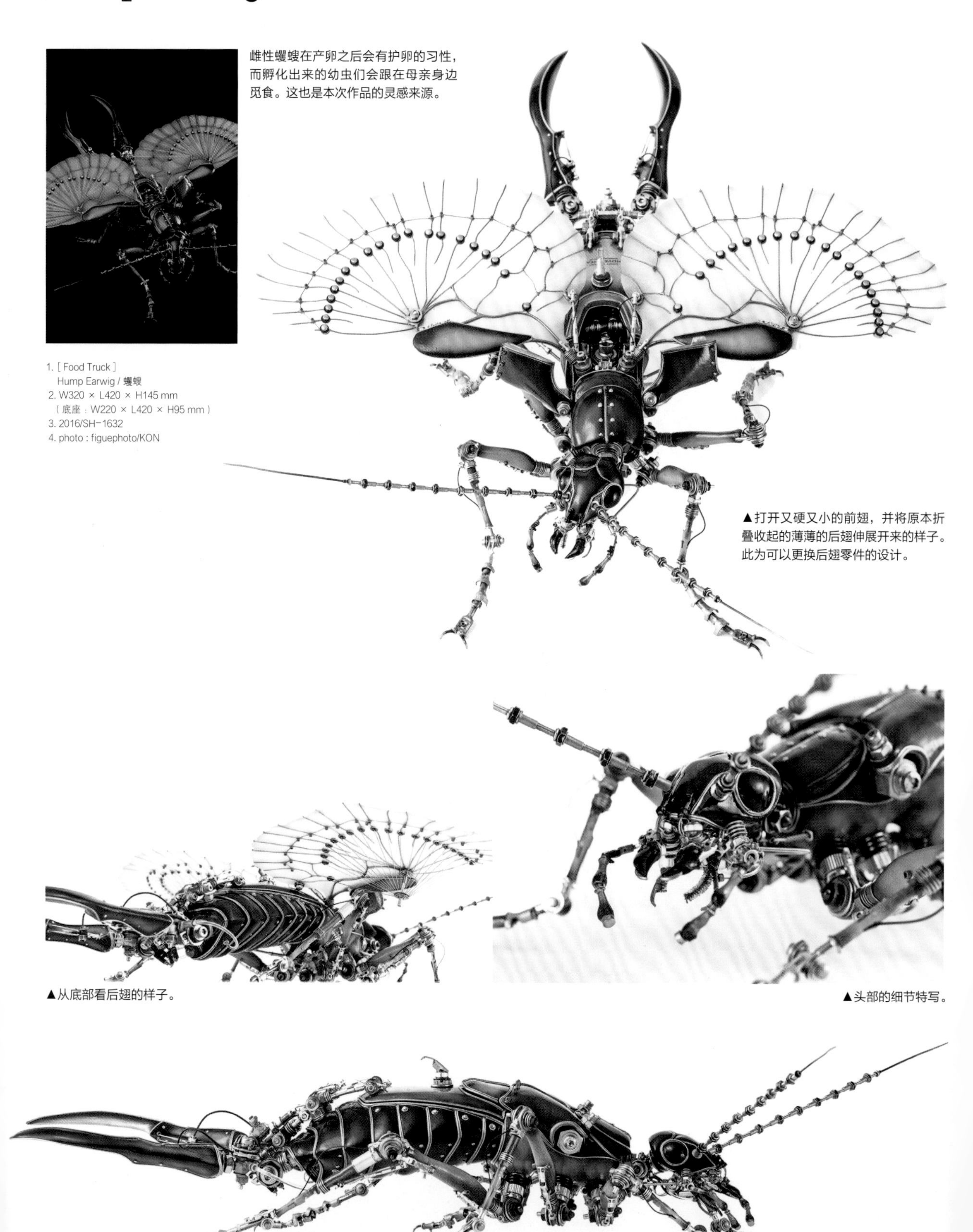

1. [Food Truck]
   Hump Earwig / 蠼螋
2. W320 × L420 × H145 mm
   （底座：W220 × L420 × H95 mm）
3. 2016/SH-1632
4. photo : figuephoto/KON

▲打开又硬又小的前翅，并将原本折叠收起的薄薄的后翅伸展开来的样子。此为可以更换后翅零件的设计。

▲从底部看后翅的样子。

▲头部的细节特写。

▲将翅膀折叠收起的状态。

▲雌性蠼螋为了避免食物全部被自己吃掉，进化出了可以随身储藏食物供幼虫进食的装置。

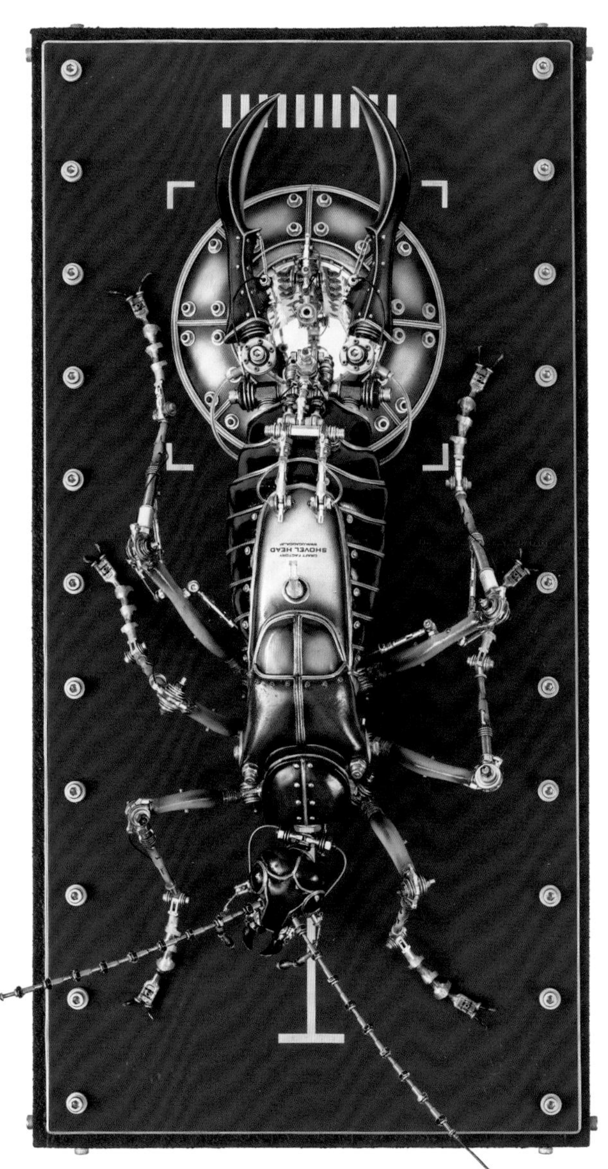

▲安装到底座上的样子。

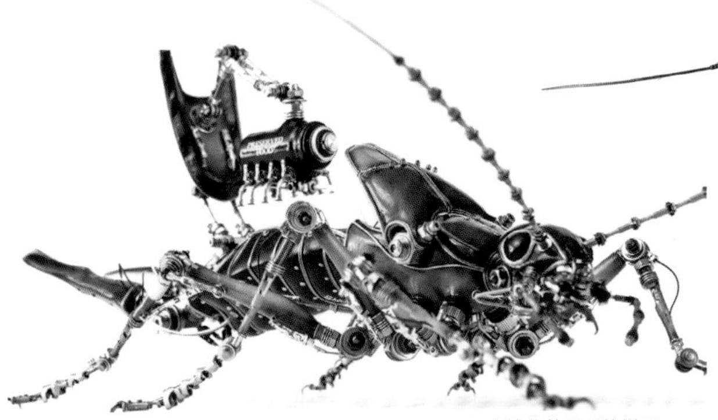

▲取出储藏装置后的样子。

▲正在产卵的样子。

Robust Cicada / 昼鸣蝉

1. [羽化 / 昼鸣蝉]
(Robust) Cicada / 昼鸣蝉
2. 整体：W330 × H420 × D210 mm
蝉：W70 × L175 × H110 mm
脱完的壳：W95 × L100 × H60 mm
3. 1999/SH-9935
4. photo : Ryuichi Okano
日经《Win-PC》1999 年 9 月的封面

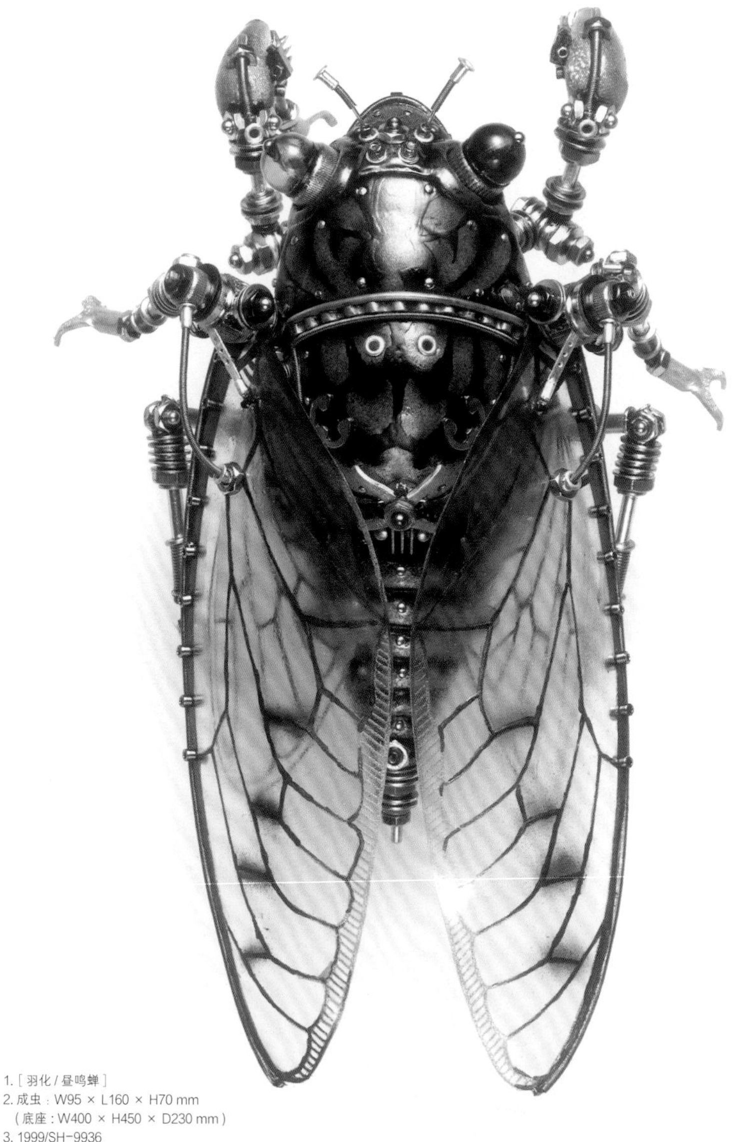

1. [羽化 / 昼鸣蝉]
2. 成虫：W95 × L160 × H70 mm
（底座：W400 × H450 × D230 mm）
3. 1999/SH-9936
4. photo : Ryuichi Okano
日经《Win-PC》1999 年 9 月的封底

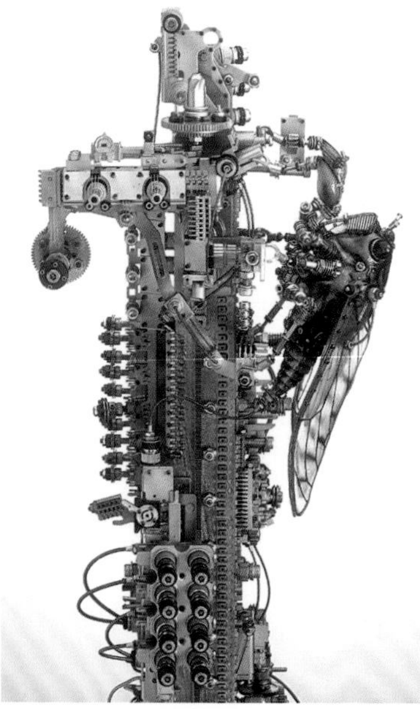

▼颜色较深的成虫 。

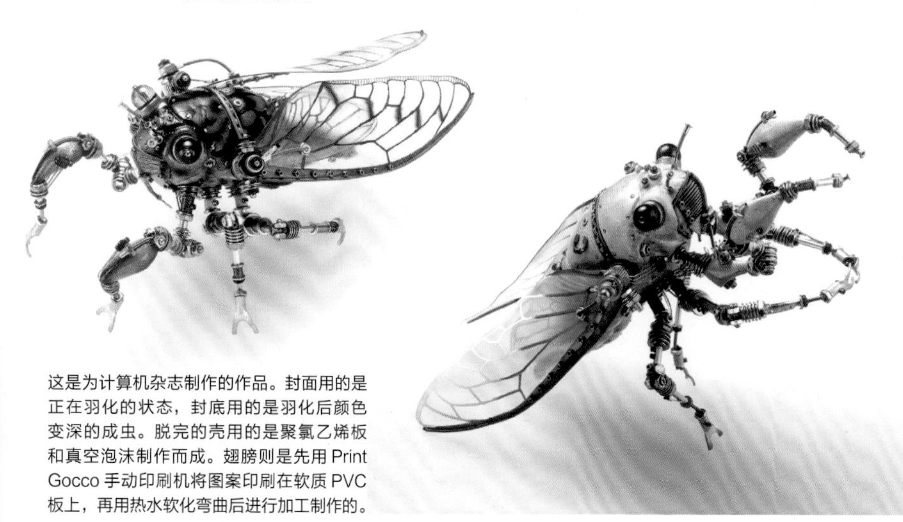

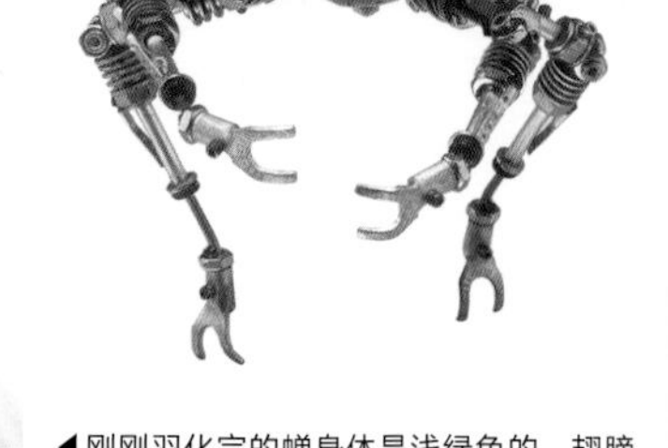

这是为计算机杂志制作的作品。封面用的是正在羽化的状态，封底用的是羽化后颜色变深的成虫。脱完的壳用的是聚氯乙烯板和真空泡沫制作而成。翅膀则是先用 Print Gocco 手动印刷机将图案印刷在软质 PVC 板上，再用热水软化弯曲后进行加工制作的。

◀刚刚羽化完的蝉身体是浅绿色的，翅膀也偏白色。根据羽化完成后不同时间的成虫特征，制作出的两件作品。

Moths / 尺蛾

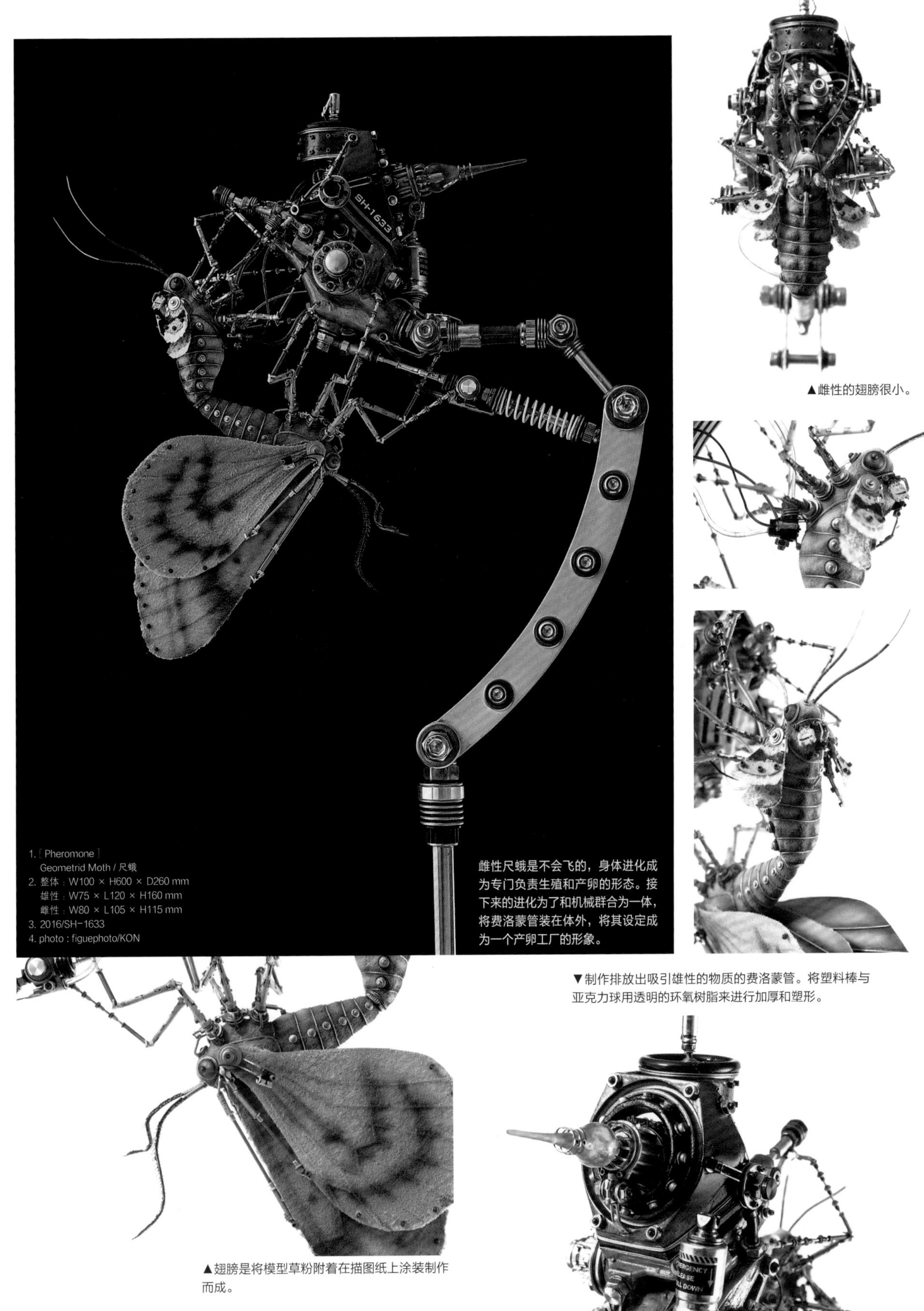

1. 「Pheromone」
   Geometrid Moth / 尺蛾
2. 整体：W100 × H600 × D260 mm
   雄性：W75 × L120 × H160 mm
   雌性：W80 × L105 × H115 mm
3. 2016/SH-1633
4. photo : figuephoto/KON

雌性尺蛾是不会飞的，身体进化成为专门负责生殖和产卵的形态。接下来的进化为了和机械群合为一体，将费洛蒙管装在体外，将其设定成为一个产卵工厂的形象。

▲雌性的翅膀很小。

▼制作排放出吸引雄性的物质的费洛蒙管。将塑料棒与亚克力球用透明的环氧树脂来进行加厚和塑形。

▲翅膀是将模型草粉附着在描图纸上涂装制作而成。

Monarch / 黑脉金斑蝶

1. [Memory IC]
   Monarch / 黑脉金斑蝶
2. 整体 : W440 × H620 × D180 mm
   蝶 : W240 × L180 × H110 mm
3. 2003/SH-0327
4. photo : Johnny Murakoshi

▲分布在北美地区，以能够完成 3000 千米长途飞行而为人所熟知的蝴蝶，本作品就是以此为主题创作的。

能够完成如此大规模的迁徙和集体越冬行为，是不是真的只是因为 DNA 流传下来的本能呢？这个疑问促成了这件作品的创作契机。想象着在它还是蛹的时候，就借由外部传递的信息重新改写黑脉金斑蝶的 DNA，这样的设定一定很有趣。因此，制作出了用机械群围成的底座，边框上加上了从磁带盒上取下的零件。

Migratory Locust / 飞蝗

最近几年似乎很难看到蝗虫了，不禁让人怀疑是不是因为它的飞行能力得到了进化，进而扩大了它的飞行范围。如果有机会的话，也想试着做成一个种群。因此在主体塑形的时候，特地翻模做出了模具，这样以后就能复制出大量的树脂作品了。

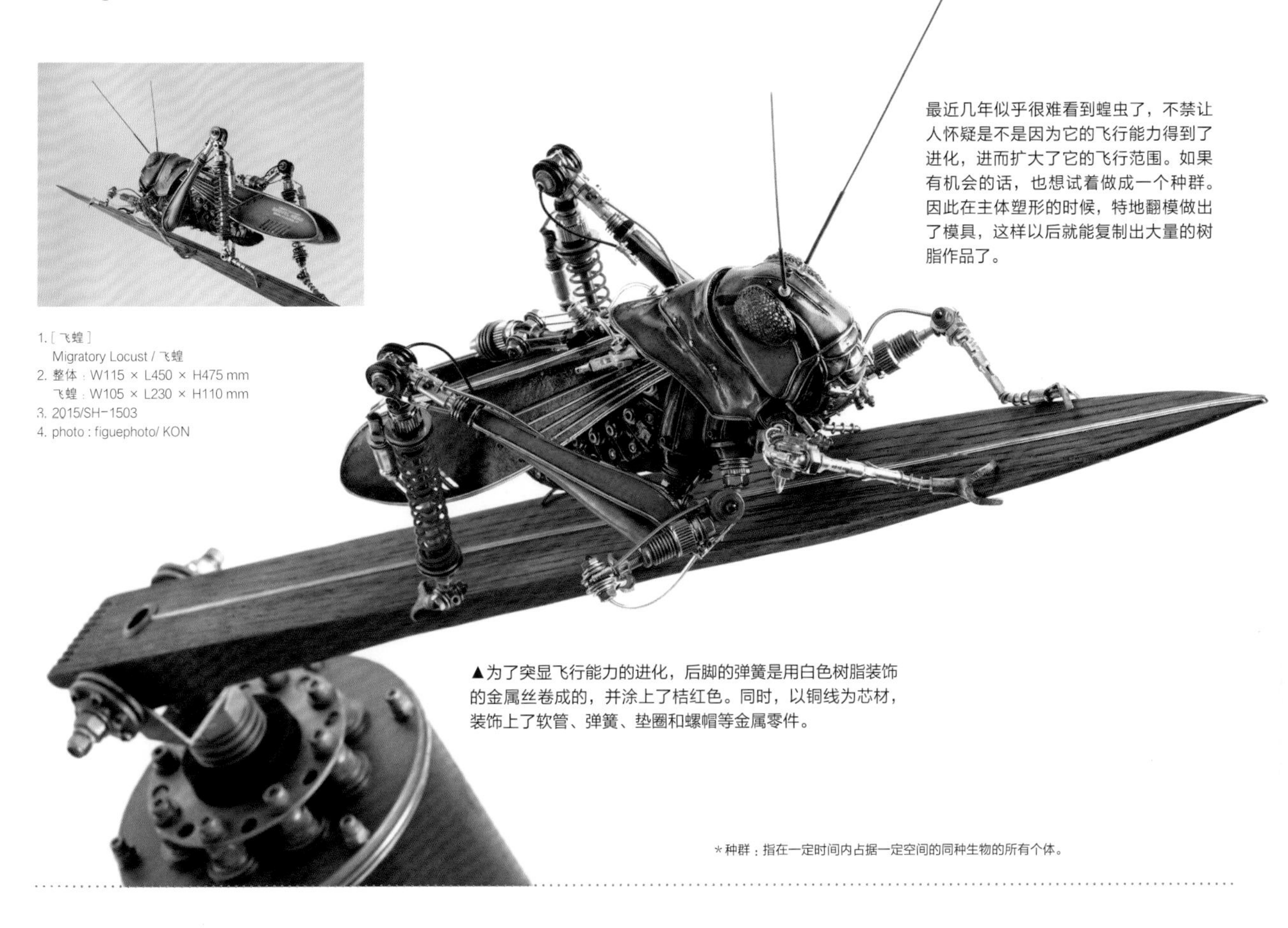

1. [飞蝗]
   Migratory Locust / 飞蝗
2. 整体：W115 × L450 × H475 mm
   飞蝗：W105 × L230 × H110 mm
3. 2015/SH-1503
4. photo : figuephoto/ KON

▲为了突显飞行能力的进化，后脚的弹簧是用白色树脂装饰的金属丝卷成的，并涂上了桔红色。同时，以铜线为芯材，装饰上了软管、弹簧、垫圈和螺帽等金属零件。

＊种群：指在一定时间内占据一定空间的同种生物的所有个体。

制作方法

▲将纸黏土塑形和打好底后的样子。

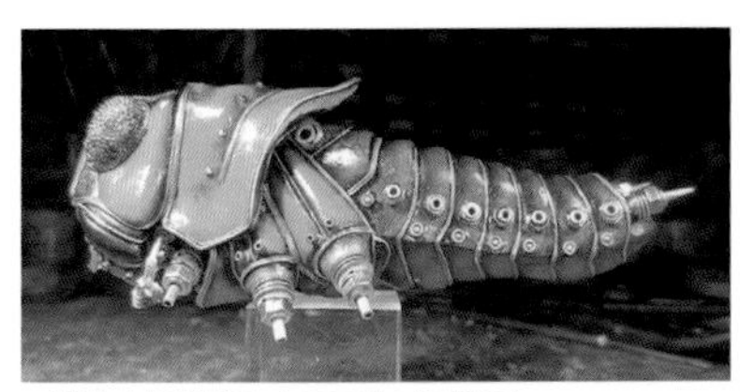

▲装饰上焊锡线和金属零件后的样子。

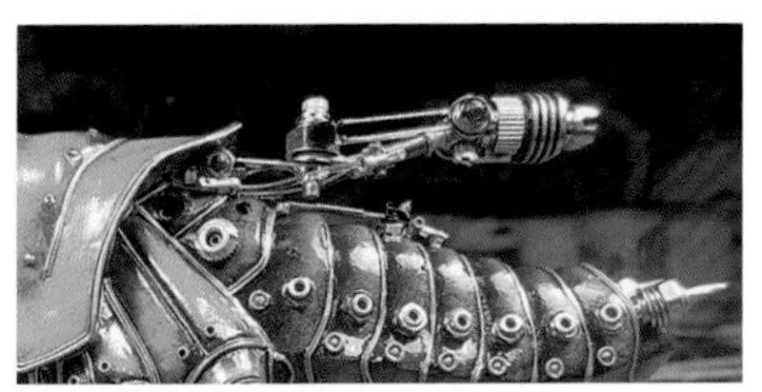

▲背上的推动引擎是用连接器等电子元件组装而成的，用于细节的精细化处理。

▲翅膀则是用钢笔和彩色铅笔绘制出翅脉印在描图纸上制作而成的。前翅是对厚纸板做了打底处理后，喷上金属色的清漆进行上色，然后在边缘上贴上焊锡线做成的。

◀制作过程中的头部。

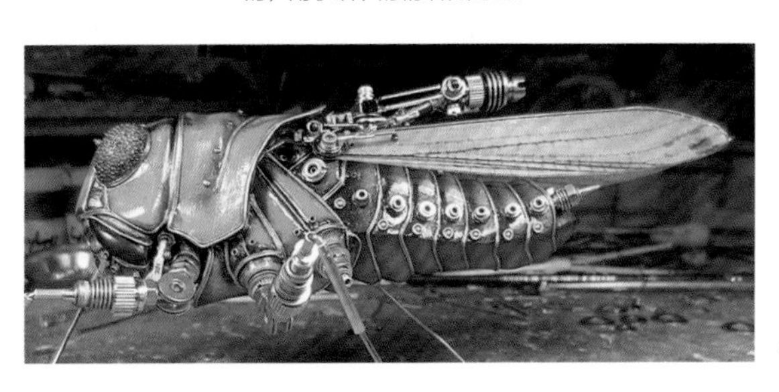

◀安装好后翅的样子。

Beetles / 双叉犀金龟 & 巨叉深山锹甲

1. [Caucasus beetle]
   双叉犀金龟
2. W205 × L210 × H75 mm
3. 2015/SH-1518
4. photo: figuephoto / KON

▲关于翅膀的光泽，是在涂好绿色系的金属颜料的基础上，再涂上称为 MAZIORA 色彩的珠光颜料而产生的。这种变色颜料和第 1 章中陶工蜂的眼睛所使用的颜料效果相同，随着视角的不同会引发颜色的变化。对于犄角等尖细的零件，为了避免其前端不慎缺损，则是使用金属丝为芯材制作而成的。

制作方法

▲上色进行到一半时的样子。

▲制作竹子的素材是保鲜膜的芯。竹节则是在保鲜膜芯的两端缠上金属丝，然后在两个竹节之间夹上垫圈制作而成的。

1. [Golofa porteri]
   波特瑞长臂竖角兜
2. 整体：W120 × H420 × D180 mm
   波特瑞长臂竖角兜：W120 × L190 × H145 mm
3. 2010/SH-1005
4. photo : Shinji Yamada

以分布于中南美海拔高的竹林里的独角仙为原型创作而成的。光滑的竹面上不好爬行，但又不能用犄角爬行，所以给它设计了一个发达的前脚。因此在制作中赋予了前脚“手”“眼”并用的功能。

▼巨叉深山锹甲在我孩童时代就开始逐渐消失了，因此我对它十分憧憬。这里将其制作成一种靠臂膀和强化的口器来扳倒对手的形象。如果现在重新制作一次的话，想要将其大颚改为可动式的。

1. [Miyama Stag beetle]
   巨叉深山锹甲
2. W170 × L225 × H55 mm
3. 2000/SH-0041
4. photo : Johnny Murakoshi
   日经《Win-PC》2000 年 11 月杂志封面作品

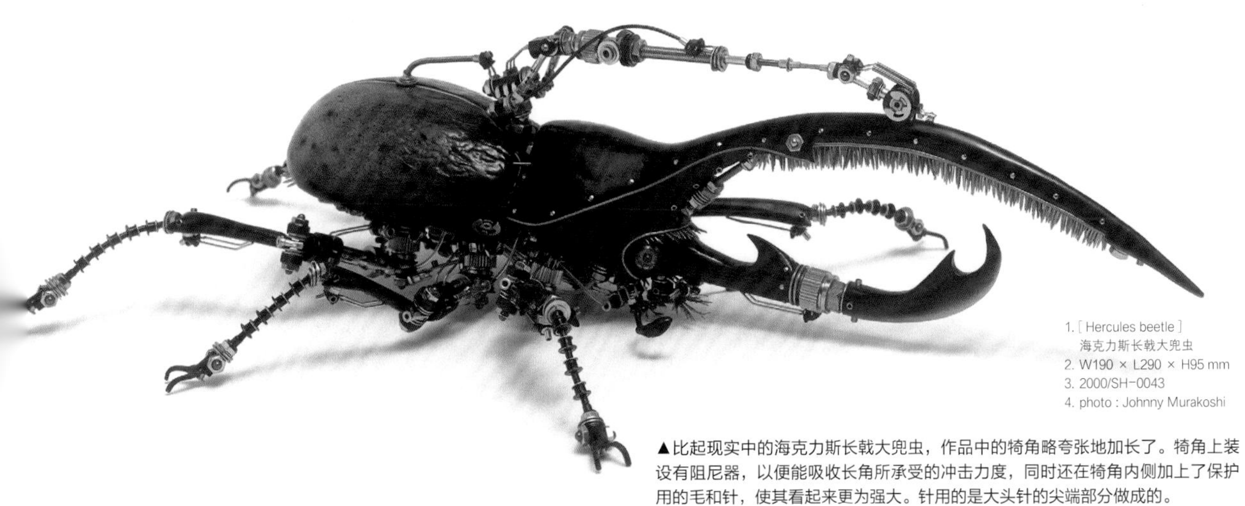

1. [Hercules beetle]
   海克力斯长戟大兜虫
2. W190 × L290 × H95 mm
3. 2000/SH-0043
4. photo : Johnny Murakoshi

▲比起现实中的海克力斯长戟大兜虫，作品中的犄角略夸张地加长了。犄角上装设有阻尼器，以便能吸收长角所承受的冲击力度，同时还在犄角内侧加上了保护用的毛和针，使其看起来更为强大。针用的是大头针的尖端部分做成的。

Pseudoscorpion & Whipscorpion / 伪蝎 & 鞭蛛

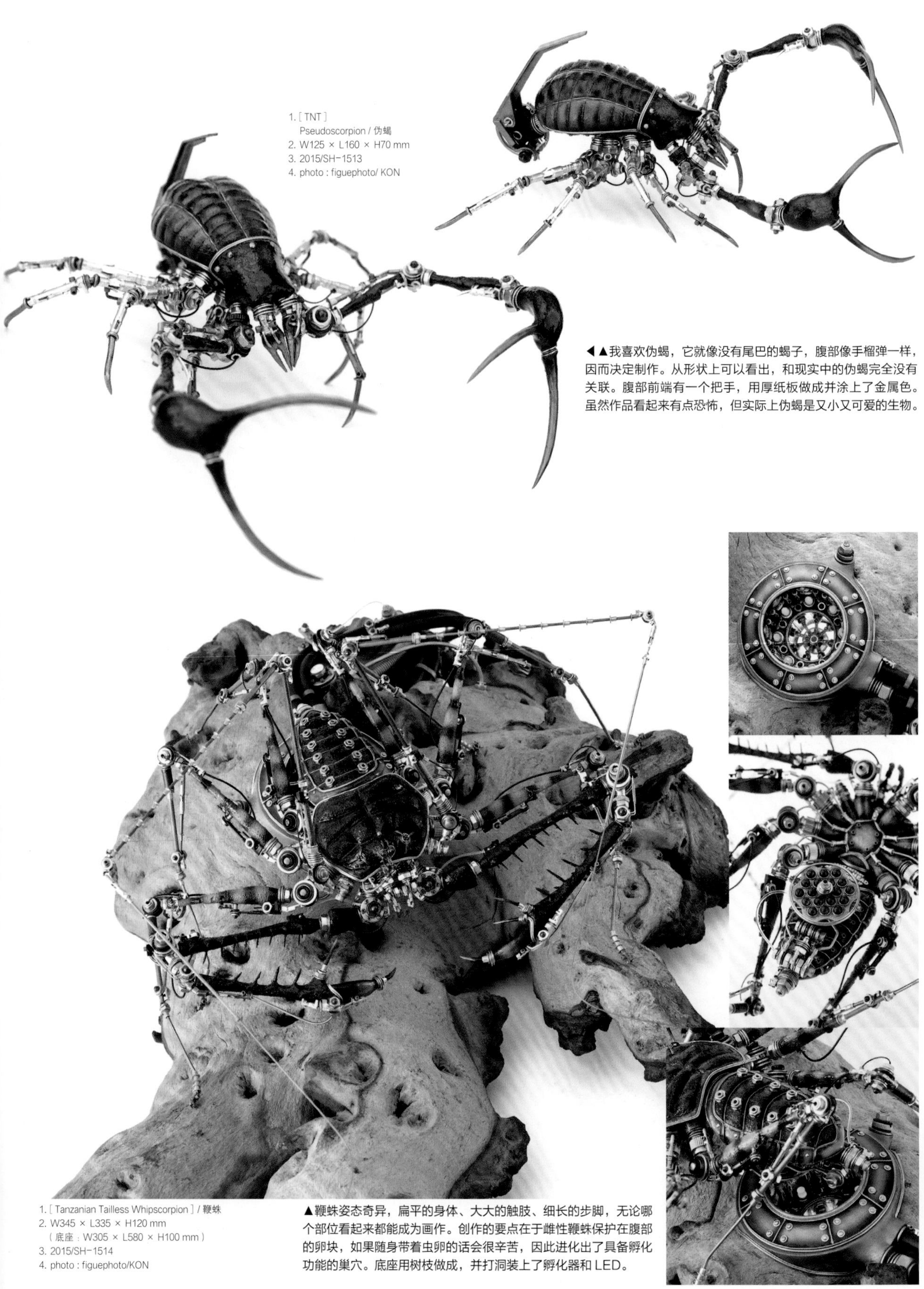

1. [TNT]
   Pseudoscorpion / 伪蝎
2. W125 × L160 × H70 mm
3. 2015/SH-1513
4. photo : figuephoto/ KON

◀▲我喜欢伪蝎，它就像没有尾巴的蝎子，腹部像手榴弹一样，因而决定制作。从形状上可以看出，和现实中的伪蝎完全没有关联。腹部前端有一个把手，用厚纸板做成并涂上了金属色。虽然作品看起来有点恐怖，但实际上伪蝎是又小又可爱的生物。

1. [Tanzanian Tailless Whipscorpion] / 鞭蛛
2. W345 × L335 × H120 mm
   （底座：W305 × L580 × H100 mm）
3. 2015/SH-1514
4. photo : figuephoto/KON

▲鞭蛛姿态奇异，扁平的身体、大大的触肢、细长的步脚，无论哪个部位看起来都能成为画作。创作的要点在于雌性鞭蛛保护在腹部的卵块，如果随身带着虫卵的话会很辛苦，因此进化出了具备孵化功能的巢穴。底座用树枝做成，并打洞装上了孵化器和 LED。

Scarabs / 圣甲虫（屎壳郎）

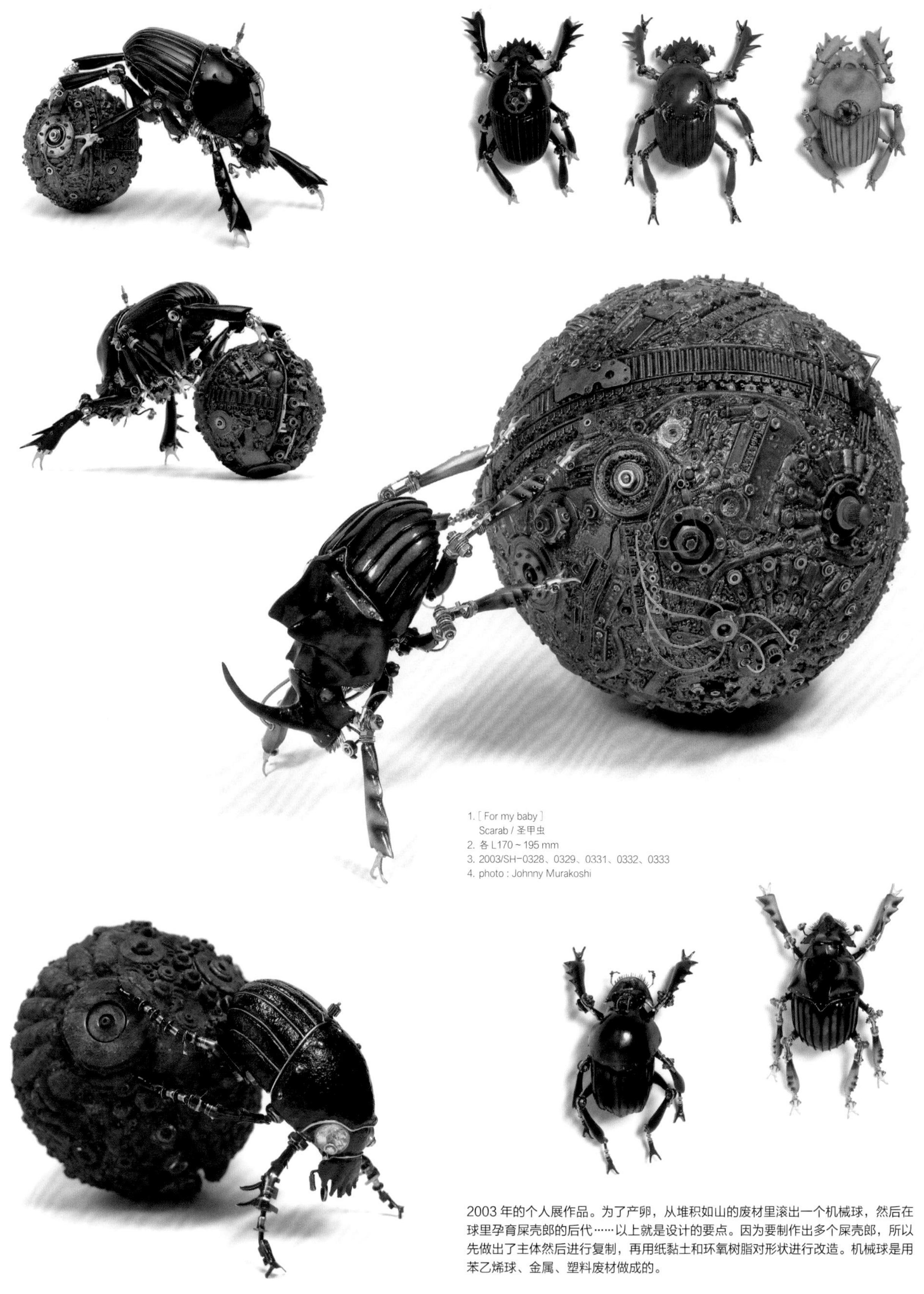

1.［For my baby］
Scarab / 圣甲虫
2. 各 L170 ~ 195 mm
3. 2003/SH-0328、0329、0331、0332、0333
4. photo : Johnny Murakoshi

2003 年的个人展作品。为了产卵，从堆积如山的废材里滚出一个机械球，然后在球里孕育屎壳郎的后代……以上就是设计的要点。因为要制作出多个屎壳郎，所以先做出了主体然后进行复制，再用纸黏土和环氧树脂对形状进行改造。机械球是用苯乙烯球、金属、塑料废材做成的。

Damselfly / 蜻蜓

1. [水蚕]
   Damselfly / 蜻蜓 幼虫
2. W160 × L285 × H80 mm
3. 2008/SH-0803
4. photo : Shinji Yamada

▲水蚕折叠起来的下颚会在捕捉食物的时候突然张开伸长。

小学的时候，因为要打扫游泳池，所以在里面的水被放光的时候会发现底部有好多水蚕。根据体态上的差异可以分为两种，其中腹部末端附有羽毛一样的水蚕看起来格外好看。制作动机是无论如何都想重现水蚕那可以收缩的下颚。

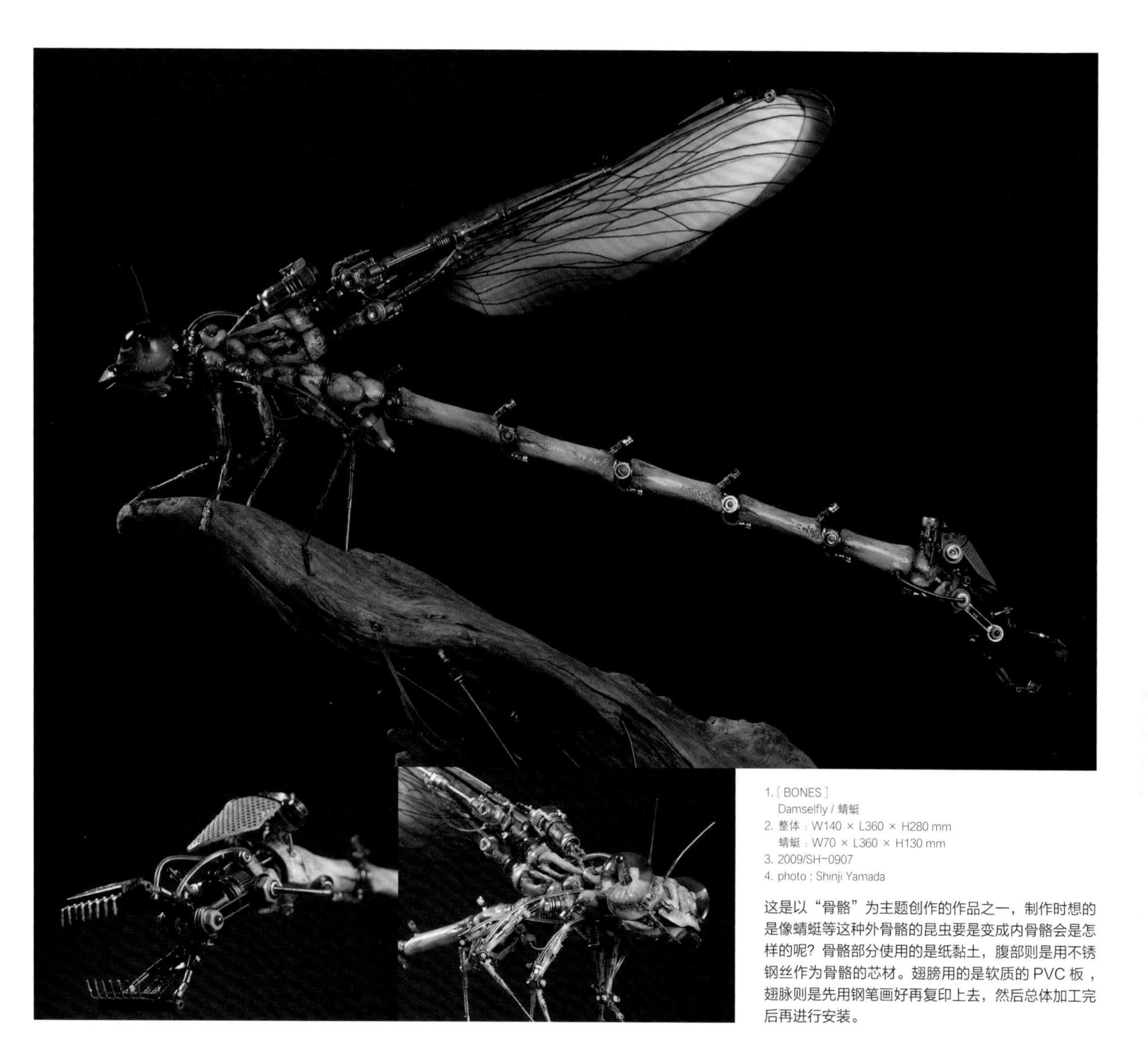

1. [BONES]
   Damselfly / 蜻蜓
2. 整体：W140 × L360 × H280 mm
   蜻蜓：W70 × L360 × H130 mm
3. 2009/SH-0907
4. photo : Shinji Yamada

这是以“骨骼”为主题创作的作品之一，制作时想的是像蜻蜓等这种外骨骼的昆虫要是变成内骨骼会是怎样的呢？骨骼部分使用的是纸黏土，腹部则是用不锈钢丝作为骨骼的芯材。翅膀用的是软质的 PVC 板，翅脉则是先用钢笔画好再复印上去，然后总体加工完后再进行安装。

制作方法

▲骨骼部分是用纸黏土加厚纸板制作而成。翅根部分则是用的环氧树脂。

▲小部位直接用快干胶水进行拼接。头部和胸部等较大的部位，则用铝合金线为中心轴连接起来。

◀▲制作过程中的头部和胸部。

▲将脚临时组装起来的样子。

Swallowtail / 柑桔凤蝶

▲会场的内部。

◀这是 20 世纪末到 21 世纪初，在荷兰阿姆斯特丹的个人展中展示的作品群。所有的故事以一棵从废金属里延伸出来的树为中心开始。就像树一天天长大一样，每天对树的枝叶进行延伸，一周之后都碰触到天花板了。

▲刚产下的卵。实际应该是一颗一颗分开的，但为了让现场的观众能够察觉到这些卵的存在，所以做成了一个卵块的形态来展示。

▲孵化阶段的幼虫，以 3~4 龄的幼虫为原型进行制作。

▲终龄的幼虫们。

▲幼虫开始结蛹的场景。吐出支撑固定身体的丝。

▲成蛹后的样子。可以制作模具，复制幼虫和蛹来增加数量。

▲孵化阶段的幼虫。因为 1~2 龄幼虫的外形看起来就像是鸟粪一样，不容易被识别，因此就跳过了这个阶段，直接从 3~4 龄的幼虫开始制作。

▲终龄的幼虫一共有 6 只。其中有一只伸出了桔黄色的嗅角，在作品的表现上，嗅角会做得比实际的更加细长。

▲羽化中的柑桔凤蝶（这三张照片是在展览以外的地方拍的）。

▲脱完后的壳由蛹的原型做真空处理而成。

▲成虫。翅膀是用制作模型用的草粉附着在描图纸上，然后再喷绘上色制作而成。

▲翩翩起舞的凤蝶。用钨丝吊在空中进行展示。每天都会改变展示的位置，以营造出仿佛凤蝶在不断移动的效果。

▲产卵中的样子。

▲产完卵后，迎来死亡的凤蝶和聚集在那里捕食的蚂蚁。一个生命的结束就以此形式传承至下一代。蚂蚁用的是字母意大利面制作，在展示台上排列成句传达理念。

1. [Metamorphosis]
   Swallowtail / 柑桔凤蝶
2. 成虫：W190 × L170 × H130 mm
   蛹（羽化后）：W25 × L85 × H45 mm
   蛹（羽化前）：W20 × L75 × H30 mm
   成熟了的幼虫：W30 × L70 × H35 mm
   3 龄幼虫：W25 × L60 × H35 mm
3. 2000/SH-0050、0058、0059、0092、0093、00106

以动植物一生的“轮回转世”为展出主题，将柑桔凤蝶从孵化到幼虫，再到蛹化、羽化、成虫、产卵到死亡这一过程，在每天的展出中逐步加以体现，历时两个月。

House centipede / 蚰蜒

1. [大蚰蜒]
   House centipede / 蚰蜒
2. W330mm × L515mm × H85mm
3. 2016/SH-1622
4. photo : figuephoto/KON

第一次见到蚰蜒的时候心里有点抵触，不过后来看到蚰蜒细长的腿以起伏的波浪般前进的姿态，就决定要制作这个作品了。身体的制作材料主要是纸黏土，但为了不让足有 20cm 长的身躯垮掉，需要用到 Φ0.9mm 的铜线作为腿部的芯材，并将前端加工削尖。

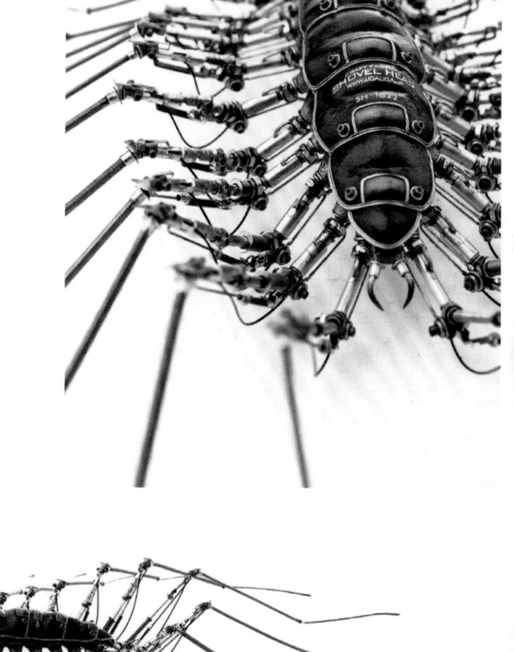

Rhaphidophoridae / 灶马蟋蟀

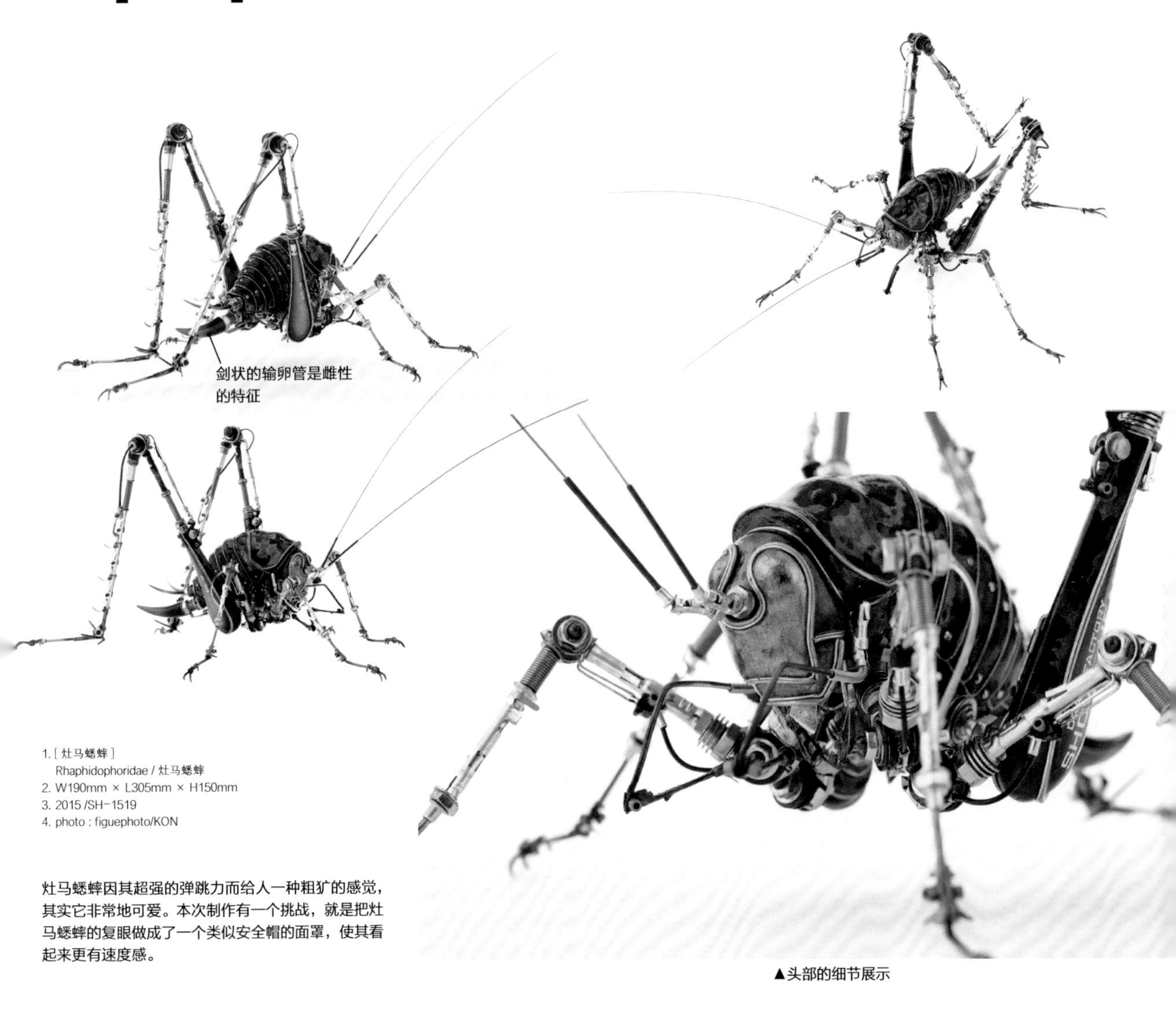

1. [灶马蟋蟀]
   Rhaphidophoridae / 灶马蟋蟀
2. W190mm × L305mm × H150mm
3. 2015 /SH-1519
4. photo : figuephoto/KON

灶马蟋蟀因其超强的弹跳力而给人一种粗犷的感觉，其实它非常地可爱。本次制作有一个挑战，就是把灶马蟋蟀的复眼做成了一个类似安全帽的面罩，使其看起来更有速度感。

▲头部的细节展示

制作方法

▲用纸黏土做出合为一体的头部、胸部和腹部，并描绘出身体上独特的斑纹。

▲▶在前端装上延伸到前方的触角和颌须，以增强其精悍的印象。这里的细节处理十分重要。

Predaceous diving beetle / 龙虱

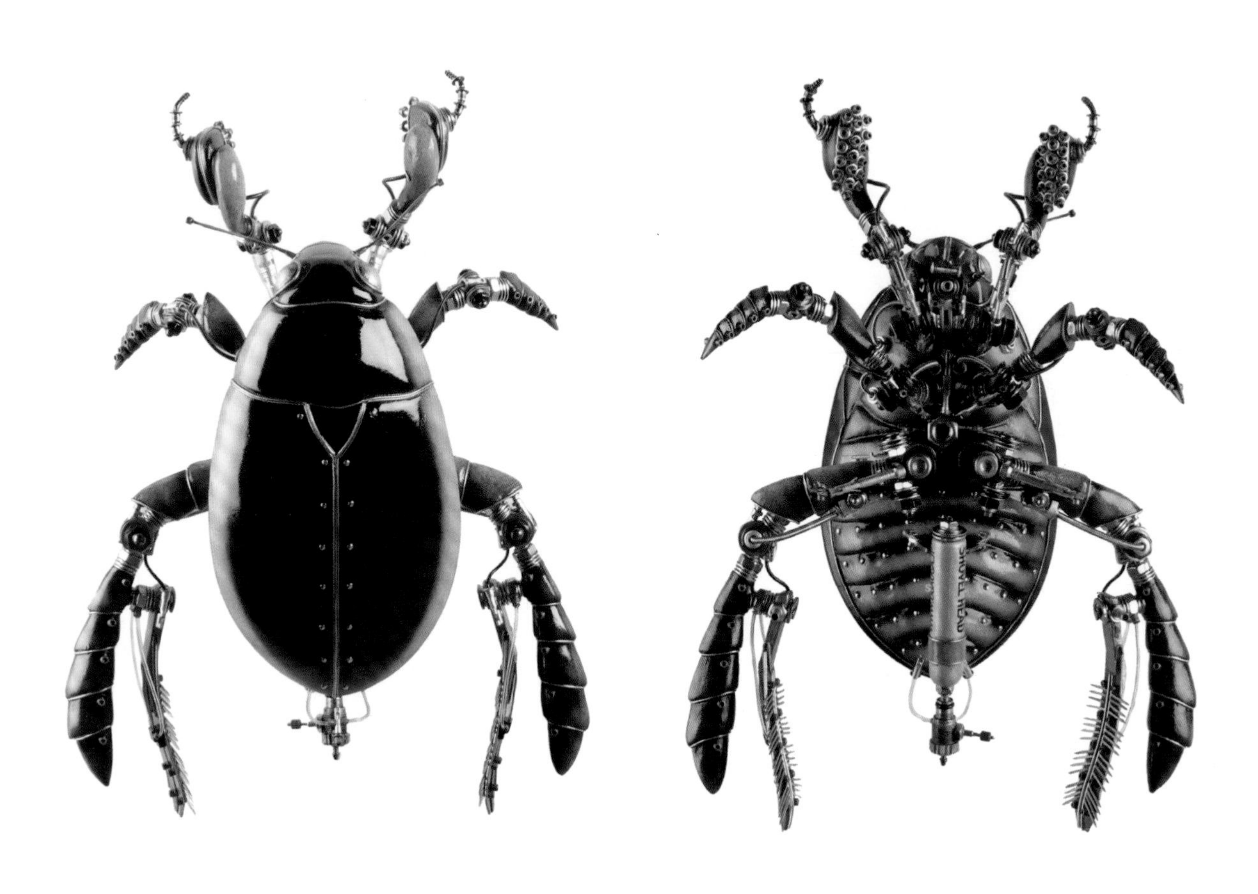

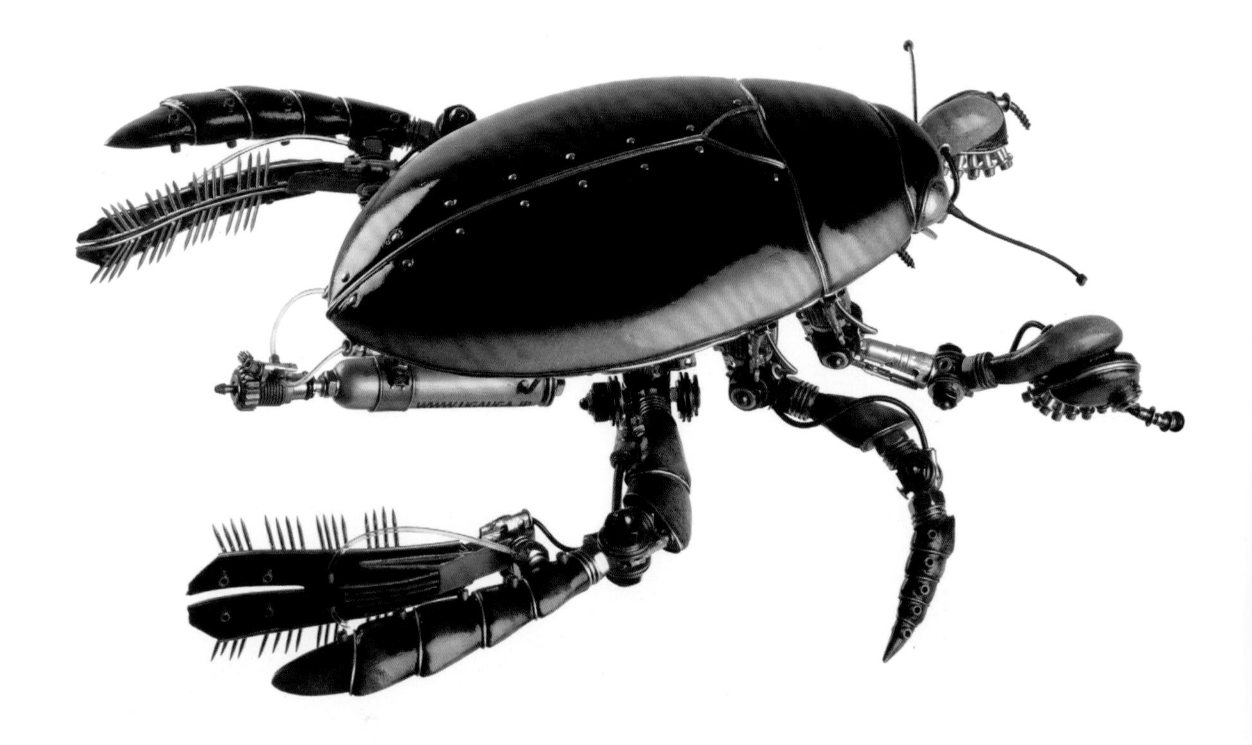

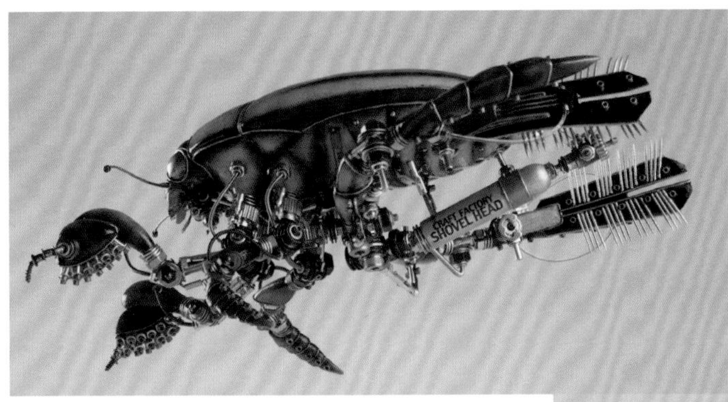

▲后脚上长有划水用的刷子状的游泳毛。

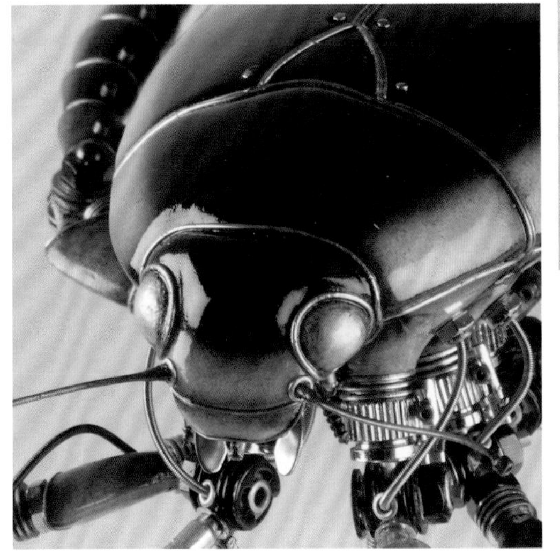

▲头部的特写。

1. [龙虱]
   Predaceous diving beetle / 龙虱
2. W140mm × L175mm × H80mm
   (底座：φ250 × H150 mm)
3. 2008/SH-0804
4. photo : Shinji Yamada

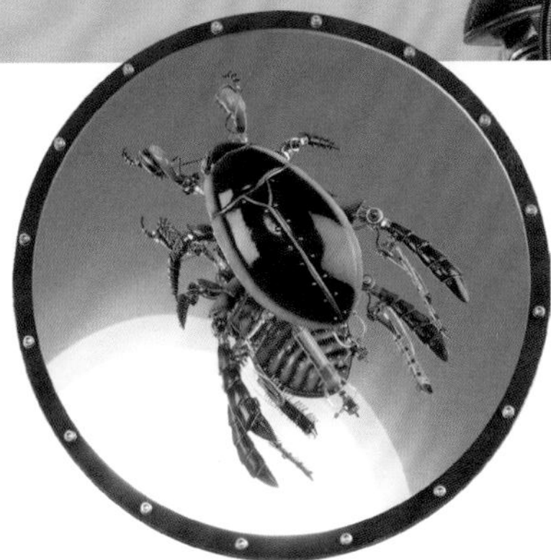

▲展示用的底座是使用类似镜面的树脂板制作而成。

龙虱是一种最近很少能看到的水生昆虫。雄性龙虱的前脚有吸盘，以便在交配时能牢牢地抓住雌性，作品里用金属扣眼和金属串珠来进行表现。后脚的游泳毛则是用去了头的大头针整齐地贴在后脚脚蹼的侧面制作出来的。

制作方法

▲用纸黏土制作主体的过程中。外形和甲虫相似。

▲反复上色，并喷涂透明保护漆来表现出光泽感。

▲富有个性的前脚形状。

▲后脚脚蹼制作中。

Giant waterbug / 田鳖

表面

1. [田鳖]
   Giant waterbug / 田鳖
2. W210mm × L305mm × H95mm
3. 2008/SH-0802
4. photo : Shinji Yamada

制作方法

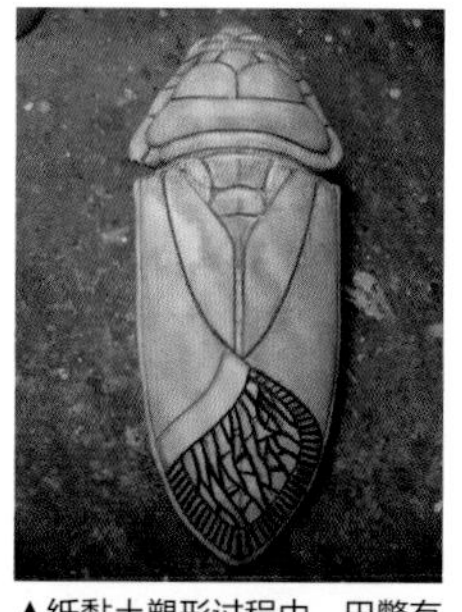

▲纸黏土塑形过程中。田鳖有一个明显的特征就是前翅的膜状翅脉。

▲涂装上色过程中。

▲腹部在制作过程中的样子。

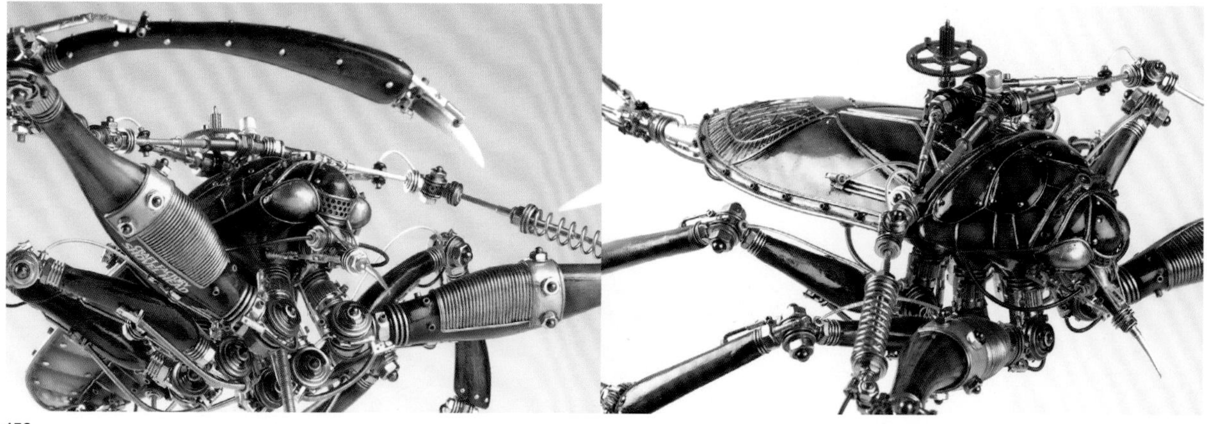

底面

小时候去抓青蛙的时候总是会顺便抓到田鳖。记忆中镰刀一样的前脚总是吓得我们不敢轻易出手，所以在作品中特意强调出了田鳖凶猛的形象。

▲从腹部前端伸出的呼吸管，是用各种电子元件组合而成的。呼吸管上还附有一个用来清洁的刷子。

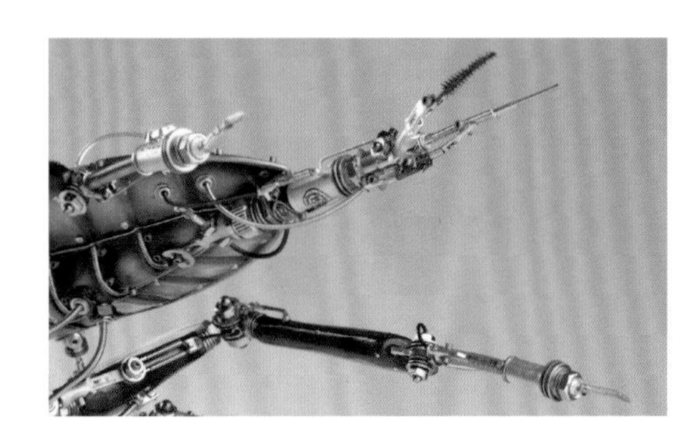

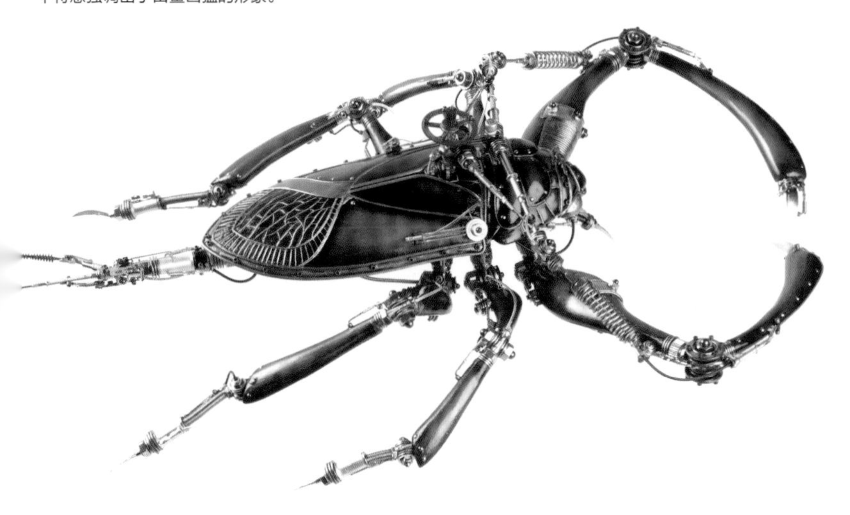

Spiders / 蜘蛛

1.［类青新园蛛］
neoscona mellotteei / 类青新园蛛
2. 雄性：W80 × L90 × H30 mm
雌性：W70 × L70 × H25 mm
3. 2006 /SH-0609（雄性）、0610（雌性）
4. photo : Johnny Murakoshi

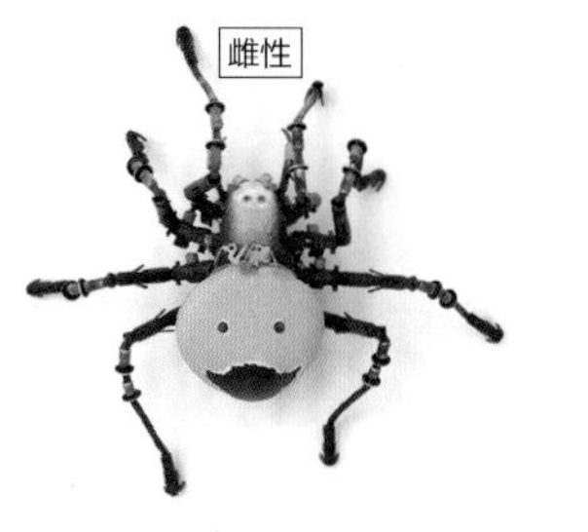

▲鲜艳的黄绿色给人以深刻的印象。雌雄的形状略有差异，因此这次做出了一对。

1.［热烈欢迎］
Nephila pilipes / 横带人面蜘蛛
2. W295 × L355 × H90 mm
3. 1999/SH-9940
4. photo : Johnny Murakoshi
日经《Win-PC》2000 年 9 月杂志封面作品

办个展的时候用了老仓库里的丝线，盘出了直径 2m 的蜘蛛网，花了整整两天的时间。经过这次作业以后，深深佩服蜘蛛织网的效率和精度。

1.［Sabon］
Glass jumping spider / 蝇虎
2. W120 × L120 × H50 mm
3. 2015/SH-1509
4. photo : figuephoto/KON

▲和玻璃艺术家森崎薰老师共同创作的作品。一看到森崎薰老师先制作出来的球形玻璃品后，我便联想到了蝇虎的腹部。与纸黏土做出来的头部连接的地方，请森崎薰老师帮忙开了一个 Φ5mm 的洞，将螺栓穿过孔洞后，从内部用螺帽加以固定。

▲当外来蜘蛛在远离原产地来到日本之后，其特性会发生怎样的变化呢？这想法就是本作品的灵感来源。设想它将会进化出一个自己的基地，来进行毒液的生产。

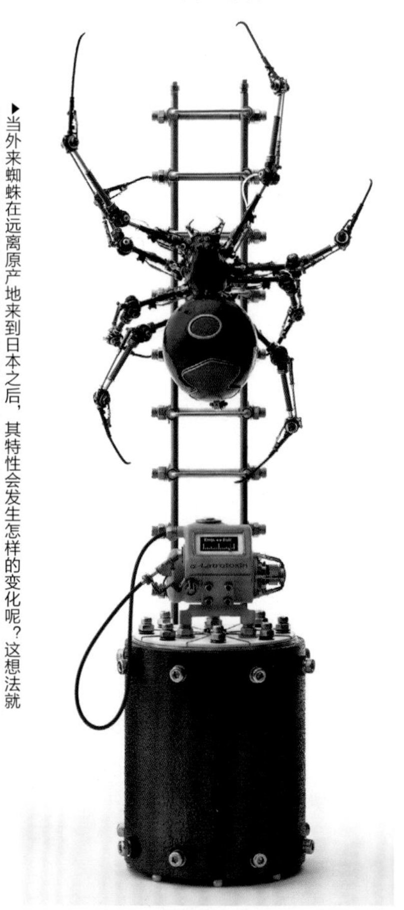

1.［Supply Base］
Red-back widow spider / 红背蜘蛛
2. W155 × L230 × H100 mm
（底座：W130 × H385 × D130 mm）
3. 2015/SH-1508
4. photo : figuephoto/KON

Japanese giant hornet / 大虎头蜂

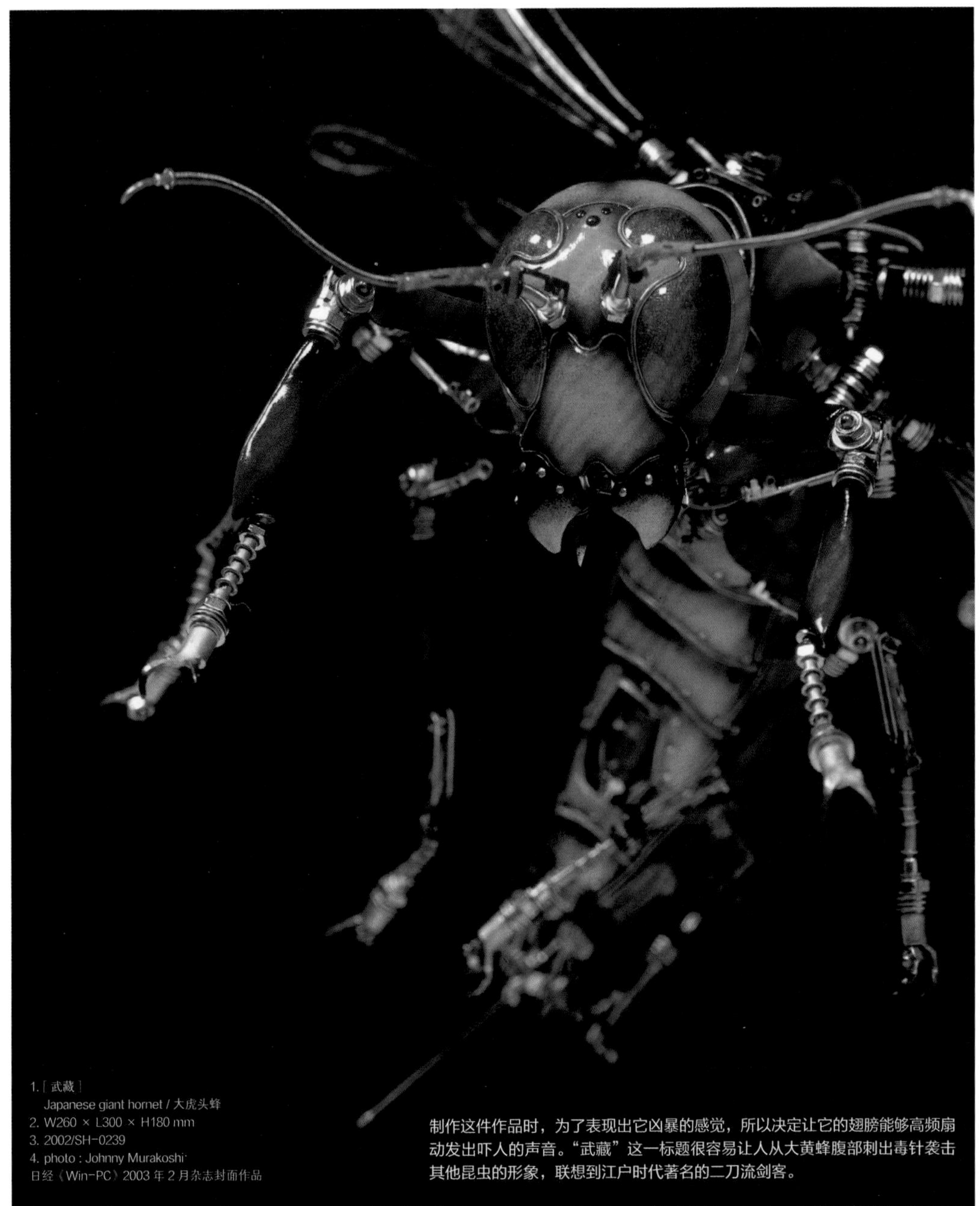

1.［武藏］
Japanese giant hornet / 大虎头蜂
2. W260 × L300 × H180 mm
3. 2002/SH-0239
4. photo : Johnny Murakoshi
日经《Win-PC》2003 年 2 月杂志封面作品

制作这件作品时，为了表现出它凶暴的感觉，所以决定让它的翅膀能够高频扇动发出吓人的声音。“武藏”这一标题很容易让人从大黄蜂腹部刺出毒针袭击其他昆虫的形象，联想到江户时代著名的二刀流剑客。

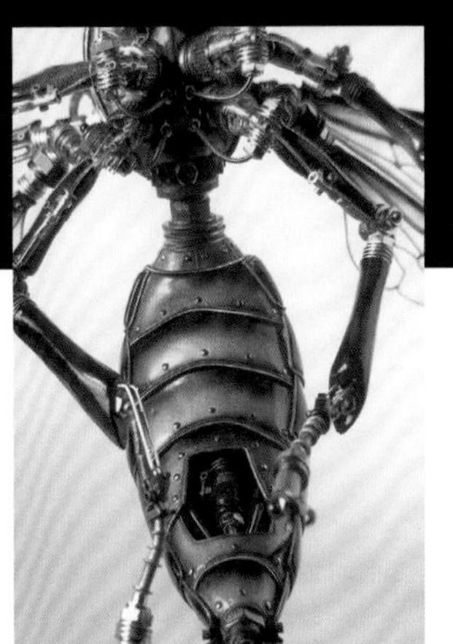

Ants / 蚂蚁

◀自从我知道切叶蚁会用带回巢穴的叶子繁殖菌类并作为食物后，就有了用废弃的电脑主板来代替叶子的想法。光是想象蚁巢中正在用电路板重新提炼出稀有金属的情景，就让我感到十分有趣。

1. [Leafcutter ant]
   切叶蚁
2. W255 × L245 × H160 mm
3. 2013/SH-1322

1. [Honey pot]
   Honeypot ant / 蜜罐蚁
2. 整体：W140 × H355 × D75 mm
   蜜罐蚁：W65 × L100 × H60 mm
3. 2006/SH-0607
4. photo : Johnny Murakoshi

最初看到蜜罐蚁腹部藏满花蜜的姿态的时候，感觉其身体就像生产线的一部分一样。底座是我在工厂实习的时候看到的饮料工厂的机械群。腹部是用一个扭蛋玩具的收纳盒制作而成的。

1. [Paraponera]
   子弹蚁
2. W220 × L220 × H80 mm
3. 2013/SH-1318

◀子弹蚁是蚁族的异类。远看它们像蜂，有着强壮有力的上颚和尖锐带毒的尾刺，近看是蚁，喜欢挥动一对大钳耀武扬威。未来可能还会进化出狙击炮一样的身体部位，让杀伤力大大增强。

1. [Sting!]
Bulldog ant + Grubworm / 斗牛犬蚁 + 甲虫的幼虫
2. 斗牛犬蚁：W215 × L270 × H110 mm
幼虫：W40 × L90 × H80 mm
3. 2015/SH-1506+1507
4. photo : figuephoto/KON

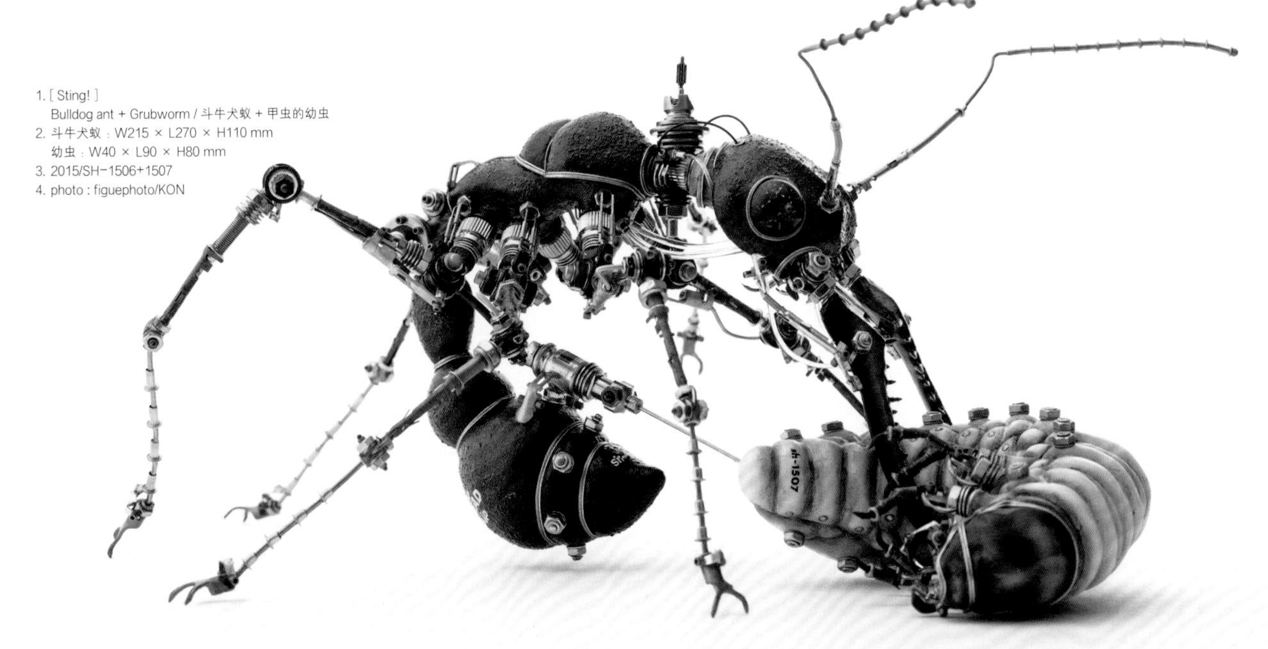

▲因为预计要制作出好几种不同的蚂蚁作品，所以用纸黏土做出原型后，再用硅胶做出模具，然后将树脂倒入模具中进行了复制。第 160 页的切叶蚁及子弹蚁就是使用的相同的树脂复制品，然后进行躯体改造制作而成。这里胸部和腹部的关节，使用的是与胡蜂相同的制作方法，并装设了铰链使其成为可动式的构造。

制作方法

▲将复制好的主体用纸黏土和环氧树脂进行形状改造。

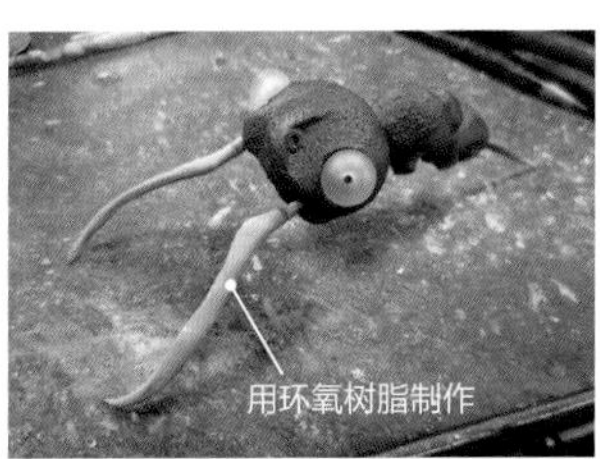

▲将头部、胸部和大颚临时组装在一起的样子。

▲内侧的锯齿使用的是大头针的尖端。对大颚进行打底处理。

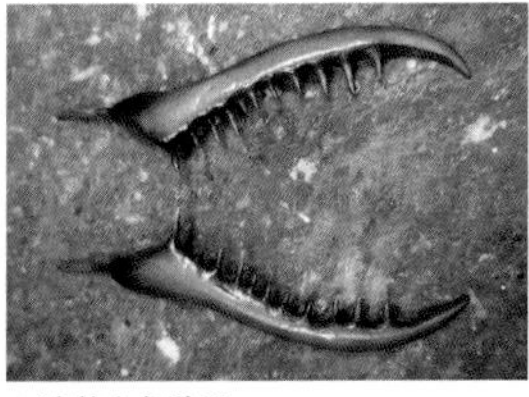

▲涂装上色阶段。

▲上好色的蚂蚁的主体。

▶进行细节处理前的样子。

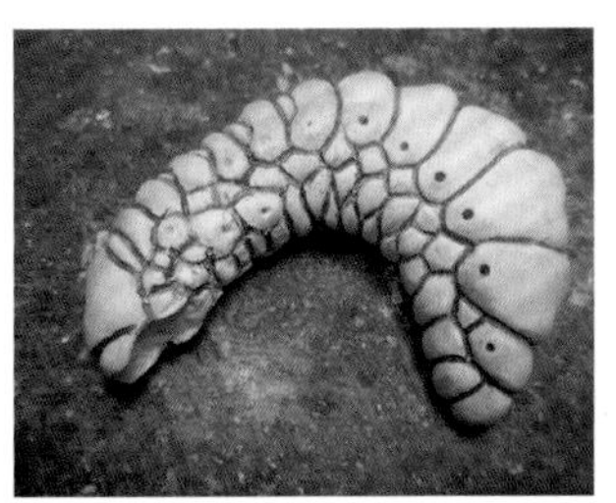

▲甲虫的幼虫用纸黏土来塑形。

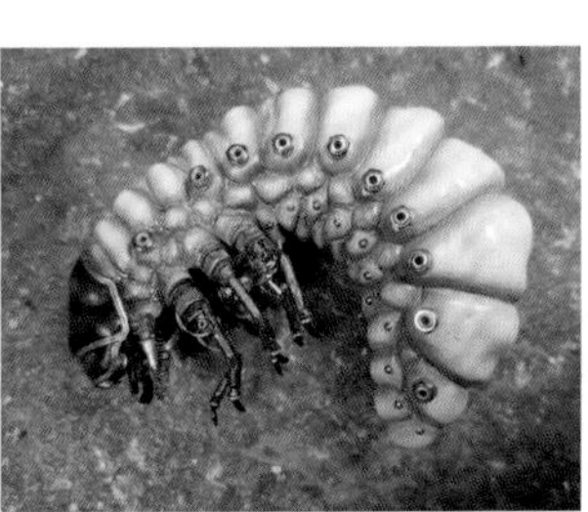

▲用金属零件装饰脚和侧面的气孔。

Japanese ground beetle / 食蜗步行虫

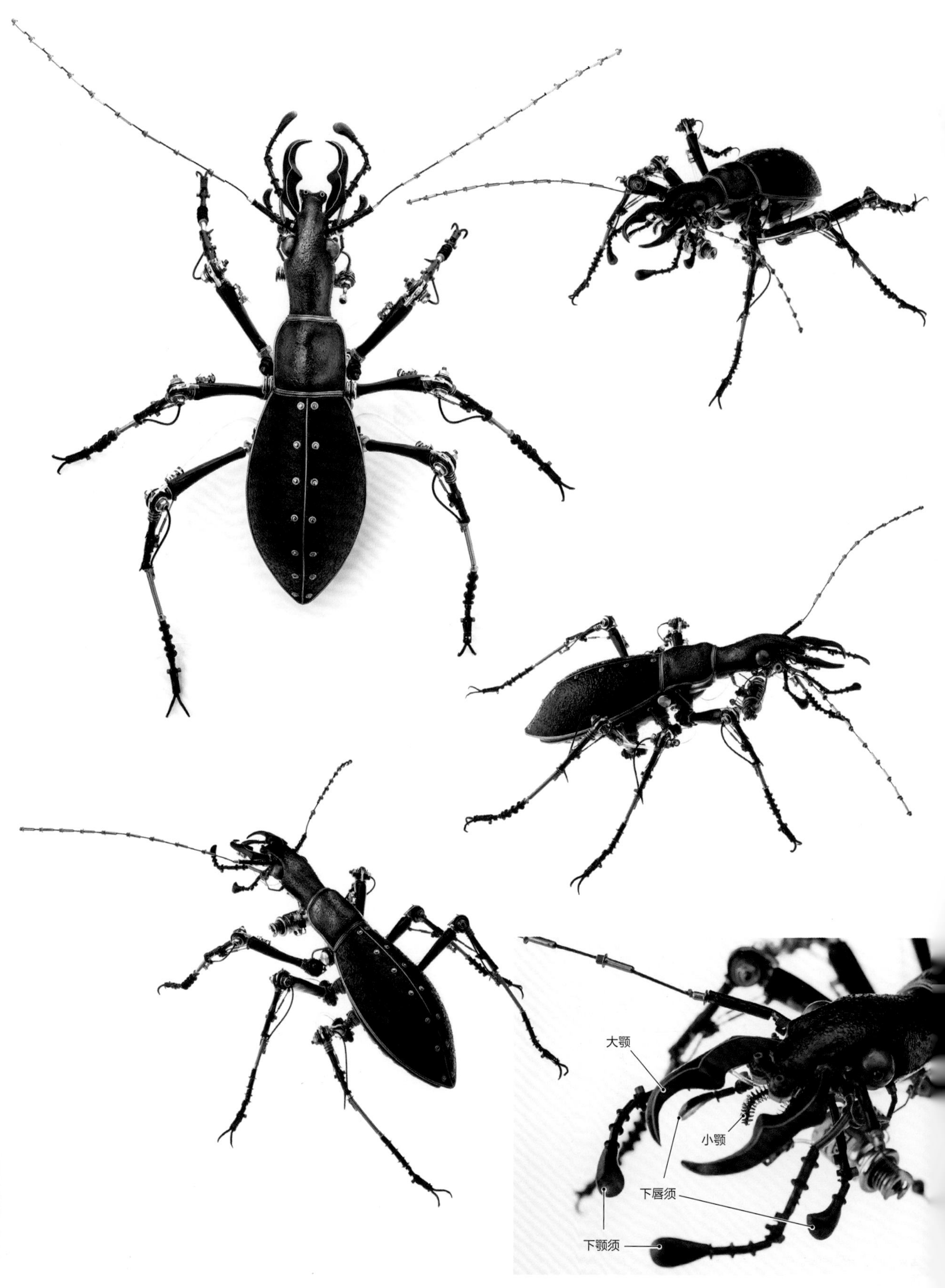

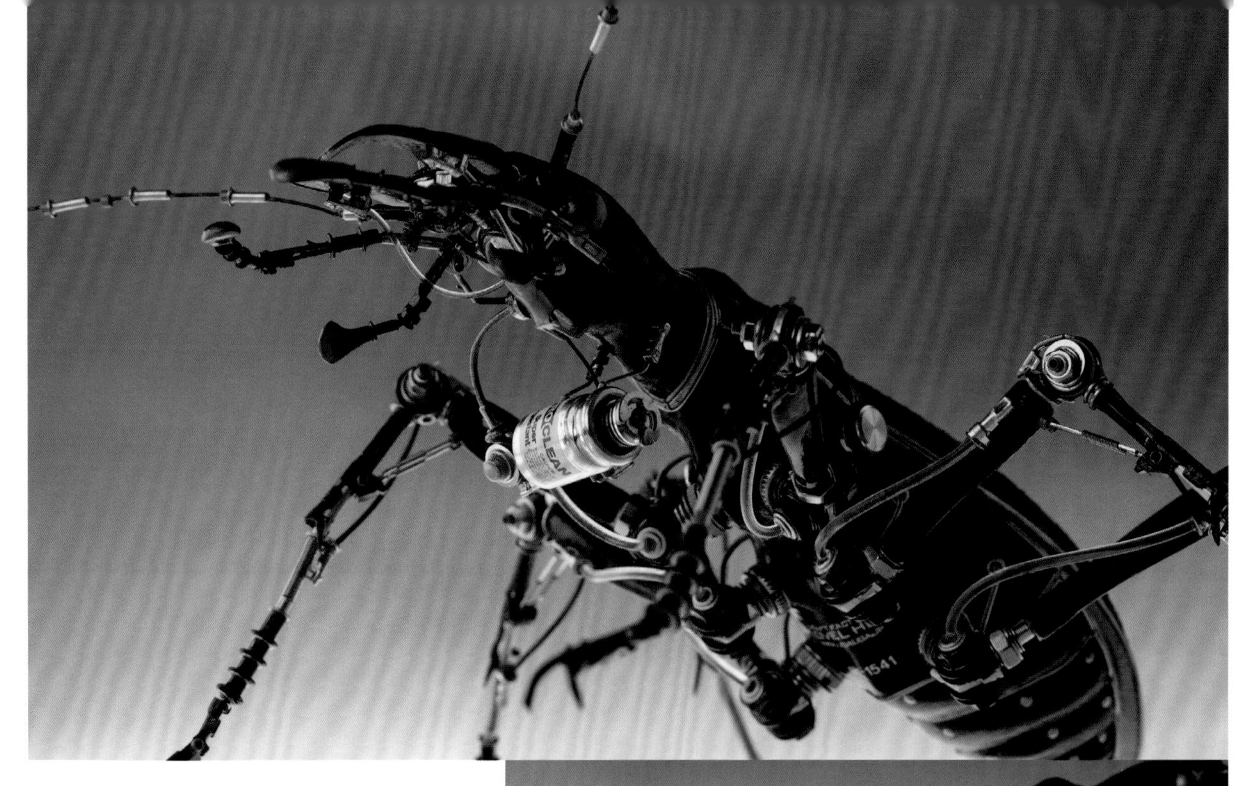

1. [蜗牛被]
   Japanese ground beetle / 食蜗步行虫
2. W200 × L260 × H130 mm
3. 2015/SH-1541
4. photo : figuephoto/KON

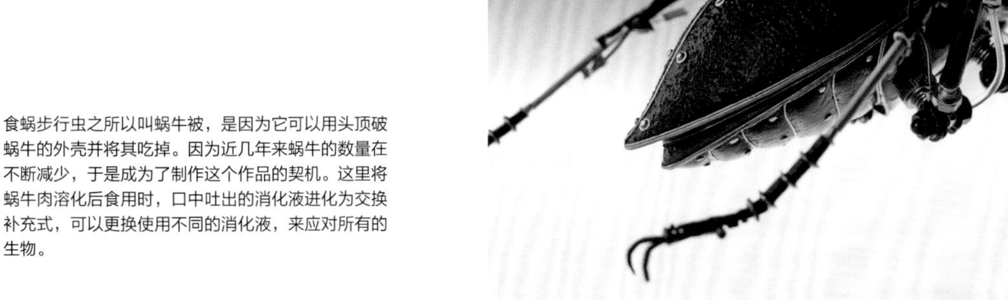

食蜗步行虫之所以叫蜗牛被，是因为它可以用头顶破蜗牛的外壳并将其吃掉。因为近几年来蜗牛的数量在不断减少，于是成为了制作这个作品的契机。这里将蜗牛肉溶化后食用时，口中吐出的消化液进化为交换补充式，可以更换使用不同的消化液，来应对所有的生物。

制作方法

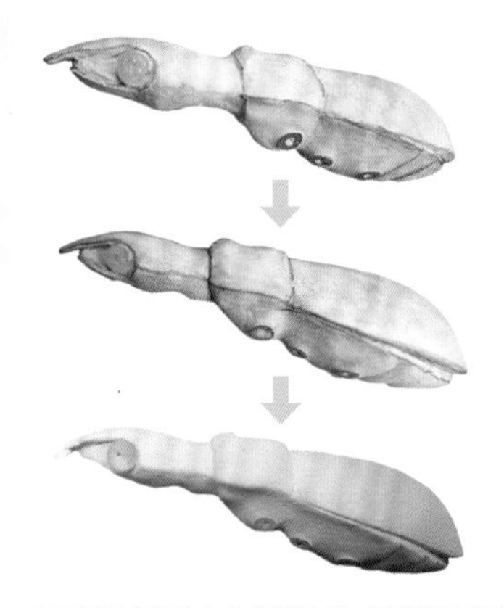

▲用纸黏土制作主体塑形阶段。将细长的颈部、胸部及腹部以一体化方式制作。

▶涂装上色完以后贴上焊锡线，并装饰口器周围。

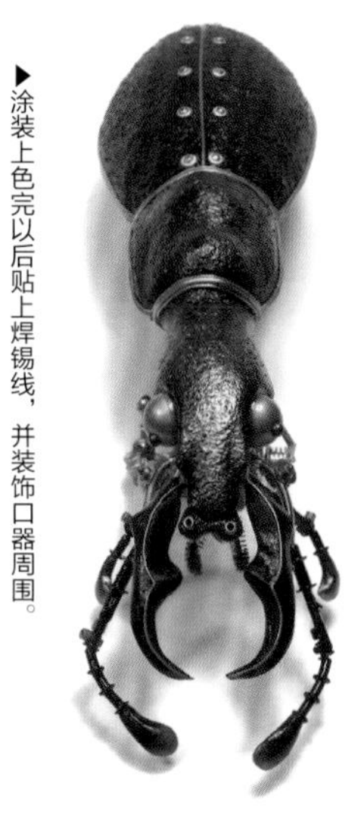

▲对霸气的大口器、刷子状的小口器进行装饰加工。下唇须和下颚须是其特征。

Treehoppers / 角蝉

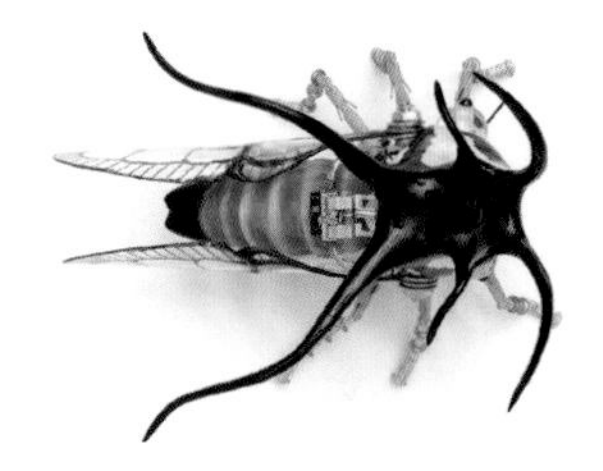
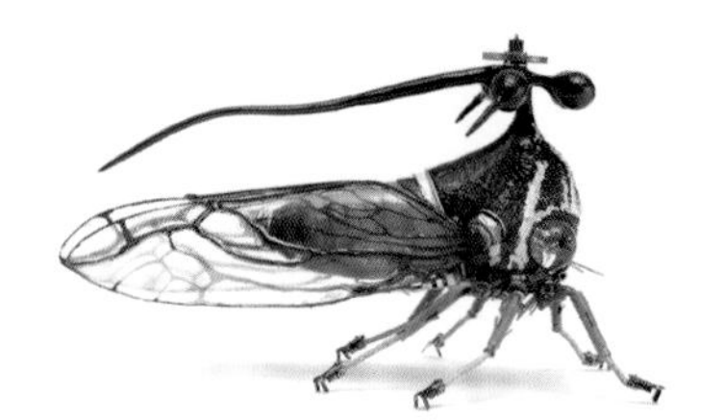

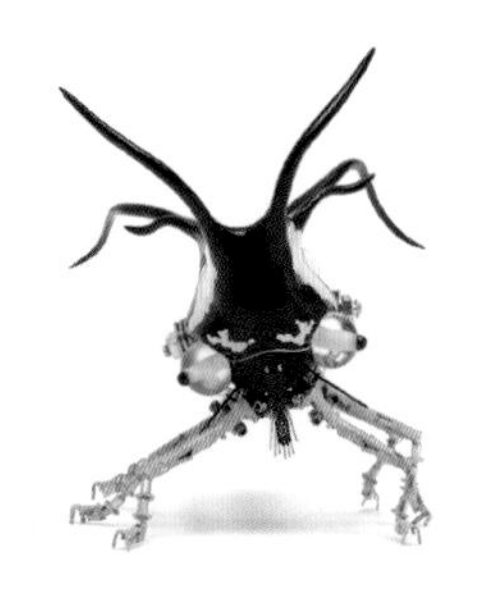

1. [Treehopper no.01]
   Bocydium sp. / 巴西角蝉
2. W60 × L100 × H60 mm
3. 2006/SH-0606
4. photo : Johnny Murakoshi

统称虽然都叫角蝉，但似乎还更具体地划分了几种亚种，并有各种不同的学名表示。当时参考了哪种角蝉已经忘记了，到了现在就更无从考究了。

1. [Treehopper no.02]
   Cyphonia sp. / 三突角蝉
2. W80 × L85 × H55 mm
3. 2006/SH-0605
4. photo : Johnny Murakoshi

*基于生物名称的更新，三突角蝉已更名为担蚁角蝉。
Cyphonia sp. → Cyphonia clavata

1. [Treehopper no.03]
   Cyphonia sp. / 红刺角蝉
2. W60 × L80 × H70 mm
3. 2006/SH-0604
4. photo : Johnny Murakoshi

*基于生物名称的更新，红刺角蝉已更名为红腹三刺角蝉。
Cyphonia sp. → Cyphonia trifida

制作方法

▲当时制作时（2006 年）并没有那么多角蝉的资料可供参考，也有很多尚未命名的新种。现在虽然有些连名称都变了，但角蝉已经成为更加主流的昆虫了。

▲纸黏土和环氧树脂的主体制作塑形中。

▲安装翅膀前的主体的样子。

Goliathus regius / 帝王大角花金龟

这里要制作的是生活在非洲大陆的一种白纹大角金龟。身体可以按照第 147 页屎壳郎的方法用树脂复制出来，再用纸黏土和环氧树脂进行表面塑形改造，做出头部前端凸起的部分和前翅隆起的形状部分。

1. [Goliath]
   Goliathus regius / 帝王大角花金龟
2. W150 × L225 × H65 mm
3. 2015/SH-1504
4. photo : figuephoto/KON

制作方法

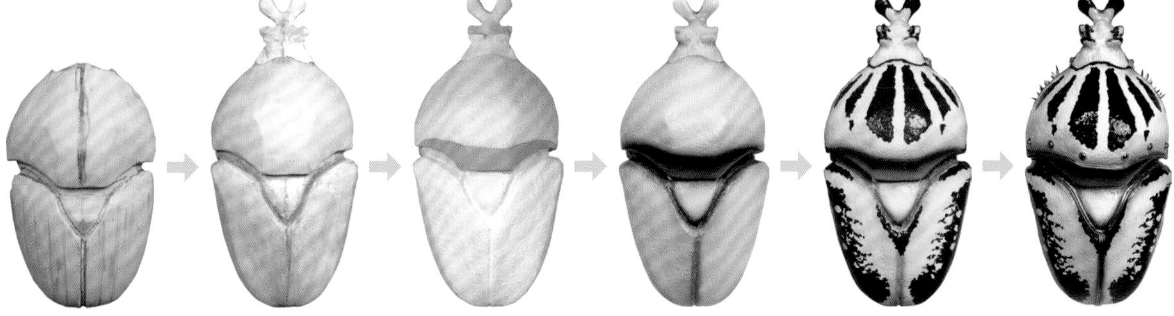

①和制作屎壳郎一样，对复制出来的主体进行加工改造。

②做出头部凸起和前翅隆起部分的形状。

③打底处理。

④上色（底层上色的样子）。

⑤将图案涂好的样子。

⑥主体修饰完成的样子。

图书在版编目(CIP)数据

机械昆虫制作全攻略/(日)宇田川誉仁著;(日)角丸圆编;石泽玮译. 一北京:中国青年出版社,2017. 9(2022.4重印)
ISBN 978-7-5153-4919-0

I.①机… II.①宇… ②角… ③石… III. ①昆虫-模型-制作 IV. ①TS958.1

中国版本图书馆CIP数据核字(2017)第229287号

版权登记号:01-2017-5358

1. [Man-faced stinkbug]
人面椿象
2. W85mm×L100mm×H35mm
3. 2000/SH-0056

机械昆虫制作全攻略

著　　者:[日]宇田川誉仁
编　　者:[日]角丸圆
译　　者:石泽玮

企　　划:北京中青雄狮数码传媒科技有限公司
主　　编:粉色猫斯拉-王颖
策划编辑:白峥
责任编辑:张军
书籍设计:张旭兴
出版发行:中国青年出版社
社　　址:北京市东城区东四十二条21号
网　　址:www.cyp.com.cn
电　　话:(010)59231565
传　　真:(010)59231381

印　　刷:天津融正印刷有限公司
规　　格:787 x 1092　1/16
印　　张:11
字　　数:478千
版　　次:2018年1月北京第1版
印　　次:2022年4月第4次印刷
书　　号:978-7-5153-4919-0
定　　价:99.00元

如有印装质量问题,请与本社联系调换
电话:(010)59231565
读者来信:reader@cypmedia.com
投稿邮箱:author@cypmedia.com
如有其他问题请访问我们的网站:http://www.cypmedia.com